国家出版基金项目
NATIONAL PUBLICATION FOUNDATION

地球观测与导航技术丛书

基于能量守恒原理的卫星重力反演理论与方法

郑 伟 著

U0263232

科 学 出 版 社
北 京

内 容 简 介

本书是一本较系统和详实地论述基于能量守恒原理的卫星重力反演理论与方法的科学专著。全书共9章，主要内容包括：卫星重力测量研究背景；卫星重力反演基础理论，包括时间和坐标参考系统，以及卫星摄动模型；基于能量法论证不同载荷精度和轨道参数对重力场精度影响，并建立120阶IGG-GRACE重力模型；基于星间加速度法反演120阶GRACE重力场，同时开展插值公式、相关系数和采样间隔对GRACE Follow-On星间加速度精度影响的研究；基于运动学和功率谱原理的半解析法估计120阶GRACE和360阶GRACE Follow-On重力场精度；利用解析法建立GRACE Follow-On卫星关键载荷误差影响累计大地水准面的联合误差模型；基于新型星间距离插值和星间速度插值卫星重力反演法建立120阶全球重力场模型WHIGG-GEGM01S/02S，并利用GPS/水准数据外部检核；论证下一代Post-GRACE卫星重力测量计划的需求分析；全文总结与未来展望。

本书可供地球科学领域从事与卫星重力反演相关科学研究的科研人员阅读，亦可作为卫星重力学、空间大地测量学、地球物理学等相关专业本科生和研究生的教学参考书。

图书在版编目(CIP)数据

基于能量守恒原理的卫星重力反演理论与方法/郑伟著.—北京：科学出版社，2015.4

(地球观测与导航技术丛书)

ISBN 978-7-03-042976-6

Ⅰ.①基…　Ⅱ.①郑…　Ⅲ.①大地测量-卫星测量法-重力反演问题-研究　Ⅳ.①P228

中国版本图书馆CIP数据核字(2014)第310270号

责任编辑：朱海燕　苗李莉／责任校对：赵桂芬

责任印制：徐晓晨／封面设计：王　浩

科学出版社出版

北京东黄城根北街16号

邮政编码：100717

http://www.sciencep.com

北京建宏印刷有限公司 印刷

科学出版社发行　各地新华书店经销

*

2015年4月第　一　版　开本：787×1092　1/16

2019年5月第五次印刷　印张：15 1/2　插页：8

字数：350 000

定价：139.00元

(如有印装质量问题，我社负责调换)

《地球观测与导航技术丛书》编委会

顾问专家

徐冠华　龚惠兴　童庆禧　刘经南　王家耀
李小文　叶嘉安

主　编

李德仁

副主编

郭华东　龚健雅　周成虎　周建华

编　委（按姓氏汉语拼音排序）

鲍虎军　陈　戈　陈晓玲　程鹏飞　房建成
龚建华　顾行发　江碧涛　江　凯　景贵飞
景　宁　李传荣　李加洪　李　京　李　明
李增元　李志林　梁顺林　廖小罕　林　珲
林　鹏　刘耀林　卢乃锰　闾国年　孟　波
秦其明　单　杰　施　闯　史文中　吴一戎
徐祥德　许健民　尤　政　郁文贤　张继贤
张良培　周国清　周启鸣

《地球观测与导航技术丛书》出版说明

地球空间信息科学与生物科学和纳米技术三者被认为是当今世界上最重要、发展最快的三大领域。地球观测与导航技术是获得地球空间信息的重要手段，而与之相关的理论与技术是地球空间信息科学的基础。

随着遥感、地理信息、导航定位等空间技术的快速发展和航天、通信和信息科学的有力支撑，地球观测与导航技术相关领域的研究在国家科研中的地位不断提高。我国科技发展中长期规划将高分辨率对地观测系统与新一代卫星导航定位系统列入国家重大专项；国家有关部门高度重视这一领域的发展，国家发展和改革委员会设立产业化专项支持卫星导航产业的发展；工业和信息化部、科学技术部也启动了多个项目支持技术标准化和产业示范；国家高技术研究发展计划(863 计划)将早期的信息获取与处理技术(308、103)主题，首次设立为“地球观测与导航技术”领域。

目前，“十一五”计划正在积极向前推进，“地球观测与导航技术领域”作为 863 计划领域的第一个五年计划也将进入科研成果的收获期。在这种情况下，把地球观测与导航技术领域相关的创新成果编著成书，集中发布，以整体面貌推出，当具有重要意义。它既能展示 973 计划和 863 计划主题的丰硕成果，又能促进领域内相关成果传播和交流，并指导未来学科的发展，同时也对地球观测与导航技术领域在我国科学界中地位的提升具有重要的促进作用。

为了适应中国地球观测与导航技术领域的发展，科学出版社依托有关的知名专家支持，凭借科学出版社在学术出版界的品牌启动了《地球观测与导航技术丛书》。

丛书中每一本书的选择标准要求作者具有深厚的科学研究功底、实践经验，主持或参加 863 计划地球观测与导航技术领域的项目、973 计划相关项目以及其他国家重大相关项目，或者所著图书为其在已有科研或教学成果的基础上高水平的原创性总结，或者是相关领域国外经典专著的翻译。

我们相信，通过丛书编委会和全国地球观测与导航技术领域专家、科学出版社的通力合作，将会有一大批反映我国地球观测与导航技术领域最新研究成果和实践水平的著作面世，成为我国地球空间信息科学中的一个亮点，以推动我国地球空间信息科学的健康和快速发展！

李德仁

2009 年 10 月

序　一

地球重力场反映了地球的物质分布及运动状态，既是研究地球的质量分布和运动及其动力学机制的重要约束，也为人类认识自然资源和环境灾害等问题提供了重要的依据。以往重力资料的获取仅依赖于地面、船载或机上的重力测量，进入21世纪以来，卫星重力测量技术的实现开创了高精度全球重力场观测的新纪元。不同于传统的测量方法，卫星重力测量不但能全天候和全覆盖地获得整个地球重力场的静态模型，同时还能得到其随时间变化的信息，从而成为当前大地测量学中国内外的研究热点。

该书汇集了作者在卫星重力学领域多年的研究成果，较全面地阐述了卫星重力测量的基本原理、关键技术、数据处理和反演方法。此外特别要指出的是书中两方面的工作：第一是对根据扰动位能量守恒原理的重力反演方法作了发展，包括无参考扰动位的反演、双星相邻历元能量差分、星间距离/速度插值等方法，同时对上述方法都利用实际观测资料进行试验并给出结果。第二是对重力卫星的顶层设计作了探讨，在测量模式上，包括不同倾角重力卫星的组合，双星和三星编队模式对反演精度影响的仿真模拟；在载荷要求上，包括能量守恒方法中所涉及的几大载荷精度的解析和半解析模拟，以及加速度计检验质量的质心调整精度的论证等；这些问题的探讨，不但对地球的重力卫星，而且对月球和将来火星等行星的卫星重力探测也有重要的借鉴价值。

我希望该书的出版能对从事重力卫星工作的读者提供有益的参考，并能对我国卫星重力的顶层设计和反演研究起到促进作用，同时期望所有从事卫星重力学研究的学者和工程技术人员为我国地球科学、国民经济和国防建设做出更大贡献。

许厚泽 院士
中国科学院测量与地球物理研究所
2015年2月13日

序　二

该书的研究内容属于卫星重力学、空间大地测量学、地球物理学、空间科学等多学科交叉前沿领域，在国家自然科学基金重点项目和青年项目、国家 863 计划、中国科学院知识创新工程青年人才项目等国家和省部级项目的支持下积累了十多年的研究成果，不仅旨在重点解决地球卫星重力反演理论和方法等方面的科学问题，而且对将来月球和太阳系火星等行星卫星重力探测具有重要的借鉴价值。该书紧跟国际卫星重力测量的最新热点，以解决空间大地测量等交叉研究领域的前沿性科学问题为导向，以满足我国提出的科学和国防迫切需求为牵引，建立了一套研究水平先进、应用特色鲜明、较为独立完善的卫星重力反演理论和方法体系。

该书研究内容主要包括两个方面。第一，卫星数据处理和重力反演：提出新型无参考扰动位能量守恒法，并利用 6 个月的 GRACE-Level-1B 实测数据建立了 120 阶地球重力场模型 IGG-GRACE；提出新型星间距离插值法和星间速度插值法，并利用美国 JPL 公布的 2008 年的 GRACE-Level-1B 实测数据建立了 120 阶全球重力场模型 WHIGG-GEGM01S/02S；提出新型双星相邻历元能量差分法，并基于先验地球重力场模型对 GRACE-Level-1B 星载加速度计的非保守力实测数据进行了精确标定。第二，下一代重力卫星顶层设计：由于不同轨道倾角敏感于不同阶次的地球引力位系数，基于仿真模拟论证了两组不同轨道倾角重力卫星的最优组合；基于双星和三星编队模式对地球重力场反演精度的影响进行了对比模拟研究；开展了星体和星载加速度计检验质量的不同质心调整精度影响地球重力场精度的仿真论证；对 GRACE 星载加速度计 X_A 轴的分辨率较 Y_A 和 Z_A 轴低一个数量级的可行性进行仿真模拟；分别从运动学和功率谱角度建立了激光干涉/K 波段测距系统的星间速度、GPS 接收机的轨道位置和轨道速度，以及加速度计的非保守力误差影响累计大地水准面精度的新型解析和半解析联合误差模型，并估计了 120 阶 GRACE 和 360 阶 GRACE Follow-On 地球重力场精度；开展了插值公式、相关系数和采样间隔对 GRACE Follow-On 星间加速度精度的影响研究。

该书坚持理论和方法创新，与国际权威研究机构 JPL、CSR、GFZ 等的同类研究紧密接轨，集合地球科学的多学科交叉优势，解决了系列关键理论和方法难题。该书中的系列研究成果具有创新性、影响力和系统性，主要包括：多个具有代表性的研究成果以第一作者发表在 *Surveys in Geophysics*（IF＝5.112）等国内外权威学术期刊，而且被国内外学术期刊多次他引；开展了我国下一代重力卫星技术方案、观测模式及关键载荷精度指标的顶层设计和需求论证，并多次在国家相关部门重力卫星论证会上报告和讨论；研究成果不仅得到了国内外同行专家的肯定和好评，而且获得了测绘、航天、国防等相关部门的应用，具有重要的应用前景、经济价值和社会效益。该书的研究成果为我国下一代自主卫星重力测量计划的成功实施提供了可行性的理论依据和技术支持；不仅为寻求资源、保护环境和预测灾害提供了重要信息资源，而且对将来月球、火星和太阳系行星的卫星重力探测具有广泛借鉴价值；较好地满足了当前日益增长和迫切提出的科学和国防需求，具有重要的科学意义和应用前景。

我国首期卫星重力计划预计于2020年前实施，目前，相关研究机构正在积极开展需求论证、重力反演、载荷研制等研究工作。该书的出版旨在为我国首颗重力卫星观测数据的有效处理和地球重力场模型的精确建立提供理论依据和方法支持。我殷切希望该书能对读者的学习和科研提供良好帮助，并能对我国卫星重力反演研究领域的快速发展起到促进作用。衷心祝愿作者在今后的卫星重力反演研究工作中取得更大进步，同时祝愿从事卫星重力学研究的学者们为我国地球科学和国防建设做出更大贡献。

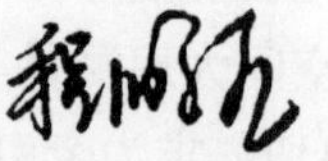

程鹏飞 研究员

国家测绘产品质量检验测试中心

2015年3月2日

前　言

地球重力场及其时变反映地球表层及内部物质的空间分布、运动和变化，同时决定着大地水准面的起伏和变化，因此确定地球重力场的精细结构及其时变不仅是大地测量学、固体地球物理学、海洋学、水文学、冰川学、地震学、空间科学、国防建设等的需求，同时也将为寻求资源、保护环境和预测灾害提供重要的信息资源。自 1957 年 10 月 4 日人类成功发射第一颗人造卫星 Sputnik-1 以来，国内外众多学者在利用卫星技术精密探测地球重力场方面取得了丰硕的研究成果。卫星重力测量技术的实现是继美国 GPS 星座成功构建之后在大地测量领域的又一项创新和突破，它之所以被国际大地测量学界公认为是当前地球重力场探测研究中最高效、最经济和最有发展潜力的方法之一，是因为它既不同于传统的车载、船载和机载测量，也不同于卫星测高和轨道摄动分析，而是通过卫星跟踪卫星高低/低低模式(SST-HL/LL)和卫星重力梯度(SGG)技术反演高精度和高空间分辨率的地球重力场。21 世纪是人类利用 SST 和 SGG 技术提升对“数字地球”认知能力的新纪元，国际重力卫星 CHAMP、GRACE 和 GOCE 的成功升空以及 GRACE Follow-On 的即将发射昭示着人类将迎来一个前所未有的卫星重力探测时代。虽然联合 CHAMP、GRACE 和 GOCE 卫星重力计划可以精确测量地球重力场，从而获得地球总体形状随时间变化、地球各圈层物质的分布和变化、全球海洋质量的分布和迁移、极地冰川的增大和缩小，以及地下蓄水总量信息的特性，但仍无法满足 21 世纪相关学科对全频段地球重力场精度进一步提高的迫切需求。因此，当前国际众多科研机构(美国国家航空航天局(NASA)、德国航空航天中心(DLR)、欧洲空间局(ESA)、中国科学院(CAS)等)正积极寻求新型、高精度、高空间分辨率和全频段的下一代卫星重力测量计划。

为了适应卫星重力学、空间大地测量学等交叉学科的发展，我国很多高等院校都为大地测量专业的本科生和研究生开设了《卫星重力学》或与空间大地测量相关的其他课程。本书为满足此方面的教学和科研需要撰写而成，全书共 9 章：第 1 章从地球重力场测量研究综述、国内外地球重力场反演方法研究的进展与现状、卫星跟踪卫星和卫星重力梯度技术的历史与现状等方面详细介绍卫星重力测量的研究背景。第 2 章从时间参考系统、坐标参考系统、卫星摄动模型等方面系统阐述卫星重力反演的基础理论。第 3 章主要介绍基于能量守恒法，对比基于不同关键载荷精度指标匹配关系、不同卫星轨道高度、不同星间距离以及不同轨道倾角组合反演地球重力场的模拟精度；开展星体和加速度计的质心调整精度、加速度计高低灵敏轴分辨率指标，以及双星和三星编队模式影响重力场精度的论证研究；基于美国 JPL 公布的 GRACE-Level-1B 实测数据，建立 120 阶地球重力场模型 IGG-GRACE。第 4 章主要介绍基于星间加速度法反演 120 阶 GRACE 地球重力场，并开展插值公式、相关系数和采样间隔对 GRACE Follow-On 星间加速度精度的影响研究。第 5 章主要介绍分别基于运动学和功率谱原理的半解析法，估计 120 阶 GRACE 和 360 阶 GRACE Follow-On 地球重力场精度。第 6 章主要介绍利用解析法建立 GRACE Follow-On 卫星关键载荷误差影响累计大地水准面的联合误差模型，并有效和快速估计下一代 360 阶 GRACE Follow-On 地球重力场的精度。第 7 章主要介绍分别基于新型星间距离和星间速度插值卫星重力反演法，利用美国 JPL 公布的 2008 年的 GRACE-Level-1B 实测数据，建立 120 阶全球重力场模型 WHIGG-GEGM01S/02S，并利用美国、欧洲和澳大利亚的 GPS/水准数据检验正确性。第 8 章主要介绍下一代 Post-GRACE 卫星重力测量计划的预期科学目标：基于 SST-HL/LL 跟踪观测模式、采用激光干涉星间测距系统和非保守力补偿系统等新技术，以及利用优选的卫星轨道高度和星间距离建立 360 阶次的下一代高精度和高空间分辨率全球重力场模型。第 9 章进行全文总结，并提出下一步工作计划。

本书是作者在十多年从事卫星重力学和空间大地测量学的科研（以第一作者在国内外权威学术期刊 *Surveys in Geophysics*（IF＝5.112）等发表研究论文 60 余篇（SCI 收录 28 篇）；以第一发明人授权/受理国家发明专利 15 项）和教学工作的基础上扩充和整理而成。作者诚挚感谢《地球观测与导航技术丛书》编委会的武汉大学李德仁院士、宁津生院士、刘经南院士等对本书的撰写和出版给予的大力支持；衷心感谢中国科学院测量与地球物理研究所许厚泽院士和钟敏研究员、国家测绘产品质量检验测试中心程鹏飞研究员、海军工程大学边少锋教授等对本书底稿的仔细审阅和提出的诸多宝贵修改建议；深深感谢本书作者的博士生导师——华中科技大学罗俊院士，和博士后导师——日本京都大学徐培亮博士等在研究生科研启蒙阶段的悉心指导。本书的出版获得了《地球观测与导航技术丛书》国家出版基金、国家自然科学基金重点项目（40234039，41131067）和青年项目（41004006，结题评为特优）、国家高技术研究发展计划（863 计划）（2006AA09Z153，2009AA12Z138）、日本学术振兴会（JSPS）基金项目（B19340129）、中国科学院知识创新工程重要方向青年人才项目（KZCX2-EW-QN114）、中国科学院卢嘉锡青年人才和青年创新促进会基金（2012）等联合资助。本书的研究成果荣获了中国测绘科技进步一等奖（2012，第一完成人）、中国地球物理科技进步二等奖（2013，第一完成人）、湖北省自然科学二等奖（2012，第一完成人）、中国科学院卢嘉锡青年人才奖（2012，个人）、第五届刘光鼎地球物理青年科学技术奖（2014，个人）、湖北省新世纪高层次人才工程奖（2012，个人）、领跑者 5000——中国精品科技期刊顶尖论文奖（2013/2014，排名第一）等十余项。本书的获奖成果于 2012 年 12 月 6 日在《长江日报》“教科卫新闻版”头条刊登报道。

由于作者的科研和教学水平有限，书中不足之处在所难免。如发现不妥之处，恳请广大读者批评指正，并与本书作者联系（Email：wzheng@asch. whigg. ac. cn），作者将不胜感激。

郑　伟
2013 年 11 月 30 日

目　录

第1章 卫星重力测量研究背景

1.1 地球重力场测量研究综述

地球重力场及其随时间的变化量反映了地球表层及内部物质的空间分布、运动和变化，同时决定着大地水准面的起伏和变化（方俊，1975；管泽霖和宁津生，1981；许厚泽，2001；李建成等，2003；Tapley et al.，2004a；李斐等，2005）。重力卫星在地球重力场作用下绕地球作近圆极轨运动，若精密定轨必须知道精确的重力场参数；反之，精确测定卫星轨道摄动，利用摄动跟踪观测数据又可以提高地球重力场参数的精度，两者相辅相成（陆仲连和吴晓平，1994；许厚泽等，1994；肖峰，1997；宁津生等，2002；孙文科，2002）。在大地测量领域，地球重力场对研究地球形状和精确求定地面控制点的三维坐标起着重要作用（胡明城，2003）；在固体地球物理学中，基于地球重力场可以研究地球的内部构造和板块运动（郭俊义，2001）；在海洋学中，为了研究海面地形，揭示洋流和环流的活动规律也需应用重力场数据。因此，21世纪地球重力场反演精度的进一步提高不仅是大地测量学、固体地球物理学、海洋学、水文学、冰川学、空间科学等相关交叉学科发展的迫切需求，同时也将为寻求资源、保护环境和预测灾害提供重要的地球空间信息（Runcorn，1964；Wahr et al.，2000；Crowley et al.，2006；Han et al.，2006；胡小工等，2006；Luthcke et al.，2006；Pollitz，2006；Velicogna and Wahr，2006；汪汉胜等，2007；朱广彬，2007；张子占，2008；Chen et al.，2009；Tiwari et al.，2009；van den Broeke et al.，2009；钟敏等，2009；Heki and Matsuo，2010；Rignot et al.，2011；叶叔华等，2011；Bergmann and Dobslaw，2012；Jin et al.，2012；许厚泽等，2012，冯伟，2013；江敏，2013；彭鹏，2013）。

自意大利物理学家伽利略于16世纪末首次进行重力探测以来，国内外的许多科研机构在全球范围内的陆地、海洋和空间采用多种技术和方法进行了大量的地球重力场测量（张传定，2000；吴晓平，2001；Gunter，2004；郑伟等，2004；许厚泽，2006）。地球重力场的传统测量方法主要包括三种：①地面重力观测技术；②海洋卫星测高技术；③卫星轨道摄动技术。传统重力测量技术的固有局限性导致地球重力场在100～5000km空间分辨率范围内的测量精度较差，因此无论是由三种传统重力测量技术单独或联合测量建立的地球重力场模型（表1.1）都难以满足本世纪相关学科发展的需求。地球重力场模型是指地球引力位按球谐函数展开中引力位系数的集合$\{C_{lm},S_{lm}\}$。

表1.1 传统地球重力场模型的研究进程（郑伟等，2010d）

模型名称	研究机构（国家）	公布年份	数据类型	最高阶数
SEⅠ	SAO[(a)]（美国）	1966	卫星	8
SEⅡ		1970	卫星+地面	16
SEⅢ		1973		18

续表

模型名称	研究机构(国家)	公布年份	数据类型	最高阶数
Rapp 67	OSU[b] (美国)	1967	卫星＋地面	14
Rapp 73		1973		20
Rapp 78		1978		180
Rapp 81		1981		
IGG71	中国科学院 测量与地球 物理研究所 (中国)	1971	卫星＋地面	14
IGG93		1993		360
IGG97 (陆洋和许厚泽,1998)		1997		720
GEM-1	NASA/GSFC[c] (美国)	1972	卫星	12
GEM-2			卫星＋地面	16
GEM-3			卫星	12
GEM-4			卫星＋地面	16
GEM-5		1974	卫星	12
GEM-6			卫星＋地面	16
GEM-7		1976	卫星	16
GEM-8			卫星＋地面	25
GEM-9		1977	卫星	20
GEM-10			卫星＋地面	22
GEM-10A/B/C		1978	卫星＋地面	30/36/180
GEM-L2		1983	卫星＋地面	20
GEM-T1		1988	卫星	36
GEM-T2S/2		1990	卫星/(卫星＋地面)	50
GEM-T3S/3		1992	卫星/(卫星＋地面)	
GRIM1	GFZ[d] (德国)	1976	卫星	10
GRIM2			卫星＋地面	23
GRIM3		1983		36
GRIM3-L1		1985		
GRIM4-S1/C1		1991	卫星/(卫星＋地面)	50
GRIM4-S2/C2		1992		
GRIM4-S3/C3		1993		60
GRIM4-S4/C4		1997		60/72
GRIM5-S1/C1		1999	卫星/(卫星＋地面)	99/120
DQM77	西安测绘 研究所(中国)	1977	卫星＋地面	22
DQM84		1984		36
DQM94		1994		360

续表

模型名称	研究机构(国家)	公布年份	数据类型	最高阶数
DQM99-A/B/C/D (石磐等,1999)	西安测绘 研究所(中国)	1999	卫星+地面	540/720/1080/2160
DQM2000-A/B/C/D (夏哲仁等,2003)		2000		540/720/1080/2160
OSU78	OSU (美国)	1978	卫星+地面	60
OSU79		1979		180
OSU81		1981		
OSU86C/D		1986		250
OSU86E/F				360
OSU89A/B		1989		
OSU91A		1991		
TEG-1S	CSR[e] (美国)	1988	卫星	50
TEG1		1991	卫星+地面	54/50
TEG2/2B				70
TEG3		1997		180
TEG4		2000		
WDM89	武汉大学 (中国)	1989	卫星+地面	180
WDM92CH		1992		360
WDM94		1994		
GFZ93A/B	GFZ (德国)	1993	卫星+地面	360
GFZ95A		1996		
GFZ96		1997		359
GFZ97				
JGM1S/1	GSFC+CSR (美国)	1994	卫星/(卫星+地面)	60/70
JGM2S/2				
JGM3		1996	卫星+地面	70
EGM96S	GSFC+NIMA[f] (美国)	1998	卫星	70
EGM96			卫星+地面	360
EGM2008	NGA[g] (美国)	2008	卫星+地面	2159

(a) SAO: Smithsonian Astrophysical Observatory, USA; (b) OSU: Ohio State University, USA; (c) GSFC: NASA Goddard Space Flight Center, USA; (d) GFZ: GeoForschungsZentrum Potsdam, Germany; (e) CSR: Center for Space Research, University of Texas at Austin, USA; (f) NIMA: National Imagery and Mapping Agency, USA; (g) NGA: National Geospatial-Intelligence Agency, USA。

目前获得全球、规则、密集、全频段、高精度和高空间分辨率的地球重力场数据必须满足三个基本准则:①连续高精度跟踪卫星的三维空间分量(轨道位置和轨道速度)(李济生,1995;杨元喜和文援兰,2003;赵齐乐等,2008);②精密测量作用于卫星的非保守力(大气阻力、太阳光压、地球辐射压、轨道高度和姿态控制力等)(Touboul et al.,1999)和精确模型化作用于卫星的保守力(日月引力,地球固体、海洋、大气和极潮汐力,广义相对论效应摄动等);③尽可能降低卫星的轨道高度(200～500km)(Rummel et al.,2002;许厚泽,2003;许厚泽等,2005)。卫星重力测量技术的实现是继美国GPS(Global Positioning System)星座成功构建之后在大地测量领域的又一项创新和突破,它之所以被国际大地测量学界公认为是当前地球重力场探测研究中最高效、最经济和最有发展潜力的方法之一,是因为它既不同于传统的车载、船载和机载(孙中苗,2004)测量,也不同于卫星测高和轨道摄动分析,而是通过卫星跟踪卫星高低/低低模式(satellite-to-satellite tracking in the high-low/low-low mode,SST-HL/LL)和卫星重力梯度(satellite gravity gradiometry,SGG)技术反演高精度和高空间分辨率地球重力场(于晟,2002)。21世纪是人类利用SST和SGG技术提升对"数字地球"认知能力的新纪元。

1.2 国内外地球重力场反演方法研究的进展与现状

卫星重力反演是指通过分析卫星观测数据(GPS接收机的轨道位置$\boldsymbol{r}$及轨道速度$\dot{\boldsymbol{r}}$、K波段测距系统的星间距离ρ_{12}、星间速度$\dot{\rho}_{12}$及星间加速度$\ddot{\rho}_{12}$、加速度计的非保守力$\boldsymbol{f}$、恒星敏感器的三维姿态($\boldsymbol{q}_{1,2,3}, q_4$)、卫星重力梯度仪的重力梯度张量$\boldsymbol{V}_{ij}$等)和地球重力场模型中引力位系数($C_{lm}, S_{lm}$)的关系,建立并求解卫星运动观测方程,进而反演地球引力位系数,最终目的是建立高精度和高空间分辨率的全球重力场模型。Baker(1960)首次提出了利用卫星跟踪卫星测量技术反演地球重力场的重要思想。自此以后,国际大地测量学等交叉研究领域的众多学者积极投身于地球重力场反演的方法与算法的理论研究和数值计算之中(Wolff,1969;Douglas et al.,1980;Wagner,1987;Jekeli,1990;Oberndorfer et al.,2002;Pail and Plank,2002;Han,2003;章传银等,2003;Ramillien et al.,2005;Xu et al.,2006;王兴涛和李晓燕,2009;庞振兴等,2010)。但直到2000年以后,专用于地球重力场精密探测的重力卫星CHAMP(Challenging Minisatellite Payload)和GRACE(Gravity Recovery and Climate Experiment)的成功发射及实测数据的有效处理应用,这些方法与算法才真正进入实际操作阶段。

在卫星重力反演的众多方法中,按引力位系数解算方法的差异可分为空域法和时域法。空域法是指不直接处理空间位置相对不规则的卫星轨道采样点的观测值,而将这些观测值归算到以卫星平均轨道高度为半径的球面上利用快速傅里叶变换(fast Fourier transform,FFT)进行网格化处理,将问题转化为某类型边值问题的解,如准解析法、最小二乘配置法等属于空域法的范畴(边少锋,1992;于锦海,1992;Sneeuw,2003;Migliaccio et al.,2004)。其优点是因网格点数固定从而方程维数一定,且可以利用FFT方法进行快速批量处理,因此极大地降低了计算量(Kusche,2002);缺点是在进行网格化处理中作了不同程度的近似计算,且不能对色噪声进行处理(Kless et al.,2003)。时域法是指将卫星观测数据按时间序列处理,卫星星历值直接表示成引力位系数的函数,由最小二乘等方法直接反求引力位系数。其优点是直接对卫星观测数据进行处理,不需作任何近似,求解精度较高且能有效处理色噪声;缺点是随着卫星观测数据的增多,观测方程数量剧增,极大地增加了计算量。过去由于地球重力场反演方法的历史局限性和当时计算机技术发展的限制，为了减少计算量，空域法较为盛行，Colombo(1989)、Sanso(1995)、Reguzzoni(2003)、Sharifi(2006)等已在此方面开展了广泛研究。然而，由于空域法做了许多人为性的假设，存在许多潜在的弊端且随着近年来计算机技术的飞速发展及各种快速算法的广泛应用，计算量的大小不再是制约地球重力场反演精度的重要因素，时域法的优点正逐渐体现于卫星重力反演之中，Han 等(2002)、Reigber 等(2002、2003a、2003b)、Reigber(2004)、Schwintzer 和 Reigber(2002)直接利用时域法反演了高精度的地球重力场。时域法主要包括八种类型：①Kaula 线性摄动法(Kaula，1966；Hwang，2001；Visser et al.，2001；Cheng，2002；Visser，2005；Xu，2008)；②数值微分法(沈云中，2000；Austen et al.，2001；Reubelt et al.，2003)；③动力学法(Reigber et al.，2004a；Tapley et al.，2005；周旭华，2005；肖云，2006；张兴福，2007；邹贤才，2007；王庆宾，2009)；④能量守恒法(Jekeli，1999；Gerlach et al.，2003a、2003b；Howe et al.，2003；Visser et al.，2003；Han，2003、2004；徐天河，2004；鲁晓磊，2005；王正涛，2005；Zheng et al.，2005、2006、2008a；Badura et al.，2006；郑伟，2007)；⑤卫星加速度法(Ditmar and van Eck van der Sluijs，2004；沈云中等，2005；Liu，2008；郑伟等，2011c；Zheng et al.，2012a)；⑥短弧积分法(Schneider，1968；Balmino et al.，1976；Ilk，1984；Ilk et al.，2003；Mayer-Gürr et al.，2005；游为，2011；冉将军，2013)；⑦解析法和半解析法(Jekeli and Rapp，1980；Cui and Lelgemann，2000；Sneeuw，2000；姜卫平等，2003；罗佳，2003；Zheng et al.，2008b、2010a；蔡林，2013)；⑧星间距离/星间速度插值法(Zheng et al.，2012b、2012c、2014a；郑伟等，2014e)。

国内外研究表明，Kaula 线性摄动法和数值微分法只适合于求解低阶地球重力场且计算精度较低，因此目前基本上已无人问津，现在最为盛行的是轨道动力学法和能量守恒法。轨道动力学法的优点是求解精度较高；缺点是观测数据运算量较大、求解过程复杂程度较高且反演较高阶重力场($L>100$ 阶)时需要高性能的并行计算机支持；能量守恒法的优点是观测方程物理含义明确且易于地球重力场的敏感度分析，在保证求解精度的前提下计算量大大降低，通常采用 PC 计算机可完成高阶地球重力场的快速求解；缺点是对卫星轨道速度的测量精度要求较高。能量守恒定律是物理学中最普适且应用范围最广的基本定律之一。所谓能量守恒是指卫星运动中的动能、重力位等总能量和保持不变。将能量守恒定律应用于地球重力场反演的理论和方法最早由 O'Keefe(1957)提出，但由于当时缺乏连续且高精度的轨道数据及非保守力测量数据，使得该方法的优越性未能体现。随着美国 GPS 星座的构建和专用于地球重力场精密测量的 CHAMP 和 GRACE 卫星的成功发射，基于 GPS 对卫星轨道以及加速度计对非保守力的高精度测量，利用能量守恒法反演地球重力场以其独特的优越性被重新提上议事日程。此方法避免了数值微分、数值积分等计算，直接利用地球扰动位和地球引力位系数的线性关系建立卫星运动观测方程，而扰动位又可直接利用重力卫星的 GPS 接收机、K 波段测距系统、加速度计、恒星敏感器等观测数据求得。

1.3 卫星跟踪卫星和卫星重力梯度技术历史与现状

自人类于 1957 年 10 月 4 日成功发射第一颗人造卫星 Sputnik-1 以来，国内外的许多学者在利用卫星技术精密探测地球重力场方面取得了辉煌的成就。Kaula(1966)首次利用卫星轨道摄动分析理论和地面重力资料建立了8阶的地球重力场模型，奠定了卫星重力学的理论基础。当前，国际上众多科研机构已投入人力、物力和财力进行了大规模的生产性科学实验，其中已经发射的专用于地球重力场精密探测的重力卫星包括：德国波茨坦地学研究中心(GFZ)独立研制的CHAMP卫星、美国国家航空航天局(National Aeronautics and Space Administration，NASA)和德国航空航天中心(Das Deutsche Zentrum für Luftund Raumfahrt，DLR)合作研制的GRACE卫星，以及欧洲空间局(European Space Agency，ESA)独立研制的GOCE(Gravity Field and Steady-State Ocean Circulation Explorer)重力梯度卫星。CHAMP、GRACE和GOCE卫星各有所长，它们的相继发射不是相互竞争而是互相补充。

1.3.1 卫星跟踪卫星和卫星重力梯度技术发展史

自Baker首次提出SST技术模式以来，大地测量和航空航天等交叉研究领域的众多学者在基于SST和SGG技术高精度和高空间分辨率反演地球重力场方面取得了实质性进展(表1.2)。

表1.2 卫星跟踪卫星和卫星重力梯度技术发展史

时间(年)	发展史
1960	Baker首次提出卫星跟踪卫星高低模式(SST-HL)
1969	Wolf首次提出卫星跟踪卫星低低模式(SST-LL)
1970	Kaula完善了卫星跟踪卫星高低模式的基本理论
1975	美国以应用技术卫星ATS-6作为高轨卫星进行了3次SST-HL实验
1978	欧洲ESA提出SLALOM飞行计划
1980	地球重力场探测计划(GRM)
1982	重力卫星飞行计划(GRAVSAT)
1983	地球重力场探测卫星基本原理
1985	大地测量未来发展计划
1986	欧洲固体地球科学和应用卫星计划(SESAME)
1987	美国NASA和欧洲ESA联合提出固体地球卫星计划
1988	地球系统科学计划——空间大地测量与各学科相互关系
1989	GPS/ARISTOTELES卫星计划
1990	展望2000年大地测量
1991	地球观测用户研讨会
1992	未来空载测高计划——海洋和气候变化
1994	成立地球观测咨询委员会，提出地球探测和观测卫星计划
1995	检验爱因斯坦相对论基础研究计划(STEP)
1996	CHAMP卫星B阶段研究进展
1997	美国卫星重力和岩石圈计划
1998	GRACE和GOCE卫星研究进展

续表

时间(年)	发展史
1999	IUGG XXII 的 IAG 决议 2 推动 GRACE 和 GOCE 卫星加速研制
2000	德国 CHAMP 单星成功发射(2000-07-15～2010-09-19)
2002	美德合作 GRACE 双星成功发射(2002-03-17～)
2009	欧洲空间局 GOCE 单星成功发射(2009-03-17～2013-11-10)
2018	美国 GRACE Follow-On 双星预计发射

1.3.2 CHAMP、GRACE、GOCE 和 GRACE Follow-On 卫星概述

1. CHAMP 卫星

CHAMP 已于 2000 年 7 月 15 日从俄罗斯成功发射升空，它是由德国 GFZ 独立研制的世界上首颗采用卫星跟踪卫星高低技术（SST-HL）的专用重力测量卫星（图 1.1）。CHAMP 卫星的总质量为 522.5kg，高度为 750mm，横梁和卫星的主体总长为 8333mm（横梁长为 4044mm），卫星的面质比为 $1.38\times10^{-3}\mathrm{m}^2/\mathrm{kg}$。它采用近圆和近极地轨道，轨道倾角 87°，轨道离心率 $e<0.004$，初始轨道高度 454km，经过 10 年的飞行任务，轨道高度将衰减为 300km，能高精度测量地球重力场的时变部分。通过星载 GPS 接收机，采用距地面 20000km 的高轨 GPS 卫星对低轨 CHAMP 卫星进行精密跟踪定位（Schmitt and Bauer，2000；许厚泽和沈云中，2001；Deleflie et al.，2003；Moore et al.，2003a；刘经南等，2004；Klokocnik et al.，2005；van den IJssel and Visser，2005）。另外，通过安放在卫星质心处的 STAR 静电悬浮加速度计实时测量卫星在轨道处受到的非保守力（Bruinsma et al.，2003a；Howe et al.，2003；Visser and van den IJssel，2003a；Thompson，2005）。然而，尽管 CHAMP 卫星具有较低的轨道高度（300～450km），但在轨道高度处地球重力场信号的衰减是 CHAMP 的主要弱点，其在后来设计 GRACE 和 GOCE 时得到了较好解决，基本思想是采用物理中描述小尺度特性的经典微分方法（Moore et al.，2003b）。据此可以构想出微分的两种实用技术：卫星跟踪卫星低低技术和卫星重力梯度技术，而且两者都结合卫星跟踪卫星高低技术。CHAMP 卫星的科学目标和技术特征如表 1.3 所示。

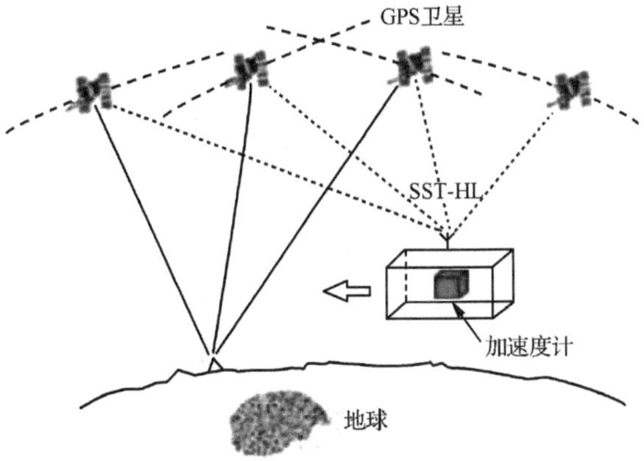

图 1.1 CHAMP 卫星重力测量原理图

表 1.3 CHAMP 计划的科学目标和技术特征

卫星	CHAMP
科学目标	(1)探测地球长波重力场及其时变量 (2)探测地球磁场及其时变量 (3)探测电离层和中性大气结构及其时变量
技术特征	(1) GPS 接收机的精密定轨精度为 0.1m (2) STAR 加速度计测量非保守力精度为 $3\times10^{-9}m/s^2$ (3) 恒星敏感器精密控制姿态的指向精度为 4″ (4) 磁力计测量标量和矢量磁场的分辨率为 10PT

2. GRACE 卫星

GRACE 由美国 NASA 和德国 DLR 共同研制开发，已于 2002 年 3 月 17 日发射升空(David,2002)。如图 1.2 所示，GRACE 初始轨道高度为 500km，仍采用近圆和近极地轨道设计，轨道倾角 89°，轨道离心率 $e<0.004$，在 10～15 年的飞行使命中轨道高度由 500km 降到 300km(Kim,2000;Frommknecht et al.,2003;郑伟等,2009a)。GRACE-A/B 双星采用卫星跟踪卫星高低/低低相结合的飞行模式(SST-HL/LL)，除利用高轨 GPS 卫星对低轨双星精密跟踪定位，同时两颗低轨卫星在同一轨道平面内前后相互跟踪(星间距离 220±50km)编队飞行，并利用共轨双星轨道摄动之差高精度测量地球重力场。GRACE 卫星利用冷气微推进器和磁力矩器辅助双频 GPS 接收机精密定轨(Kang et al.,1997、2003、2006a、2006b; König et al.,2003; Visser and van den IJssel,2003b; Zhu et al.,2004;Beutler et al.,2006;Jäggi et al.,2006;Kohlhase et al.,2006;Wagner et al.,2006)；利用 K/Ka 波段高频链路高精度测量星间距离、星间速度和星间加速度(Rowlands et al.,2002;Balmino,2003;Wang,2003,Betiger et al.,2004;佘世刚,2008;Kim and Lee,2009;郑伟等,2011g;康开轩等,2012)；利用高精度 SuperSTAR 静电悬浮加速度计测量作用于卫星的非保守力(Rodrigues et al.,2003;Roesset,2003;Zheng et al.,2008c、2009c、2009e;薛大同,2011)；利用姿态和轨道控制系统(attitude and orbit control system,AOCS)测量卫星和载荷的空间三维姿态。

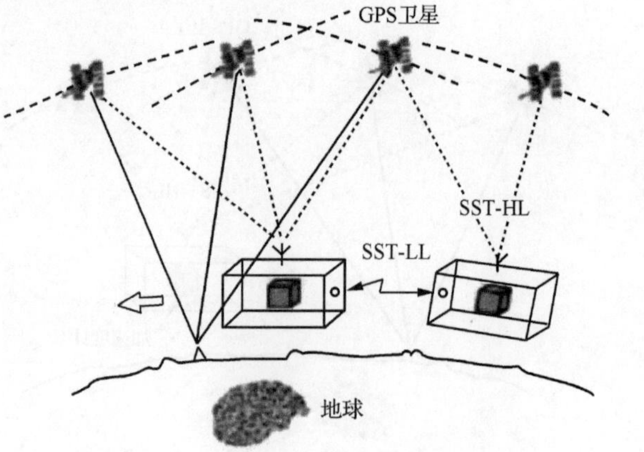

图 1.2 GRACE 卫星重力测量原理图

GRACE双星包含两组SST-HL，并以差分原理测定两个低轨卫星之间的相互运动，因此得到的静态和动态地球重力场的精度比CHAMP至少高一个数量级。GRACE的科学目标是提供一个前所未有高精度的地球重力场模型，将主要应用于大地测量学、固体地球物理学、海洋学、水文学、冰川学、气象学、空间科学、国防建设等研究领域(黄城和胡小工，2004)。由于CHAMP和GRACE具有不同的轨道高度和由此产生的不同轨道扰动波谱，因此两颗重力卫星可以互相取长补短，联合确定一个高精度和长周期的全球重力场模型，其将作为致力于高精度测量中短波地球重力场的GOCE卫星重力梯度计划的研究基础(赵东明，2004)。GRACE计划的科学目标和技术特征如表1.4所示。

表1.4　GRACE计划的科学目标和技术特征

卫星	GRACE
科学目标	(1) 确定高精度的地球静态重力场中长波分量，使得大于5000km空间分辨率的大地水准面精度达到0.01mm，500～5000km空间分辨率大地水准面精度为0.01～0.1mm (2) 确定周期为2～4星期的地球重力场变化，年大地水准面变化精度达到0.001～0.01mm (3) 探测电离层和中性大气结构及其时变量
技术特征	(1) K/Ka波段测距系统的星间速度精度为1μm/s (2) GPS接收机的精密定轨精度为5×10^{-2}m (3) SuperSTAR加速度计的非保守力测量精度为$3\times10^{-10}m/s^2$ (4) 冷气微推进器的轨道控制推进力灵敏度为0.1μN (5) 恒星敏感器的姿态控制指向精度为0.1° (6) 质心调节装置的校正星体和加速度计质心重合精度为10～50μm

3. GOCE卫星

ESA独立研制的GOCE重力梯度卫星已于2009年3月17日成功发射升空。如图1.3所示，GOCE采用近圆和太阳同步轨道，轨道倾角96.5°，轨道离心率0.001，经过4年的飞行计划，轨道高度由250km降为240km(Drinkwater et al.，2003；Johannessen et al.，2003；Muzi and Allasio，2003；Pail and Wermuth，2003；Touboul，2003；Bouman et al.，2004；LeGrand，2005)。为了最大程度减少空间环境扰动导致卫星姿态的变化，GOCE设计为严格对称的八角形棱柱体，总长度4m，横截面积$0.8m^2$，总质量770kg(Pail，2005)。GOCE卫星采用卫星跟踪卫星高低和卫星重力梯度的结合模式，除基于高轨道的GPS/GLONASS卫星对低轨道的GOCE卫星进行精密跟踪定位(Schrama，1990；Visser and van den IJssel，2000；Arsov and Pail，2003；Bobojc and Drozyner，2003；Preimesberger and Pail，2003)，同时利用定位于卫星质心处的重力梯度仪高精度测量卫星轨道高度处引力位的二阶导数(van Gelderen and Koop，1997；Albertella et al.，2002；Sneeuw et al.，2002；Muller and Wermut，2003)。卫星重力梯度测量是利用星载重力梯度仪直接测定卫星轨道高度处引力位的二阶导数，进而高精度和高空间分辨率地反演地球中短波重力场(罗志才，1996；Kless et al.，2000；Ditmar et al.，2003a、2003b；徐新禹，2008；吴星，2009；钟波，2010；刘晓刚，2011；Zheng et al.，2011a、2012d、2013a、2015a；万晓云，2013)。自20世纪初匈牙利物理学家Eötvös设计出第一台重力梯度仪(Eötvös扭

秤)以来，重力梯度仪经历了从单轴旋转到三轴定向，从室温到低温(低于 4.2 K)，从扭力、静电悬浮到超导的发展过程，重力梯度仪精度日益提高(郑伟等，2010b)。早在 20 世纪 80 年代，国外便开始制定国际卫星重力梯度计划。由于地球重力场信号随卫星轨道高度的增加而急剧衰减 $[R_e/(R_e+H)]^{l+1}$，基于分析卫星轨道运动仅适合于精密确定地球中长波重力场，而卫星重力梯度测量是直接测定地球引力位的二次微分，其结果是将球谐系数放大了 l^2 倍，因此卫星重力梯度测量可以抑制引力位随高度的衰减效应，高精度感测地球中短波重力场的信号。GOCE 卫星采用了非保守力补偿技术：①利用重力梯度仪测量由非保守力引起的卫星质心的线加速度与卫星平台的角加速度，同时结合卫星平台姿态测量数据；②通过离子微推进器补偿卫星受到的非保守力(Canuto and Martella，2003；Andreis and Canuto，2005；Keller and Sharifi，2005；Prieto and Ahmad，2005)。由于卫星重力梯度观测值受非保守力的影响较小，因此进一步提高了地球重力场反演的精度和空间分辨率。GOCE 计划的科学目标和技术特征如表 1.5 所示(Arabelos and Tscherning，2001；Oberndorfer and Müller，2002；Bouman and Koop，2003；Marotta，2003；Schrama，2003；Woodworth and Grerory，2003；Pail and Plank，2004；Kern et al.，2005；吴云龙，2010；Yi，2011)。

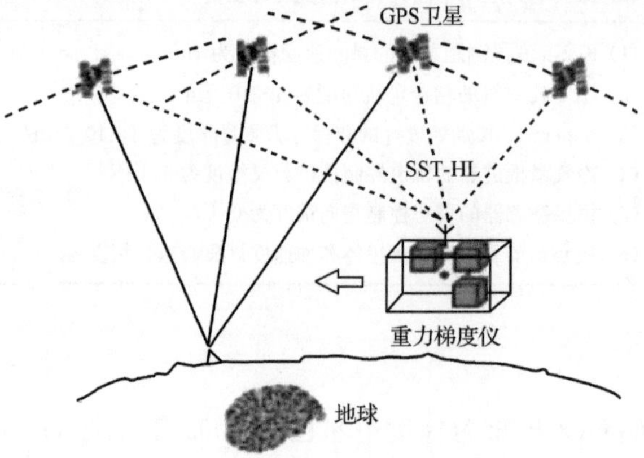

图 1.3　GOCE 卫星重力测量原理图

表 1.5　GOCE 计划的科学目标和技术特征

卫星	GOCE
科学目标	(1) 确定高精度和高空间分辨率的地球重力场，100km 空间分辨率对应大地水准面精度优于 1×10^{-2}m (2) 联合海洋卫星测高数据确定海洋环流、海洋热运输、海洋波动、海平面变化，以及海洋动力模型 (3) 利用高精度非保守力测量数据建立精细大气密度模型
技术特征	(1) GPS/GLONASS 复合接收机的精密定轨精度为 1×10^{-2}m (2) 卫星重力梯度仪的引力位二阶梯度测量精度为 $3\times10^{-12}/s^2$ (3) 冷气微推进器的轨道控制推进力灵敏度为 0.6μN (4) 恒星敏感器的姿态控制指向精度为 10^{-6} rad (5) 离子微推进器的非保守力补偿灵敏度为 50μN

4. GRACE Follow-On 卫星

基于 GRACE 卫星重力测量计划高精度探测中长波静态和长波时变地球重力场的巨大贡献，美国 NASA 提出了下一代专用于中短波静态和中长波时变地球重力场精密探测的 GRACE Follow-On 卫星重力测量计划（Aguirre-Martinez and Sneeuw，2003；Loomis，2005、2009；Loomis et al.，2006、2012；Stephens et al.，2006a；Flechtner et al.，2009；Zheng et al.，2009b、2010a、2012a）。如表 1.6 所示，GRACE Follow-On 双星预期采用近圆、近极和超低轨道设计，利用激光干涉测距系统高精度测量星间距离和星间速度（Bender et al.，2003a；Leitch et al.，2005；Pierce et al.，2008；Sheard et al.，2012），利用高轨 GPS 卫星对低轨双星精密跟踪定位，利用非保守力补偿系统（drag-free and attitude-control system，DFACS）高精度消除双星受到的非保守力（Fischell and Pisacane，1978；Marchetti et al.，2008），利用恒星敏感器测量卫星和载荷的空间三维姿态。由于激光具有超短波长和极好的波长稳定性，因此利用激光干涉测距系统获得的星间距离和星间速度精度至少比 K 波段测距系统高 3 个数量级。下一代 GRACE Follow-On 卫星重力测量计划不仅可以更高精度探测静态地球重力场，同时致力于精密探测时变地球重力场信息。GRACE Follow-On 得到的静态和动态地球重力场的精度比 GRACE 至少高一个数量级的主要原因如下：①GRACE Follow-On（200～300km）卫星轨道高度低于 GRACE（400～500km）。GRACE 卫星采用加速度计实时测量非保守力，在数据后处理中再扣除非保守力。由于非保守力随着卫星轨道高度降低而急剧增加，因此 GRACE 卫星无法采用超低轨道设计。GRACE Follow-On 卫星将采用非保守力补偿系统精确屏蔽作用于卫星的非保守力，因此可实质性降低卫星轨道高度，进而有效抑制地球重力场信号随轨道高度的衰减。②GRACE Follow-On 卫星关键载荷测量精度高于 GRACE。GRACE 卫星采用 K 波段测距系统测量星间距离（10μm）和星间速度（1μm/s），采用加速度计测量卫星受到的非保守力（10^{-10} m/s^2）。GRACE Follow-On 卫星基于激光干涉测距系统高精度测量星间距离（10nm）和星间速度（1nm/s），基于非保守力补偿系统消除作用于卫星的非保守力（10^{-13} m/s^2）效应。③GRACE Follow-On 星间距离短于 GRACE。适当增加星间距离有利于提高长波地球重力场的精度，适当缩短星间距离有利于提高短波地球重力场的精度。GRACE Follow-On（50km）卫星较 GRACE（220km）缩短了星间距离，进一步提高了中高频地球重力场的感测精度。

表 1.6　当前 GRACE 和将来 GRACE Follow-On 卫星重力测量计划对比

参数	指标	
	GRACE	GRACE Follow-On
发射时间（年-月-日）	2002-03-17	2016～2020
卫星寿命/年	10～15	＞5
轨道高度/km	500～300	～250
轨道倾角/(°)	89	89
轨道离心率	＜0.004	0.001
星间距离/km	220±50	50
空间分辨率/km	166	55
测量模式	SST-HL/LL	SST-HL/LL

1.3.3 地球重力场反演精度的科学需求

联合重力卫星 CHAMP、GRACE 和 GOCE 可高精度测量地球静态重力场及其时变，从而获得地球总体形状随时间变化、地球内部各圈层物质的分布和变化、全球海洋质量及海洋环流的分布和变化、极地冰川的增大和缩小，以及地下蓄水总量信息的特性。如表 1.7 所示，大地测量学、固体地球物理学、海洋学、冰川学、水资源学等相关学科的发展迫切需要高精度和全频段的地球重力场。

表 1.7 地球重力场反演精度的科学需求

应用领域	精度		空间分辨率（半波长）/km
	大地水准面/10^{-2}m	重力异常/mGal①	
大地测量学			
(1)GPS 水准	～1	—	100～1000
(2)统一全球高程系统	＜5	—	50～100
(3)惯性导航系统	—	1～5	100～1000
(4)精密定轨	—	1～3	100～1000
固体地球物理学			
(1)岩石圈和上地幔密度结构	—	1～2	100～5000
(2)大陆岩石圈			
沉积盆地	—	1～2	5～100
裂谷	—	1～2	20～100
地壳构造的移动	—	1～2	100～500
地震灾害	—	～1	100～1000
(3)海洋岩石圈和岩流圈的作用			
海山分布	—	1～5	10～50
岩石圈与岩流圈相互作用	—	5～10	100～200
洋盆中隆及破裂带密度结构	—	～1	＜50
海洋学			
(1)小尺度	1～2	—	60～250
(2)洋盆尺度	＜1	—	1000
冰川学			
(1)极地冰川下岩石	～2	—	50～100
(2)冰的垂直运动	—	1～5	100～200
水资源学			
(1)地表水	—	0.5～1	100～500
(2)地下水	—	0.5～1	200～500

① 1Gal=1cm/s^2。

1.4 主要内容

近年来，国际众多学者积极投身于利用 SST 和 SGG 技术反演地球重力场的研究当中，并已取得丰硕的阶段性科研成果。CHAMP、GRACE 和 GOCE 卫星的成功发射以及下一代 GRACE Follow-On 卫星的即将发射预示着人类探测高精度和高空间分辨率地球重力场及时变新纪元的开始。由于国内对利用 SST 和 SGG 技术反演地球重力场的研究尚处于跟踪阶段，而各相关学科对地球重力场反演精度的进一步提高又迫切需求，因此，本书围绕“基于能量守恒原理的卫星重力反演理论与方法”开展研究，主要包括如下五方面的研究工作。

(1) 基于能量守恒法反演地球重力场。①推导了单星(CHAMP)和双星(GRACE)在地心惯性系中的能量守恒观测方程，其中，双星能量守恒观测方程包括带有参考扰动位和无参考扰动位两种形式。②基于能量守恒法和预处理共轭梯度迭代法反演 70 阶 CHAMP 地球重力场；提出 CHAMP 卫星关键载荷(GPS 接收机和星载加速度计)精度指标的匹配关系；论证利用能量守恒法反演地球重力场对卫星轨道测量精度要求较高。③基于能量守恒法利用无参考扰动位的能量守恒观测方程反演 120 阶 GRACE 地球重力场；利用先验地球重力场模型法和最小二乘协方差阵法分别评定反演 120 阶地球引力位系数的模拟精度，通过二者在各阶处的符合性充分验证基于能量守恒法结合预处理共轭梯度迭代法反演 120 阶 GRACE 地球重力场算法的可靠性；对比论证基于 GRACE 不同关键载荷(K 波段测距系统、GPS 接收机和星载加速度计)精度指标匹配关系、不同卫星轨道高度、不同星间距离，以及不同轨道倾角组合反演地球重力场的模拟精度；开展 GRACE 星体和加速度计的质心调整精度论证，GRACE 加速度计高低灵敏轴分辨率指标论证，以及双星和三星编队模式影响地球重力场精度论证研究；基于无参考扰动位能量守恒法，利用精确标校后的加速度计实测数据，建立 120 阶地球重力场模型 IGG-GRACE。

(2) 基于星间加速度法反演地球重力场。①通过 9 点 Newton 插值法得到星间加速度，并联合星间距离和星间速度建立卫星观测方程；基于星间加速度法，反演 120 阶 GRACE-IRAM 地球重力场；分析在地球重力场长波部分，GRACE-IRAM 模型的精度略低于 EIGEN-GRACE02S，而在重力场中长波部分，其精度略优于 EIGEN-GRACE02S 的原因。②基于星间加速度法开展插值公式、相关系数和采样间隔对 GRACE Follow-On 星间加速度精度影响的研究，结果表明，适当增加数值微分公式的插值点数可有效提高插值精度，适当增大相关系数可有效降低星间加速度的误差，合理选取采样间隔有利于地球重力场精度的提高。

(3)基于半解析法估计地球重力场精度。①基于运动学原理的半解析法建立新的 GRACE 卫星 K 波段测距系统的星间速度、GPS 接收机的轨道位置和轨道速度，以及加速度计的非保守力误差联合影响累计大地水准面的误差模型；基于美国喷气推进实验室(Jet Propulsion Laboratory，JPL)公布的 2006 年的 GRACE-Level-1B 实测误差数据，有效和快速地估计 120 阶全球重力场精度。②基于物理学功率谱原理的半解析法，首次建立激光干涉测距系统的星间速度、GPS 接收机的轨道位置和轨道速度，以及加速度计的非保守力误差联合影响累计大地水准面的误差模型；基于轨道高度250km和星间距离50km，利用联合误差模型精确和快速地估计360阶GRACE Follow-On累计大地水准面精度；提出GRACE Follow-On卫星各关键载荷精度指标的匹配关系，并检验联合误差模型的可靠性；基于不同卫星轨道高度，论证估计高精度和高空间分辨率GRACE Follow-On全球重力场的可行性。

(4)基于解析法估计地球重力场精度。①建立新的激光干涉测距系统的星间速度、GPS接收机的轨道位置和轨道速度，以及加速度计的非保守力误差影响累计大地水准面的单独和联合解析误差模型；②基于提出的GRACE卫星关键载荷匹配精度指标和美国JPL公布的GRACE-Level-1B实测精度指标的一致性，以及估计的GRACE累计大地水准面精度和德国GFZ公布的EIGEN-GRACE02S地球重力场模型实测精度的符合性，验证建立的解析误差模型是可靠的；③论证GRACE Follow-On卫星的不同关键载荷匹配精度指标和不同轨道高度对地球重力场精度的影响。

(5)基于新型星间距离插值法和星间速度插值法建立地球重力场模型。①基于GPS接收机的轨道位置、K波段测距系统的星间距离、加速度计的非保守力等原始卫星观测数据，首次通过将高精度的星间距离引入相对轨道位置矢量的星星连线方向，建立星间距离插值观测方程；通过不同点数插值公式的相互对比，9点星间距离插值公式可有效提高地球重力场的反演精度；基于美国JPL公布的2008年的GRACE-Level-1B实测数据，建立120阶全球重力场模型WHIGG-GEGM01S；基于美国、欧洲和澳大利亚的GPS/水准数据检验WHIGG-GEGM01S模型的正确性。②通过将高精度的星间速度观测值(1μm/s)引入相对轨道速度矢量的视线分量，进而建立新型星间速度插值法；详细对比论证6点星间速度插值公式分别优于2点、4点和8点星间速度插值公式；基于美国JPL公布的2009年GRACE-Level-1B实测数据，建立120阶全球重力场模型WHIGG-GEGM02S；基于GPS/水准观测数据(美国、德国和澳大利亚)以及GRACE全球重力场模型(EIGEN-GRACE01S/02S、EIGEN-GL04S1、EIGEN-5C、GGM01S/02S和WHIGG-GEGM02S)之间的大地水准面高差对比可知，新型WHIGG-GEGM02S模型较靠近于已有GGM02S模型，从而检验WHIGG-GEGM02S模型的正确性。

第2章　卫星重力反演基础理论

卫星重力反演的基础理论是基于卫星跟踪卫星模式和卫星重力梯度技术反演高精度和高空间分辨率地球重力场的重要保障。本章分为三个部分详细阐述卫星重力反演的基础理论：①时间参考系统，主要介绍恒星时、世界时、国际原子时、协调世界时、GPS时和动力学时间参考系统及各时间参考系统之间的相互转化；②坐标参考系统，主要介绍地心惯性系、瞬时平赤道系、瞬时真赤道系、协议地固系、卫星固联系、加速度计系、卫星局部指北系和卫星局部轨道参考系统及各坐标参考系统之间的相互转化；③卫星摄动模型，主要介绍保守力摄动(地球非球形引力摄动、三体引力摄动、地球固体、海洋和大气潮汐摄动、地球极潮汐摄动和广义相对论效应摄动)和非保守力摄动(大气阻力摄动、太阳辐射压摄动、地球反照辐射压摄动、卫星轨道高度及姿态控制力摄动和经验力摄动)。

2.1　时间参考系统

时间参考系统具备两个基本功能：①记录某一现象或观测发生的瞬间；②在某一时间尺度中度量两个历元之间消逝的时间。在卫星重力测量中，由于时间尺度的科学性和实用性决定于自身的均匀性和连续性，因此，卫星沿轨道运动的描述需要一种均匀和连续的时间系统。由于地球自转的不均匀性，以地球自转为基准的时间尺度不能满足精确描述卫星轨道运动的需要，但为了达到精确测量地球重力场的目的，时间尺度又必须与地球自转相协调，因此导致了时间系统的多样化和复杂性(图2.1)。

2.1.1　恒星时

恒星时(sidereal time,ST)是指直接与地球自转相联系，平春分点相邻两次经过当地子午圈上中天的间隔，基本单位是平恒星日，习惯上划分为时(h)、分(min)和秒(s)(刘林，1992；魏子卿和葛茂荣，1998)。地方恒星时是春分点相对于子午面的时角，相对于平春分点和真春分点分为地方平恒星时和地方视恒星时。春分点相对于格林尼治子午面的时角称为格林尼治恒星时(Greenwich sidereal time,GST)，当对GST进行岁差修正时称为格林尼治平恒星时(Greenwich mean sidereal time,GMST)，当对GST同时进行岁差和章动修正时称为格林尼治真恒星时(Greenwich apparent sidereal time,GAST)(刘林，1992；魏子卿和葛茂荣，1998)：

$$\mathrm{GAST} = \mathrm{GMST} + \delta G \tag{2.1}$$

式中，δG 表示分点差，$\delta G = \Delta\psi\cos\varepsilon + 0.00264''\sin\Omega + 0.00063''\sin2\Omega$，$\Delta\psi$ 表示黄经章动，$\varepsilon = \varepsilon_0 + \delta\varepsilon$ 表示某时刻真赤道相对于黄道的夹角，ε_0 表示平赤道相对于黄道的夹角，Ω 表示月亮升交点的平黄经。GMST表示如下(刘林，1992；魏子卿和葛茂荣，1998)

$$\mathrm{GMST}=67310.54841\mathrm{s}+(8640184.812866\mathrm{s}+876600\mathrm{h})T \\ +0.093104\mathrm{s}T^2-0.62\times10^{-6}T^3 \tag{2.2}$$

式中，$T=(\mathrm{JD}_{\mathrm{UT1}}-2451545.0)/36525.0$，$\mathrm{JD}_{\mathrm{UT1}}$ 表示世界时 UT1 的儒略日(Julian date,JD)。

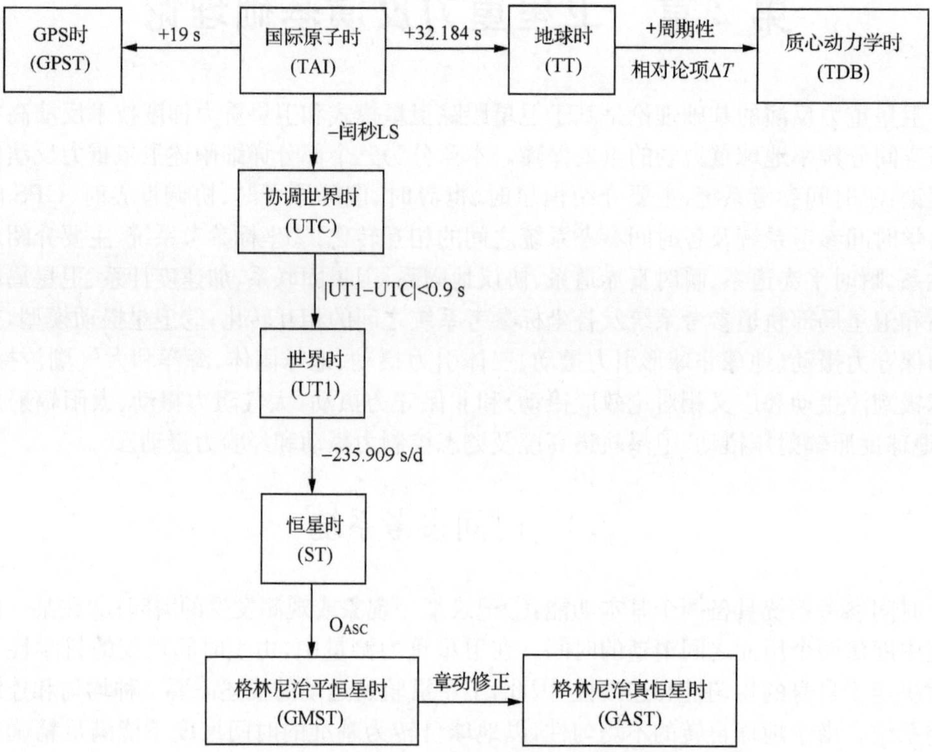

图 2.1　卫星重力反演的时间系统转化关系

2.1.2　世界时

世界时(universal time,UT)是指平太阳(以太阳沿黄道周年运动的平均速度沿赤道作匀速运动的虚太阳)相对格林尼治子午面的时角加 12 小时，以 1/86400 平太阳日为秒长(刘林，1992；魏子卿和葛茂荣，1998)。世界时和恒星时都以地球自转为基础且世界时可看作恒星时的一种特殊形式，两种时间尺度的日长约差 4 分钟，即 1 平恒星日 ≈ 1 平太阳日 −235.909 s。世界时分为 UT0、UT1 和 UT2：①UT0 是基于分布于全球观测台站观测恒星视运动确定的时间系统，它对应于瞬时子午圈；②UT1 定义了格林尼治平均天文子午面相对于平春分点的定向，由于它反映地球的实际旋转，通常作为统一的时间尺度，它是在 UT0 上加引起测站子午圈位置变化的极移改正得到的；③UT2 最接近于均匀的旋转时，但仍受长期慢变化(每百年使日长增加 1.6ms)和不规则性变化的影响，它是在 UT1 上加季节性变化(日长变化约 0.001″)改正得到。

2.1.3　国际原子时

1967 年 10 月，巴黎第 13 届国际度量衡大会引入一种既容易实现又连续且严格均匀的时间尺度——国际原子时(international atomic time,TAI)。由于原子核外的电子由一个能级跃迁到另一个能级要吸收或发射一定频率的电磁波,因此,TAI 是基于原子的量子跃迁产生电磁振荡定义的时间系统,起算点是 1958 年 1 月 1 日 0 时 UT2(TAI－UT2＝－0.0039″),而且由于地球自转的不均匀性,随着时间的推移,TAI 和 UT1 的差异将逐渐增大(刘林,1992;魏子卿和葛茂荣,1998)。TAI 国际单位制(SI)的时间单位秒定义为铯原子 Cs^{133} 基态的两个超精细能级之间的跃迁相应的 9192631770 个放射周期的持续时间。TAI 通过全世界天文台的大量原子钟读数来校准,其稳定性较 UT1 约高 6 个数量级。

2.1.4 协调世界时

在卫星重力测量中,由于需要计算卫星的瞬时位置,时间系统必须和 UT1 相联系;同时,UT1 的秒长较 TAI 的秒长略长,UT1 将日益落后于 TAI,因此,为了满足实际卫星重力测量的需求,在 1972 年引入了协调世界时(coordinated universal time,UTC)(刘林,1992;魏子卿和葛茂荣,1998)。UTC 是一种秒长与 TAI 相同、均匀但不连续的时间系统,它基于 TAI 又参考 UT,是 TAI 和 UT 之间的一种协调。为了保证 $|UT1-UTC| < 0.9s$,通常在每年的 7 月 1 日或 1 月 1 日 0 时在 UTC 中引入闰秒 LS 改正(闰秒由 IERS 决定并公布)。

2.1.5 GPS 时

GPS 时(GPS time,GPST)是一种连续且均匀的时间系统,原点为 1980 年 1 月 1 日 0 时 UTC,采用国际单位制时间单位——秒(刘林,1992;魏子卿和葛茂荣,1998)。GPS 系统常用 GPST 记录观测时间,GPST 由 GPS 系统主控站维持,使其尽可能与 UTC 保持一致,但不作闰秒改正(GPST－TAI＝19s)。美国 JPL 于 2004 年 1 月 21 日公布的 GRACE 卫星各关键载荷(K 波段测距系统、GPS 接收机、SuperSTAR 加速度计、恒星敏感器等)实测数据的时间系统均采用 GPST,原点不定义在 1980 年 1 月 1 日 00:00:00,重新定义在 2000 年 1 月 1 日 12:00:00。

2.1.6 动力学时

基于牛顿(Newton)力学的卫星轨道动力学方程通常是在惯性框架中描述的,因此需要引入一种特殊的时间系统——动力学时(dynamical time,DT)(刘林,1992;魏子卿和葛茂荣,1998)。DT 包括地球动力学时(terrestrial dynamical time,TDT)和质心动力学时(barycentric dynamical time,TDB)两种。地球动力学时是一种均匀且连续的时间系统,主要用于解算地心惯性系中的卫星轨道动力学方程,单位与 TAI 相同。自 1992 年开始,TDT 已被地球时(terrestrial time,TT)取代,TT－TAI＝32.184s。质心动力学时用于解算太阳系质心运动的动力学方程。TDT 和 TDB 具有统一的时间尺度,二者相差一个周期性相对论项(刘林,1992;魏子卿和葛茂荣,1998):

$$\Delta T = \mathrm{TDB} - \mathrm{TDT} = 0.001658\sin(g + 0.0167\sin g)\ \mathrm{s} \tag{2.3}$$

式中,$g = 2\pi(357.578° + 35999.050° T)/360°$,$T = (JD_{TDT} - 2451545.0)/36525.0$,$JD_{TDT}$ 表示地球动力学时 TDT 的儒略日。

2.2 坐标参考系统

在卫星重力测量中，为了便于描述不同载荷的观测值(K 波段测距系统、GPS 接收机、加速度计、恒星敏感器、卫星重力梯度仪等)，定义了多种坐标参考系统(表 2.1)。空间坐标参考系统包含三个要素：①坐标原点；②坐标参考平面(X 轴和 Y 轴构成)；③三轴指向。各种坐标参考系统并非孤立的单体，而是通过各坐标参考系统间的相互转换形成有机整体，进而完成卫星重力测量中多种观测值的复杂运算(李厚朴，2010)。

表 2.1　卫星重力反演的坐标参考系统

坐标系名称		坐标系原点	坐标参考平面	坐标轴指向	
地心惯性系(ECIS)		地球质心	J2000.0 历元地球平赤道面	X_{ECIS}	J2000.0 历元的平春分点
				Y_{ECIS}	与 X_{ECIS} 和 Z_{ECIS} 构成右手系
				Z_{ECIS}	J2000.0 历元平天极
瞬时平赤道系(IMES)		地球质心	瞬时地球平赤道面	X_{IMES}	瞬时平春分点
				Y_{IMES}	与 X_{IMES} 和 Z_{IMES} 构成右手系
				Z_{IMES}	瞬时平天极
瞬时真赤道系(ITES)		地球质心	瞬时地球真赤道面	X_{ITES}	瞬时真春分点
				Y_{ITES}	与 X_{ITES} 和 Z_{ITES} 构成右手系
				Z_{ITES}	瞬时真天极
协议地固系(CES)		地球质心	瞬时地球平赤道面	X_{CES}	赤道上的零经度点
				Y_{CES}	与 X_{CES} 和 Z_{CES} 构成右手系
				Z_{CES}	地球平北极
卫星固联系(SBS)	CHAMP	卫星质心	垂直卫星轨道平面	X_{SBSC}	卫星沿轨道运动方向(翻滚轴)
				Y_{SBSC}	垂直于卫星轨道平面，与 X_{SBSC} 和 Z_{SBSC} 构成右手系(倾斜轴)
				Z_{SBSC}	位于轨道平面内，垂直于 X_{SBSC} 并指向地球(偏航轴)
	GRACE			X_{SBSG}	双星分别指向各自 K 波段测距系统相位中心，X_{SBSG1} 和 X_{SBSG2} 正方向反向共线(翻滚轴)
				Y_{SBSG}	垂直于卫星轨道平面，与 X_{SBSG} 和 Z_{SBSG} 构成右手系(倾斜轴)
				Z_{SBSG}	位于轨道平面内，垂直于 X_{SBSG} 并指向地球(偏航轴)
加速度计系(AS)	CHAMP	检验质量中心	垂直卫星轨道平面	X_{ASC}	反平行于卫星固联系 Z_{SBSC}
				Y_{ASC}	平行于卫星固联系 X_{SBSC}
				Z_{ASC}	反平行于卫星固联系 Y_{SBSC}
	GRACE			X_{ASG}	平行于卫星固联系 Y_{SBSG}
				Y_{ASG}	平行于卫星固联系 Z_{SBSG}
				Z_{ASG}	平行于卫星固联系 X_{SBSG}

续表

坐标系名称	坐标系原点	坐标参考平面	坐标轴指向	
卫星局部指北系 (SLNS)	卫星质心	当地轨道切平面	X_{SLNS} Y_{SLNS} Z_{SLNS}	指向北 指向西 与 X_{SLNS} 和 Y_{SLNS} 构成右手系
卫星局部轨道系 (SLOS)	卫星质心	当地轨道切平面	X_{SLOS} Y_{SLOS} Z_{SLOS}	卫星瞬时速度方向 卫星瞬时轨道角动量方向 与 X_{SLOS} 和 Y_{SLOS} 构成右手系

2.2.1 地心惯性坐标系

在卫星重力测量中，基于牛顿力学建立的卫星轨道运动方程通常在惯性系(inertial system，IS)中描述，惯性坐标系的原点位于宇宙质心，三个互相正交的坐标轴在宇宙中具有固定指向。但是，在处理实际卫星重力反演问题时，具有绝对意义的惯性参考系无法真实获得，因此，只能基于科学研究中对精度的要求和国际约定准则建立近似的惯性坐标系——地心惯性坐标系(Earth-centered inertial system，ECIS)(表 2.1)。在 ECIS 中，重力卫星的轨道运动能以较高精度满足牛顿力学定律，因此引入的误差远小于目前地球重力场反演的精度。在反演 120 阶 GRACE 地球重力场时，各关键载荷(K 波段测距系统、GPS 接收机、SuperSTAR 加速度计、恒星敏感器等)的实测数据均应由各自不同的坐标系转化到地心惯性坐标系中联合求解卫星观测方程。

位于地心惯性坐标系中的卫星轨道运动方程通常在笛卡儿(Cartesian)直角坐标系中描述，但有时为了研究问题方便也可采用开普勒(Kepler)六个轨道根数进行表述(图 2.2)。卫星在地球质心引力 **F** 作用下绕地球质心作椭圆周期运动。在天体力学中，作用在质点上且总是通过固定中心的力称为中心力。地球质心引力是中心力，力心在地球质心 O，方向沿径

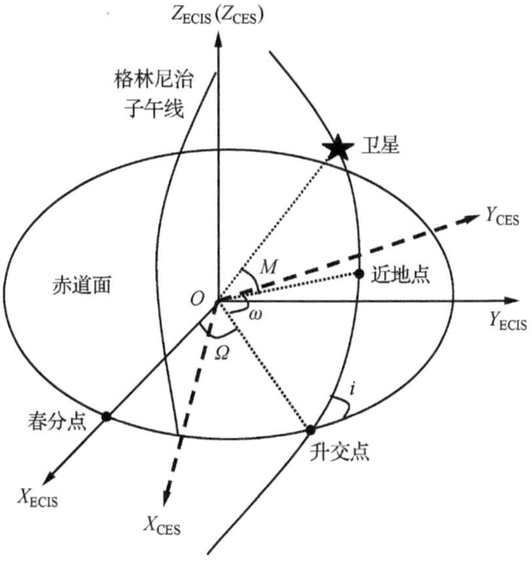

图 2.2 地心惯性系和协议地固系中开普勒的六个轨道根数

向 $\boldsymbol{r}$ 指向外。由于卫星质量 m 远小于地球质量 M,因此,卫星对地球的引力可忽略。根据牛顿第二运动定律,二体问题的卫星运动微分方程可表示为(张守信,1996)

$$\ddot{\boldsymbol{r}} = -\frac{GM}{r^3}\boldsymbol{r} \tag{2.4}$$

方程(2.4)两边左叉乘 $\boldsymbol{r}$ 得

$$\boldsymbol{r}\times\ddot{\boldsymbol{r}} = -\frac{GM}{r^3}\boldsymbol{r}\times\boldsymbol{r} \tag{2.5}$$

据乘积微分法则,式(2.5)可改写为

$$\frac{\mathrm{d}}{\mathrm{d}t}(\boldsymbol{r}\times\dot{\boldsymbol{r}}) - \dot{\boldsymbol{r}}\times\dot{\boldsymbol{r}} = -\frac{GM}{r^3}\boldsymbol{r}\times\boldsymbol{r} \tag{2.6}$$

由于 $\boldsymbol{r}\times\boldsymbol{r}=0$,$\dot{\boldsymbol{r}}\times\dot{\boldsymbol{r}}=0$,得

$$\frac{\mathrm{d}}{\mathrm{d}t}(\boldsymbol{r}\times\dot{\boldsymbol{r}}) = 0 \tag{2.7}$$

卫星矢径 $\boldsymbol{r}$ 扫过的面积速度表示为

$$\boldsymbol{h} = \boldsymbol{r}\times\dot{\boldsymbol{r}} = \begin{bmatrix} y\dot{z}-z\dot{y} \\ z\dot{x}-x\dot{z} \\ x\dot{y}-y\dot{x} \end{bmatrix} = \begin{bmatrix} A \\ B \\ C \end{bmatrix} \tag{2.8}$$

轨道倾角 i 表示为(张守信,1996)

$$i = \arctan\frac{\sqrt{A^2+B^2}}{C} \tag{2.9}$$

升交点赤经 Ω 表示为(张守信,1996)

$$\Omega = \arctan\left(-\frac{A}{B}\right) \tag{2.10}$$

轨道长半轴 a 表示为(张守信,1996)

$$a = \left(\frac{2}{|\boldsymbol{r}|} - \frac{|\dot{\boldsymbol{r}}|^2}{GM}\right)^{-1} \tag{2.11}$$

式中,$|\boldsymbol{r}| = \sqrt{x^2+y^2+z^2}$;$|\dot{\boldsymbol{r}}| = \sqrt{\dot{x}^2+\dot{y}^2+\dot{z}^2}$。

轨道离心率 e 表示为(张守信,1996)

$$e = \sqrt{(e\sin E)^2 + (e\cos E)^2} \tag{2.12}$$

式中,$e\sin E = \dfrac{|\boldsymbol{r}|\,|\dot{\boldsymbol{r}}|}{\sqrt{GMa}}$;$e\cos E = 1 - \dfrac{|\boldsymbol{r}|}{a}$。

平近点角 M 表示为(张守信,1996)

$$M = E - e\sin E \tag{2.13}$$

式中,E 表示偏近点角;

$$E=\begin{cases}\arctan\left(\dfrac{e\sin E}{e\cos E}\right) & (e\cos E>0, e\sin E\geqslant 0)\\ 2\pi+\arctan\left(\dfrac{e\sin E}{e\cos E}\right) & (e\cos E>0, e\sin E<0)\\ \pi+\arctan\left(\dfrac{e\sin E}{e\cos E}\right) & (e\cos E<0)\\ \dfrac{\pi}{2} & (e\cos E=0, e\sin E>0)\\ \dfrac{3\pi}{2} & (e\cos E=0, e\sin E<0)\end{cases} \tag{2.14}$$

近地点幅角 ω 表示为(张守信,1996)

$$\omega=\arctan\left(\frac{z/\sin i}{x\cos\Omega+y\sin\Omega}\right)-f \tag{2.15}$$

式中,f 表示真近点角:

$$f=\begin{cases}2\arctan\left(\sqrt{\dfrac{1+e}{1-e}}\tan\dfrac{E}{2}\right) & (0\leqslant E<\pi)\\ E & (E=\pi)\\ 2\pi+2\arctan\left(\sqrt{\dfrac{1+e}{1-e}}\tan\dfrac{E}{2}\right) & (\pi<E<2\pi)\end{cases} \tag{2.16}$$

令 $\omega_1=z/\sin i$,$\omega_2=x\cos\Omega+y\sin\Omega$,得

$$\omega=\begin{cases}\arctan\dfrac{\omega_1}{\omega_2}-f & (\omega_2>0, \omega_1\geqslant 0)\\ 2\pi+\arctan\dfrac{\omega_1}{\omega_2}-f & (\omega_2>0, \omega_1<0)\\ \pi+\arctan\dfrac{\omega_1}{\omega_2}-f & (\omega_2<0)\\ \dfrac{\pi}{2}-f & (\omega_2=0, \omega_1>0)\\ \dfrac{3\pi}{2}-f & (\omega_2=0, \omega_1<0)\end{cases} \tag{2.17}$$

在开普勒六个轨道根数中,轨道长半轴 a 和离心率 e 决定卫星轨道的大小和形状;轨道倾角 i 和升交点赤经 Ω 决定卫星轨道平面相对于地心惯性坐标系的位置;近地点幅角 ω 决定卫星轨道长半轴的方向;平近点角 M 决定卫星在轨道上的瞬时位置。因此,开普勒六个轨道根数决定了卫星在地心惯性坐标系中的瞬时位置 $\boldsymbol{r}$ 和瞬时速度 $\dot{\boldsymbol{r}}$。

2.2.2 协议地固坐标系

为了便于准确描述卫星台站位置和卫星大地测量观测结果(如地球引力位等),引入了一种固联于地球框架的非惯性系——地固坐标系(Earth-fixed system,ES)。由于地球不是严格的刚体,因此在处理实际卫星重力反演问题时只能以一定的精度逼近真实的地

固坐标系，称为协议地固坐标系(conventional Earth-fixed system，CES)(表 2.1)(刘林，1992；魏子卿和葛茂荣，1998)。如果忽略地球潮汐和地壳运动，地面上任意点的位置在协议地固坐标系中不变。美国 JPL 在 GRACE-Level-1B 数据产品中提供的 GPS 导航数据(轨道位置和轨道速度)位于协议地固系，采样间隔为 60s。GRACE-Level-1B 数据产品中提供的 GRACE-A/B 的 GPS 导航数据以每天一个数据文件给出：①卫星每天的轨道数据(2002-07-31-23：59：00.00～2002-08-02-00：01：00.00)和第二天的轨道数据(2002-08-01-23：59：00.00～2002-08-03-00：01：00.00)存在 3 分钟的轨道重叠；②由于定轨中对首、尾两个时段施加弱约束，卫星轨道实测数据的开始和结束时段各 31 分钟的精度较低；③轨道实测数据中存在明显粗差。在 GRACE 地球重力场反演中，由于卫星观测方程建立于地心惯性系，因此 GPS 导航实测数据必须由协议地固系转换到地心惯性系。如表 2.1 所示，位于协议地固坐标系中的位置矢量 $\boldsymbol{r}_b$ 经过地球极移 $\boldsymbol{W}$ 和格林尼治视恒星时 $\boldsymbol{S}$ 修正后便可得到位于瞬时真赤道坐标系(instantaneous true equator system，ITES)中的位置矢量 $\boldsymbol{SWr}_b$，再经过章动 $\boldsymbol{N}$ 修正便可得到位于瞬时平赤道坐标系(instantaneous mean equator system，IMES)中的位置矢量 $\boldsymbol{NSWr}_b$，最后经岁差 $\boldsymbol{P}$ 修正后便可得到位于地心惯性系中的位置矢量(刘林，1992；魏子卿和葛茂荣，1998)：

$$\boldsymbol{r}_i = \boldsymbol{PNSWr}_b \tag{2.18}$$

忽略岁差(8×10^{-12} rad/s)、章动(3×10^{-12} rad/s)和极移(3×10^{-13} rad/s)的时间变化效应，卫星轨道速度矢量由协议地固系转换到地心惯性系的形式表示为(刘林，1992；魏子卿和葛茂荣，1998)

$$\dot{\boldsymbol{r}}_i = \boldsymbol{PNSW}\dot{\boldsymbol{r}}_b + \boldsymbol{PN}\dot{\boldsymbol{S}}\boldsymbol{Wr}_b \tag{2.19}$$

式中，格林尼治视恒星时矩阵 $\boldsymbol{S}$ 表示如下(刘林，1992；魏子卿和葛茂荣，1998)

$$\boldsymbol{S} = \boldsymbol{R}_z(\theta_\mathrm{G}) = \begin{pmatrix} \cos\theta_\mathrm{G} & -\sin\theta_\mathrm{G} & 0 \\ \sin\theta_\mathrm{G} & \cos\theta_\mathrm{G} & 0 \\ 0 & 0 & 1 \end{pmatrix} \tag{2.20}$$

式中，$\theta_\mathrm{G} = \theta_0 - \omega_\mathrm{e} t$ 表示格林尼治视恒星时角，ω_e 表示地球自转角速度。格林尼治视恒星时矩阵 $\boldsymbol{S}$ 对时间 t 的一阶导数表示如下

$$\dot{\boldsymbol{S}} = \begin{pmatrix} \cos\theta_\mathrm{G} & -\sin\theta_\mathrm{G} & 0 \\ \sin\theta_\mathrm{G} & \cos\theta_\mathrm{G} & 0 \\ 0 & 0 & 1 \end{pmatrix} \frac{\mathrm{d}\theta_\mathrm{G}}{\mathrm{d}t} \tag{2.21}$$

由于 $\mathrm{d}\theta_\mathrm{G}/\mathrm{d}t = \omega_\mathrm{e}$，上述式(2.21)可改写为

$$\dot{\boldsymbol{S}} = \begin{pmatrix} \cos\theta_\mathrm{G} & -\sin\theta_\mathrm{G} & 0 \\ \sin\theta_\mathrm{G} & \cos\theta_\mathrm{G} & 0 \\ 0 & 0 & 1 \end{pmatrix} \omega_\mathrm{e} \tag{2.22}$$

2.2.3 卫星固联坐标系

在卫星重力测量中，为了精确描述卫星在轨道处的三维姿态和建立各载荷坐标系之

间的联系，引入了卫星固联坐标系(satellite body-fixed system，SBS)(表 2.1)。美国 JPL 在 GRACE-Level-1B 数据产品中提供的 SuperSTAR 星载加速度计的非保守力实测数据位于卫星固联系。图 2.3 表示 CHAMP 卫星固联系(O_{SBSC}-$X_{SBSC}Y_{SBSC}Z_{SBSC}$)和加速度计系(O_{ASC}-$X_{ASC}Y_{ASC}Z_{ASC}$)示意图。图 2.4 表示 GRACE 卫星固联系(O_{SBSG}-$X_{SBSG}Y_{SBSG}Z_{SBSG}$)和加速度计系(O_{ASG}-$X_{ASG}Y_{ASG}Z_{ASG}$)示意图。

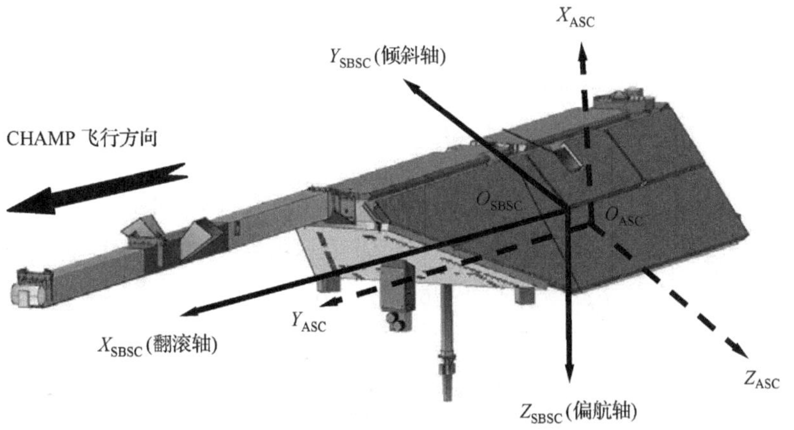

图 2.3　CHAMP 卫星固联系和加速度计系

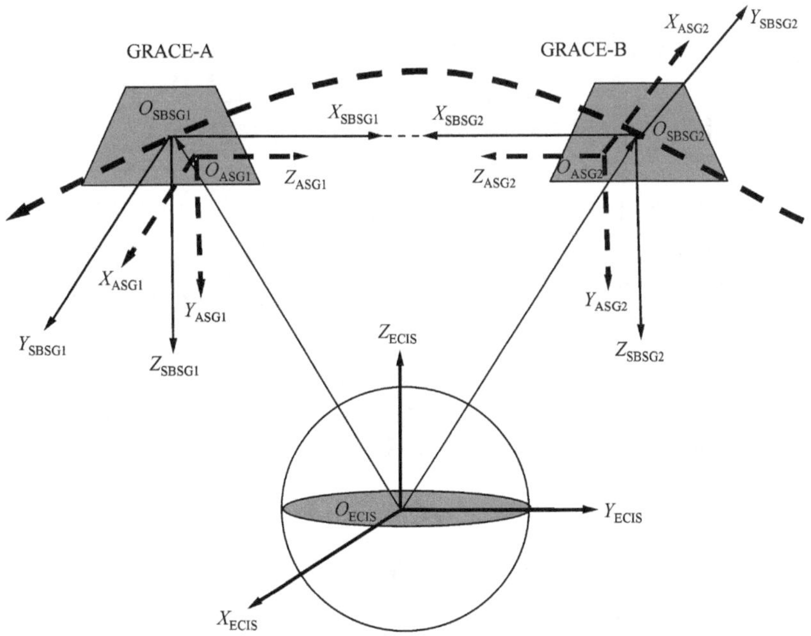

图 2.4　GRACE 卫星固联系和加速度计系

2.2.4　加速度计坐标系

在卫星重力测量中，无论是 CHAMP、GRACE 还是 GOCE 卫星，各载荷观测数据(K 波段测距系统、GPS 接收机、加速度计、恒星敏感器、卫星重力梯度仪等)均位于自身的坐标系统。下面以 GRACE 卫星 SuperSTAR 加速度计坐标系(accelerometer system，AS)

为例说明，美国 JPL 在 GRACE-Level-1B 数据产品中提供的 GRACE-A/B 的SuperSTAR 加速度计实测数据是在 SBS 以每天(2002-08-01-00:00:00.00～23:59:59.00)一个数据文件形式依次给出的，采样间隔为 1s。由于空间环境的复杂性，SuperSTAR 加速度计实测数据存在明显粗差和数据间断。自 GRACE 卫星 SuperSTAR 加速度计实测数据解密以来，国内外专家进行了大量的研究，结果表明，GRACE-A/B 卫星 SuperSTAR 加速度计存在着不同程度的尺度、偏差等系统误差，如果对此系统误差不进行有效修正将会极大地降低地球重力场反演精度。在进行尺度因子和偏差因子标定以前，首先要将 SuperSTAR 加速度计实测数据由 SBS 转换到 AS，其公式表示如下(Roesset，2003)

$$[f_x^0 \quad f_y^0 \quad f_z^0]_{\mathrm{AS}}^{\mathrm{T}} = \boldsymbol{B}\,[f'_x \quad f'_y \quad f'_z]_{\mathrm{SBS}}^{\mathrm{T}} \tag{2.23}$$

式中，$[f_x^0 \quad f_y^0 \quad f_z^0]_{\mathrm{AS}}^{\mathrm{T}}$ 表示位于 AS 的 SuperSTAR 加速度计实测数据；$[f'_x \quad f'_y \quad f'_z]_{\mathrm{SBS}}^{\mathrm{T}}$ 表示位于 SBS 的实测数据。$\boldsymbol{B}$ 表示由 SBS 到 AS 的转换矩阵：

$$\boldsymbol{B} = \begin{bmatrix} 0 & 1 & 0 \\ 0 & 0 & 1 \\ 1 & 0 & 0 \end{bmatrix} \tag{2.24}$$

实测数据的标校包括尺度因子和偏差因子的修正：

$$\boldsymbol{f}_{ij}^0 = \boldsymbol{b}_{ij} + k_{ij}\boldsymbol{a}_{ij} \tag{2.25}$$

式中，下标 i 表示 GRACE-A/B，$i=1,2$；下标 j 表示 x,y,z 轴，$j=1,2,3$；$\boldsymbol{a}_{ij}$ 表示美国 JPL 公布的未标校的 SuperSTAR 加速度计实测数据；$\boldsymbol{k}_{ij}$ 表示尺度因子；$\boldsymbol{b}_{ij}$ 表示偏差因子；$\boldsymbol{f}_{ij}$ 表示标校后的 SuperSTAR 加速度计实测数据(单位质量)。

因为 SuperSTAR 加速度计的系统误差(尺度因子和偏差因子)是随时间变化的，所以美国 JPL 提供的尺度因子标校参数是长时间总体实测数据的平均值，不能正确反映每天的加速度计系统偏差的实际变化；只有提供的以简化儒略日为变量的偏差因子计算公式可实际操作。因此，在利用特定时间段的加速度计实测数据反演地球重力场时，应重新计算尺度因子和偏差因子对加速度计数据精确修正。

由于 SuperSTAR 加速度计的实测数据最终要统一于地心惯性坐标系，因此，首先将位于 AS 且标校后的加速度计实测数据转换回 SBS，然后再由 SBS 转换到 ECIS。加速度计数据由 AS 转换到 ECIS 的矩阵表达式为(Roesset，2003)

$$[f_x \quad f_y \quad f_z]_{\mathrm{ECIS}}^{\mathrm{T}} = \boldsymbol{C}(\boldsymbol{q})\boldsymbol{B}^{\mathrm{T}}\,[f_x^0 \quad f_y^0 \quad f_z^0]_{\mathrm{AS}}^{\mathrm{T}} \tag{2.26}$$

式中，$[f_x \quad f_y \quad f_z]_{\mathrm{ECIS}}^{\mathrm{T}}$ 表示 ECIS 下的加速度计实测数据；转换矩阵 $\boldsymbol{C}(\boldsymbol{q})$ 由恒星敏感器测得的姿态数据(四元数)构成(Roesset，2003)：

$$\boldsymbol{C}(\boldsymbol{q}) = \begin{bmatrix} q_1^2-q_2^2-q_3^2+q_4^2 & 2(q_1q_2+q_3q_4) & 2(q_1q_3-q_2q_4) \\ 2(q_1q_2-q_3q_4) & -q_1^2+q_2^2-q_3^2+q_4^2 & 2(q_2q_3+q_1q_4) \\ 2(q_1q_3+q_2q_4) & 2(q_2q_3-q_1q_4) & -q_1^2-q_2^2+q_3^2+q_4^2 \end{bmatrix} \tag{2.27}$$

2.2.5 卫星局部轨道坐标系

在基于卫星重力梯度技术反演 250 阶 GOCE 地球重力场时，由地球引力位 $V(r,\theta,\lambda)$ 分别对卫星位置矢量的三个分量 x,y,z 求二阶导数得到的 9 个重力梯度全张量 V_{ij} 位于卫星局部指北坐标系(satellite local north-stabilized system,SLNS),而 GOCE 星载重力梯度仪在轨道处的重力梯度观测值位于卫星局部轨道坐标系(satellite local orbital system,SLOS)(Petrovskaya and Vershkov,2006)(表 2.1),因此,在模拟 GOCE 卫星重力梯度值和基于重力梯度值反演地球重力场时,需要进行卫星局部指北坐标系和卫星局部轨道坐标系之间的相互转换(图 2.5)。

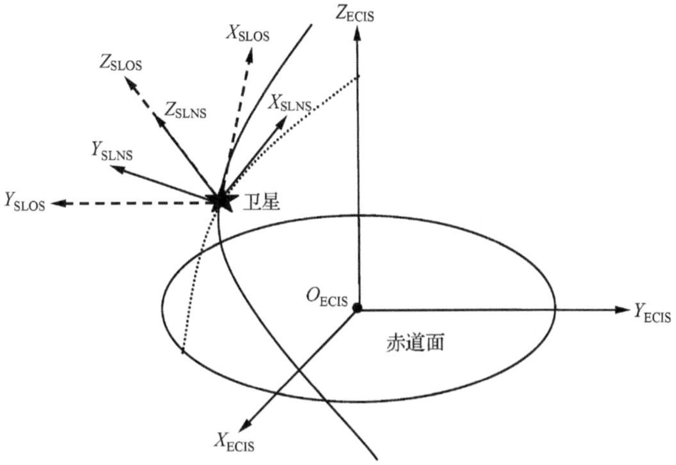

图 2.5　GOCE 卫星局部指北系和局部轨道系

2.3　卫星摄动模型

地球重力卫星摄动力模型是指所有影响卫星轨道运动的摄动力集合。卫星在空间轨道飞行受到的合外力表示如下

$$\ddot{\boldsymbol{r}} = \boldsymbol{g} + \boldsymbol{a} \tag{2.28}$$

式中,$\boldsymbol{g}$ 表示将地球视为质点作用于重力卫星的中心引力,它是决定卫星绕地球运动的主要力源;$\boldsymbol{a}$ 表示作用于重力卫星的摄动力,它包括保守摄动力 $\boldsymbol{a}_{\mathrm{cf}}$ 和非保守摄动力 $\boldsymbol{a}_{\mathrm{nc}}$ 两部分。作用于重力卫星的保守摄动力 $\boldsymbol{a}_{\mathrm{cf}}$ 不会改变卫星运动的总能量且大多数均可以精确模型化(刘林,1992):

$$\boldsymbol{a}_{\mathrm{cf}} = \boldsymbol{a}_{\mathrm{ng}} + \boldsymbol{a}_{\mathrm{sm}} + \boldsymbol{a}_{\mathrm{st}} + \boldsymbol{a}_{\mathrm{ot}} + \boldsymbol{a}_{\mathrm{at}} + \boldsymbol{a}_{\mathrm{pt}} + \boldsymbol{a}_{\mathrm{re}} \tag{2.29}$$

式中,$\boldsymbol{a}_{\mathrm{ng}}$ 表示地球非球形引力摄动;$\boldsymbol{a}_{\mathrm{sm}}$ 表示太阳、月球等三体引力摄动;$\boldsymbol{a}_{\mathrm{st}}$ 表示地球固体潮汐摄动;$\boldsymbol{a}_{\mathrm{ot}}$ 表示海洋潮汐摄动;$\boldsymbol{a}_{\mathrm{at}}$ 表示大气潮汐摄动;$\boldsymbol{a}_{\mathrm{pt}}$ 表示地球极潮汐摄动;$\boldsymbol{a}_{\mathrm{re}}$ 表示广义相对论效应摄动。

作用于重力卫星的非保守摄动力 $\boldsymbol{a}_{\mathrm{nc}}$ 又称为耗散力,它将会消耗卫星运动的总能量且具有随机性,目前在卫星重力测量中通常采用高精度星载加速度计精确扣除(刘林,1992):

$$\boldsymbol{a}_{\mathrm{nc}} = \boldsymbol{a}_{\mathrm{drad}} + \boldsymbol{a}_{\mathrm{srad}} + \boldsymbol{a}_{\mathrm{erad}} + \boldsymbol{a}_{\mathrm{cont}} + \boldsymbol{a}_{\mathrm{empi}} \tag{2.30}$$

式中,$\boldsymbol{a}_{\mathrm{drad}}$ 表示大气阻力摄动;$\boldsymbol{a}_{\mathrm{srad}}$ 表示太阳辐射压摄动;$\boldsymbol{a}_{\mathrm{erad}}$ 表示地球反照辐射压摄动;$\boldsymbol{a}_{\mathrm{cont}}$ 表示卫星轨道高度及姿态控制力摄动;$\boldsymbol{a}_{\mathrm{empi}}$ 表示经验力摄动。

2.3.1 保守力摄动

1. 地球非球形引力摄动

在作用于地球重力卫星的摄动力中，地球非球形引力摄动既是影响重力卫星轨道的最主要摄动源，又是待求引力位系数$\overline{C}_{lm}$和$\overline{S}_{lm}$的载体。地球非球形引力摄动位(扰动位)表示如下(沈云中，2000)

$$\begin{cases} T_e(r,\theta,\lambda)=\dfrac{GM}{R_e}\sum_{l=2}^{L}\left(\dfrac{R_e}{r}\right)^{l+1}\sum_{m=0}^{l}(\overline{C}_{lm}\cos m\lambda+\overline{S}_{lm}\sin m\lambda)\overline{P}_{lm}(\cos\theta) \\ \overline{P}_{lm}(\cos\theta)=\begin{cases}\sqrt{2(2l+1)\dfrac{(l-|m|)!}{(l+|m|)!}}P_{lm}(\cos\theta) & (m\neq 0) \\ \sqrt{2l+1}P_{lm}(\cos\theta) & (m=0)\end{cases} \\ P_{lm}(\cos\theta)=2^{-l}\sin^m\theta\sum_{k=0}^{[(l-m)/2]}(-1)^k\dfrac{(2l-2k)!}{k!(l-k)!(l-m-2k)!}(\cos\theta)^{l-m-2k} \quad (m\leqslant l) \end{cases} \tag{2.31}$$

式中，r表示卫星的地心半径；θ表示卫星的地心余纬度；λ表示卫星的地心经度；R_e表示地球的平均半径；$\overline{P}_{lm}(\cos\theta)$表示规格化的Legendre函数，$l$表示阶数，$m$表示次数；$\overline{C}_{lm}$和$\overline{S}_{lm}$表示待求的地球引力位系数。

2. 三体引力摄动

对于太阳、月球和重力卫星组成的三体力学系统，最简单的模型是将其视为三个质点。在重力卫星绕地球运动中，太阳和月球对重力卫星的摄动加速度表示为(刘林，1992)

$$\boldsymbol{a}_{sm}=-Gm_{SM}\left(\frac{\boldsymbol{r}_s-\boldsymbol{r}_{SM}}{|\boldsymbol{r}_s-\boldsymbol{r}_{SM}|^3}+\frac{\boldsymbol{r}_{SM}}{|\boldsymbol{r}_{SM}|^3}\right) \tag{2.32}$$

式中，如图2.6所示，m_{SM}表示太阳或月球的质量；$\boldsymbol{r}_s$表示地心到重力卫星的向径(可通过公布的重力卫星的星历得到)，$\boldsymbol{r}_{SM}$表示地心到太阳或月球的向径，$\boldsymbol{r}_s-\boldsymbol{r}_{SM}$表示太阳或月球到重力卫星的向径。

在地心惯性坐标系中，由卫星的轨道根数可计算重力卫星的地心向径$\boldsymbol{r}_s$。如图2.7所示，现设近地点方向的单位矢量为$\hat{\boldsymbol{A}}$，在轨道平面内垂直于近地点方向的单位矢量为$\hat{\boldsymbol{B}}$。重力卫星在轨道平面上沿椭圆轨道运动，t时刻的位置矢量表示为(张守信，1996)

$$\boldsymbol{r}_s(t)=|\boldsymbol{r}_s|\cos f\hat{\boldsymbol{A}}+|\boldsymbol{r}_s|\sin f\hat{\boldsymbol{B}} \tag{2.33}$$

式中，f表示重力卫星运动的真近点角。用偏近点角表示的卫星轨道方程为

$$|\boldsymbol{r}_s|=a(1-e\cos E) \tag{2.34}$$

式中，a表示卫星轨道长半轴；e表示卫星轨道离心率。

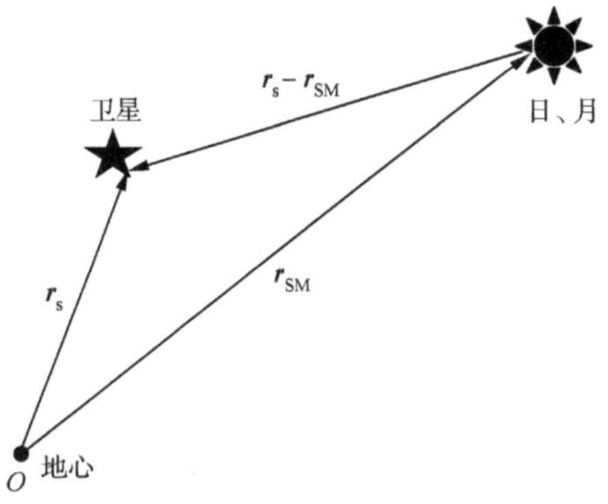

图 2.6　日、月、地球和卫星系统

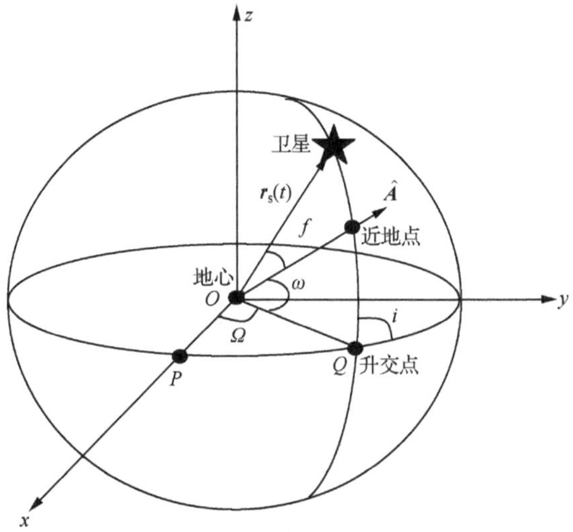

图 2.7　重力卫星在协议天球系中示意图

偏近点角和真近点角的转换关系表示为(张守信,1996)

$$\begin{cases} \cos f = \dfrac{\cos E - e}{1 - e\cos E} \\ \sin f = \dfrac{\sqrt{1-e^2}\sin E}{1 - e\cos E} \end{cases} \tag{2.35}$$

将式(2.34)和式(2.35)代入式(2.33)中得

$$\boldsymbol{r}_s(t) = a(\cos E - e)\hat{\mathbf{A}} + a\sqrt{1-e^2}\sin E\hat{\boldsymbol{B}} \tag{2.36}$$

由式(2.36)可知,如果求得近地点方向的单位矢量 $\hat{\mathbf{A}}$ 和垂直于近地点方向的单位矢量 $\hat{\boldsymbol{B}}$ 在协议天球坐标系中的直角坐标分量 (A_x, A_y, A_z) 和 (B_x, B_y, B_z),便可求得重力卫星位置矢量 $\boldsymbol{r}_s(t)$ 的直角坐标分量 (x, y, z):

$$\boldsymbol{r}_s(t) = \begin{pmatrix} x \\ y \\ z \end{pmatrix} = a(\cos E - e)\begin{pmatrix} A_x \\ A_y \\ A_z \end{pmatrix} + a\sqrt{1-e^2}\sin E\begin{pmatrix} B_x \\ B_y \\ B_z \end{pmatrix} \tag{2.37}$$

如图 2.7 所示,近地点方向的单位矢量 $\hat{\mathbf{A}}$ 和垂直于近地点方向的单位矢量 $\hat{\boldsymbol{B}}$ 在坐标轴上的分量等于该单位矢量与坐标轴的方向余弦。因此,据图 2.7 中球面三角形 $\hat{A}PQ$ 的余弦定理可得(张守信,1996)

$$\hat{\mathbf{A}} = \begin{pmatrix} A_x \\ A_y \\ A_z \end{pmatrix} = \begin{pmatrix} \cos\omega\cos\Omega - \sin\omega\sin\Omega\cos i \\ \cos\omega\sin\Omega + \sin\omega\cos\Omega\cos i \\ \sin\omega\sin i \end{pmatrix} \tag{2.38}$$

$$\hat{\boldsymbol{B}} = \begin{pmatrix} B_x \\ B_y \\ B_z \end{pmatrix} = \begin{pmatrix} -\sin\omega\cos\Omega - \cos\omega\sin\Omega\cos i \\ -\sin\omega\sin\Omega + \cos\omega\cos\Omega\cos i \\ \cos\omega\sin i \end{pmatrix} \tag{2.39}$$

式中，Ω 表示升交点赤经；ω 表示近地点幅角；i 表示轨道倾角。根据重力卫星已知的轨道根数，即可计算出近地点方向的单位矢量 $\hat{\boldsymbol{A}}$ 和垂直于近地点方向的单位矢量 $\hat{\boldsymbol{B}}$ 在协议天球坐标系中的直角坐标分量 (A_x, A_y, A_z) 和 (B_x, B_y, B_z) 。将式(2.38)和式(2.39)代入式(2.37)，可计算出重力卫星位置矢量 $\boldsymbol{r}_s(t)$ 的直角坐标分量 (x, y, z)。

如果已知太阳和月球的轨道根数，同样可以利用式(2.37)、式(2.38)和式(2.39)计算太阳和月球位置矢量的直角坐标分量。对于太阳轨道情况比较简单，因为引起轨道变化的主要摄动源是木星引力，其摄动力量级只有 10^{-3}N，无需考虑其轨道变化，尤其是周期变化。近年来天文年历给出了最新采用的包含长期变化的太阳平均轨道根数(刘林，1992)：

$$\begin{cases} a_S = 1.4959787066 \times 10^{11}\,\text{m} \\ e_S = 0.01670862 - 0.00004204T - 0.00000124T^2 \\ \varepsilon_S = 23°26'21.448'' - 46.8150''T - 0.00059''T^2 \\ L_S = 280°27'59.21'' + 129602771.36''T + 1.093''T^2 \\ \Gamma_S = 282°56'14.45'' + 6190.32''T + 1.655''T^2 \\ M_S = 357°31'44.76'' + 129596581.04''T - 0.562''T^2 \end{cases} \tag{2.40}$$

式中，a_S 表示太阳轨道长半轴；e_S 表示太阳轨道偏心率；ε_S 表示黄赤交角；L_S 表示当天平春分点的几何平黄径；Γ_S 表示近地点平黄径；M_S 表示平近点角；T 表示自标准历元 J2000.0(即 2000 年 1 月 1 日中午 12：00)起算的儒略世纪数。

历元可采用民用日即年、月、日、分和秒表示，也可采用儒略日来表示。儒略日定义为从公元 4713 年 1 月 1 日世界时 12 时起算到所论历元时刻的平太阳日数。在卫星运动中，时间通常采用儒略日来表示。这里给出了适用于 1900 年 3 月至 2100 年 2 月的换算公式。将民用日的年 Y(整数)、月 M(整数)、日 D(整数)和时 H(实数)转换为儒略日的公式如下(魏子卿和葛茂荣，1998)

$$\text{JD} = \text{INT}[365.25y] + \text{INT}[30.6001(m+1)] + D + H/24 + 1720981.5 \tag{2.41}$$

式中，INT 表示取实数的整数部分；y, m 按以下规则计算(魏子卿和葛茂荣，1998)：

$$\begin{cases} y = Y - 1,\ m = M + 12 & (M \leqslant 2) \\ y = Y, m = M & (M > 2) \end{cases} \tag{2.42}$$

因此，可由式(2.41)和式(2.42)计算得到 2000 年 1 月 1 日中午 12：00 的儒略世纪数为 2451545。在式(2.40)中，自标准历元 J2000.0 起算的儒略世纪数 T 的计算公式为(魏子卿和葛茂荣，1998)

$$T = \frac{\text{JD}(t) - 2451545}{36524.22} \tag{2.43}$$

关于月球轨道，问题比较复杂。由于月球在绕地球运行过程中，太阳摄动效应较大，其摄动量级为 10^{-2}N，月球轨道变化迅速，因此在地球重力场反演中，计算月球对人造卫星运动的影响时，往往需要同时考虑月球的轨道变化。本章给出最新的在地心黄道坐标系中的月球轨道的计算根数，计算月球位置的精度可达 $10^{-8} \sim 10^{-4}$ 量级(刘林，1992)：

$$
\begin{cases}
a_{\mathrm{M}} = 3.84747981 \times 10^{8}\mathrm{m} \\
e_{\mathrm{M}} = 0.054879905 \\
i_{\mathrm{M}} = 2\arcsin 0.044751305 \\
L_{\mathrm{M}} = 218^{\circ}18'59.96'' + 481267^{\circ}52'52.833''T - 4.787''T^{2} \\
\Gamma_{\mathrm{M}} = 83^{\circ}21'11.67'' + 4069^{\circ}00'49.36''T - 37.165''T^{2} \\
\Omega_{\mathrm{M}} = 125^{\circ}02'40.40'' - 1934^{\circ}08'10.266''T + 7.476''T^{2} \\
F_{\mathrm{M}} = 93^{\circ}16'19.56'' + 483202^{\circ}01'03.099''T - 12.254''T^{2} \\
D_{\mathrm{M}} = 297^{\circ}51'00.74'' + 445267^{\circ}06'41.469''T - 5.882''T^{2}
\end{cases}
\tag{2.44}
$$

其中，a_{M} 表示月球轨道长半轴；e_{M} 表示月球轨道偏心率；i_{M} 表示黄白交角；L_{M} 表示当天平春分点的月球平黄径；Γ_{M} 表示近地点的平黄径；Ω_{M} 表示升交点的平黄径；$F_{\mathrm{M}} = L_{\mathrm{M}} - \Omega_{\mathrm{M}}$ 表示月球升交距角；D_{M} 表示月球与太阳的平距角；$K_{\mathrm{M}} = L_{\mathrm{M}} - \Gamma_{\mathrm{M}}$ 表示月球的平近点角。

对于太阳和月球的形状对重力卫星运动的摄动效应，以其最大的扁率项作估计。月球的扁率项为 $J_{2\mathrm{M}} = 2 \times 10^{-4}$，太阳的扁率项较月球更小。据式(2.32)，考虑月球扁率项效应后月球摄动加速度表示为(刘林，1992)

$$
\boldsymbol{a}_{\mathrm{m}} = -Gm_{\mathrm{M}} \frac{|\boldsymbol{r}_{\mathrm{s}}|}{|\boldsymbol{r}_{\mathrm{s}} - \boldsymbol{r}_{\mathrm{M}}|^{3}} \left(\frac{\boldsymbol{r}_{\mathrm{s}}}{|\boldsymbol{r}_{\mathrm{s}}|}\right) \left[1 - 3J_{2\mathrm{M}} \left(\frac{R_{\mathrm{M}}}{|\boldsymbol{r}_{\mathrm{M}}|}\right)^{2}\right] \tag{2.45}
$$

式中，$R_{\mathrm{M}} \approx 1.7 \times 10^{6}\mathrm{m}$ 表示月球的平均半径；月地平均距离 $|\boldsymbol{r}_{\mathrm{M}}| = 3.8 \times 10^{8}\mathrm{m}$。月球扁率项效应为

$$
3J_{2\mathrm{M}} \left(\frac{R_{\mathrm{M}}}{|\boldsymbol{r}_{\mathrm{M}}|}\right)^{2} \approx 1.2 \times 10^{-8} \tag{2.46}
$$

据式(2.32)，考虑太阳扁率项效应后太阳摄动加速度表示为(刘林，1992)

$$
\boldsymbol{a}_{\mathrm{s}} = -Gm_{\mathrm{S}} \frac{|\boldsymbol{r}_{\mathrm{s}}|}{|\boldsymbol{r}_{\mathrm{s}} - \boldsymbol{r}_{\mathrm{S}}|^{3}} \left(\frac{\boldsymbol{r}_{\mathrm{s}}}{|\boldsymbol{r}_{\mathrm{s}}|}\right) \left[1 - 3J_{2\mathrm{S}} \left(\frac{R_{\mathrm{S}}}{|\boldsymbol{r}_{\mathrm{S}}|}\right)^{2}\right] \tag{2.47}
$$

式中，$R_{\mathrm{S}} \approx 6.9 \times 10^{8}\ \mathrm{m}$ 表示太阳的平均半径；日地平均距离 $|\boldsymbol{r}_{\mathrm{S}}| = 1.5 \times 10^{11}\ \mathrm{m}$。太阳扁率项效应为

$$
3J_{2\mathrm{S}} \left(\frac{R_{\mathrm{S}}}{|\boldsymbol{r}_{\mathrm{S}}|}\right)^{2} \approx 4 \times 10^{-13} \tag{2.48}
$$

在式(2.46)和式(2.48)中，根据太阳和月球形状摄动加速度主项相对于地球中心引力加速度的大小可以看出，在目前地球重力场反演精度下，太阳和月球的形状对重力卫星运动的摄动效应可以忽略，即在地球重力场反演动力模型中，太阳和月球完全可看成质点处理。由式(2.32)可得地心坐标系中太阳和月球的摄动位函数(刘林，1992)：

$$
\begin{aligned}
V_{\mathrm{sm}} &= \frac{Gm_{\mathrm{SM}}}{|\boldsymbol{r}_{\mathrm{SM}}|} \sum_{l=2}^{L} \left(\frac{|\boldsymbol{r}_{\mathrm{s}}|}{|\boldsymbol{r}_{\mathrm{SM}}|}\right)^{l} P_{l}(\cos\theta) \\
&= Gm_{\mathrm{SM}} \left[\frac{|\boldsymbol{r}_{\mathrm{s}}|^{2}}{|\boldsymbol{r}_{\mathrm{SM}}|^{3}} \left(\frac{3}{2}\cos^{2}\theta - \frac{1}{2}\right) + \frac{|\boldsymbol{r}_{\mathrm{s}}|^{3}}{|\boldsymbol{r}_{\mathrm{SM}}|^{4}} \left(\frac{5}{2}\cos^{3}\theta - \frac{3}{2}\cos\theta\right) + \cdots\right]
\end{aligned}
\tag{2.49}
$$

图 2.8 表示太阳和月球对 GRACE 卫星的引力摄动位，采用了美国 JPL 公布的

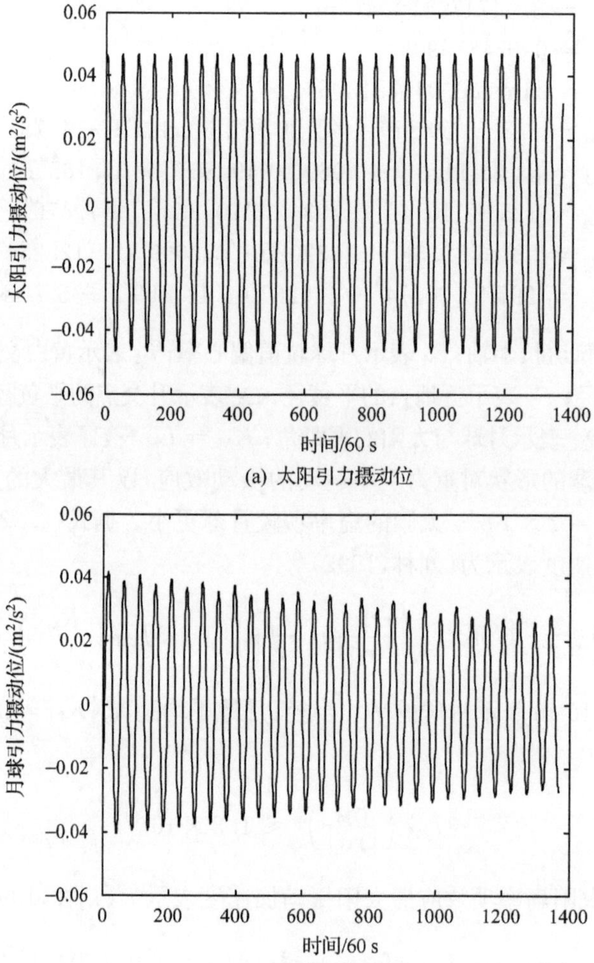

(a) 太阳引力摄动位

(b) 月球引力摄动位

图 2.8 太阳和月球对 GRACE 的引力摄动位

2002-08-01-00：00：00.00～24：00：00.00 的 GRACE-Level-1B GPS 导航实测数据。表 2.2 表示太阳系行星对重力卫星的引力摄动与地球对重力卫星的引力摄动之比，其中，$\boldsymbol{F}_i$ 表示太阳系行星对重力卫星的引力摄动；$\boldsymbol{F}_\mathrm{e}$ 表示地球对重力卫星的引力摄动；M_e 表示地球的质量；r_se 表示重力卫星(GRACE)质心到地心之间的距离，$r_\mathrm{se}=6.870\times10^6\,\mathrm{km}$。据表 2.2 可知，除地球非球形引力摄动外，目前太阳和月球对重力卫星的引力摄动是最大的保守摄动力，因此在建立卫星观测方程时必须加以修正，而太阳系其他行星对重力卫星的引力摄动相对于目前地球重力场反演的精度可忽略。

表 2.2 太阳系天体对卫星与地球对卫星的引力摄动之比

天体名称	天体质量 M_i/kg	天体到地心距离 r_ie/km	$\left\|\frac{\boldsymbol{F}_i}{\boldsymbol{F}_\mathrm{e}}\right\| \approx \frac{M_i}{M_\mathrm{e}}\left(\frac{r_\mathrm{se}}{r_\mathrm{ie}}\right)^3$
地球	5.976×10^{24}	0	1
太阳	1.989×10^{30}	1.496×10^{8}	3.159×10^{-8}
月球	7.351×10^{22}	3.844×10^{5}	6.881×10^{-8}

续表

天体名称	天体质量 M_i/kg	天体到地心距离 r_{ie}/km	$\frac{\lvert \boldsymbol{F}_i \rvert}{\lvert \boldsymbol{F}_e \rvert} \approx \frac{M_i}{M_e}\left(\frac{r_{se}}{r_{ie}}\right)^3$
水星	2.988×10^{24}	9.169×10^{7}	2.060×10^{-13}
金星	5.319×10^{24}	4.488×10^{7}	3.127×10^{-12}
火星	6.573×10^{23}	7.480×10^{7}	8.352×10^{-14}
木星	1.900×10^{27}	6.283×10^{8}	4.073×10^{-13}
土星	5.678×10^{26}	1.272×10^{9}	1.468×10^{-14}
天王星	8.366×10^{25}	2.723×10^{9}	1.400×10^{-14}
海王星	1.016×10^{26}	4.338×10^{9}	6.612×10^{-17}
冥王星	1.195×10^{23}	5.834×10^{9}	3.196×10^{-20}

3. 地球固体潮汐摄动

在太阳和月球引力影响下，地球的弹性形变表现为固体潮、海潮和大气潮。在目前地球重力场反演精度下地球形状对重力卫星运动的摄动效应必须考虑，此即太阳和月球摄动中地球形状对重力卫星运动的间接摄动效应。地球并非刚体，是具有一定黏滞性的弹性体，因此在太阳和月球引力作用下，地球的固体表面会产生周期性涨落，此现象称为地球固体潮(许厚泽和张赤军，1997)。固体潮对地球重力场反演的影响通常以地球引力位系数的变化 ΔC_{lm} 和 ΔS_{lm} 来表示，而地球引力位系数的变化又可通过 Love 数 k_{lm} 来表征。目前 IERS2000 提供的地球重力场固体潮效应摄动位模型的精度可达到 10^{-9} Gal。在以地球瞬时自转轴为 z 轴的协议地固系中，太阳和月球对地球表面或内部任一点日月引潮力位表示为(Ray et al.，2003；张捍卫等，2004)

$$\begin{cases} V_{st} = D\left(\frac{r}{R_e}\right)^l G_{lm}(\phi)\sum_j A_{lmj}B_{lmj}(\theta_j,\lambda) \\ B_{lmj}(\theta_j,\lambda) = \begin{cases}\cos(\theta_j + m\lambda) & (l+m:\text{even}) \\ \sin(\theta_j+m\lambda) & (l+m:\text{odd})\end{cases}\end{cases} \tag{2.50}$$

式中，D 表示 Doodson 常数，$D = 26277\ \text{cm}^2/\text{s}^2$；$G_{lm}(\varphi)$ 表示 l 阶 m 次的大地系数；φ 表示地球纬度；A_{lmj} 表示 l 阶 m 次的无量纲的波潮振幅；θ_j 表示 l 阶 m 次的无量纲的波潮幅角。图 2.9 表示地球固体潮汐对 GRACE 卫星的摄动位，采用了美国 JPL 公布的 2002-08-01-00:00:00.00～24:00:00.00 的 GRACE-Level-1B GPS 导航实测数据。据式(2.50)可得地球重力场固体潮形变附加位(Ray et al.，2003；张捍卫等，2004)：

$$\begin{cases} \Delta V_{st} = D\left(\frac{r}{R_e}\right)^l G_{lm}(\phi)\sum_j k_{lm}(\theta_j)A_{lmj}B_{lmj}(\theta_j,\lambda) \\ B_{lmj}(\theta_j,\lambda) = \begin{cases}\cos(\theta_j + m\lambda) & (l+m:\text{even}) \\ \sin(\theta_j+m\lambda) & (l+m:\text{odd})\end{cases}\end{cases} \tag{2.51}$$

式中，$k_{lm}(l = 2,3,\cdots,L)$ 表示 l 阶 m 次的 Love 数。

据式(2.51)可得二阶和三阶引潮力位对地球引力位系数的影响(Ray et al.，2003；张

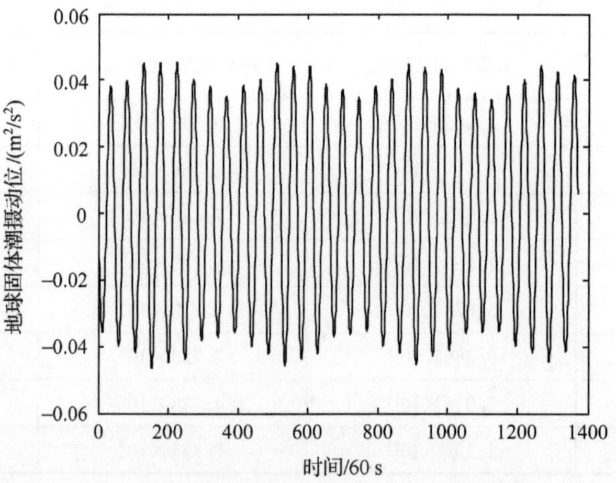

图 2.9　地球固体潮汐对 GRACE 的摄动位

捍卫等,2004):

$$
\begin{cases}
\Delta\overline{C}_{20}=\mathrm{Re}\Big[\dfrac{DR_{\mathrm{e}}}{GM}\Big(\dfrac{-2}{\Gamma_{20}N_{20}}\Big)\sum\limits_{j}A_{20j}k_{20}(\theta_j)\exp(i\theta_j)\Big]\\
\Delta\overline{C}_{21}-i\Delta\overline{S}_{21}=-i\dfrac{DR_{\mathrm{e}}}{GM}\Big(\dfrac{2}{3\Gamma_{21}N_{21}}\Big)\sum\limits_{j}A_{21j}k_{21}(\theta_j)\exp(i\theta_j)\\
\Delta\overline{C}_{22}-i\Delta\overline{S}_{22}=\dfrac{DR_{\mathrm{e}}}{GM}\Big(\dfrac{2}{3\Gamma_{22}N_{22}}\Big)\sum\limits_{j}A_{22j}k_{22}(\theta_j)\exp(i\theta_j)\\
\Delta\overline{C}_{30}=\mathrm{Re}\Big[-i\dfrac{DR_{\mathrm{e}}}{GM}\Big(\dfrac{-2}{\Gamma_{30}N_{30}}\Big)\sum\limits_{j}A_{30j}k_{30}(\theta_j)\exp(i\theta_j)\Big]\\
\Delta\overline{C}_{31}-i\Delta\overline{S}_{31}=\dfrac{DR_{\mathrm{e}}}{GM}\Big(\dfrac{-2}{3\Gamma_{31}N_{31}}\Big)\sum\limits_{j}A_{31j}k_{31}(\theta_j)\exp(i\theta_j)\\
\Delta\overline{C}_{32}-i\Delta\overline{S}_{32}=-i\dfrac{DR_{\mathrm{e}}}{GM}\Big(\dfrac{1}{15\Gamma_{32}N_{32}}\Big)\sum\limits_{j}A_{32j}k_{32}(\theta_j)\exp(i\theta_j)\\
\Delta\overline{C}_{33}-i\Delta\overline{S}_{33}=\dfrac{DR_{\mathrm{e}}}{GM}\Big(\dfrac{1}{15\Gamma_{33}N_{33}}\Big)\sum\limits_{j}A_{33j}k_{33}(\theta_j)\exp(i\theta_j)
\end{cases}
\tag{2.52}
$$

式中,Γ_{lm} 表示大地系数 $G_{lm}(\phi)$ 的归一化系数;N_{lm} 表示 Legendre 函数 $\overline{P}_{lm}(\cos\theta)$ 的归一化系数。

4. 地球海洋和大气潮汐摄动

海洋潮汐是指由于太阳和月球对海水的引力作用,实际海平面相对于平均海平面具有周期性的潮汐涨落,具体表现为海水受到太阳和月球引力作用后产生周期性涨落。海水的涨落平均以 24.8 小时为一个周期。由一次涨潮到一次落潮的时间间隔为 12.4 小时的潮汐称为"全日潮";由一次涨潮到一次落潮的时间间隔为 6.2 小时的潮汐称为"半日潮";如果两次涨落潮之间的时间间隔不等,潮汐幅度也不同的潮汐称为"混合潮"。地壳对海潮这种海水质量重新分布所产生的弹性响应称为海潮负荷。海潮负荷现象是固体地球对海潮运动特征的响应,对地球重力场的影响最大可达 10^{-6} Gal(Knudsen,2003)。海潮对卫星运动的影响比固体潮约小 1 个数量级，因此，在目前地球重力场反演中主要考虑固体潮和海潮对卫星轨道的影响。海洋负荷形变附加位表示为(Knudsen，2003)

$$\begin{cases}\Delta V_{\mathrm{ot}} = G\rho_0 \sum_{l=0}^{L} k_l \dfrac{R_{\mathrm{e}}^{l+2}}{(2l+1)r^{l+1}}\left[\sum_{m=0}^{l}(E_{lmj}\cos m\lambda + F_{lmj}\sin m\lambda)\overline{P}_{lm}(\cos\theta)\right] \\ E_{lmj} = E_{lmj}^{+}\cos\theta_j + E_{lmj}^{-}\sin\theta_j \\ F_{lmj} = F_{lmj}^{+}\cos\theta_j + F_{lmj}^{-}\sin\theta_j\end{cases} \tag{2.53}$$

式中，$\rho_0 = 1025\mathrm{kg/m^3}$ 表示海水密度；θ_j 表示潮波分量的相角；$E_{lmj}^{\pm}$ 和 $F_{lmj}^{\pm}$ 表示潮波分量的海潮系数；k_l 表示 l 阶负荷形变系数(表 2.3)。

表 2.3 海潮负荷形变系数

负荷形变系数	取 值
k_2	−0.3075
k_3	−0.1950
k_4	−0.1320
k_5	−0.1032
k_6	−0.0892

据式(2.53)可得 l 阶 m 次海洋负荷形变对地球引力位系数的影响(Knudsen，2003)：

$$\Delta\overline{C}_{lm} - i\Delta\overline{S}_{lm} = \sum_{j} \frac{G\rho_0}{g_{\mathrm{e}}}\left(\frac{1+k_l}{2l+1}\right)\left[(E_{lmj}^{+} - iF_{lmj}^{+})\cos\theta_j + (E_{lmj}^{-} - iF_{lmj}^{-})\sin\theta_j\right] \tag{2.54}$$

式中，$g_{\mathrm{e}} = 9.798261\mathrm{m/s^2}$ 表示地球正常重力。

当太阳和月球引力作用于地球周围的大气也会产生周期性涨落，此现象称为大气潮，其周期性变化规律类似于海潮。大气潮的主要起因是热源，而大气潮对卫星运动的影响比固体潮约小 2 个数量级(Knudsen，2003；张捍卫等，2004)。

5. *地球极潮汐摄动*

地球极潮汐摄动是指由于固体地球并非严格刚体而是具有流体特性的弹性体，导致了地球自转的不均匀性，因此影响地球的离心力随时间推移发生变化，进而地球形变使外部空间引力产生变化。地球离心力位表示如下(刘林，1992；沈云中，2000；罗佳，2003；周旭华，2005)

$$V_{\mathrm{pt}} = \frac{1}{3}\,|\boldsymbol{\omega}_{\mathrm{e}}|^2 R_{\mathrm{e}}^2 + \Delta V_{\mathrm{rota}} \tag{2.55}$$

式中，R_{e} 表示地球的平均半径；$|\boldsymbol{\omega}_{\mathrm{e}}| = \sqrt{\omega_x^2 + \omega_y^2 + \omega_z^2}$ 表示地球自转角速度，$(\omega_x, \omega_y, \omega_z)$ 分别表示 $\boldsymbol{\omega}_{\mathrm{e}}$ 的分量，$\omega_x = \bar{\omega}_{\mathrm{e}} x_{\mathrm{p}}, \omega_y = -\bar{\omega}_{\mathrm{e}} y_{\mathrm{p}}, \omega_z = \bar{\omega}_{\mathrm{e}}\left[1 + \dfrac{\mathrm{d(UT1-TAI)}}{\mathrm{d(TAI)}}\right]$，$\bar{\omega}_{\mathrm{e}}$ 表示地球平均自转角速度，x_{p} 和 y_{p} 表示极移参数(无量纲)；ΔV_{rota} 表示地球离心力位的修正项(沈云中，2000；周旭华，2005)：

$$\Delta V_{\text{rota}} = \frac{R_{\text{e}}^2}{6}(\omega_x^2+\omega_y^2-2\omega_z^2)P_{20}(\cos\theta) - \frac{R_{\text{e}}^2}{3}(\omega_x\omega_z\cos\lambda+\omega_y\omega_z\sin\lambda)P_{21}(\cos\theta)$$
$$+\frac{R_{\text{e}}^2}{12}[(\omega_y^2-\omega_x^2)\cos2\lambda-2\omega_x\omega_y\sin2\lambda]P_{22}(\cos\theta) \tag{2.56}$$

由于地球自转形变导致外部空间引力位变化可表示如下(刘林,1992;沈云中,2000;周旭华,2005)

$$\Delta V_{\text{grot}} = \left(\frac{R_{\text{e}}}{r}\right)^3 k_2 \Delta V_{\text{rota}} \tag{2.57}$$

由式(2.57)得到地球引力位二阶系数变化为(刘林,1992;沈云中,2000;周旭华,2005)

$$\begin{cases}\Delta C_{20} = \dfrac{R_{\text{e}}^3 k_2 \bar{\omega}^2}{6GM}\left\{x_{\text{p}}^2+y_{\text{p}}^2-2\left[1+\dfrac{\text{d(UT1}-\text{TAI)}}{\text{d(TAI)}}\right]^2\right\} \\ \Delta C_{21} = -\dfrac{R_{\text{e}}^3 k_2 \bar{\omega}^2}{3GM}x_{\text{P}}\left[1+\dfrac{\text{d(UT1}-\text{TAI)}}{\text{d(TAI)}}\right] \\ \Delta S_{21} = -\dfrac{R_{\text{e}}^3 k_2 \bar{\omega}^2}{3GM}y_{\text{P}}\left[1+\dfrac{\text{d(UT1}-\text{TAI)}}{\text{d(TAI)}}\right] \\ \Delta C_{22} = \dfrac{R_{\text{e}}^3 k_2 \bar{\omega}^2}{12GM}(y_{\text{p}}^2-x_{\text{p}}^2) \\ \Delta S_{22} = -\dfrac{R_{\text{e}}^3 k_2 \bar{\omega}^2}{6GM}x_{\text{P}}y_{\text{P}}\end{cases} \tag{2.58}$$

6. *广义相对论效应摄动*

作用于重力卫星的广义相对论效应摄动为(刘林,1992;沈云中,2000;周旭华,2005)

$$\begin{cases}\boldsymbol{a}_{\text{re}} = \dfrac{GM}{c^2r^3}\left\{\left[\dfrac{2\,GM_{\text{e}}}{r}(\boldsymbol{\xi}+\boldsymbol{\kappa})-\boldsymbol{\kappa}(\dot{\boldsymbol{r}}\cdot\dot{\boldsymbol{r}})\right]\boldsymbol{r}+2(1+\boldsymbol{\kappa})(\boldsymbol{r}\cdot\dot{\boldsymbol{r}})\dot{\boldsymbol{r}}\right. \\ \qquad\left.+(1+\boldsymbol{\kappa})\left[\dfrac{3}{r^2}(\boldsymbol{r}\times\dot{\boldsymbol{r}})(\boldsymbol{r}\cdot\boldsymbol{J})+(\dot{\boldsymbol{r}}\times\boldsymbol{J})\right]\right\}+(\boldsymbol{\lambda}\times\dot{\boldsymbol{r}}) \\ \boldsymbol{\lambda} = -\dfrac{GM_{\text{S}}(1+2\boldsymbol{\kappa})}{c^2r_{\text{ES}}^3}\dot{\boldsymbol{r}}_{\text{ES}}\times\boldsymbol{r}_{\text{ES}}\end{cases} \tag{2.59}$$

式中,GM 和 GM_{S} 分别表示地心和日心引力常数;c 表示光速;$\boldsymbol{r}$ 和 $\dot{\boldsymbol{r}}$ 分别表示卫星在地心惯性系中的轨道位置和轨道速度矢量;ξ 和 κ 表示后牛顿参数;$|\boldsymbol{J}|=9.8\times10^8\,\text{m}^2/\text{s}$ 表示单位质量的地球角动量;$\boldsymbol{r}_{\text{ES}}$ 和 $\dot{\boldsymbol{r}}_{\text{ES}}$ 分别表示地心在日心惯性系中的位置和速度矢量。

2.3.2 非保守力摄动

无论是由卫星轨道摄动反演地球重力场,还是基于地球重力场精化卫星轨道,非保守力摄动加速度(大气阻力、太阳光压、地球辐射压、轨道高度及姿态控制力等)从卫星总加速度中的精确扣除历来是大地测量学界关注的热点和关键技术。过去,通过建立非保守力摄动加速度模型，其分辨率可达 $10^{-7}\mathrm{m/s^2}$，但随着21世纪相关地学学科的发展以及国防建设对反演高精度地球重力场的迫切需求，低精度的非保守力摄动加速度模型已无人问津。GRACE卫星携带的高精度SuperSTAR静电悬浮加速度计由法国国家空间研究中心(Centre National d'Etudes Spatiales，CNES)提供，由位于法国Chatillion的国家航天空间研究局(Office National d'Etudes et de Recherches Aerospatials，ONERA)机构研制，其动态范围可达 $\pm 5\times 10^{-5}\mathrm{m/s^2}$，分辨率为 $10^{-10}\mathrm{m/s^2}$。它具有结构简单、成本低、灵敏度高、易于自动化数据采集等特点，因此已得到极大重视和广泛应用。

1. 大气阻力摄动

当重力卫星距地面较近时，除地球形状摄动外，大气阻力摄动的影响不容忽视，它将消耗重力卫星运动的总能量。在卫星轨道高度处，作用于卫星体的大气阻力为(Berger et al.，1998；Bruinsma et al.，2003b、2004)

$$\boldsymbol{a}_{\mathrm{drag}} = -\frac{1}{2}\rho\sum_{i=1}^{k}C_{\mathrm{D}}^{i}\frac{S_i}{M}(\boldsymbol{v}\cdot\boldsymbol{n}_i)\boldsymbol{v} \tag{2.60}$$

式中，$\boldsymbol{a}_{\mathrm{drag}}$ 表示作用于卫星体的单位质量的大气阻力；C_{D}^{i} 表示卫星第 i 块表面的大气阻力系数；M 表示卫星体的质量；S_i 表示卫星第 i 块表面的面积；$\boldsymbol{v}$ 表示卫星在地心惯性系中相对大气的速度；$\boldsymbol{n}_i$ 表示卫星第 i 块表面的法向单位矢量；ρ 表示卫星轨道高度处的大气密度。卫星轨道高度 H 处总的大气密度表示为

$$\rho(H) = \sum_{i}\rho_i(H) \tag{2.61}$$

式中，$\rho_i(H) = m_i n_i(H)$ 表示卫星轨道高度 H 处的第 i 种大气成分(氢、氦、氧、氮等)的密度，m_i 表示第 i 种大气成分的单个分子(原子)质量，$n_i(H)$ 表示卫星轨道高度 H 处第 i 种大气成分的数密度(Berger et al.，1998；Bruinsma et al.，2003b、2004)：

$$n_i(H) = \bar{n}_i(120\mathrm{km})T_i(H)\exp[G^{(1)}(L)] \tag{2.62}$$

式中，$G^{(1)}(L) = G(L) + a_{39}k_p^2$；$\bar{n}_i(120\mathrm{km})$ 表示120km高度处第 i 种大气成分的平均数密度(氢：$1.761\times 10^5/\mathrm{cm^3}$；氦：$2.791\times 10^7/\mathrm{cm^3}$；氧：$8.472\times 10^{10}/\mathrm{cm^3}$；氮：$3.204\times 10^{11}/\mathrm{cm^3}$)，$T_i(H)$ 表示如下(Berger et al.，1998；Bruinsma et al.，2003b、2004)

$$T_i(H) = \left[\frac{T_{120}}{T(H)}\right]^{1+\alpha+\gamma_i}\mathrm{e}^{-\sigma\gamma_i\xi} \tag{2.63}$$

式中，$T(H) = T_\infty - (T_\infty - T_{120})\mathrm{e}^{-\sigma\xi}$ 表示卫星轨道高度 H 处的温度；$T_{120} = 380\mathrm{K}$ 表示120km高度处的温度；$T_\infty = T_\infty^0[1 + G^{(2)}(L)]$ 表示热大气层顶的温度值，$T_\infty^0 = 1000\mathrm{K}$ 表示平均的热层顶温度，$G^{(2)}(L) = G(L) + a_{39}\exp(k_p)$；$\alpha$ 为氢和氦原子的扩散系数(同时取 -0.38 或0)；γ_i 表示如下

$$\gamma_i = \frac{m_i g(120\mathrm{km})}{\sigma k T_\infty} \tag{2.64}$$

式中，$g(120\mathrm{km}) = 9.44\mathrm{m/s^2}$ 表示120km高度处重力加速度；σ 表示相对垂直温度梯度；

$$\sigma = \frac{dT_{120}}{T_\infty - T_{120}} \tag{2.65}$$

式中，$dT_{120} = 14.348$ 表示 120km 高度处的垂直温度梯度；$k = 1.3803 \times 10^{-23}$ J/K 表示玻尔兹曼常数；$\xi = \frac{(H-120)(R_e+120)}{R_e} + H$ 表示地球引力位高程，$R_e = 6356.770$km 表示地球极半径。经验函数 $G(L)$ 由非周期项和周期项构成：

$$G(L) = G_P + G_{NP} \tag{2.66}$$

式中，G_P 表示周期项，包括对称周年及半年变化、非对称周年及半年变化、周日、半日、1/3 日等效应(Berger et al.，1998；Bruinsma et al.，2003b、2004)：

$$\begin{aligned}
G_P = &(a_9 + a_{10}p_{20})\cos(\Omega d - \Omega a_{11}) && \text{(对称周年变化)}\\
&+ (a_{12} + a_{13}p_{20})\cos(2\Omega d - 2\Omega a_{14}) && \text{(对称半年变化)}\\
&+ (a_{15}p_{10} + a_{16}p_{30} + a_{17}p_{50})\cos(\Omega d - \Omega a_{18}) && \text{(非对称周年变化)}\\
&+ a_{19}p_{10}\cos(2\Omega d - 2\Omega a_{20}) && \text{(非对称半年变化)}\\
&+ \{[a_{21}p_{11} + a_{22}p_{31} + a_{23}p_{51} + (a_{24}p_{11} + a_{25}p_{21})\cos(\Omega d - \Omega a_{18})]\cos\omega t\\
&+ [a_{26}p_{11} + a_{27}p_{31} + a_{28}p_{51} + (a_{29}p_{11} + a_{30}p_{21})\cos(\Omega d - \Omega a_{18})]\sin\omega t\}\\
& && \text{(周日变化)}\\
&+ \{[a_{31}p_{22} + a_{32}p_{32}\cos(\Omega d - \Omega a_{18}) + (a_{88}p_{32} + a_{90}p_{52} + a_{92}p_{62})]\cos 2\omega t\\
&+ [a_{33}p_{22} + a_{34}p_{32}\cos(\Omega d - \Omega a_{18}) + (a_{89}p_{32} + a_{91}p_{52} + a_{93}p_{62})]\sin 2\omega t\}\\
& && \text{(半日变化)}\\
&+ a_{35}p_{33}\cos 3\omega t + a_{36}p_{33}\sin 3\omega t && \text{(1/3 日变化)}
\end{aligned} \tag{2.67}$$

G_{NP} 表示非周期项，包括纬度、太阳活动、地磁活动等效应(Berger et al.，1998；Bruinsma et al.，2003b、2004)：

$$\begin{aligned}
G_{NP} = &(a_2p_{20} + a_3p_{40} + p_{37}p_{10} + a_{77}p_{30} + a_{78}p_{50} + a_{79}p_{60}) && \text{(纬度)}\\
&+ [a_4(F - \overline{F}) + a_5(F - \overline{F})^2 + (a_6 + a_{85}p_{20} + a_{86}p_{30}\\
&+ a_{87}p_{40})(\overline{F} - 150) + a_{38}(\overline{F} - 150)^2] && \text{(太阳活动)}\\
&+ [(a_7 + a_8p_{20} + a_{68}p_{40})k_p + (a_{64} + a_{65}p_{20})\overline{k}_p + a_{39}\overline{k}_p^2] && \text{(地磁活动)}
\end{aligned} \tag{2.68}$$

式中，p_{nm} 表示非正规化的 Legendre 多项式；F 表示前 1 天的 10.7cm 波长的太阳辐射流量值(单位：10^{-22} Wm^2/Hz)；$\overline{F}$ 表示瞬时时刻 t 前后 81 天的太阳辐射量的平均值；k_p 表示每 3 小时的地磁指数(单位：2×10^{-9} T)（在极区 k_p 取 t 之后 3 小时的值，而在赤道 k_p 取 t 之后 6 小时的值）；$\overline{k}_p$ 表示 24 小时地磁指数的平均值；$\Omega = (2\pi/365)/d$，$\omega = (2\pi/24)/h$，d 为天数；$a_i(i=1,2,\cdots,93)$ 为基于卫星阻力资料归算得到的最小二乘拟合系数。

卫星轨道高度和大气阻力的关系如表 2.4 所示。随着卫星轨道高度逐渐降低，作用于卫星的非保守力(以大气阻力为主)将急剧增大，重力卫星轨道高度每降低

100km，大气阻力提高约10倍。虽然降低重力卫星轨道高度可以提高反演地球重力场的精度和空间分辨率，但其负面效应不容忽视：①为调整卫星轨道高度和姿态需频繁进行轨道机动，不稳定的卫星平台工作环境将影响各关键载荷(星载加速度计、GPS接收机、K波段测距系统等)的测量精度；②由于卫星频繁喷气引起喷气燃料消耗(每2～3min喷气1次，每次喷气时间200～300ms)，将导致星体质心和加速度计检验质量质心存在实时偏差；③卫星使用寿命极大地缩减，将影响静态和时变地球重力场的反演精度和空间分辨率。因此，合理选择卫星轨道高度是反演高精度和高空间分辨率地球重力场的重要保证。

表2.4　轨道高度和大气阻力对应关系

轨道高度/km	大气密度/(kg/m³)	大气阻力/(m/s²)
200	3.61×10^{-10}	2.43×10^{-5}
300	3.34×10^{-11}	2.24×10^{-6}
400	5.09×10^{-12}	3.42×10^{-7}
500	1.17×10^{-12}	7.86×10^{-8}

2. 太阳辐射压摄动

地球非球形引力摄动和大气阻力摄动在人造卫星发展的初期已被广泛重视。但直到1960年，从回声1号卫星的观测资料中发现了卫星轨道离心率和近地点高度都有大幅度的长周期变化，太阳辐射压摄动对卫星的影响才被提上议事日程。太阳辐射压摄动是由于太阳对卫星的直接照射而产生的。随着重力卫星轨道高度的升高，作用于卫星的大气阻力摄动将逐渐减小，而作用于卫星的太阳辐射压摄动将逐渐增加。当卫星离地面较远时，太阳辐射压摄动的影响将会超过大气阻力摄动。由于CHAMP、GRACE和GOCE卫星形状不规则，因此，在处理实际问题时应将卫星分割为若干表面分别计算(Roesset, 2003)：

$$\boldsymbol{a}_{\text{srad}}=-p\frac{k_{\text{s}}\gamma}{m}\sum_{i=1}^{n}A_i\cos\theta_i\left[2\left(\frac{\alpha_i}{3}+\beta_i\cos\theta_i\right)\widehat{\boldsymbol{n}}_i+(1-\beta_i)\widehat{\boldsymbol{s}}_i\right] \tag{2.69}$$

式中，$p\approx4.5605\times10^{-6}\text{N/m}^2$ 表示太阳的平均辐射流量；k_{s} 表示太阳辐射尺度因子；γ 表示卫星的食因子(利用太阳、月球、地球和卫星的相互位置及地球半径基于柱形或锥形模型计算)；m 表示卫星的质量；A_i 表示卫星第 i 块表面的面积；θ_i 表示卫星的速度矢量和第 i 块平面法向之间的夹角；α_i 表示卫星第 i 块平面的反射系数；β_i 表示卫星第 i 块平面的散射系数；n 表示将卫星分割成的面积块数量；$\widehat{\boldsymbol{n}}_i$ 表示卫星第 i 块平面的单位法向量；$\widehat{\boldsymbol{s}}_i$ 表示卫星第 i 块平面到太阳的单位方向矢量。

3. 地球反照辐射压摄动

地球反照辐射压摄动包括两部分：①地球反照率辐射(光学辐射)，辐射强度依赖于太阳的位置；②地球发射率辐射(红外辐射)，地球吸收太阳光后转化为热辐射，辐射强度仅与发射点的状态有关。地球反照辐射压摄动对地球重力场反演精度的影响较太阳辐射压摄动约小 2 个数量级。由于重力卫星 CHAMP、GRACE 和 GOCE 形状较复杂，因此，实际计算时应将地球可见卫星部分分割为若干块表面(Roesset，2003)：

$$\boldsymbol{a}_{\mathrm{erad}} = (1+\eta)\frac{A_{\mathrm{c}}}{mc}\sum_{j=1}^{N}\left[A_j(\tau_j a_j E_{\mathrm{S}}\cos\theta_{\mathrm{S}} + e_j M_{\mathrm{B}})\hat{\boldsymbol{r}}_j\right] \tag{2.70}$$

式中，η 表示卫星表面的反射率；A_c 表示卫星底部的横截面积；m 表示卫星质量；c 表示光速；A_j 表示第 j 块地面相对于卫星的面积；N 表示地球可见卫星部分分割的块数；τ_j 表示第 j 块地面中心的太阳照射系数(夜晚取 0，白天取 1)；E_S 表示太阳在一个天文单位处的辐射流量；θ_S 表示太阳的天顶角距；$M_B \approx E_S/4$ 表示地球的发射流量；$\hat{\boldsymbol{r}}_j$ 表示地面的第 j 块面元到卫星的单位方向矢量；a_j 表示地球的反照率(刘林，1992)：

$$a_j = 0.34 + 0.1\cos\left[\frac{2\pi}{365.25}(t-t_0)\right]\sin\phi + 0.29\left(\frac{3}{2}\sin^2\phi - \frac{1}{2}\right) \tag{2.71}$$

其中，e_j 表示地球的发射率(刘林，1992)：

$$e_j = 0.68 - 0.07\cos\left[\frac{2\pi}{365.25}(t-t_0)\right]\sin\phi - 0.18\left(\frac{3}{2}\sin^2\phi - \frac{1}{2}\right) \tag{2.72}$$

式中，t_0 表示历元；$t-t_0$ 的单位是平太阳日；ϕ 表示地球辐射面元中心的纬度。

4. 卫星轨道高度和姿态控制力摄动

当卫星在轨道处飞行时，作用于 GRACE 卫星的非保守力将消耗卫星的动能导致卫星轨道高度随时间衰减。为了采集足够的地球重力场信息进而探测高精度和高空间分辨率的静态和时变地球重力场，采用轨道高度控制力适当维持卫星轨道高度进而延长卫星寿命是必不可缺的。

由于空间环境的复杂性，GRACE 卫星在轨道处的姿态是随时间变化的，因而导致了 GRACE 星体质心和 SuperSTAR 星载加速度计检验质量质心存在实时偏差。为了高精度扣除作用于卫星的非保守力，GRACE 星载 SuperSTAR 加速度计检验质量的质心应精确定位于卫星体的质心处(质心调整精度优于 50μm)。由于 GRACE 星体质心和加速度计检验质量质心偏差和卫星姿态测量具有耦合效应，因此在反演地球重力场时会同时将卫星姿态测量误差引入卫星观测方程。GRACE 星体质心和加速度计检验质量质心偏差以及卫星姿态测量误差的引入将会在加速度计的三轴测量中附加扰动误差，导致加速度计三轴测量精度降低，从而影响地球重力场反演精度。因此，基于卫星姿态控制力对卫星空间姿态进行实时调整是反演高精度和高空间分辨率地球重力场的重要保证。

卫星轨道高度和姿态控制力将有利于维持卫星轨道高度和控制卫星空间三维姿态，但同时也将会带来附加的非保守摄动力，目前应用 GRACE 星载高精度 SuperSTAR 星载加速度计可进行有效扣除。

5. 经验力摄动

经验力摄动包括经验常数力摄动和 RTN 方向经验周期力摄动。前述的各种保守力和非保守力摄动均可通过具体模型化或具体摄动源表述，而经验力摄动与前述的各种摄动存在本质的差别，它是在长期大量的实测数据处理中应用统计学原理归纳总结出的经验方法，可以有效地消除上述各种摄动模型的不精确性。应用经验力摄动修正可以有效地减小卫星定轨和实测数据处理中的误差，对于 CHAMP 卫星可以提高定轨精度；对于 GRACE 卫星除可降低轨道误差外，同时可提高 K 波段测距系统的星间速度精度；对于 GOCE 卫星可有效地减小卫星重力梯度仪引入的误差。经验力摄动表示如下（Roesset，2003）

$$\boldsymbol{a}_{\text{empi}} = \boldsymbol{a}_{\text{empic}} + \boldsymbol{a}_{\text{empip}} \tag{2.73}$$

式中，经验常数力摄动 $\boldsymbol{a}_{\text{empic}}$ 表示如下

$$\boldsymbol{a}_{\text{empic}} = \begin{bmatrix} a_{\text{R}}^0 \widehat{\boldsymbol{R}} & a_{\text{T}}^0 \widehat{\boldsymbol{T}} & a_{\text{N}}^0 \widehat{\boldsymbol{N}} \end{bmatrix}^{\text{T}} \tag{2.74}$$

式中，a_{R}^0、a_{T}^0 和 a_{N}^0 分别表示径向、切向和法向的单位质量经验常数摄动力；$\widehat{\boldsymbol{R}}$、$\widehat{\boldsymbol{T}}$ 和 $\widehat{\boldsymbol{N}}$ 分别表示径向、切向和法向的单位矢量。经验周期力摄动 $\boldsymbol{a}_{\text{empip}}$ 表示如下（Roesset，2003）

$$\boldsymbol{a}_{\text{empip}} = \begin{bmatrix} (C_{\text{R}}\cos\phi + S_{\text{R}}\sin\phi)\widehat{\boldsymbol{R}} \\ (C_{\text{T}}\cos\phi + S_{\text{T}}\sin\phi)\widehat{\boldsymbol{T}} \\ (C_{\text{N}}\cos\phi + S_{\text{N}}\sin\phi)\widehat{\boldsymbol{N}} \end{bmatrix} \tag{2.75}$$

式中，C_{R}、C_{T} 和 C_{N} 分别表示卫星在轨道处的径向、切向和法向的方向余弦分量参数；S_{R}、S_{T} 和 S_{N} 分别表示卫星在轨道处的径向、切向和法向的方向正弦分量参数。

2.4 本章小结

本章主要介绍了用于卫星重力反演的时间参考系统、坐标参考系统和卫星摄动力模型。具体内容如下：

(1) 在时间参考系统中，汇总了卫星重力测量常用的恒星时、世界时、国际原子时、协调世界时、GPS 时和动力学时间参考系统各自的定义、使用条件和各时间参考系统之间的相互转化。

(2) 在坐标参考系统中，阐述了地心惯性系、瞬时平赤道系、瞬时真赤道系、协议地固系、卫星固联系、加速度计系、卫星局部指北系和卫星局部轨道参考系统各自的原点、参考平面、坐标轴指向、使用条件和各坐标参考系统之间的相互转化。

(3) 地球重力卫星摄动力模型是指所有影响卫星轨道运动的摄动力集合，包括保守摄动力和非保守摄动力两部分：①保守摄动力（地球非球形引力摄动、三体引力摄动、地球固体、海洋及大气潮汐摄动、地球极潮汐摄动和广义相对论效应摄动）不会改变卫星运动的总能量且大多数均可以精确的模型化；②非保守摄动力（大气阻力摄动、太阳辐射压摄动、地球反照辐射压摄动、卫星轨道高度及姿态控制力摄动和经验力摄动）又称为耗散力，它将会消耗卫星运动的总能量且具有随机性，因此目前在卫星重力测量中通常采用高精度星载加速度计精确扣除。

(4) 在保守摄动力中，地球重力卫星摄动力模型中的地球非球形引力摄动既是影响重力卫星轨道的最主要摄动源，又是待求引力位系数的载体；在目前地球重力场反演精度下，太阳和月球可看成质点处理，同时太阳系其他行星对重力卫星的引力摄动可忽略；在

地球重力场反演中主要考虑固体潮和海潮对卫星轨道的影响，大气潮对卫星运动的影响比固体潮约小 2 个数量级；由于地球形变使外部空间引力发生变化将产生地球极潮汐摄动。

(5) 在非保守摄动力中，随着重力卫星轨道逐渐升高，作用于卫星的大气阻力摄动将逐渐减小，而作用于卫星的太阳辐射压摄动将逐渐增加；当卫星离地面较远时，太阳辐射压摄动的影响将会超过大气阻力摄动；地球反照辐射压摄动对地球重力场反演精度的影响较太阳辐射压摄动约小 2 个数量级；卫星轨道高度和姿态控制力将有利于维持卫星的轨道高度和控制卫星的空间三维姿态，但同时也将会带来附加的非保守摄动力，目前应用高精度 SuperSTAR 星载加速度计可进行有效扣除；经验力摄动是在长期大量的实测数据处理中应用统计学原理归纳总结出的经验方法，可以有效地消除上述各种摄动模型的不精确性。

第3章　基于能量守恒法反演地球重力场

基于能量守恒观测方程结合预处理共轭梯度迭代法是反演高精度和高空间分辨率地球重力场的重要途径之一。能量守恒反演法的特点是避免了数值微分、数值积分等计算，直接利用地球扰动位和引力位系数的线性关系建立卫星运动观测方程，而扰动位又可直接利用重力卫星的K波段测距系统、GPS接收机、星载加速度计、恒星敏感器等观测数据求得。基于能量守恒法反演地球重力场对测速精度的敏感性较高，而CHAMP单星和GRACE双星高精度的速度测量和星间速度测量可满足此要求。

3.1　能量法重力反演的原理

本节介绍基于能量守恒法反演地球重力场的基本原理；推导单星(CHAMP)和双星(GRACE)在地心惯性系中的能量守恒观测方程，其中，双星的能量守恒观测方程包括带有参考扰动位和无参考扰动位两种形式；阐述预处理共轭梯度迭代法是求解大型超定方程组的有效方法之一。

3.1.1　卫星跟踪卫星高低模式

CHAMP卫星采用卫星跟踪卫星高低模式(SST-HL)的观测技术。基于能量守恒法反演地球重力场对测速精度的敏感性较高，而CHAMP卫星高精度的速度测量可满足此要求。基于能量守恒法反演CHAMP地球重力场数值模拟研究的原理是直接利用地球扰动位和引力位系数的线性关系建立单星能量观测方程，而扰动位又可直接利用卫星轨道位置 $\boldsymbol{r}$、轨道速度 $\dot{\boldsymbol{r}}$、加速度计非保守力 $\boldsymbol{f}$、恒星敏感器姿态 $\boldsymbol{q}$ 等观测数据求得。

1. 地心惯性系中单星能量观测方程

在地心惯性系中，单星运动方程建立如下

$$\ddot{\boldsymbol{r}} = \boldsymbol{F} + \boldsymbol{f} \tag{3.1}$$

式中，$\ddot{\boldsymbol{r}}$ 表示卫星在飞行中的总加速度；$\boldsymbol{F}$ 表示作用于卫星的单位质量的保守力之和，$\boldsymbol{F} = \boldsymbol{F}_e(\boldsymbol{r},t) + \boldsymbol{F}_T(\boldsymbol{r},t)$，$\boldsymbol{F}_e(\boldsymbol{r},t)$ 表示地球引力，$\boldsymbol{F}_T(\boldsymbol{r},t)$ 表示三体摄动力(太阳和月球引力、地球固体潮汐力等)；$\boldsymbol{f}$ 表示作用于卫星的单位质量的非保守力(大气阻力、太阳辐射压、地球辐射压、轨道高度及姿态控制力等)之和。在方程(3.1)两边同时点乘速度 $\dot{\boldsymbol{r}}$ 得

$$\dot{\boldsymbol{r}} \cdot \ddot{\boldsymbol{r}} = \dot{\boldsymbol{r}} \cdot (\boldsymbol{F}_e + \boldsymbol{F}_T) + \dot{\boldsymbol{r}} \cdot \boldsymbol{f} \tag{3.2}$$

式中，$\boldsymbol{F}_e$ 和 $\boldsymbol{F}_T$ 表示为

$$\boldsymbol{F}_{e(T)} = \frac{\partial V_{e(T)}}{\partial \boldsymbol{r}} \tag{3.3}$$

式中，$V_e = V_0 + T_e$ 表示地球引力位，$V_0 = \frac{GM}{r}$ 表示地球中心引力位，r 表示卫星的地心半径，$r = \sqrt{x^2 + y^2 + z^2}$，$(x, y, z)$ 表示位置矢量 $\boldsymbol{r}$ 的分量，GM 表示地球质量 M 和万有引力常数 G 之积，T_e 表示地球扰动位；V_T 表示三体摄动能。方程(3.3)可改写为

$$\frac{\mathrm{d}V_{e(T)}}{\mathrm{d}t} = \frac{\partial V_{e(T)}}{\partial \boldsymbol{r}} \cdot \frac{\mathrm{d}\boldsymbol{r}}{\mathrm{d}t} + \frac{\partial V_{e(T)}}{\partial t} = \boldsymbol{F}_{e(T)} \cdot \dot{\boldsymbol{r}} + \frac{\partial V_{e(T)}}{\partial t} \tag{3.4}$$

将方程(3.4)代入方程(3.2)中，两边同时积分得

$$\begin{aligned} \frac{1}{2} |\dot{\boldsymbol{r}}|^2 &= \int \left(\frac{\mathrm{d}V_e}{\mathrm{d}t} - \frac{\partial V_e}{\partial t} \right) \mathrm{d}t + \int \left(\frac{\mathrm{d}V_T}{\mathrm{d}t} - \frac{\partial V_T}{\partial t} \right) \mathrm{d}t + \int \dot{\boldsymbol{r}} \cdot \boldsymbol{f} \mathrm{d}t + E_0 \\ &= V_0 + T_e + V_T - \int \frac{\partial (V_e + V_T)}{\partial t} \mathrm{d}t + \int \dot{\boldsymbol{r}} \cdot \boldsymbol{f} \mathrm{d}t + E_0 \end{aligned} \tag{3.5}$$

式中，$V_\omega = \int \frac{\partial (V_e + V_T)}{\partial t} \mathrm{d}t$ 表示由于地球自转产生的位旋转效应项(Jekeli，1999；Han，2004；程芦颖和许厚泽，2006)，推导如下

$$\begin{cases} \theta = \alpha + \Delta\alpha_P + \Delta\alpha_N + \Delta\alpha_W \\ \lambda = \beta + \Delta\beta_P + \Delta\beta_N + \Delta\beta_W - \omega_e t \end{cases} \tag{3.6}$$

式中，θ 和 λ 分别表示协议地固系中的余纬度和经度；α 和 β 分别表示地心惯性系中的余纬度和经度；$\Delta\alpha_P$、$\Delta\alpha_N$ 和 $\Delta\alpha_W$ 分别表示地心惯性系中余纬度的岁差、章动和极移效应修正项；$\Delta\beta_P$、$\Delta\beta_N$、$\Delta\beta_W$ 和 $-\omega_e t$ 分别表示地心惯性系中经度的岁差、章动、极移和格林尼治视恒星时效应修正项。在协议地固系中

$$\frac{\partial V}{\partial t} = \frac{\partial V}{\partial \theta} \frac{\partial \theta}{\partial t} + \frac{\partial V}{\partial \lambda} \frac{\partial \lambda}{\partial t} \tag{3.7}$$

式中，$V = V_e + V_T$。

据表 3.1 可知，地球自转附加效应岁差、章动和极移的时变率相对于格林尼治视恒星时低 7～8 个数量级。因此，对于目前地球重力场反演精度而言其时变率可以忽略。

表 3.1 地球自转附加效应时变率对比

地球自转附加效应	时变率/(rad/s)
岁差	8×10^{-12}
章动	3×10^{-12}
极移	3×10^{-13}
格林尼治视恒星时	7×10^{-5}

在地心惯性系中

$$\frac{\partial V}{\partial t} = \frac{\partial V}{\partial \lambda} \frac{\partial \lambda}{\partial t} = -\omega_e \frac{\partial V}{\partial \beta} \tag{3.8}$$

由于 $x = r\cos\alpha\cos\beta$ 和 $y = r\cos\alpha\sin\beta$，式(3.8)可改写为

$$\begin{aligned}\frac{\partial V}{\partial t} &= -\omega_e \frac{\partial V}{\partial \beta} \\ &= -\omega_e\left(\frac{\partial V}{\partial x}\frac{\partial x}{\partial \beta} + \frac{\partial V}{\partial y}\frac{\partial y}{\partial \beta}\right) \\ &= -\omega_e(x\ddot{y} - y\ddot{x})\end{aligned} \tag{3.9}$$

将式(3.9)两边同时积分得

$$\int \frac{\partial V}{\partial t}\mathrm{d}t = -\omega_e(x\dot{y} - y\dot{x}) \tag{3.10}$$

在式(3.5)中，V_T 表示三体摄动能。太阳和月球的引力作用对探测地球重力场低轨卫星运动的影响是天体力学中典型的三体摄动问题。日、月摄动力类似于地球引力也是一种保守力，由于太阳、月球和地球的质量较大且距重力卫星较近，因此在重力场反演中三体摄动效应不容忽视。在目前地球重力场反演精度下，太阳、月球和重力卫星可简单视为质点，但需要考虑太阳和月球引力引起地球的形变(固体潮、海潮和大气潮)对重力卫星运动的影响。如图 2.6 所示，地球的形状对重力卫星运动的摄动效应，以其最大的扁率项作估计如下(刘林，1992)

$$\begin{cases}\boldsymbol{F}_T = -Gm_{SM}\left(\dfrac{\boldsymbol{r}_s - \boldsymbol{r}_{SM}}{|\boldsymbol{r}_s - \boldsymbol{r}_{SM}|^3} + \dfrac{\partial V_T}{\partial \boldsymbol{r}_{SM}}\right) \\ V_T = \dfrac{1}{|\boldsymbol{r}_{SM}|}\left[1 - J_{2e}\left(\dfrac{R_e}{|\boldsymbol{r}_{SM}|}\right)^2 P_2(\cos\theta)\right]\end{cases} \tag{3.11}$$

式中，$-Gm_{SM}\dfrac{\partial V_T}{\partial \boldsymbol{r}_{SM}}$ 表示作为质点的太阳和月球与作为扁球体的地球相互作用使地球获得的加速度。由式(3.11)可得(刘林，1992)

$$\boldsymbol{F}_T = -Gm_{SM}\frac{|\boldsymbol{r}_s|}{|\boldsymbol{r}_s - \boldsymbol{r}_{SM}|^3}\left(1 - 3J_{2e}\frac{R_e^2}{\boldsymbol{r}_s \cdot \boldsymbol{r}_{SM}}\right)\left(\frac{\boldsymbol{r}_s}{|\boldsymbol{r}_s|}\right) \tag{3.12}$$

式中，$R_e = 6.4\times10^6\,\mathrm{m}$ 表示地球的平均半径；$J_{2e} = 1.08\times10^{-3}$ 表示地球的扁率；$|\boldsymbol{r}_s|$ 表示卫星到地心的距离，$|\boldsymbol{r}_s| = 6.9\times10^6\,\mathrm{m}$。地球扁率项效应为

$$3J_{2e}\frac{R_e^2}{\boldsymbol{r}_s \cdot \boldsymbol{r}_{SM}} \approx 3\times10^{-4} \tag{3.13}$$

由式(3.12)可以看出，在目前地球重力场反演精度下，地球的形状(固体潮、海潮和大气潮)对重力卫星运动的摄动效应必须考虑，此即太阳和月球摄动中的地球形状对重力卫星运动的间接摄动效应。

在地心惯性系中，基于能量方程(3.5)单星扰动位观测方程表示如下

$$T_e = E_k - E_f + V_\omega - V_T - V_0 - E_0 \tag{3.14}$$

式中，观测方程右边第一项 $E_k = \dfrac{1}{2}|\dot{\boldsymbol{r}}|^2$ 表示卫星单位质量的动能；第二项 $E_f = \int \dot{\boldsymbol{r}} \cdot \boldsymbol{f}\mathrm{d}t$

表示卫星的耗散能；第三项 $V_\omega \approx -\omega_e(x\dot{y}-y\dot{x})$ 表示卫星由于地球自转产生的旋转能(Jekeli，1999；Han，2004)；第四项 V_T 表示三体摄动能(太阳和月球引力位、地球固体潮汐能等)；第五项 $V_0=\dfrac{GM}{r}$ 表示中心引力位；最后一项 E_0 表示卫星系统的能量积分常数。观测方程左边 T_e 表示作用于卫星的地球扰动位，定义同式(2.31)。

2. 协议地固系中单星能量观测方程

在协议地固系中，单星(CHAMP)的运动方程建立如下

$$\ddot{\boldsymbol{r}}_b=\boldsymbol{F}_b+\boldsymbol{f}_b+\boldsymbol{F}_{bZ}-\boldsymbol{F}_f \tag{3.15}$$

式中，$\ddot{\boldsymbol{r}}_b$ 表示卫星飞行中的总加速度；$\boldsymbol{F}_b=\boldsymbol{F}_{be}(\boldsymbol{r}_b,t)+\boldsymbol{F}_{bT}(\boldsymbol{r}_b,t)$ 表示作用于卫星的单位质量的保守力之和，$\boldsymbol{F}_{be}(\boldsymbol{r}_b,t)$ 表示地球的引力，$\boldsymbol{F}_{bT}(\boldsymbol{r}_b,t)$ 表示三体摄动力(太阳、月球、地球固体潮汐力等)；$\boldsymbol{f}_b$ 表示作用于卫星的单位质量的非保守力(大气阻力、太阳辐射压、地球辐射压、轨道高度及姿态控制力等)之和；$\boldsymbol{F}_{bZ}=\boldsymbol{\omega}_e\times(\boldsymbol{\omega}_e\times\boldsymbol{r}_b)$ 表示作用于卫星的单位质量的离心力，$\boldsymbol{\omega}_e=(0\quad 0\quad \omega_e)^T$ 表示地球自转角速度矢量；$\boldsymbol{F}_f=-2\boldsymbol{\omega}_e\times\dot{\boldsymbol{r}}_b$ 表示作用于卫星的单位质量的科里奥利(Coriolis)力；下脚标 b 表示协议地固系。在方程(3.15)两边同时点乘速度 $\dot{\boldsymbol{r}}_b$，得

$$\dot{\boldsymbol{r}}_b\cdot\ddot{\boldsymbol{r}}_b=\dot{\boldsymbol{r}}_b\cdot(\boldsymbol{F}_{be}+\boldsymbol{F}_{bT})+\dot{\boldsymbol{r}}_b\cdot\boldsymbol{f}_b+\dot{\boldsymbol{r}}_b\cdot\boldsymbol{F}_{bZ}-\dot{\boldsymbol{r}}_b\cdot\boldsymbol{F}_f \tag{3.16}$$

式中，$\boldsymbol{F}_{be}$、$\boldsymbol{F}_{bT}$ 和 $\boldsymbol{F}_{bZ}$ 分别表示为

$$\boldsymbol{F}_{be(T,Z)}=\frac{\partial V_{be(T,Z)}}{\partial\boldsymbol{r}_b} \tag{3.17}$$

式中，$V_{be}=V_{b0}+T_{be}$ 表示地球引力位，$V_{b0}=\dfrac{GM}{r_b}$ 表示地球中心引力位，$r_b=\sqrt{x_b^2+y_b^2+z_b^2}$ 表示卫星的地心半径，(x_b,y_b,z_b) 分别表示位置矢量 $\boldsymbol{r}_b$ 的分量，T_{be} 表示扰动位；V_{bT} 表示三体摄动能；$V_{bZ}=\dfrac{1}{2}\omega_e(x_b^2+y_b^2)$ 表示离心力位。方程(3.17)可改写为

$$\frac{\mathrm{d}V_{be(T,Z)}}{\mathrm{d}t}=\frac{\partial V_{be(T,Z)}}{\partial\boldsymbol{r}_b}\cdot\frac{\mathrm{d}\boldsymbol{r}_b}{\mathrm{d}t}+\frac{\partial V_{be(T,Z)}}{\partial t}=\boldsymbol{F}_{be(T,Z)}\cdot\dot{\boldsymbol{r}}_b+\frac{\partial V_{be(T,Z)}}{\partial t} \tag{3.18}$$

由于 $\dot{\boldsymbol{r}}_b\cdot\boldsymbol{F}_f=\dot{\boldsymbol{r}}_b\cdot(-2\boldsymbol{\omega}_e\times\dot{\boldsymbol{r}}_b)=0$，将方程(3.18)代入方程(3.16)中，两边同时积分得

$$\begin{aligned}\frac{1}{2}\,|\dot{\boldsymbol{r}}_b|^2&=\int\left(\frac{\mathrm{d}V_{be}}{\mathrm{d}t}-\frac{\partial V_{be}}{\partial t}\right)\mathrm{d}t+\int\left(\frac{\mathrm{d}V_{bT}}{\mathrm{d}t}-\frac{\partial V_{bT}}{\partial t}\right)\mathrm{d}t+\int\left(\frac{\mathrm{d}V_{bZ}}{\mathrm{d}t}-\frac{\partial V_{bZ}}{\partial t}\right)\mathrm{d}t+\int\dot{\boldsymbol{r}}_b\cdot\boldsymbol{f}_b\mathrm{d}t+E_{b0}\\&=V_{b0}+\mathrm{T}_{be}+V_{bT}+V_{bZ}-\int\frac{\partial(V_{be}+V_{bT})}{\partial t}\mathrm{d}t-\int\frac{\partial V_{bZ}}{\partial t}\mathrm{d}t+\int\dot{\boldsymbol{r}}_b\cdot\boldsymbol{f}_b\mathrm{d}t+E_{b0}\end{aligned} \tag{3.19}$$

在方程(3.19)中，假定地球自转角速度 ω_e 为常量，则 $\int\dfrac{\partial V_{bZ}}{\partial t}\mathrm{d}t=0$；由于方程(3.19)在协议地固坐标系中，地球旋转位效应 $\int\dfrac{\partial(V_{be}+V_{bT})}{\partial t}\mathrm{d}t=0$。因此，在协议地固系中，基

于能量守恒法单星扰动位的观测方程表示如下

$$T_{be}=E_{bk}-E_{bf}-V_{bZ}-V_{bT}-V_{b0}-E_{b0} \tag{3.20}$$

式中，右边第一项 $E_{bk}=\frac{1}{2}|\dot{\boldsymbol{r}}_b|^2$ 表示卫星单位质量的动能；第二项 $E_{bf}=\int\dot{\boldsymbol{r}}_b\cdot\boldsymbol{f}_b\mathrm{d}t$ 表示卫星的耗散能；第三项 $V_{bZ}=\frac{1}{2}\omega_e(x_b^2+y_b^2)$ 表示卫星的离心力位；第四项 V_{bT} 表示卫星的三体摄动能；第五项 $V_{b0}=\frac{GM}{r_b}$ 表示卫星的中心引力位；最后一项 E_{b0} 表示卫星的能量积分常数。

3.1.2 卫星跟踪卫星低低模式

在 GRACE 卫星重力测量计划中，地球重力场是综合利用 SST-HL 的轨道摄动数据和卫星跟踪卫星低低模式(SST-LL)的距离变率数据推求出来的。基于能量守恒法反演 GRACE 地球重力场数值模拟研究的原理是直接利用地球扰动位和引力位系数的线性关系建立观测方程，而扰动位又可直接利用 K 波段测距系统的星间速度 $\dot{\rho}$、GPS 接收机的轨道位置 $\boldsymbol{r}$ 和轨道速度 $\dot{\boldsymbol{r}}$、加速度计的非保守力 $\boldsymbol{f}$、恒星敏感器的三维姿态 $\boldsymbol{q}$ 等数据求得。基于能量守恒法反演地球重力场对测速精度的敏感性较高，而 GRACE 卫星 K 波段测距系统的高精度星间速度测量可满足此要求。

1. *地心惯性系中带有参考扰动位的双星能量观测方程*

双星(GRACE)带有参考扰动位的能量守恒方程可通过单星(CHAMP)能量守恒方程推导得到。Jekeli(1999)和 Han(2003、2004)在此方面作了大量的研究工作。如图 3.1 所示，实线表示双星(GRACE)的实测轨道，虚线表示双星(GRACE)的参考轨道。通过建立参考轨道，可以将 GRACE 卫星 K 波段测距系统的高精度星间速度 $\dot{\rho}_{12}$ 引入能量守恒观测方程。

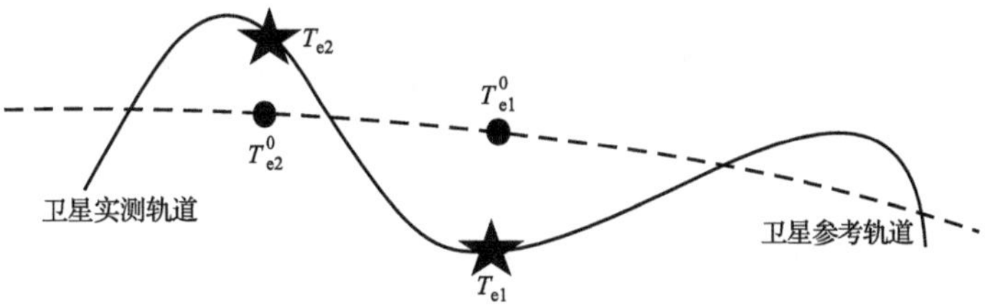

图 3.1 GRACE 实测扰动位和参考扰动位

1) 近似扰动位的变化量

假设卫星受到的非保守力 $\boldsymbol{f}=0$、地球自转角速度 $\omega_e=0$ 和三体摄动位 $V_T=0$，卫星能量守恒方程可表示为

$$\widehat{T}_e=\frac{1}{2}|\dot{\boldsymbol{r}}|^2-V_0-E_0 \tag{3.21}$$

将式(3.21)两边同时微分得

$$\mathrm{d}\widehat{T}_{\mathrm{e}} = \dot{\boldsymbol{r}} \cdot \mathrm{d}\dot{\boldsymbol{r}} \tag{3.22}$$

实测轨道上双星的扰动位差表示为(Jekeli,1999;Han,2004)

$$\widehat{T}_{\mathrm{e}12} = \widehat{T}_{\mathrm{e}2} - \widehat{T}_{\mathrm{e}1} \approx |\dot{\boldsymbol{r}}_1| \dot{\rho}_{12} \tag{3.23a}$$

式中，$\dot{\rho}_{12}$ 表示实测轨道上双星的星间速度，$\dot{\rho}_{12} = |\dot{\boldsymbol{r}}_2 - \dot{\boldsymbol{r}}_1|$。

参考轨道上双星的扰动位差表示为

$$\widehat{T}^0_{\mathrm{e}12} = \widehat{T}^0_{\mathrm{e}2} - \widehat{T}^0_{\mathrm{e}1} \approx |\dot{\boldsymbol{r}}^0_1| \dot{\rho}^0_{12} \tag{3.23b}$$

式中，$\dot{\rho}^0_{12} = |\dot{\boldsymbol{r}}^0_2 - \dot{\boldsymbol{r}}^0_1|$ 表示参考轨道上双星的星间速度，带“0”标识的符号表示参考星的参量，其余的符号表示实测星的参量。由式(3.23a)－式(3.23b)可得

$$\Delta\widehat{T}_{\mathrm{e}12} = \widehat{T}_{\mathrm{e}12} - \widehat{T}^0_{\mathrm{e}12} \approx |\dot{\boldsymbol{r}}^0_1| \Delta\dot{\rho}_{12} \tag{3.24}$$

式中，$\Delta\dot{\rho}_{12} = \dot{\rho}_{12} - \dot{\rho}^0_{12}$。

2) 实测扰动位的变化量

实测轨道上双星扰动位表示为

$$T_{\mathrm{e}1} = \frac{1}{2}|\dot{\boldsymbol{r}}_1|^2 - \int \dot{\boldsymbol{r}}_1 \cdot \boldsymbol{f}_1 \mathrm{d}t - \omega_{\mathrm{e}}(x_1\dot{y}_1 - y_1\dot{x}_1) - V_{\mathrm{T}1} - V_{01} - E_{01} \tag{3.25a}$$

$$T_{\mathrm{e}2} = \frac{1}{2}|\dot{\boldsymbol{r}}_2|^2 - \int \dot{\boldsymbol{r}}_2 \cdot \boldsymbol{f}_2 \mathrm{d}t - \omega_{\mathrm{e}}(x_2\dot{y}_2 - y_2\dot{x}_2) - V_{\mathrm{T}2} - V_{02} - E_{02} \tag{3.25b}$$

由式(3.25b)－式(3.25a)可得实测轨道上双星扰动位差：

$$\begin{aligned} T_{\mathrm{e}12} = & \left(\frac{1}{2}|\dot{\boldsymbol{r}}_2|^2 - \frac{1}{2}|\dot{\boldsymbol{r}}_1|^2\right) - \int(\dot{\boldsymbol{r}}_2 \cdot \boldsymbol{f}_2 - \dot{\boldsymbol{r}}_1 \cdot \boldsymbol{f}_1)\mathrm{d}t - \omega_{\mathrm{e}}(x_2\dot{y}_2 - y_2\dot{x}_2 - x_1\dot{y}_1 + y_1\dot{x}_1) \\ & - V_{\mathrm{T}12} - V_{012} - E_{012} \end{aligned} \tag{3.26a}$$

式中，$|\dot{\boldsymbol{r}}_2|^2 - |\dot{\boldsymbol{r}}_1|^2 = (\dot{\boldsymbol{r}}_2 - \dot{\boldsymbol{r}}_1)[(\dot{\boldsymbol{r}}_2 - \dot{\boldsymbol{r}}_1) + 2\dot{\boldsymbol{r}}_1] = 2\dot{\boldsymbol{r}}_1 \cdot \dot{\boldsymbol{r}}_{12} + |\dot{\boldsymbol{r}}_{12}|^2$。

参考轨道上双星扰动位差表示为

$$\begin{aligned} T^0_{\mathrm{e}12} = & \left(\frac{1}{2}|\dot{\boldsymbol{r}}^0_2|^2 - \frac{1}{2}|\dot{\boldsymbol{r}}^0_1|^2\right) - \int(\dot{\boldsymbol{r}}^0_2 \cdot \boldsymbol{f}^0_2 - \dot{\boldsymbol{r}}^0_1 \cdot \boldsymbol{f}^0_1)\mathrm{d}t - \omega_{\mathrm{e}}(x^0_2\dot{y}^0_2 - y^0_2\dot{x}^0_2 - x^0_1\dot{y}^0_1 + y^0_1\dot{x}^0_1) \\ & - V^0_{\mathrm{T}12} - V^0_{012} - E^0_{012} \end{aligned} \tag{3.26b}$$

由式(3.26a)－式(3.26b)得

$$\begin{aligned} \Delta T_{\mathrm{e}12} = & [\dot{\boldsymbol{r}}_1 \cdot \dot{\boldsymbol{r}}_{12} - \dot{\boldsymbol{r}}^0_1 \cdot \dot{\boldsymbol{r}}^0_{12}] + \left[\dot{\boldsymbol{r}}^0_{12} \cdot \Delta\dot{\boldsymbol{r}}_{12} + \frac{1}{2}\Delta\dot{\boldsymbol{r}}_{12}\Delta\dot{\boldsymbol{r}}_{12}\right] \\ & - \left[\int(\dot{\boldsymbol{r}}_2 \cdot \boldsymbol{f}_2 - \dot{\boldsymbol{r}}_1 \cdot \boldsymbol{f}_1)\mathrm{d}t - \int(\dot{\boldsymbol{r}}^0_2 \cdot \boldsymbol{f}^0_2 - \dot{\boldsymbol{r}}^0_1 \cdot \boldsymbol{f}^0_1)\mathrm{d}t\right] \\ & - \omega_{\mathrm{e}}[(x_2\dot{y}_2 - y_2\dot{x}_2 - x_1\dot{y}_1 + y_1\dot{x}_1) - (x^0_2\dot{y}^0_2 - y^0_2\dot{x}^0_2 - x^0_1\dot{y}^0_1 + y^0_1\dot{x}^0_1)] \\ & - \Delta V_{\mathrm{T}12} - \Delta V_{012} - \Delta E_{012} \end{aligned} \tag{3.27}$$

3) 实测扰动位和近似扰动位的变化量之差(Jekeli,1999;Han,2004)

$$
\begin{aligned}
\in \Delta T_{e12} &= \Delta T_{e12} - \Delta \widehat{T}_{e12} \\
&= (\dot{\boldsymbol{r}}_2^0 - |\dot{\boldsymbol{r}}_1^0| \widehat{\boldsymbol{e}}_{12}) \cdot \Delta \dot{\boldsymbol{r}}_{12} + (\Delta \dot{\boldsymbol{r}}_1 - |\dot{\boldsymbol{r}}_1^0| \Delta \widehat{\boldsymbol{e}}_{12}) \cdot \dot{\boldsymbol{r}}_{12}^0 + \Delta \dot{\boldsymbol{r}}_1 \cdot \Delta \dot{\boldsymbol{r}}_{12} + \frac{1}{2} |\Delta \dot{\boldsymbol{r}}_{12}|^2 \\
&\quad - \left[\int (\dot{\boldsymbol{r}}_2 \cdot \boldsymbol{f}_2 - \dot{\boldsymbol{r}}_1 \cdot \boldsymbol{f}_1) \mathrm{d}t - \int (\dot{\boldsymbol{r}}_2^0 \cdot \boldsymbol{f}_2^0 - \dot{\boldsymbol{r}}_1^0 \cdot \boldsymbol{f}_1^0) \mathrm{d}t \right] \\
&\quad - \omega_e [(x_2 \dot{y}_2 - y_2 \dot{x}_2 - x_1 \dot{y}_1 + y_1 \dot{x}_1) - (x_2^0 \dot{y}_2^0 - y_2^0 \dot{x}_2^0 - x_1^0 \dot{y}_1^0 + y_1^0 \dot{x}_1^0)] \\
&\quad - \Delta V_{T12} - \Delta V_{012} - \Delta E_{012}
\end{aligned} \tag{3.28}
$$

4) 双星(GRACE)能量守恒方程

双星能量观测方程表示为(Jekeli,1999;Han,2004)

$$
\begin{aligned}
\Delta T_{e12} &= \Delta \widehat{T}_{e12} + \in \Delta T_{e12} \\
&= (k_0 + k_1 + k_2 + k_3 + k_4) - \Delta E_{f12} + \Delta V_{\omega 12} - \Delta V_{T12} - \Delta V_{012} - \Delta E_{012}
\end{aligned} \tag{3.29}
$$

式中,双星能量观测方程左边的 ΔT_{e12} 表示扰动位之差:

$$
\Delta T_{e12} = [T_{e2}(r_2, \theta_2, \lambda_2) - T_{e1}(r_1, \theta_1, \lambda_1)] - [T_{e2}^0(r_2^0, \theta_2^0, \lambda_2^0) - T_{e1}^0(r_1^0, \theta_1^0, \lambda_1^0)] \tag{3.30}
$$

式中,$T_{e2}(r_2, \theta_2, \lambda_2) - T_{e1}(r_1, \theta_1, \lambda_1)$ 表示双星实测扰动位之差:

$$
\begin{aligned}
T_{e12}(r_1, \theta_1, \lambda_1, r_2, \theta_2, \lambda_2) &= T_{e2}(r_2, \theta_2, \lambda_2) - T_{e1}(r_1, \theta_1, \lambda_1) \\
&= \frac{GM}{R_e} \sum_{l=2}^{L} \sum_{m=0}^{l} \left\{ \left[\left(\frac{R_e}{r_2} \right)^{l+1} \overline{P}_{lm}(\cos\theta_2) \cos m\lambda_2 - \left(\frac{R_e}{r_1} \right)^{l+1} \overline{P}_{lm}(\cos\theta_1) \cos m\lambda_1 \right] \overline{C}_{lm} \right. \\
&\quad \left. + \left[\left(\frac{R_e}{r_2} \right)^{l+1} \overline{P}_{lm}(\cos\theta_2) \sin m\lambda_2 - \left(\frac{R_e}{r_1} \right)^{l+1} \overline{P}_{lm}(\cos\theta_1) \sin m\lambda_1 \right] \overline{S}_{lm} \right\}
\end{aligned} \tag{3.31}
$$

式中,r_1 和 r_2 分别表示双星的地心向径(卫星质心到地心的距离);θ_1 和 θ_2 分别表示双星的地心余纬度;λ_1 和 λ_2 分别表示双星的地心经度;$\overline{P}_{lm}(\cos\theta)$ 表示规格化的 Legendre 函数,其中,l 表示引力位按球函数展开的阶数,m 表示次数;$\overline{C}_{lm}$ 和 $\overline{S}_{lm}$ 分别表示待求的引力位系数。$T_{e2}^0(r_2^0, \theta_2^0, \lambda_2^0) - T_{e1}^0(r_1^0, \theta_1^0, \lambda_1^0)$ 表示双星参考扰动位之差,其中,r_1^0 和 r_2^0 分别表示参考双星的地心向径,θ_1^0 和 θ_2^0 分别表示参考双星的地心余纬度,λ_1^0 和 λ_2^0 分别表示参考双星的地心经度。参考扰动位的计算以 EGM2008 为初始模型($L^0 = 5$ 阶)。

观测方程(3.29)右边第一项 $k_0 = |\dot{\boldsymbol{r}}_1^0| \Delta\dot{\rho}_{12}$ 表示近似动能差,$|\dot{\boldsymbol{r}}_1^0|$ 表示参考卫星的速度,$\Delta\dot{\rho}_{12} = \dot{\rho}_{12} - \dot{\rho}_{12}^0$ 表示星间速度差,k_1, k_2, k_3, k_4 表示动能差的修正项,$k_1 = (\dot{\boldsymbol{r}}_2^0 - |\dot{\boldsymbol{r}}_1^0| \widehat{\boldsymbol{e}}_{12}) \cdot \Delta\dot{\boldsymbol{r}}_{12}$,$k_2 = (\Delta\dot{\boldsymbol{r}}_1 - |\dot{\boldsymbol{r}}_1^0| \Delta\widehat{\boldsymbol{e}}_{12}) \cdot \dot{\boldsymbol{r}}_{12}^0$,$k_3 = \Delta\dot{\boldsymbol{r}}_1 \cdot \Delta\dot{\boldsymbol{r}}_{12}$,$k_4 = \frac{1}{2} |\Delta\dot{\boldsymbol{r}}_{12}|^2$;第二项 ΔE_{f12} 表示双星耗散能之差,$\Delta E_{f12} = \int (\dot{\boldsymbol{r}}_2 \cdot \boldsymbol{f}_2 - \dot{\boldsymbol{r}}_1 \cdot \boldsymbol{f}_1) \mathrm{d}t - \int (\dot{\boldsymbol{r}}_2^0 \cdot \boldsymbol{f}_2^0 - \dot{\boldsymbol{r}}_1^0 \cdot \boldsymbol{f}_1^0) \mathrm{d}t$;第三项 $\Delta V_{\omega 12}$ 表示双星旋转能之差,$\Delta V_{\omega 12} = -\omega_e [(x_2 \dot{y}_2 - y_2 \dot{x}_2 - x_1 \dot{y}_1 + y_1 \dot{x}_1) - (x_2^0 \dot{y}_2^0 - y_2^0 \dot{x}_2^0$

$-x_1^0\dot{y}_1^0+y_1^0\dot{x}_1^0)]$(Jekeli，1999；Han，2004)；第四项 ΔV_{T12} 表示双星三体摄动能(太阳和月球引力、地球固体潮汐等)之差；第五项 ΔV_{012} 表示双星中心引力位之差，$\Delta V_{012}=\left(\frac{GM}{r_2}-\frac{GM}{r_1}\right)-\left(\frac{GM}{r_2^0}-\frac{GM}{r_1^0}\right)$；第六项 ΔE_{012} 表示双星能量常数之差。

2. 地心惯性系中无参考扰动位的双星能量观测方程

当前，美国俄亥俄州立大学的 Jekeli(1999)和 Han(2004)在能量观测方程中引入卫星参考扰动位，模拟反演了 GRACE 地球重力场。基于将 K 波段测距系统的高精度星间速度 $\dot{\rho}_{12}$ 引入能量观测方程的原则，本章建立了一种新型无参考扰动位的能量观测方程。

基于单星扰动位的观测方程(3.14)，在地心惯性系中基于能量守恒法双星扰动位差的观测方程建立如下

$$T_{e12}=E_{k12}-E_{f12}+V_{\omega12}-V_{T12}-V_{012}-E_{012} \tag{3.32}$$

式中，观测方程左边 T_{e12} 表示作用于双星的地球扰动位之差，定义同式(3.31)；观测方程右边第一项 E_{k12} 表示作用于双星的单位质量的动能之差，$E_{k12}=\frac{1}{2}(\dot{\boldsymbol{r}}_2+\dot{\boldsymbol{r}}_1)\cdot(\dot{\boldsymbol{r}}_2-\dot{\boldsymbol{r}}_1)$，$\dot{\boldsymbol{r}}_1$ 和 $\dot{\boldsymbol{r}}_2$ 表示双星各自的轨道速度矢量；第二项 E_{f12} 表示作用于双星的耗散能之差，$E_{f12}=\int(\dot{\boldsymbol{r}}_2\cdot\boldsymbol{f}_2-\dot{\boldsymbol{r}}_1\cdot\boldsymbol{f}_1)\mathrm{d}t$；第三项 $V_{\omega12}$ 表示由于地球自转作用于双星的旋转能之差，$V_{\omega12}=-\omega_e(x_{12}\dot{y}_2-y_2\dot{x}_{12}-y_{12}\dot{x}_1+x_1\dot{y}_{12})$(Jekeli，1999；Han，2004)；第四项 V_{T12} 表示作用于双星的三体摄动能之差；第五项 V_{012} 表示作用于双星的中心引力位之差，$V_{012}=\frac{GM}{r_2}-\frac{GM}{r_1}$；最后一项 E_{012} 表示卫星系统能量积分常数之差，可通过初始位置和初始速度计算得到。

如方程(3.32)所示，假如直接利用双星动能差 $E_{k12}=\frac{1}{2}(\dot{\boldsymbol{r}}_2+\dot{\boldsymbol{r}}_1)\cdot(\dot{\boldsymbol{r}}_2-\dot{\boldsymbol{r}}_1)$ 反演地球重力场，其结果只相当于同一轨道上两个单颗 CHAMP 卫星相互跟踪，对进一步提高地球重力场反演精度没有本质的贡献。因此，引入 GRACE 卫星 K 波段测距系统的高精度星间速度 $\sigma(\dot{\rho}_{12})=1\mu\mathrm{m/s}$ 是全面提高地球重力场反演精度的关键。

本章建立了一种新型无参考扰动位的能量观测方程，将方程(3.32)中动能差 E_{k12} 改写为

$$E_{k12}=\frac{1}{2}(\dot{\boldsymbol{r}}_2+\dot{\boldsymbol{r}}_1)\cdot\{(\dot{\boldsymbol{r}}_{12}\cdot\widehat{\boldsymbol{e}}_{12})\widehat{\boldsymbol{e}}_{12}+[\dot{\boldsymbol{r}}_{12}-(\dot{\boldsymbol{r}}_{12}\cdot\widehat{\boldsymbol{e}}_{12})\widehat{\boldsymbol{e}}_{12}]\} \tag{3.33}$$

式中，$\dot{\boldsymbol{r}}_{12}=\dot{\boldsymbol{r}}_2-\dot{\boldsymbol{r}}_1$ 表示 GRACE 双星的相对速度矢量；$\widehat{\boldsymbol{e}}_{12}=\boldsymbol{r}_{12}/|\boldsymbol{r}_{12}|$ 表示由第一颗卫星指向第二颗卫星的单位方向矢量；$\frac{1}{2}(\dot{\boldsymbol{r}}_2+\dot{\boldsymbol{r}}_1)$ 表示近似沿星星连线方向的平均速度矢量，$\dot{\boldsymbol{r}}_{12}^{\parallel}=(\boldsymbol{r}_{12}\cdot\widehat{\boldsymbol{e}}_{12})\widehat{\boldsymbol{e}}_{12}$ 表示沿星星连线方向的相对速度矢量，$\dot{\boldsymbol{r}}_{12}^{\perp}=\dot{\boldsymbol{r}}_{12}-(\dot{\boldsymbol{r}}_{12}\cdot\widehat{\boldsymbol{e}}_{12})\widehat{\boldsymbol{e}}_{12}$ 表示垂直于星星连线方向的相对速度矢量，$E_{k12}^{\parallel}=\frac{1}{2}(\dot{\boldsymbol{r}}_2+\dot{\boldsymbol{r}}_1)\cdot(\dot{\boldsymbol{r}}_{12}\cdot\widehat{\boldsymbol{e}}_{12})e_{12}$ 表示动能差沿

星星连线方向的分量，$E_{k12}^{\perp}=\frac{1}{2}(\dot{\boldsymbol{r}}_2+\dot{\boldsymbol{r}}_1)\cdot[\dot{\boldsymbol{r}}_{12}-(\dot{\boldsymbol{r}}_{12}\cdot\widehat{\boldsymbol{e}}_{12})\widehat{\boldsymbol{e}}_{12}]$ 表示动能差垂直星星连线方向的分量。虽然沿星星连线方向的相对速度矢量误差 $\sigma(\dot{\boldsymbol{r}}_{12}^{\parallel})$ 和垂直星星连线方向的相对速度矢量误差 $\sigma(\dot{\boldsymbol{r}}_{12}^{\perp})$ 的大小在同一数量级，但是，由于平均速度矢量 $\frac{1}{2}(\dot{\boldsymbol{r}}_2+\dot{\boldsymbol{r}}_1)$ 近似沿星星连线方向，因此沿星星连线方向动能差的误差 $\sigma(E_{k12}^{\parallel})$ 远大于垂直星星连线方向动能差的误差 $\sigma(E_{k12}^{\perp})$。为了降低沿星星连线方向动能差的误差，引入 GRACE 卫星 K 波段测距系统的高精度星间速度 $\dot{\rho}_{12}\widehat{\boldsymbol{e}}_{12}$ 替换 $(\dot{\boldsymbol{r}}_{12}\cdot\widehat{\boldsymbol{e}}_{12})\widehat{\boldsymbol{e}}_{12}$。因此，方程(3. 33)可被改写为

$$E_{\rho_{12}}=\frac{1}{2}(\dot{\boldsymbol{r}}_2+\dot{\boldsymbol{r}}_1)\cdot\{\dot{\rho}_{12}\widehat{\boldsymbol{e}}_{12}+[\dot{\boldsymbol{r}}_{12}-(\dot{\boldsymbol{r}}_{12}\cdot\widehat{\boldsymbol{e}}_{12})\widehat{\boldsymbol{e}}_{12}]\} \tag{3. 34}$$

由于引入了 K 波段测距系统的高精度星间速度 $\sigma(\dot{\rho}_{12})=1\mu\text{m/s}$，高精度和高空间分辨率的地球重力场被反演。将方程(3. 34)代入方程(3. 32)中，地心惯性系中双星扰动位差的能量守恒观测方程表示如下

$$T_{e12}=\frac{1}{2}(\dot{\boldsymbol{r}}_2+\dot{\boldsymbol{r}}_1)\cdot\{\dot{\rho}_{12}\widehat{\boldsymbol{e}}_{12}+[\dot{\boldsymbol{r}}_{12}-(\dot{\boldsymbol{r}}_{12}\cdot\widehat{\boldsymbol{e}}_{12})\widehat{\boldsymbol{e}}_{12}]\}-E_{f12}+V_{\omega 12}-V_{T12}-V_{012}-E_{012} \tag{3. 35}$$

3.1.3 预处理共轭梯度迭代法

1. 利用直接最小二乘法求解大型线性超定方程组

在地心惯性系中，卫星观测方程建立如下(沈云中，2000)

$$\boldsymbol{G}_{t\times 1}=\boldsymbol{\lambda}_{t\times 1}+\boldsymbol{e}_{t\times 1}=\boldsymbol{A}_{t\times n}\boldsymbol{x}_{n\times 1} \tag{3. 36}$$

式中，$\boldsymbol{G}_{t\times 1}$ 表示卫星观测值向量；$\boldsymbol{\lambda}_{t\times 1}$ 表示观测真值向量；$\boldsymbol{A}_{t\times n}$ 表示 t 行 n 列的卫星观测值和待求地球引力位系数之间的转换矩阵，t 表示卫星轨道观测点的数量，$n=L_{\max}^2+2L_{\max}-3$ 表示待求引力位系数的个数，$L_{\max}$ 表示引力位按球谐函数展开的最大阶数；$\boldsymbol{x}_{n\times 1}$ 表示 $n\times 1$ 的待求引力位系数向量，其中，引力位系数按照阶数 l 排列形成(次数 m 固定)；$\boldsymbol{e}_{t\times 1}$ 表示观测值误差向量，如果 $\boldsymbol{e}_{t\times 1}$ 是各元素相互独立的随机误差向量，卫星观测方程(3. 36)有如下统计特征(沈云中，2000)：

$$\begin{cases}E(\boldsymbol{\lambda}_{t\times 1})=\boldsymbol{A}_{t\times n}\bar{\boldsymbol{x}}_{n\times 1}\\E(\boldsymbol{e}_{t\times 1})=0\end{cases} \tag{3. 37}$$

式中，E 表示期望值算子；$\bar{\boldsymbol{x}}_{n\times 1}$ 表示引力位系数 $\boldsymbol{x}_{n\times 1}$ 的真值。因为观测方程(3. 36)是超定方程组，所以没有常规解，只有最小二乘解。在方程(3. 36)两边同乘 $\boldsymbol{A}_{t\times n}^{\mathrm{T}}$ 得

$$\boldsymbol{A}_{t\times n}^{\mathrm{T}}\boldsymbol{G}_{t\times 1}=\boldsymbol{A}_{t\times n}^{\mathrm{T}}\boldsymbol{A}_{t\times n}\boldsymbol{x}_{n\times 1} \tag{3. 38}$$

令 $\boldsymbol{y}_{n\times 1}=\boldsymbol{A}_{t\times n}^{\mathrm{T}}\boldsymbol{G}_{t\times 1}$，$\boldsymbol{N}_{n\times n}=\boldsymbol{A}_{t\times n}^{\mathrm{T}}\boldsymbol{A}_{t\times n}$，则方程(3. 38)改写为

$$\boldsymbol{y}_{n\times 1}=\boldsymbol{N}_{n\times n}\boldsymbol{x}_{n\times 1} \tag{3. 39}$$

$A_{t\times n}$ 是一个庞大的长方形矩阵，存储需占用大量的内存空间，因此直接存储较难实现，正规方阵 $N_{n\times n}$ 虽较 $A_{t\times n}$ 矩阵缩小了许多，但如果直接存储也会占用大量的内存空间。对于反演 30 天的地球重力场，采样间隔为 10s，则观测点个数为 $t=259000$ 个；若球谐函数展开的最大阶数为 120 阶，则待求引力位系数的个数为 $n=L_{\max}^2+2L_{\max}-3=14637$，由式(3.39)可知，求解 $N_{n\times n}$ 需要 $\sim O(tn^2)$ 浮点运算，求解未知向量 $x_{n\times 1}$ 需要 $\sim O(n^3)$ 浮点运算，基于直接方法求解最小二乘解需要的总运算量为 $O(tn^2+n^3)\sim 259000\times 120^4+120^6\sim O(10^{14})$，此运算量即使在并行机上计算也非常耗时，因此利用直接方法求解大型线性超定方程组较困难。另外，$N_{n\times n}$ 的存储至少需要 800MB 的内存空间，这对于通常 PC 微机很难满足要求。本章将采用预处理共轭梯度迭代法求解正规方程，此方法能在保证计算精度的前提下极大地提高运算速度且只需要几十兆字节的内存空间。

2. 利用预处理共轭梯度迭代法求解大型线性超定方程组

预处理共轭梯度迭代法是目前求解大规模线性超定方程组最有效的迭代方法之一。在预处理共轭梯度迭代法中，$N_{n\times n}$ 的性质至关重要，只有 $N_{n\times n}$ 满足正定满秩的条件，解算中迭代才可能收敛。预处理共轭梯度迭代法的主体思想如下：①每一步迭代均对待求参量进行修正，直至达到预期精度为止；②每一步迭代的方向选择以误差最小为原则；③回避最小二乘法的直接矩阵求逆，通过循环迭代求解真值。

本章采取如下方法可以不直接存储 $A_{t\times n}^{\mathrm{T}}A_{t\times n}$ 和 $A_{t\times n}^{\mathrm{T}}G_{t\times 1}$，只将其作为过程矩阵。设 $A=[a_1,a_2,\cdots,a_i,\cdots,a_t]^{\mathrm{T}}$，其中，$a_i$ 是 $1\times n$ 的向量：

$$\begin{cases} N_{n\times n}=\sum_{i=1}^{t}a_i^{\mathrm{T}}a_i \\ A_{t\times n}^{\mathrm{T}}G_{t\times 1}=\sum_{i=1}^{t}a_i^{\mathrm{T}}G_i \end{cases} \tag{3.40}$$

$N_{n\times n}$ 是一个块对角占优结构的稠密阵，此性质为以后迭代求解的加速提供了有利条件。由于不同的卫星设计具有不同的 $N_{n\times n}$，$N_{n\times n}$ 的特殊性造成了预处理阵选择的差异性，而预处理阵选择的优劣又是整个大规模线性超定方程组解算的关键，因此，对观测方程正规矩阵的优化处理是求解大规模线性超定方程组的首要问题。GRACE 卫星观测方程的 $N_{n\times n}$ 不是严格的块对角结构矩阵，而是块对角占优结构的稠密阵，此与 GRACE 卫星的特殊设计相关。假设 GRACE 双星的轨道半径 r 相同，双星扰动位差 T_{12} 表示如下(Jekeli, 1999; Han, 2004)

$$\begin{aligned} T_{12}(r,\theta_1,\lambda_1,\theta_2,\lambda_2)=\frac{GM}{R_e}\sum_{m=0}^{L}\sum_{l=m}^{L}\left(\frac{R_e}{r}\right)^{l+1}&\times\{[\overline{A}_{lm}(\theta_1,\theta_2)\cos m\lambda-\overline{B}_{lm}(\theta_1,\theta_2)\sin m\lambda]\overline{C}_{lm} \\ &+[\overline{A}_{lm}(\theta_1,\theta_2)\sin m\lambda-\overline{B}_{lm}(\theta_1,\theta_2)\cos m\lambda]\overline{S}_{lm}\} \end{aligned} \tag{3.41}$$

其中，$\overline{A}_{lm}(\theta_1,\theta_2)=\overline{P}_{lm}(\cos\theta_2)\cos m\lambda_{\theta_2}-\overline{P}_{lm}(\cos\theta_1)\cos m\lambda_{\theta_1}$，$\overline{B}_{lm}(\theta_1,\theta_2)=\overline{P}_{lm}(\cos\theta_2)\sin m\lambda_{\theta_2}-\overline{P}_{lm}(\cos\theta_1)\sin m\lambda_{\theta_1}$，$\lambda_1=\lambda+\lambda_{\theta_1}$，$\lambda_2=\lambda+\lambda_{\theta_2}$，$\lambda$ 表示双星的参考经度，λ_{θ_1} 和 λ_{θ_2} 表示双星的修正经度，修正值的大小与纬度 θ 和轨道倾角 i 相关，修正值的正负与纬度 θ

和轨道的方向相关。

因为任何两个连续上升轨道弧段参考经度的间隔相等，轨道周期 T 和地球自转角速度 ω_e 近似为常数，所以参考经度和轨道弧段都是近似规则分布。式(3.41)进一步可表示为

$$T_{12}(r,\theta_1,\lambda_1,\theta_2,\lambda_2)=\frac{GM}{R_e}\sum_{m=0}^{L}\sum_{l=m}^{L}\left(\frac{R_e}{r}\right)^{l+1}\times\{\cos[m(\lambda+\lambda_0)]\overline{C}_{lm}-\sin[m(\lambda+\lambda_0)]\overline{S}_{lm}\}\tag{3.42}$$

式中，$\cos m\lambda_0=\overline{A}_{lm}(\theta_1,\theta_2)$；$\sin m\lambda_0=\overline{B}_{lm}(\theta_1,\theta_2)$；假设卫星观测值在经度上是规则采样，即 $\lambda=\lambda^1,\lambda^2,\cdots,\lambda^N$。据 $\boldsymbol{N}_{n\times n}=\boldsymbol{A}_{n\times t}^{\mathrm{T}}\boldsymbol{A}_{t\times n}$ 和式(3.42)(满足三角函数的正交性)，卫星观测方程正规矩阵的块对角特性表示如下

$$\sum_{i=1}^{N}\begin{bmatrix}\cos[m(\lambda^i+\lambda_0)]\\ \sin[m(\lambda^i+\lambda_0)]\end{bmatrix}\begin{bmatrix}\cos[m'(\lambda^i+\lambda_0)]\\ \sin[m'(\lambda^i+\lambda_0)]\end{bmatrix}^{\mathrm{T}}=\begin{cases}\dfrac{N}{2}\begin{bmatrix}1&0\\0&1\end{bmatrix} & (m=m')\\ \boldsymbol{0}_{2\times2} & (m\neq m')\end{cases}\tag{3.43}$$

据式(3.43)可知，当次数相等 $(m=m')$ 时，矩阵中元素的值不为 0；当次数不相等 $(m\neq m')$ 时，矩阵中元素的值为 0。因此，矩阵形成了块对角结构，即矩阵中非零元素以块对角的形式排列在方阵的主对角线上。当方阵的行和列取为 $L_{\max}^2\times L_{\max}^2$，每个块对角部分的行和列均为 $L_{\max}\times L_{\max}$。若要形成块对角矩阵结构需同时满足以下五个条件：①双星的轨道半径相等且都为常量；②参考经度在 $0\leqslant\lambda\leqslant 2\pi$ 范围内规则分布；③双星的纬度 θ_1 和 θ_2 对应相同的参考经度 λ；④轨道观测值噪声仅与双星的纬度 θ_1 和 θ_2 相关；⑤轨道数据满足全球分布。由于 GRACE 轨道数据仅能近似满足以上五个条件，因此卫星观测方程 $\boldsymbol{y}_{n\times1}=\boldsymbol{N}_{n\times n}\boldsymbol{x}_{n\times1}$ 中的转换方阵 $\boldsymbol{N}_{n\times n}$ 不能形成严格块对角结构，而只能形成块对角占优结构。图 3.2(a)表示转换方阵 $\boldsymbol{N}_{n\times n}$ 的块对角占优特性(l=20 阶)，颜色代表矩阵元素数值的大小，颜色条采用以 10 为底的对数表示。

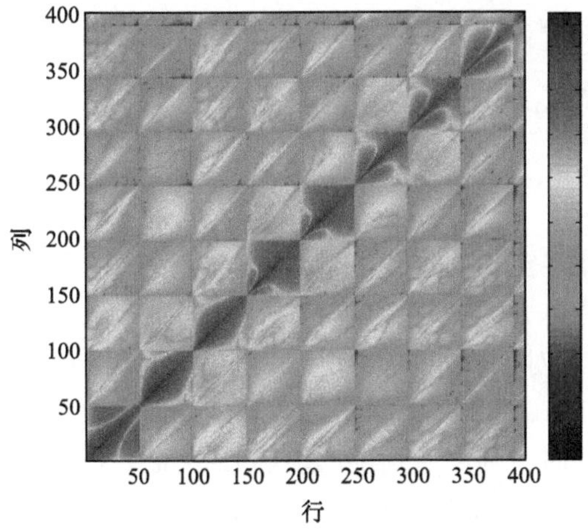

(a) 转换方阵$\boldsymbol{N}_{n\times n}$的块对角占优特性（彩图附后）

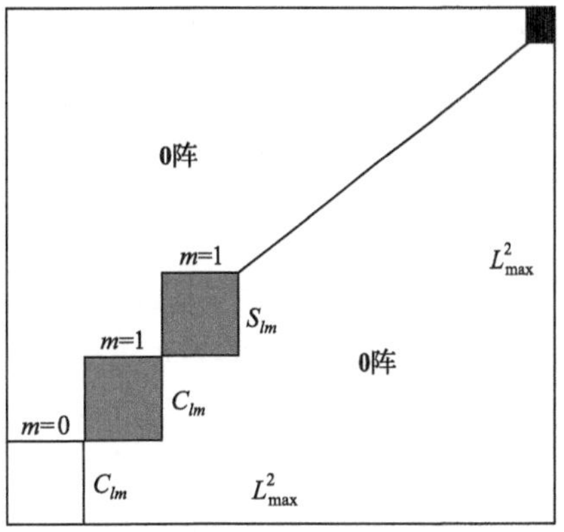

(b) 预处理阵$\boldsymbol{M}_{n\times n}$的块对角特性

图 3.2　正规阵的块对角占优特性

利用预处理共轭梯度迭代法求解观测方程(3.39),不需要存储转换方阵 $\boldsymbol{N}_{n\times n}$,总运算量只需要几十兆字节的内存空间,其算法思想如下(Jekeli,1999;Han,2004):

第一步,初始化:$\boldsymbol{x}_0 = 0, \boldsymbol{r}_0 = \boldsymbol{y} - \boldsymbol{N}\boldsymbol{x}_0 = \boldsymbol{y}, \boldsymbol{z}_0 = \boldsymbol{M}^{-1}\boldsymbol{r}_0, \boldsymbol{d}_0 = \boldsymbol{z}_0, \boldsymbol{\rho}_0 = \boldsymbol{r}_0^{\mathrm{T}}\boldsymbol{z}_0$。

第二步,循环迭代直到 $\boldsymbol{r}_i^{\mathrm{T}}\boldsymbol{r}_i < \varepsilon$:

(1) $\boldsymbol{q}_i = \boldsymbol{\alpha}_j^{\mathrm{T}}(\boldsymbol{\alpha}_j \boldsymbol{d}_i)\ (i = 0,1,2,\cdots; j = 0,1,2,\cdots,t)$;

(2) $\boldsymbol{\alpha}_i = \dfrac{\boldsymbol{\rho}_i}{\boldsymbol{d}_i^{\mathrm{T}}\boldsymbol{q}_i}$;

(3) $\boldsymbol{x}_{i+1} = \boldsymbol{x}_i + \boldsymbol{\alpha}_i \boldsymbol{d}_i$;

(4) $\boldsymbol{r}_{i+1} = \boldsymbol{r}_i - \boldsymbol{\alpha}_i \boldsymbol{q}_i$;

(5) $\boldsymbol{z}_{i+1} = \boldsymbol{M}^{-1}\boldsymbol{r}_{i+1}$;

(6) $\boldsymbol{\rho}_{i+1} = \boldsymbol{r}_{i+1}^{\mathrm{T}}\boldsymbol{z}_{i+1}$;

(7) $\boldsymbol{d}_{i+1} = \boldsymbol{z}_{i+1} + \dfrac{\boldsymbol{\rho}_{i+1}}{\boldsymbol{\rho}_i}\boldsymbol{d}_i$;

(8) 返回到(3)循环迭代。

本章列出的预处理共轭梯度迭代法比通常方法略有改进。首先,通过第二步中的(1)求解 $\boldsymbol{q}_i$,将转换矩阵 $\boldsymbol{N}_{n\times n}$ 作为过程阵,从而使运算量从 $\sim O(tn^2)$ 减少到 $\sim O(2ktn)$,k 表示迭代次数;其次,通常的预处理共轭梯度迭代法每次迭代需 4 次向量相乘,假设不考虑第二步中的(5),本章所列出的方法只需要 2 次向量相乘,这主要是因为引入了新的变量 $\boldsymbol{\rho}_i$,总运算量约为 $\sim O\{k(2tn + n^2 + tn)\}(k \ll t, n)$。预处理共轭梯度迭代法最关键的部分在于预处理阵 $\boldsymbol{M}_{n\times n}$ 的选取,$\boldsymbol{M}_{n\times n}$ 的选取有两个标准:① $\boldsymbol{M}_{n\times n}^{-1}$ 易于计算,有利于提高地球重力场反演的速度;② $\boldsymbol{M}_{n\times n}^{-1}$ 与 $\boldsymbol{N}_{n\times n}^{-1}$ 越接近越好,可保证地球重力场反演的精度。由于 $\boldsymbol{N}_{n\times n}$ 是块对角占优方阵,选取 $\boldsymbol{N}_{n\times n}$ 的块对角部分作为预处理阵,如图 3.2(b)所示,形成的 $\boldsymbol{M}_{n\times n}$ 阵为主对角线上按次数 m 排列,其余部分为 0 的块对角方阵,如此选取不仅保留了 $\boldsymbol{N}_{n\times n}$ 阵的主要特征,而且 $\boldsymbol{M}_{n\times n}^{-1}$ 较 $\boldsymbol{N}_{n\times n}^{-1}$ 易于计算(郑伟等,2011d)。总之,适当选取预处理阵可以极大地减少预处理共轭梯度迭代法求解地球引力位系数中循环迭代的次数(较直接最小二乘法可降低约 1000 倍)。在方程(3.39)两边同乘 $\boldsymbol{M}_{n\times n}^{-1}$ 得

$$\boldsymbol{M}_{n\times n}^{-1}\boldsymbol{y}_{n\times 1} = \boldsymbol{M}_{n\times n}^{-1}\boldsymbol{N}_{n\times n}\boldsymbol{x}_{n\times 1} \tag{3.44}$$

3. Legendre 函数的快速求解

Legendre 函数的快速求解是利用预处理共轭梯度迭代法求解大型线性超定方程组的关键问题之一。由方程(3.40)可知,计算矩阵 $\boldsymbol{A}_{t\times n}$ 的每行 $\boldsymbol{a}_i$ 都涉及 Legendre 函数的调用,即在每个观测点都需计算 Legendre 函数。对于取 30 天的观测值来说,需要准确计算 259200×2 次 Legendre 函数值,且单个 Legendre 函数的计算量随着球谐展开阶数 $L_{\max}$ 的升高而迅速增大,这样将造成整体计算特别耗时。为了达到快速求解 Legendre 函数的目的,采用如下方法:在保证地球重力场反演精度的前提下,由于 Legendre 函数只与余纬度 θ 有关,因此不需要逐个准确计算出每个观测点的 Legendre 函数,只需计算有限个余纬度点的 Legendre 函数,而其他点上的 Legendre 函数值用已知点上的函数值作泰勒展开逼近即可。首先,将余纬度划分成 360 等份;其次,计算每个小区间中点处的 Legendre 函数

值并存储。具体过程如下：

(1) 计算 i 时刻采样点的余纬度 θ_i，并搜索所在的小区间为 $[\theta_j, \theta_{j+1}]$；

(2) 假定 $\theta_{j+1/2}$ 是区间 $[\theta_j, \theta_{j+1}]$ 的中点，则 $P_{lm}(\cos\theta_i)$ 的计算可用 $P_{lm}(\cos\theta_{j+1/2})$ 的泰勒展开式逼近：

$$P_{lm}(\cos\theta_i) = P_{lm}(\cos\theta_{j+1/2}) + \sum_{k=1}^{L}\left[\frac{1}{k!}P_{lm}^{(k)}(\cos\theta_{j+1/2})(\theta_i - \theta_{j+1/2})^k\right] + O(\delta\theta^{L+1}) \tag{3.45}$$

在式(3.45)中，取泰勒展开式的前四项逼近所求的 Legendre 函数值而引入的能量误差整体水平约为 $10^{-5}\text{m}^2/\text{s}^2$，如图 3.3 所示，此量级远远小于 K 波段测距系统的星间速度误差、GPS 接收机的定轨误差和加速度计的非保守力误差引起的扰动位误差 $0.01\text{m}^2/\text{s}^2$，因此可以忽略。正规化缔合 Legendre 函数及一阶导数的计算是影响预处理共轭梯度迭代法求解大型线性超定方程组计算速度的重要因素。本章将给出一种正规化缔合 Legendre 函数的递推算法，并在此基础上进一步改进，Legendre 函数的计算流程如图 3.4 所示(Holmes and Featherstone，2002)。

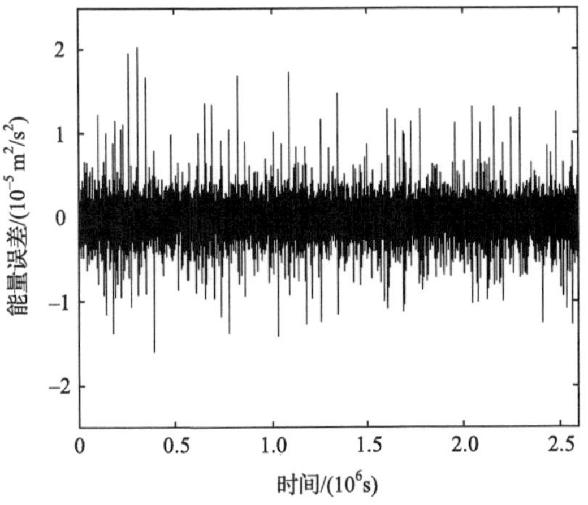

图 3.3 Legendre 函数近似引入的能量误差

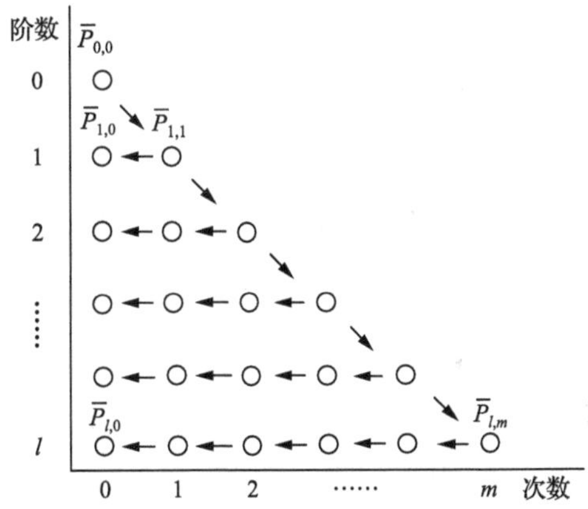

图 3.4 Legendre 函数计算流程图

假设 $u = \sin\theta, w = \cos\theta$，则 $\overline{P}_{0,0} = 1, \overline{P}_{1,1} = \sqrt{3}u$，正规化缔合 Legendre 函数可表示为如下形式(Holmes and Featherstone，2002)：

$$\begin{cases} \overline{P}_{lm}(\cos\theta) = \dfrac{1}{\sqrt{k}}\left[g_{lm}\dfrac{w}{u}\overline{P}_{l,m+1}(\cos\theta) - h_{lm}\overline{P}_{l,m+2}(\cos\theta)\right] & (l > m) \\ \overline{P}_{ll}(\cos\theta) = u^l\sqrt{3}\prod_{i=2}^{l}\sqrt{\dfrac{2i+1}{2i}} & (l \geqslant 1) \end{cases} \tag{3.46a}$$

式中，$k=\begin{cases}2 & (m=0)\\ 1 & (m>0)\end{cases}$；$g_{lm}=\dfrac{2(m+1)}{\sqrt{(l-m)(l+m+1)}}$；$h_{lm}=\sqrt{\dfrac{(l+m+2)(l-m-1)}{(l-m)(l+m+1)}}$。

正规化缔合 Legendre 函数对 θ 的一阶导数表示为(Holmes and Featherstone，2002)

$$\overline{P}'_{lm}(\cos\theta) = m\frac{w}{u}\overline{P}_{lm}(\cos\theta) - e_{lm}\overline{P}_{l,m+1}(\cos\theta) \quad (l \geqslant m) \tag{3.46b}$$

式中，$e_{lm}=\sqrt{\frac{(l+m+1)(l-m)}{k}}$。

由式(3.46a)和式(3.46b)可知，当余纬度 θ 位于两极点附近时（$\theta\to 0°$或 $180°$），则 $u=\sin\theta\to 0$，因此当阶数 l 很大时，计算 u^l 将损失计算精度，且 u 作为分母存在不稳定性。本章给出如下改进方法：

$$\begin{cases}\dfrac{\overline{P}_{lm}(\cos\theta)}{u^m}=\dfrac{1}{\sqrt{k}}\left[g_{lm}w\dfrac{\overline{P}_{l,m+1}(\cos\theta)}{u^{m+1}}-h_{lm}u^2\dfrac{\overline{P}_{l,m+2}(\cos\theta)}{u^{m+2}}\right] & (l>m)\\ \dfrac{\overline{P}_{mm}(\cos\theta)}{u^m}=\sqrt{3}\prod_{i=2}^{m}\sqrt{\dfrac{2i+1}{2i}} & (m\geqslant 1)\\ \dfrac{\overline{P}'_{lm}(\cos\theta)}{u^{m-1}}=mw\dfrac{\overline{P}_{lm}(\cos\theta)}{u^m}-e_{lm}u^2\dfrac{\overline{P}_{l,m+1}(\cos\theta)}{u^{m+1}} & (l\geqslant m)\end{cases}\tag{3.47}$$

令 $\widetilde{P}_{lm}(\cos\theta)=\dfrac{\overline{P}_{lm}(\cos\theta)}{u^m}$ 和 $\widetilde{P}'_{lm}(\cos\theta)=\dfrac{\overline{P}'_{lm}(\cos\theta)}{u^{m-1}}$，因此，式(3.47)可改写为

$$\begin{cases}\widetilde{P}_{lm}(\cos\theta)=\dfrac{1}{\sqrt{k}}[g_{lm}w\widetilde{P}_{l,m+1}(\cos\theta)-h_{lm}u^2\widetilde{P}_{l,m+2}(\cos\theta)] & (l>m)\\ \widetilde{P}_{mm}(\cos\theta)=\sqrt{3}\prod_{i=2}^{m}\sqrt{\dfrac{2i+1}{2i}} & (m\geqslant 1)\\ \widetilde{P}'_{lm}(\cos\theta)=mw\widetilde{P}_{lm}(\cos\theta)-e_{lm}u^2\widetilde{P}_{l,m+1}(\cos\theta) & (l\geqslant m)\end{cases}\tag{3.48}$$

由式(3.48)可知，采用改进后的 Legendre 函数求解方法，避免了 u^l 的计算，不仅保证了计算精度，而且提高了解算速度。

3.2 CHAMP 卫星重力反演

本节基于能量守恒法和预处理共轭梯度迭代法反演 70 阶 CHAMP 地球重力场；提出 CHAMP 卫星关键载荷(GPS 接收机和星载加速度计)精度指标的匹配关系；基于卫星能量观测方程中动能 E_k和中心引力位 V_0是主要误差项，论证利用能量守恒法反演地球重力场对卫星轨道测量精度要求较高。

3.2.1 CHAMP 地球重力场模型

目前国际上利用 CHAMP 卫星实测数据建立的高精度地球重力场模型如表 3.2 所示(陈俊勇，2006)。4 个 CHAMP 地球重力场模型各自反演地球引力位系数和累计大地水准面精度的对比曲线如图 3.5 所示。据表 3.2 和图 3.5 分析可知，目前为止 CHAMP 卫星反演地球重力场的最大能力为 100～120 完全阶次，但真正意义上只有 70 阶以内的地球重力场反演精度才能满足相关地学学科的发展需求。由于轨道高度(454～300km)和采用卫星跟踪卫星高低模式等因素的限制，CHAMP 卫星对地球重力场的长波分量较敏感，而对中波和短波分量趋于滤波状态，因此若要反演高精度和高阶次地球重力场需要融入地面重力观测数据(车载、船载、机载重力测量等)。

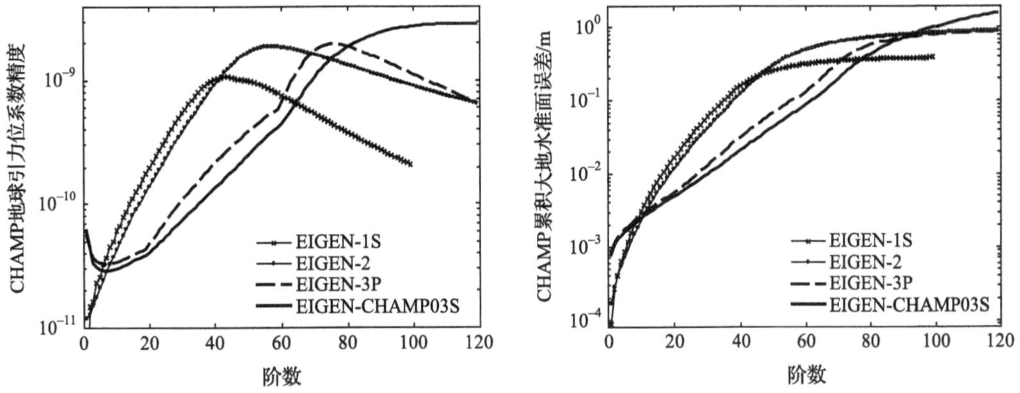

(a) 引力位系数精度　　(b) 累计大地水准面精度

图 3.5　CHAMP 地球重力场模型精度对比(彩图附后)

表 3.2　CHAMP 卫星重力模型对比

模型名称	研究机构	公布年份	数据类型	最高阶数
EIGEN-1S (Reigber et al.,2002)	GFZ (德国)	2001	CHAMP (88 天)+GRIM5-1S +Lageos-1/2(366 天)	100
EIGEN-2 (Reigber et al.,2003b)		2003	CHAMP (183 天)	120
EIGEN-3P (Reigber et al.,2005)			CHAMP (1095 天)	
EIGEN-CHAMP03S (Reigber et al.,2005)		2004	CHAMP (1006 天)	
EIGEN-CHAMP05S (Flechtner et al.,2010)		2010	CHAMP (2192 天)	150
TUM-1S (Gerlach et al.,2003a)	TUM[a] (德国)	2003	CHAMP (182 天)	70
TUM-2Sp (Foldvary et al.,2003)			CHAMP (365 天)	
ITG-CHAMP01E/K/S (Mayer-Gürr et al.,2005)	ITG[b] (德国)		CHAMP (365 天)	90
UCPH2002_04 (Howe et al.,2003)	UC[c] (丹麦)	2002	CHAMP (30 天)	90
UCPH2003 (Tscherning et al.,2003)		2003	CHAMP (30 天)	
UCPH2004 (Howe and Tscherning,2004)		2004	CHAMP (365 天)	

续表

模型名称	研究机构	公布年份	数据类型	最高阶数
OSU02A (Han et al. ,2002)	OSU (美国)	2002	CHAMP (16 天)	50
OSU03A (Han et al. ,2003)		2003	CHAMP (548 天)	70
DEOS CHAMP-01C 70 (Ditmar et al. ,2006)	DEOS(d) (荷兰)	2004	CHAMP (322 天)	70
AIUB-CHAMP01S (Prange et al. ,2009)	AIUB(e) (瑞士)	2007	CHAMP (365 天)	90
AIUB-CHAMP03S (Prange,2010)		2010	CHAMP (2922 天)	100

(a) TUM: Technische Universität München, Institut für Astronomische und Physikalische Geodäsie, Germany; (b) ITG: Institute of Theoretical Geodesy, University of Bonn, Germany; (c) UC: Department of Geophysics, University of Copenhagen, Denmark; (d) DEOS: Delft Institute of Earth Observation and Space Systems, Faculty of Aerospace Engineering, Delft University of Technology, Netherlands; (e) AIUB: Astronomical Institute, University of Bern, Switzerland。

3.2.2 CHAMP 能量守恒观测方程的建立和求解

在地心惯性系中,基于能量守恒法 CHAMP 卫星扰动位观测方程表示如下

$$T_e = E_k - E_f + V_\omega - V_T - V_0 - E_0 \tag{3.49}$$

据卫星观测方程(3.49)可知,方程中所有参量都为卫星轨道位置 $\boldsymbol{r}$ 和轨道速度 $\dot{\boldsymbol{r}}$ 的函数。因此,首先模拟了 CHAMP 卫星的星历,卫星星历模拟算法流程如图 3.6 所示。

第一步,以美国国家地理空间情报局(NGA)于 2008 年公布的地球重力场模型 EGM2008 为初始模型,将 EGM2008 模型中的引力位系数 $\bar{u}_{lm}$ 代入地球重力场的引力位公式(式(2.31))中,地球引力位 $V_e(r,\theta,\lambda)$ 是在地固坐标系中以球坐标形式表示的。

第二步,首先将地球引力位 $V_e(r,\theta,\lambda)$ 分别对地心向径 r、地心余纬度 θ 和地心经度 λ 求偏微分得到引力位梯度 $D_rV_e(r,\theta,\lambda)$、$D_\theta V_e(r,\theta,\lambda)$ 和 $D_\lambda V_e(r,\theta,\lambda)$;然后将球坐标系中的引力位梯度转化到直角坐标系中,引力位梯度 $D_xV_e(r,\theta,\lambda)$、$D_yV_e(r,\theta,\lambda)$ 和 $D_zV_e(r,\theta,\lambda)$ 在协议地固系中以直角坐标形式表示。

球坐标系 (r,θ,λ) 和直角坐标系 (x,y,z) 的互换公式表示为(Reubelt et al. ,2003)

$$r = \sqrt{x^2 + y^2 + z^2} \tag{3.50}$$

$$\begin{cases} \sin\theta = \dfrac{\sqrt{x^2 + y^2}}{\sqrt{x^2 + y^2 + z^2}} \\ \cos\theta = \dfrac{z}{\sqrt{x^2 + y^2 + z^2}} \end{cases} \tag{3.51}$$

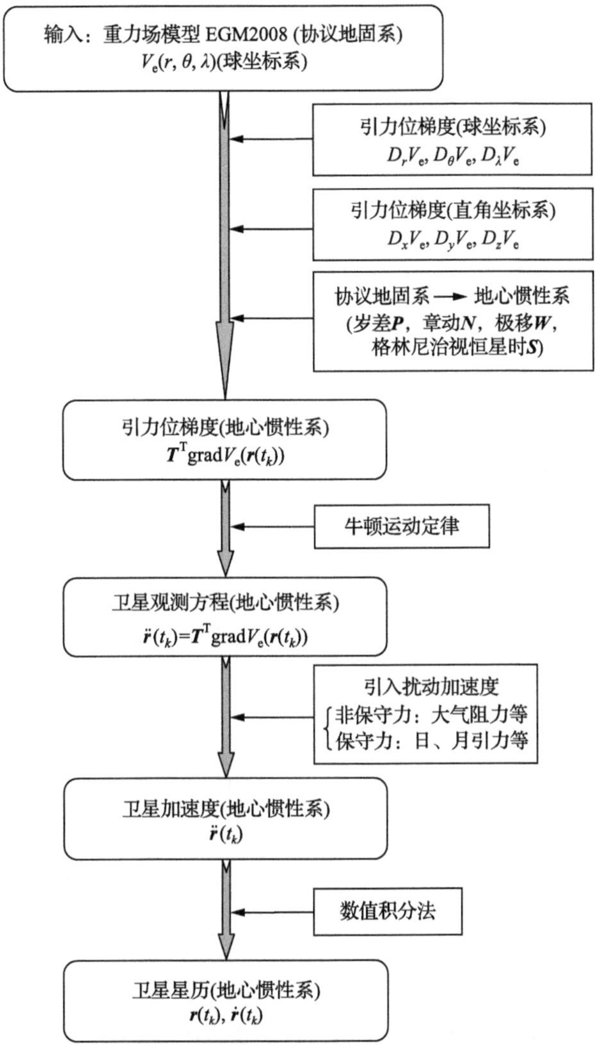

图 3.6　CHAMP 星历模拟算法流程图

$$\begin{cases} \sin\lambda = \dfrac{y}{\sqrt{x^2+y^2}} \\ \cos\lambda = \dfrac{x}{\sqrt{x^2+y^2}} \end{cases} \tag{3.52}$$

在球坐标系和直角坐标系中，地球引力位梯度的互换公式表示为

$$\begin{aligned} \mathrm{grad}V_e(x,y,z) &= (\hat{e}_x D_x + \hat{e}_y D_y + \hat{e}_z D_z)V_e(x,y,z) \\ &= \hat{e}_x(D_x r D_r + D_x\theta D_\theta + D_x\lambda D_\lambda)V_e(r,\theta,\lambda) \\ &\quad + \hat{e}_y(D_y r D_r + D_y\theta D_\theta + D_y\lambda D_\lambda)V_e(r,\theta,\lambda) \\ &\quad + \hat{e}_z(D_z r D_r + D_z\theta D_\theta + D_z\lambda D_\lambda)V_e(r,\theta,\lambda) \end{aligned} \tag{3.53}$$

地球引力位梯度函数由球坐标系转化至直角坐标系的矩阵形式表示为

$$\begin{bmatrix} D_xV_e(x,y,z) \\ D_yV_e(x,y,z) \\ D_zV_e(x,y,z) \end{bmatrix} = \boldsymbol{J}^{\mathrm{T}} \begin{bmatrix} D_rV_e(r,\theta,\lambda) \\ D_\theta V_e(r,\theta,\lambda) \\ D_\lambda V_e(r,\theta,\lambda) \end{bmatrix} \tag{3.54}$$

其中,Jacobi 矩阵表示为(Reubelt et al. ,2003)

$$\boldsymbol{J} = \begin{bmatrix} D_xr & D_yr & D_zr \\ D_x\theta & D_y\theta & D_z\theta \\ D_x\lambda & D_y\lambda & D_z\lambda \end{bmatrix}$$
$$= \begin{bmatrix} \dfrac{x}{\sqrt{x^2+y^2+z^2}} & \dfrac{y}{\sqrt{x^2+y^2+z^2}} & \dfrac{z}{\sqrt{x^2+y^2+z^2}} \\ \dfrac{xz}{(x^2+y^2+z^2)\sqrt{x^2+y^2}} & \dfrac{yz}{(x^2+y^2+z^2)\sqrt{x^2+y^2+z^2}} & \dfrac{-\sqrt{x^2+y^2}}{x^2+y^2+z^2} \\ -\dfrac{y}{x^2+y^2} & \dfrac{x}{x^2+y^2} & 0 \end{bmatrix} \tag{3.55}$$

地球引力位梯度函数由球坐标系转化至直角坐标系的分量形式表示为(Reubelt et al. , 2003)

$$\begin{aligned} D_xV_e(x,y,z) &= J_{11}D_rV_e(r,\theta,\lambda) + J_{21}D_\theta V_e(r,\theta,\lambda) + J_{31}D_\lambda V_e(r,\theta,\lambda) \\ &= \sum_{l=0}^{L}\sum_{m=0}^{l} GM\Big\{-\frac{(l+1)R_e^l}{(x^2+y^2+z^2)^{(l+2)/2}} \cdot \frac{x}{\sqrt{x^2+y^2+z^2}} \\ &\quad \overline{P}_{lm}\Big[C'_{lm}\cos\Big(m\arctan\frac{y}{x}\Big) + S'_{lm}\sin\Big(m\arctan\frac{y}{x}\Big)\Big] \\ &\quad -\frac{R_e^l}{(x^2+y^2+z^2)^{(l+1)/2}} \cdot \frac{xz}{x^2+y^2+z^2\ \sqrt{x^2+y^2}} \\ &\quad D_\theta\overline{P}_{lm}\Big[C'_{lm}\cos\Big(m\arctan\frac{y}{x}\Big) + S'_{lm}\sin\Big(m\arctan\frac{y}{x}\Big)\Big] \\ &\quad +\frac{R_e^l}{(x^2+y^2+z^2)^{(l+1)/2}} \cdot \frac{y}{x^2+y^2}\overline{P}_{lm}\Big[C'_{lm}m\sin\Big(m\arctan\frac{y}{x}\Big) \\ &\quad -S'_{lm}m\cos\Big(m\arctan\frac{y}{x}\Big)\Big]\Big\} \end{aligned} \tag{3.56}$$

$$\begin{aligned} D_yV_e(x,y,z) &= J_{12}D_rV_e(r,\theta,\lambda) + J_{22}D_\theta V_e(r,\theta,\lambda) + J_{32}D_\lambda V_e(r,\theta,\lambda) \\ &= \sum_{l=0}^{L}\sum_{m=0}^{l} GM\Big\{-\frac{(l+1)R_e^l}{(x^2+y^2+z^2)^{(l+2)/2}} \cdot \frac{y}{\sqrt{x^2+y^2+z^2}} \\ &\quad \overline{P}_{lm}\Big[C'_{lm}\cos\Big(m\arctan\frac{y}{x}\Big) + S'_{lm}\sin\Big(m\arctan\frac{y}{x}\Big)\Big] \\ &\quad -\frac{R_e^l}{(x^2+y^2+z^2)^{(l+1)/2}} \cdot \frac{yz}{x^2+y^2+z^2\ \sqrt{x^2+y^2}} \\ &\quad D_\theta\overline{P}_{lm}\Big[C'_{lm}\cos\Big(m\arctan\frac{y}{x}\Big) + S'_{lm}\sin\Big(m\arctan\frac{y}{x}\Big)\Big] \end{aligned}$$

$$-\frac{R_e^l}{(x^2+y^2+z^2)^{(l+1)/2}}\cdot\frac{x}{x^2+y^2}\overline{P}_{lm}\Big[C'_{lm}m\sin\Big(m\arctan\frac{y}{x}\Big)$$

$$-S'_{lm}m\cos\Big(m\arctan\frac{y}{x}\Big)\Big]\Big\} \tag{3.57}$$

$$\begin{aligned}D_zV_e(x,y,z)&=J_{13}D_rV_e(r,\theta,\lambda)+J_{23}D_\theta V_e(r,\theta,\lambda)+J_{33}D_\lambda V_e(r,\theta,\lambda)\\&=\sum_{l=0}^{L}\sum_{m=0}^{l}GM\Big\{-\frac{(l+1)R_e^l}{(x^2+y^2+z^2)^{(l+2)/2}}\cdot\frac{z}{\sqrt{x^2+y^2+z^2}}\\&\quad\overline{P}_{lm}\Big[C'_{lm}\cos\Big(m\arctan\frac{y}{x}\Big)+S'_{lm}\sin\Big(m\arctan\frac{y}{x}\Big)\Big]\\&\quad+\frac{R_e^l}{(x^2+y^2+z^2)^{(l+1)/2}}\cdot\frac{\sqrt{x^2+y^2}}{x^2+y^2+z^2\sqrt{x^2+y^2}}\\&\quad D_\theta\overline{P}_{lm}\Big[C'_{lm}\cos\Big(m\arctan\frac{y}{x}\Big)+S'_{lm}\sin\Big(m\arctan\frac{y}{x}\Big)\Big]\Big\}\end{aligned} \tag{3.58}$$

其中，(C'_{lm},S'_{lm}) 表示 EGM2008 模型的引力位系数，缔合 Legendre 函数的算法表示为（Reubelt et al.，2003）：

(1) 初值 $\overline{P}_{0,0}=1$

(2) for $l=0$ to L

$$\overline{P}_{l+1,l+1}=(2l+1)\sqrt{\frac{x^2+y^2}{x^2+y^2+z^2}}\overline{P}_{l,l} \tag{3.59a}$$

$$\overline{P}_{l+1,l}=(2l+1)\frac{z}{\sqrt{x^2+y^2+z^2}}\overline{P}_{l,l} \tag{3.59b}$$

end

(3) for m=0 to L

for $l=m+1$ to L

$$\overline{P}_{l+1,m}=\frac{1}{(l-m-1)}\Big[(2l+1)\frac{z}{x^2-y^2-z^2}\overline{P}_{l,m}-(l-m)\overline{P}_{l-1,m}\Big] \tag{3.60}$$

end

end

缔合 Legendre 函数 $\overline{P}_{l,m}$ 对余纬度 θ 的偏导数表示为

$$\begin{aligned}D_\theta\overline{P}_{l,m}&=\frac{1}{\sin\theta}\big[(l+1)\cos\theta\overline{P}_{l,m}-(l-m+1)\overline{P}_{l+1,m}\big]\\&=\frac{\sqrt{x^2+y^2+z^2}}{\sqrt{x^2+y^2}}\Big[(l+1)\frac{z}{\sqrt{x^2+y^2+z^2}}\overline{P}_{l,m}-(l-m+1)\overline{P}_{l+1,m}\Big]\end{aligned} \tag{3.61}$$

第三步，通过转换矩阵 SO(3) 旋转群（岁差矩阵 $\boldsymbol{P}$、章动矩阵 $\boldsymbol{N}$、格林尼治视恒星时矩阵 $\boldsymbol{S}$ 和极移矩阵 $\boldsymbol{W}$），将以直角坐标形式表示的引力位梯度 $D_xV_e(r,\theta,\lambda)$、$D_yV_e(r,\theta,\lambda)$

和 $D_zV_e(r,\theta,\lambda)$ 由协议地固坐标系转化到地心惯性坐标系。

引力位梯度由协议地固坐标系转化到地心惯性坐标系的矩阵形式表示为

$$\begin{bmatrix} \tilde{D}_xV_e(r,\theta,\lambda) \\ \tilde{D}_yV_e(r,\theta,\lambda) \\ \tilde{D}_zV_e(r,\theta,\lambda) \end{bmatrix}_{ECIS} = \boldsymbol{H} \begin{bmatrix} D_xV_e(r,\theta,\lambda) \\ D_yV_e(r,\theta,\lambda) \\ D_zV_e(r,\theta,\lambda) \end{bmatrix}_{CES} \tag{3.62}$$

式中，转换矩阵 $\boldsymbol{H}$ 表示 SO(3)旋转群，它满足正交归一性：

$$\begin{cases} \boldsymbol{H} \in \boldsymbol{R}^{3\times3} \\ \boldsymbol{H}^{T}\boldsymbol{H} = \boldsymbol{I}_3 \\ \det\boldsymbol{H} = 1 \end{cases} \tag{3.63}$$

SO(3)旋转群的三个群元为

$$\boldsymbol{R}_x(\psi) = \begin{pmatrix} 1 & 0 & 0 \\ 0 & \cos\psi & \sin\psi \\ 0 & -\sin\psi & \cos\psi \end{pmatrix}, \boldsymbol{R}_y(\psi) = \begin{pmatrix} \cos\psi & 0 & -\sin\psi \\ 0 & 1 & 0 \\ \sin\psi & 0 & \cos\psi \end{pmatrix}, \boldsymbol{R}_z(\psi) = \begin{pmatrix} \cos\psi & \sin\psi & 0 \\ -\sin\psi & \cos\psi & 0 \\ 0 & 0 & 1 \end{pmatrix}$$

其中，ψ 表示分别绕 x 轴、y 轴和 z 轴旋转的角度。

据式(3.62)可知，由协议地固坐标系转换到地心惯性坐标系的矩阵形式表示为

$$\begin{bmatrix} \tilde{D}_xV_e(r,\theta,\lambda) \\ \tilde{D}_yV_e(r,\theta,\lambda) \\ \tilde{D}_zV_e(r,\theta,\lambda) \end{bmatrix}_{ECIS} = \boldsymbol{PNSW} \begin{bmatrix} D_xV_e(r,\theta,\lambda) \\ D_yV_e(r,\theta,\lambda) \\ D_zV_e(r,\theta,\lambda) \end{bmatrix}_{CES} \tag{3.64}$$

在式(3.64)中，$\boldsymbol{P}$ 表示岁差矩阵。太阳、月亮和太阳系的其他行星对地球非球形部分的引力作用总是使地球的自转轴方向趋于黄极方向，而地球自转的转动惯量又要保持自转轴方向不变，因此地球自转轴在空间绕黄极不断改变方向，这种现象称为地轴的进动。进动中周期约为 26000 年的长周期项称为岁差。岁差矩阵 $\boldsymbol{P}$ 的表达式为(刘林，1992)

$$\boldsymbol{P} = \boldsymbol{R}_z(-z_A)\boldsymbol{R}_y(\theta_A)\boldsymbol{R}_z(-\xi_A) \tag{3.65}$$

式中，ξ_A、z_A 和 θ_A 分别表示岁差矩阵 $\boldsymbol{P}$ 的三个赤道岁差角(刘林，1992；魏子卿和葛茂荣，1998)：

$$\begin{cases} \xi_A = 2306.218''T + 0.30188''T^2 + 0.017998''T^3 \\ z_A = 2306.2181''T + 1.09468''T^2 + 0.018203''T^3 \\ \theta_A = 2004.3109''T - 0.42665''T^2 - 0.041833''T^3 \end{cases} \tag{3.66}$$

式中，$\xi_A + z_A$ 表示自 J2000.0 起算的赤经岁差；θ_A 表示自 J2000.0 起算的赤纬岁差；T 表示自 J2000.0 起算的儒略世纪数：

$$T = \frac{\mathrm{JD}(t) - 2451545.0}{36525.0} \tag{3.67}$$

式中，JD(t) 表示计算时刻 t 对应的儒略日。

在式(3.64)中，$\boldsymbol{N}$ 表示章动矩阵。地轴进动中周期短于 18.6 年的周期运动称为章

动。岁差和章动使地球自转轴方向、春分点和赤道面的位置不断变化。通常把受外力矩(太阳、月球引力矩等)作用引起轴的运动(岁差除外)称为受迫运动。不存在外力矩时的运动称为自由运动。章动主要体现为受迫响应,而且只有章动的受迫响应可根据卫星轨道理论进行模拟。受迫章动可以用赤经章动、赤纬章动和交角章动来表征,其表达式可由周期等于或小于 18.6 年的周期项叠加而成,成为章动序列。目前最完整可用的章动序列是 IAU1980 章动序列,章动序列部分项可由甚长基线干涉观测(VLBI)精确测量。章动矩阵 $\boldsymbol{N}$ 的表达式为(刘林,1992)

$$\boldsymbol{N}=\boldsymbol{R}_x(-\Delta\varepsilon)\boldsymbol{R}_y(\Delta\theta)\boldsymbol{R}_z(-\Delta\mu) \tag{3.68}$$

式中,$\Delta\mu$ 表示赤经章动;$\Delta\theta$ 表示赤纬章动;$\Delta\varepsilon$ 表示交角章动(刘林,1992):

$$\begin{cases}\Delta\mu=-15.813''\sin\Omega_{\mathrm{M}}+0.191''\sin2\Omega_{\mathrm{M}}-1.166''\sin2L_{\mathrm{S}}-0.187''\sin2L_{\mathrm{M}}\\\Delta\theta=-6.860''\sin\Omega_{\mathrm{M}}+0.083''\sin2\Omega_{\mathrm{M}}-0.506''\sin2L_{\mathrm{S}}-0.081''\sin2L_{\mathrm{M}}\\\Delta\varepsilon=9.210''\cos\Omega_{\mathrm{M}}-0.090''\cos2\Omega_{\mathrm{M}}+0.551''\cos2L_{\mathrm{S}}+0.088''\cos2L_{\mathrm{M}}\end{cases} \tag{3.69}$$

式中,L_{S} 表示太阳的平黄经,L_{M} 表示月球的平黄经,Ω_{M} 表示月球轨道升交点平黄经(刘林,1992):

$$\begin{cases}L_{\mathrm{S}}=280°27'59.21''+129602771.36''T+1.093''T^2\\L_{\mathrm{M}}=218°18'59.96''+481267°52'52.833''T-4.787''T^2\\\Omega_{\mathrm{M}}=125°02'40.40''-1934°08'10.266''T+7.476''T^2\end{cases} \tag{3.70}$$

式中,T 表示自标准历元 J2000.0(即 2000 年 1 月 1 日 12:00)起算的儒略世纪数。

在式(3.64)中,$\boldsymbol{S}$ 表示格林尼治视恒星时矩阵。格林尼治视恒星时矩阵是协议地固系和地心惯性系相互转换的主要项。格林尼治视恒星时矩阵 $\boldsymbol{S}$ 的表达式为(刘林,1992)

$$\boldsymbol{S}=\boldsymbol{R}_z(\theta_{\mathrm{G}}) \tag{3.71}$$

式中,θ_{G} 表示格林尼治视恒星时角(刘林,1992):

$$\theta_{\mathrm{G}}=100.075540°+360.9856122863°d \tag{3.72}$$

式中,d 表示自 1950 年 1 月 1 日 0 时(对应儒略日为 2433282.5)起算的儒略日。

在式(3.64)中,$\boldsymbol{W}$ 表示极移矩阵。由于地球瞬时自转轴在地球本体内部作周期性的摆动而引起地球自转极在地球表面上移动的现象称为极移。在实际计算中,极移只能根据实际观测得到,通常定义为天球历书极(CEP)相对于协议地球极(CTP)的运动。天球历书极与瞬时旋转轴相差一个振幅小于 0.01″ 的准周日项。实际观测到的极移主要包含两个周期分量:①平均摆动幅度约为 0.15″ 和周期为 435 天自由摆动的张德勒摆动;②主要由气象季节性引起的平均摆动幅度约为 0.10″ 和周期为一年的受迫摆动。极移小于 30m,常在一个平面直角坐标系内表示极位置,平面坐标系的原点在协议地球极,x 轴正方向向南指向子午线方向,y 轴指向西经 90°方向,极坐标用极移分量对于地心的夹角表示。极移矩阵 $\boldsymbol{W}$ 的表达式为(刘林,1992)

$$\boldsymbol{W}=\boldsymbol{R}_x(y_{\mathrm{p}})\boldsymbol{R}_y(x_{\mathrm{p}}) \tag{3.73}$$

式中,$(x_{\mathrm{p}},y_{\mathrm{p}})$ 表示极移坐标,只能根据实际观测得到。

第四步，在地心惯性系中，利用 9 阶 Runge-Kutta 单步法和 12 阶 Adams-Cowell 线性多步法数值积分公式，在卫星观测方程 $\ddot{\boldsymbol{r}}(t_k)=\boldsymbol{T}^{\mathrm{T}}\mathrm{grad}V_{\mathrm{e}}(\boldsymbol{r}(t_k))$ 两边二重积分后，可模拟 CHAMP 卫星星历 $\boldsymbol{r}(t_k)$。

9 阶 Runge-Kutta 法是一种单步数值积分法，其优点是公式简单，应用广泛且精度较高；缺点是随着积分阶数的增高，计算右函数 f 趋于复杂，导致累积误差增加，计算效率降低。因此，在大规模卫星轨道模拟计算中，通常作为多步积分法的起步方法。9 阶 Runge-Kutta 单步法的数值积分公式表示为(刘林，1992；张守信，1996；Gonzalez et al.，1999)

$$y_{n+1}=y_n+h\sum_{i=1}^{8}C_i f_i \tag{3.74}$$

式中，$h=t_{n+1}-t_n$ 表示积分步长；f 表示右函数(张守信，1996)：

$$\begin{aligned}
&f_0=f(t_n,y_n)\\
&f_1=f(t_n+a_1h,y_n+b_{10}hf_0)\\
&f_2=f(t_n+a_2h,y_n+h(b_{20}f_0+b_{21}f_1))\\
&\cdots\cdots\\
&f_j=f\Big(t_n+a_jh,y_n+h\sum_{i=0}^{j-1}b_{ji}f_i\Big)\\
&\cdots\cdots\\
&f_k=f\Big(t_n+a_kh,y_n+h\sum_{i=0}^{k-1}b_{ki}f_i\Big)
\end{aligned} \tag{3.75}$$

其中，a_i、b_{ji} 和 C_i 均为已知系数，取值如表 3.3 所示(张守信，1996)。

表 3.3 9 阶 Runge-Kutta 单步法数值积分公式系数表

i			0	1	2	3	4	5	6	7	8	9
C_i		1/840×	41	0	0	27	272	27	216	0	216	41
a_i			0	4/27	2/9	1/3	1/2	2/3	1/6	1	5/6	1
	j											
b_{ji}	1		4/27	—	—	—	—	—	—	—	—	—
	2	1/18×	1	3	—	—	—	—	—	—	—	—
	3	1/12×	1	0	3	—	—	—	—	—	—	—
	4	1/8×	1	0	0	3	—	—	—	—	—	—
	5	1/54×	13	0	−27	42	8	—	—	—	—	—
	6	1/4320×	389	0	−54	966	−824	243	—	—	—	—
	7	1/20×	−231	0	81	−1164	656	−122	800	—	—	—
	8	1/288×	−127	0	18	−678	456	−9	576	4	—	—
	9	1/820×	1481	0	−81	7104	−3376	72	−5040	−60	720	—

12 阶 Adams-Cowell 线性多步法数值积分是 Adams 数值积分法和 Cowell 数值积分法的组合。Adams 数值积分法是一种解一阶微分方程的多步法，而 Cowell 数值积分法可以解不显含一阶导数的二阶微分方程。卫星摄动运动方程若不考虑大气阻力摄动时，是右函数不显含一阶导数的二阶微分方程组，可使用 Cowell 数值积分法直接进行解算，但当考虑大气阻力摄动时，需采用 Adams-Cowell 线性多步法数值积分。k 阶 Cowell 公式表示如下(张守信，1996)

$$\begin{cases} \boldsymbol{r}_{n+1} - 2\boldsymbol{r}_n + \boldsymbol{r}_{n-1} = h^2 \sum_{j=0}^{k-1} \beta_j^* \boldsymbol{F}_{n+1-j} \\ \beta_j^* = (-1)^j \sum_{i=j}^{k-1} \binom{i}{j} c_i \end{cases} \tag{3.76}$$

式中

$$\begin{cases} c_0 = 1 \\ c_i = -\sum_{m=0}^{i-1} c_\lambda B_{i-m} \quad (i = 1, 2, \cdots) \\ B_m = \dfrac{2}{m+2} \sum_{\lambda=1}^{m+1} \dfrac{1}{\lambda} \quad (m = 0, 1, \cdots) \end{cases} \tag{3.77}$$

相应的 Stömer 公式表示为(张守信，1996)

$$\begin{cases} \boldsymbol{r}_{n+1} - 2\boldsymbol{r}_n + \boldsymbol{r}_{n-1} = h^2 \sum_{j=0}^{k-1} \beta_j \boldsymbol{F}_{n-j} \\ \beta_j = (-1)^j \sum_{i=j}^{k-1} \binom{i}{j} s_i \end{cases} \tag{3.78}$$

式中

$$\begin{cases} s_0 = 1 \\ s_i = s_{i-1} + c_i \end{cases} \tag{3.79}$$

Cowell 方法是由 Cowell 公式和 Stömer 公式组成，前者是隐式公式，后者是显式公式。实际计算中，先由 Stömer 公式给出 $\boldsymbol{r}_{n+1}$ 的零次近似，以此作为 Cowell 公式的迭代初值，从而求出 $\boldsymbol{r}_{n+1}$。

Cowell 公式主要用于计算卫星位置 $\boldsymbol{r}_{n+1}$，而 Adams 公式主要用于计算卫星速度 $\dot{\boldsymbol{r}}_{n+1}$。$k$ 阶 Adams-Bashforth 公式表示如下(张守信，1996)

$$\begin{cases} \dot{\boldsymbol{r}}_{n+1} = \dot{\boldsymbol{r}}_n + h \sum_{i=0}^{k-1} \beta_{ki} \boldsymbol{f}_{n-i} \quad (k = 1, 2, \cdots) \\ \beta_{ki} = (-1)^i \sum_{m=i}^{k-1} \binom{m}{i} \gamma_m \end{cases} \tag{3.80}$$

式中，γ_m 满足下列递推公式(张守信，1996)：

$$\gamma_m + \frac{1}{2}\gamma_{m-1} + \frac{1}{3}\gamma_{m-2} + \cdots + \frac{1}{m+1}\gamma_0 = 1 \tag{3.81}$$

由式(3.80)计算 $\dot{\boldsymbol{r}}_{n+1}$ 时，只用到前 k 个步点 $t_{n-k+1}, t_{n-k+2}, \cdots, t_n$ 上的 $\dot{\boldsymbol{r}}_{n-k+1}, \dot{\boldsymbol{r}}_{n-k+2}, \cdots, \dot{\boldsymbol{r}}_n$ 值，故它是显式。k 阶 Adams-Moulton 公式表示如下(张守信，1996)

$$\begin{cases} \dot{\boldsymbol{r}}_{n+1} = \dot{\boldsymbol{r}}_n + h\sum\limits_{i=0}^{k-1}\beta_{ki}^{*}\boldsymbol{f}_{n+1-i} \quad (k=1,2,\cdots) \\ \beta_{ki}^{*} = (-1)^i\sum\limits_{m=i}^{k-1}\dbinom{m}{i}\gamma_m^{*} \end{cases} \tag{3.82}$$

式中，γ_m^* 满足下列递推公式(张守信，1996)：

$$\gamma_m^* + \frac{1}{2}\gamma_{m-1}^* + \frac{1}{3}\gamma_{m-2}^* + \cdots + \frac{1}{m+1}\gamma_0^* = \begin{cases} 1 & (m=0) \\ 0 & (m\neq 0) \end{cases} \tag{3.83}$$

其中，$\gamma_0^*, \gamma_1^*, \cdots, \gamma_m^*$ 与 γ_m 之间有如下关系：

$$\sum_{i=0}^{m}\gamma_i^* = \gamma_m \quad (m=0,1,2,\cdots) \tag{3.84}$$

由于式(3.82)右端包含 $\dot{\boldsymbol{r}}_n$，因此是隐式。在式(3.80)和式(3.82)中的 γ_m 和 γ_m^* 值如表 3.4 所示，β_{ki} 和 β_{ki}^* 值如表 3.5 所示(张守信，1996)。

表 3.4　12 阶 Adams-Cowell 线性多步法数值积分公式中的 γ_m 和 γ_m^* 值

m	0	1	2	3	4	5	6
γ_m	1	1/2	5/12	3/8	251/720	95/288	19087/60480
γ_m^*	1	−1/2	−1/12	−1/24	−19/720	−3/160	−863/60480

表 3.5　12 阶 Adams-Cowell 线性多步法数值积分公式中的 $\boldsymbol{\beta}_{ki}$ 和 $\boldsymbol{\beta}_{ki}^*$ 值

i	0	1	2	3	4	5
β_{1i}	1	—	—	—	—	—
$2\beta_{2i}$	3	−1	—	—	—	—
$12\beta_{3i}$	23	−16	5	—	—	—
$24\beta_{4i}$	55	−59	37	−9	—	—
$720\beta_{5i}$	1901	−2774	2616	−1274	251	—
$1440\beta_{6i}$	4277	−7923	9482	−6798	2627	−475
$\beta_{1i}{}^*$	1	—	—	—	—	—
$2\beta_{2i}{}^*$	1	1	—	—	—	—
$12\beta_{3i}{}^*$	5	8	−1	—	—	—
$24\beta_{4i}{}^*$	9	19	−5	1	—	—
$720\beta_{5i}{}^*$	251	646	−264	106	−19	—
$1440\beta_{6i}{}^*$	475	1427	−798	482	−173	27

在卫星重力测量轨道模拟中，Adams 显式公式与隐式公式联合使用称为预估-校正法(PECE)，即由 Adams 显式公式提供零次近似值 $\dot{\boldsymbol{r}}_{n+1}^{(0)}$，再用隐式公式进行迭代来校正

它，从而得到所需要的 $\dot{\boldsymbol{r}}_{n+1}$ 值。

在地心惯性系中，卫星观测方程的矩阵形式表示为

$$\begin{bmatrix}\ddot{x}(t_k)\\ \ddot{y}(t_k)\\ \ddot{z}(t_k)\end{bmatrix}=\boldsymbol{T}^{\mathrm{T}}(t_k)\begin{bmatrix}D_xV_{\mathrm{e}}(\boldsymbol{r}(t_k))\\ D_yV_{\mathrm{e}}(\boldsymbol{r}(t_k))\\ D_zV_{\mathrm{e}}(\boldsymbol{r}(t_k))\end{bmatrix} \tag{3.85}$$

式(3.85)的具体形式表示为

$$\begin{bmatrix}\ddot{x}(t_k)\\ \ddot{y}(t_k)\\ \ddot{z}(t_k)\end{bmatrix}=\begin{bmatrix}T_{11}(t_k) & T_{21}(t_k) & T_{31}(t_k)\\ T_{12}(t_k) & T_{22}(t_k) & T_{32}(t_k)\\ T_{13}(t_k) & T_{23}(t_k) & T_{33}(t_k)\end{bmatrix}\begin{bmatrix}\sum\limits_{l=0}^{L}\sum\limits_{m=-l}^{l}D_{x(t_k)}V_{\mathrm{e}}(\boldsymbol{r}(t_k))u_{lm}\\ \sum\limits_{l=0}^{L}\sum\limits_{m=-l}^{l}D_{y(t_k)}V_{\mathrm{e}}(\boldsymbol{r}(t_k))u_{lm}\\ \sum\limits_{l=0}^{L}\sum\limits_{m=-l}^{l}D_{z(t_k)}V_{\mathrm{e}}(\boldsymbol{r}(t_k))u_{lm}\end{bmatrix} \tag{3.86}$$

式中，u_{lm} 表示待求的地球引力位系数，$u_{lm}=(\overline{C}_{lm},\overline{S}_{lm})$。

利用 9 阶 Runge-Kutta 单步法和 12 阶 Adams-Cowell 线性多步法数值积分公式(式(3.74)～式(3.84))，在式(3.86)两边二重积分后，可模拟 CHAMP 卫星星历 $\boldsymbol{r}(t_k)$，如图 3.7 所示。数值模拟的参数如表 3.6 所示，模拟过程共计耗费时间约 1.6 小时。

表 3.6　CHAMP 卫星轨道模拟参数

参数	指标	参数	指标
参考模型	EGM2008	轨道离心率	0.004
轨道高度/km	454	模拟时间/d	30
轨道倾角/(°)	87	采样间隔/s	10

除 CHAMP 卫星观测方程右边待求的地球引力位系数 $\overline{C}_{lm}$ 和 $\overline{S}_{lm}$，其他参量均可根据 CHAMP 卫星的实际参数得到。卫星观测方程右边各项均可由模拟的卫星位置 $\boldsymbol{r}$、速度 $\dot{\boldsymbol{r}}$、加速度计非保守力 $\boldsymbol{f}$ 等计算得到。由能量守恒定理可知，理论上方程(3.49)两边应严格相等，但由于所模拟的卫星星历本身存在误差等原因，等式两边不完全相等。以 CHAMP 位置测量精度 $\sigma(\boldsymbol{r})=10\mathrm{cm}$ 为标准，地球扰动位的精度为 $\sigma(T_{\mathrm{e}})\approx 0.3\mathrm{m}^2/\mathrm{s}^2$。因此，在未加入随机噪声(位置、速度、非保守力误差等)之前，只要卫星观测方程的能量误差低于地球扰动位误差 1～2 个量级，便不会对引力位系数的反演精度产生实质性影响，此为对卫星模拟轨道精度的要求。图 3.8 为 CHAMP 卫星模拟轨道未加入随机噪声时，观测方程(3.49)两边的数值计算精度；可以看出，CHAMP 卫星观测方程能量误差在 $10^{-4}\mathrm{m}^2/\mathrm{s}^2$ 量级，因此，对反演引力位系数精度的影响可忽略。

预处理共轭梯度迭代法是求解大型线性超定方程组有效的方法之一。利用预处理共轭梯度迭代法反演 70 阶 CHAMP 地球重力场的总运算量为 $\sim O\{k(2tn+n^2+tn)\}\approx 5\times10^8$，$(k\leqslant t,n)$。总之，适当选取预处理阵可较大程度减少求解引力位系数中循环迭代的次数，经过 6 步迭代，总计耗费时间约 3 小时。

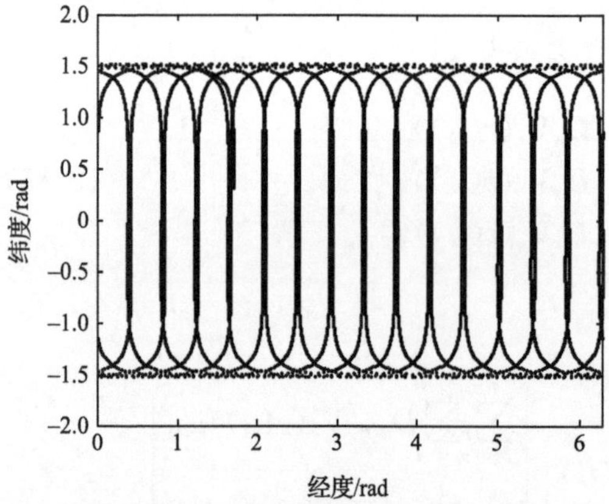

图 3.7　CHAMP 卫星模拟轨道示意图

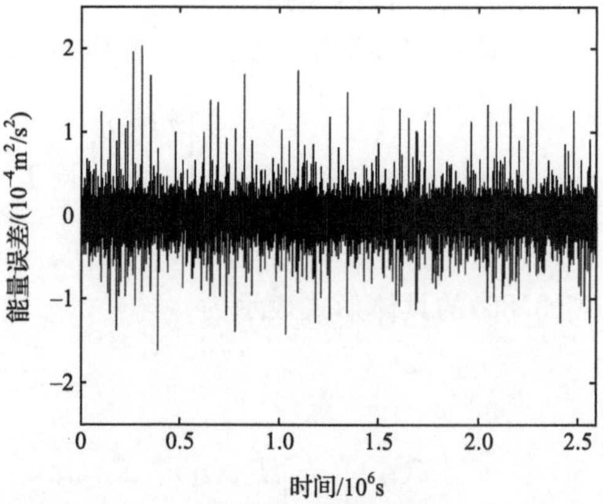

图 3.8　未引入 CHAMP 载荷误差时扰动位观测方程能量误差

3.2.3　CHAMP 地球重力场反演的模拟结果和误差分析

为了估计经第 i 步迭代反演引力位系数的精度，使用如下引力位系数误差公式：

$$\sigma(\bar{x}_l^i)=\sqrt{\frac{\sum_{m=-l}^{l}(\bar{x}_{lm}^i-\bar{u}_{lm})^2}{2l+1}} \tag{3.87}$$

式中，$\bar{x}_{lm}^i$ 表示经过第 i 次迭代求得的引力位系数；$\sigma(\bar{x}_l^i)$ 表示经过第 i 次迭代引力位系数的误差。经过第 i 次迭代，累积大地水准面误差公式表示如下

$$\sigma(N^i)=R_e\sqrt{\sum_{l=2}^{L}\sum_{m=-l}^{l}(x_{lm}^i-\bar{u}_{lm})^2} \tag{3.88}$$

如表 3.7 所示，以卫星位置误差为标准，可提出卫星轨道和加速度计非保守力精度指标的匹配关系。图 3.9(a)～(c)分别表示单独引入卫星位置、速度和加速度计非保守力误差后 CHAMP 观测方程的扰动位误差。据图 3.9 可知，卫星位置、速度和加速度计非保守力误差各自引起 CHAMP 观测方程的扰动位误差在同一误差水平(0.1m^2/s^2)。因此，可以证明表 3.7 中显示的卫星位置、速度和加速度计非保守力的精度指标相互匹配。

表 3.7　CHAMP 关键载荷精度指标匹配关系

卫星参数	精度指标
轨道位置/m	1×10^{-1}
轨道速度/(m/s)	1×10^{-4}
非保守力/(m/s^2)	3×10^{-9}

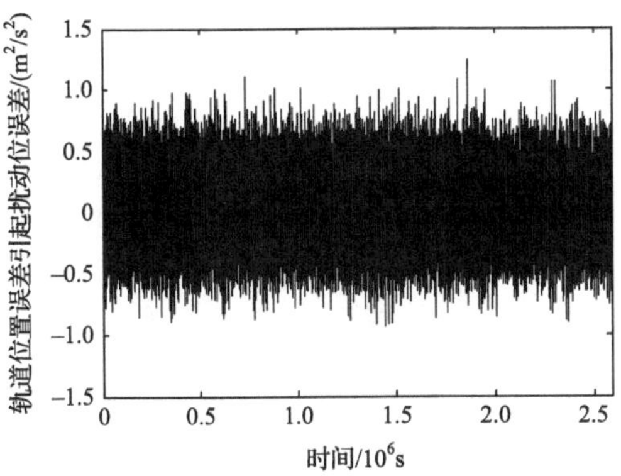

(a) 引入轨道位置误差

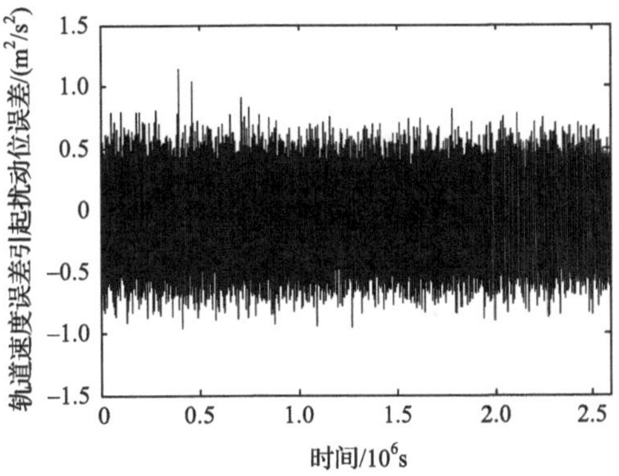

(b) 引入轨道速度误差

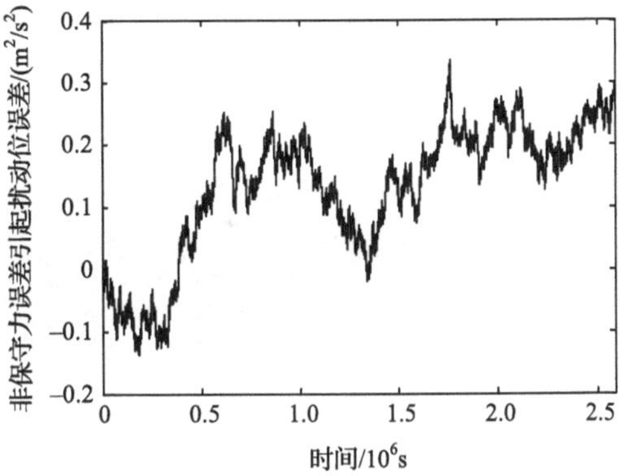

(c) 引入加速度计非保守力误差

图 3.9　单独引入 CHAMP 载荷误差后扰动位观测方程能量误差

将表 3.7 中卫星位置、速度和加速度计非保守力误差同时引入观测方程(3.49)中，CHAMP 卫星能量观测方程的地球扰动位 T_e、动能 E_k、耗散能 E_f、旋转能 V_ω 和中心引力位 V_0 的能量误差如图 3.10(a)～(e)所示，上述各项能量误差值如表 3.8 所示。通过对比分析可知，在 CHAMP 能量观测方程(3.49)中动能 E_k 和中心引力位 V_0 是主要误差项。由上述分析可知，利用能量守恒法反演地球重力场对卫星轨道测量精度要求较高。

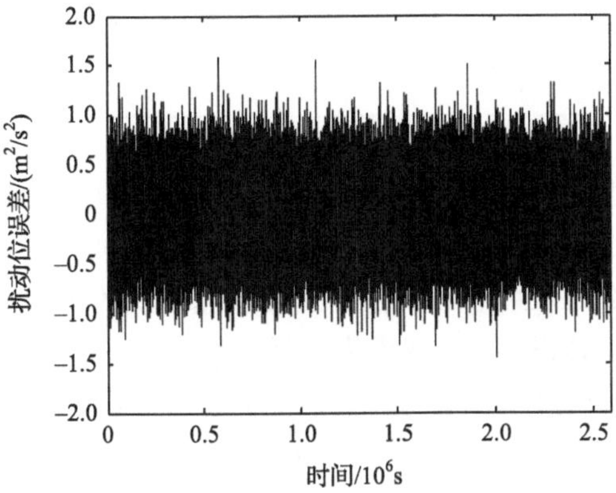

(a) 扰动位 T_e 的能量误差

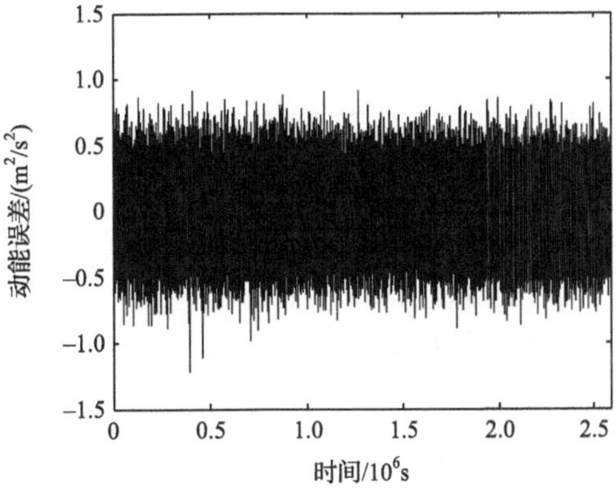

(b) 动能 E_k 的能量误差

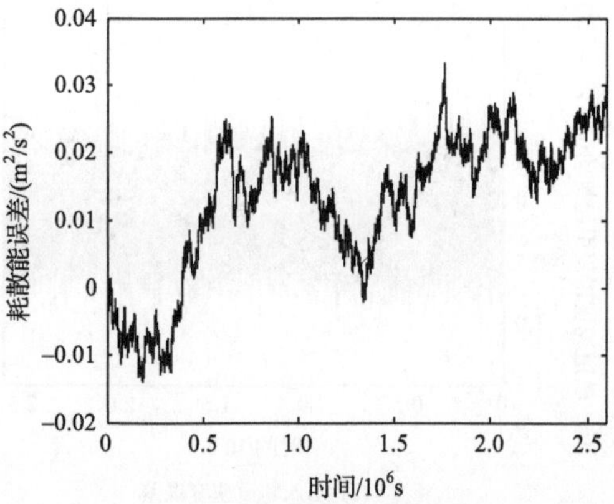

(c) 耗散能 E_f 的能量误差

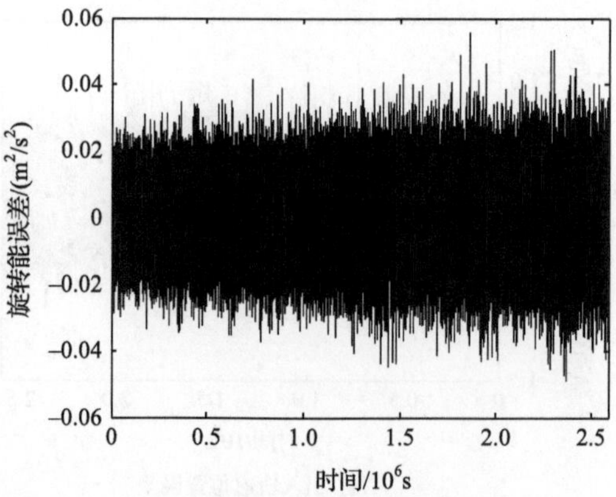

(d) 旋转能 V_ω 的能量误差

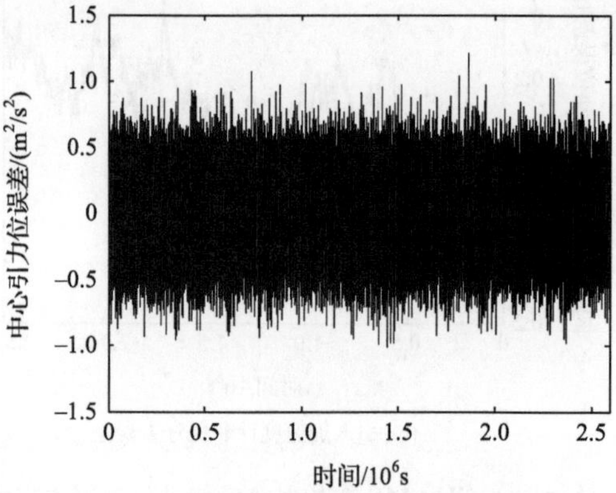

(e) 中心引力位 V_0 的能量误差

图 3.10　CHAMP 观测方程中各项能量误差

表 3.8　CHAMP 观测方程中各项能量误差值

能量项	能量误差/(m^2/s^2)	能量项	能量误差/(m^2/s^2)
扰动位 T_e	2.457×10^{-1}	旋转能 V_ω	7.904×10^{-3}
动能 E_k	1.712×10^{-1}	中心引力位 V_0	1.839×10^{-1}
耗散能 E_f	1.052×10^{-2}	—	—

图 3.11 表示利用 CHAMP 卫星反演地球重力场的模拟精度和实测精度的对比曲线。在各阶处反演 CHAMP 地球重力场的模拟和实测精度的统计结果如表 3.9 所示。图 3.11(a)表示利用 CHAMP 卫星反演地球引力位系数的模拟精度和实测精度的对比曲线。星号线表示德国 GFZ 公布的 EIGEN-CHAMP03S 地球重力场模型引力位系数的实测精度曲线，在 $L=70$ 阶处反演引力位系数的精度为 9.835×10^{-10}；实线表示在能量观测方程中同时引入卫星位置、速度和加速度计非保守力匹配精度指标反演 70 阶引力位系数的数值模拟精度曲线，在 $L=70$ 阶处反演引力位系数的精度为 7.755×10^{-10}。图 3.11(b)表示利用 CHAMP 卫星反演累计大地水准面的模拟精度和实测精度的对比

曲线。星号线表示德国 GFZ 公布的 EIGEN-CHAMP03S 地球重力场模型累计大地水准面的实测精度曲线，在 $L=70$ 阶处反演大地水准面的精度为 18.420×10^{-2}m；实线表示在能量观测方程中同时引入卫星位置、速度和加速度计非保守力匹配精度指标反演 70 阶累计大地水准面的数值模拟精度曲线，在 $L=70$ 阶处反演大地水准面的精度为 17.273×10^{-2}m。图 3.11(c)表示利用 CHAMP 卫星反演累计重力异常的模拟精度和实测精度的对比曲线。星号线表示德国 GFZ 公布的 EIGEN-CHAMP03S 地球重力场模型累计重力异常的实测精度曲线，在 $L=70$ 阶处反演重力异常的精度为 0.221mGal；实线表示在能量观测方程中同时引入卫星位置、速度和加速度计非保守力匹配精度指标反演 70 阶累计重力异常的数值模拟精度曲线，在 $L=70$ 阶处反演重力异常的精度为 0.207mGal。从图 3.11 中数值模拟曲线和德国 GFZ 公布曲线在各阶处反演地球重力场精度的符合情况可知，利用能量守恒法结合预处理共轭梯度迭代法是反演地球重力场的有效方法之一。

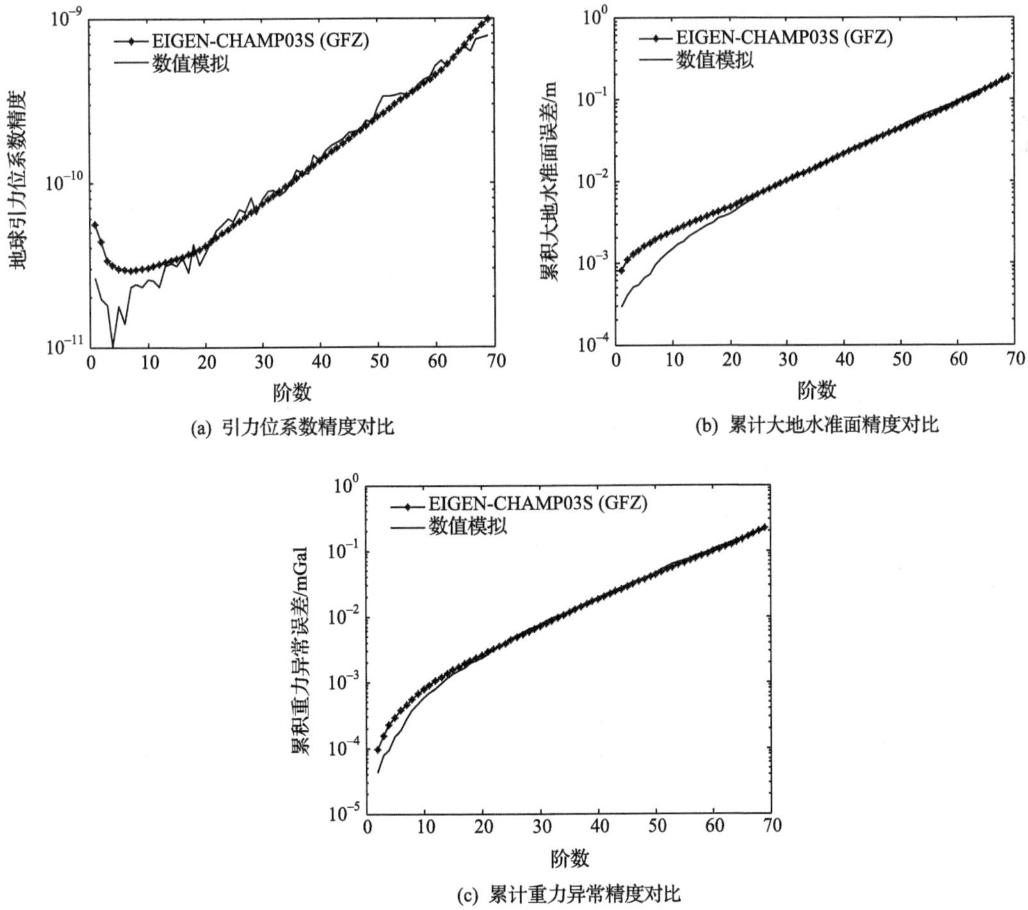

(a) 引力位系数精度对比

(b) 累计大地水准面精度对比

(c) 累计重力异常精度对比

图 3.11　CHAMP 地球重力场的模拟和实测反演精度对比(彩图附后)

表 3.9 CHAMP 地球重力场的模拟和实测反演精度统计结果

重力参数		地球重力场精度				
		2 阶	10 阶	30 阶	50 阶	70 阶
引力位	EIGEN-CHAMP03S	0.560	0.298	0.696	2.338	9.835
系数/10^{-10}	数值模拟	0.263	0.230	0.640	2.323	7.755
累计大地	EIGEN-CHAMP03S	0.080	0.225	0.933	4.085	18.420
水准面/10^{-2}m	数值模拟	0.029	0.129	0.945	4.226	17.273
累计重力	EIGEN-CHAMP03S	0.009	0.066	0.653	3.996	22.115
异常/10^{-2}mGal	数值模拟	0.005	0.047	0.696	4.186	20.696

3.3 GRACE 卫星重力反演

本节首先基于能量守恒法和预处理共轭梯度迭代法利用无参考扰动位的能量守恒观测方程反演了 120 阶 GRACE 地球重力场；其次，分别基于 EGM2008 模型和最小二乘协方差阵评定了反演 120 阶地球引力位系数的模拟精度(郑伟等，2009b)；最后，对比论证了基于 GRACE 不同关键载荷精度指标匹配关系、不同卫星轨道高度、不同星间距离，以及不同轨道倾角组合反演地球重力场的模拟结果；开展了 GRACE 星体和加速度计的质心调整精度、GRACE 加速度计高低灵敏轴分辨率指标，以及双星和三星编队模式影响地球重力场精度的论证研究；利用美国 JPL 公布的 GRACE-level-1B 实测数据建立了 120 阶全球重力场模型 IGG-GRACE。

3.3.1 GRACE 地球重力场模型

1997 年 7 月，美国 NASA 总部下属的行星地球航天飞行任务计划(Mission to Planet Earth，MTPE)办公室发布了第一个地球系统科学开拓者(Earth System Science Pathfinder，ESSP)计划通告。通过严格的二阶段筛选，最终美德合作研制的 GRACE 双星计划榜上有名。GRACE 飞行任务是由首席科学家美国得克萨斯州立大学空间研究中心(University of Texas，Center for Space Research，CSR)的 Byron Tapley 博士和副首席科学家德国 GFZ 的 Christoph Reigber 博士领导的研究团队(表 3.10)共同承担。GRACE 双星每隔 15～30 天会产生一个地球重力场新模型。目前国际上利用 GRACE 卫星的回收数据建立的高精度地球重力场模型如表 3.11 所示。4 个 GRACE 地球重力场模型的引力位系数精度和累计大地水准面精度的对比曲线如图 3.12 所示。据表 3.11 和图 3.12 分析可知，至目前为止，GRACE 卫星反演地球重力场的最大能力为 120～150 阶(EIGEN-GRACE01/02S 和 GGM01S/02S 模型)，但真正意义上只有 100 阶以内的地球重力场反演精度才能满足本世纪相关地学学科的发展需求。由于轨道高度(500～300km)和采用卫星跟踪卫星高低/低低模式等因素的限制，GRACE 卫星对地球重力场的中长波分量较敏感，而对中短波和短波分量趋于滤波状态，因此若要反演高精度和高阶次的地球重力场需要融入地面重力观测数据(车载、船载、机载重力测量等)。另外，通过 EIGEN-GRACE01S/02S 和 GGM01S/02S 重力场模型反演精度的比较可知，解算地球重力场时应采用尽可能多的有效重力观测数据，其有助于提高地球重力场反演精度。

表 3.10 GRACE 飞行任务研究团队

国家	研究机构	英文缩写
美国	国家航空航天局	NASA
	喷气推进实验室	JPL
	劳拉空间系统公司	SS/L
	NASA 兰里研究中心	LaRC
	得克萨斯州立大学空间研究中心	CSR
德国	航空航天中心	DLR
	工业设备经营公司	IABG
	欧洲火箭发射公司	Eurocket Gmb
	Dornier 卫星系统公司	DSS
	波茨坦地学研究中心	GFZ
	阿斯特里厄姆卫星制造公司	Astrium Gmb
法国	国家空间研究中心/大地测量研究中心	CNES/GRGS

表 3.11 GRACE 卫星重力模型对比(郑伟等,2010d)

模型名称	研究机构	公布时间(年-月-日)	数据类型	最高阶数
GGM01S (Tapley et al.,2004b)	CSR (美国)	2003-07-21	GRACE (111 天)	120
GGM01C (Tapley et al.,2004b)		2003-07-21	GRACE (111 天)+地面重力	200
GGM02S (Tapley et al.,2005)		2004-10-29	GRACE (363 天)	160
GGM02C (Tapley et al.,2005)		2004-10-29	GRACE (363 天)+地面重力	200
GGM03S (Tapley et al.,2007)		2007-12-12	GRACE (1430 天)	180
GGM03C (Tapley et al.,2007)		2007-12-12	GRACE (1430 天)+地面重力	360
GGM05S (Tapley et al.,2013)		2013-12-09	GRACE (3653 天)	180
EIGEN-GRACE01S (Reigber,2004)	GFZ (德国)	2003-07-25	GRACE (39 天)	120
EIGEN-GRACE02S (Reigber et al.,2004a)		2004-08-09	GRACE (110 天)	150
EIGEN-CG01C (Reigber et al.,2004b)		2004-10-29	CHAMP (860 天)+GRACE (200 天)+地面重力 (0.5°×0.5°)	360
EIGEN-CG03C (Förste et al.,2005)		2005-05-12	CHAMP (860 天)+GRACE (376 天)+地面重力 (0.5°×0.5°)	
EIGEN-GL04C (Förste et al.,2008a)		2006-03-31	GRACE (881 天)+LAGEOS (728 天)+地面重力 (0.5°×0.5°)	
EIGEN-GL04S1 (Förste et al.,2008a)		2006-05-24	GRACE (881 天)+LAGEOS (728 天)	150

续表

模型名称	研究机构	公布时间(年-月-日)	数据类型	最高阶数
EIGEN-5C (Förste et al.,2008b)	GFZ (德国)	2008-09-29	GRACE (1461 天)+LAGEOS (1826 天)+地面重力 (0.5°×0.5°)	360
EIGEN-5S (Förste et al.,2008b)		2008-09-29	GRACE (1461 天)+LAGEOS (1826 天)	150
EIGEN-6S (Förste et al.,2011)		2011-04-03	GRACE (2373 天)+LAGEOS (2373 天)+GOCE (201 天)	240
EIGEN-6C (Förste et al.,2011)		2011-04-03	GRACE (2373 天)+LAGEOS (2373 天)+GOCE (201 天)+DTU2010	1420
ITG-Grace02s (Mayer-Gürr et al.,2006)	ITG (德国)	2006-08-28	GRACE (1065 天)	170
ITG-Grace03 (Mayer-Gürr,2007)		2007-10-15	GRACE (1703 天)	180
ITG-Grace2010s (Mayer-Gürr et al.,2010)		2010-03-20	GRACE (2557 天)	180
AIUB-GRACE01S (Jäggi et al.,2008)	AIUB (瑞士)	2008-06-23	GRACE (365 天)	120
AIUB-GRACE02S (Jäggi et al.,2009)		2009-08-31	GRACE (730 天)	150
AIUB-GRACE03S (Jäggi et al.,2011)		2011-04-04	GRACE (2191 天)	160
IGG-GRACE (Zheng et al.,2009d)	WHIGG[(a)] (中国)	2008-11-25	GRACE (180 天),能量守恒法	120
WHIGG-GEGM01S (Zheng et al.,2012b)		2010-12-03	GRACE (365 天),星间距离插值法	
WHIGG-GEGM02S (Zheng et al.,2012c)		2011-12-07	GRACE (365 天),星间速度插值法	
WHIGG-GEGM03S (郑伟等,2013a)		2012-12-11	GRACE (365 天),能量插值法	

(a) WHIGG: Institute of Geodesy and Geophysics, Chinese Academy of Sciences, Wuhan, China。

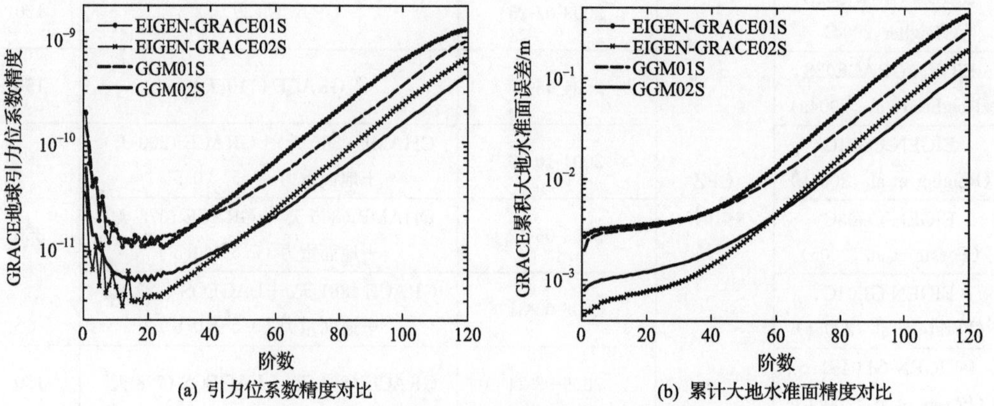

图 3.12 GRACE 地球重力场模型精度对比(彩图附后)

3.3.2 GRACE 能量守恒观测方程的建立和模拟结果分析

1. 基于无参考扰动位能量方程反演 GRACE 地球重力场

美国俄亥俄州立大学的 Jekeli(1999)和 Han(2004)首先提出在卫星能量观测方程中引入参考扰动位，其目的是将 GRACE 卫星 K 波段测距系统的高精度星间速度引入观测方程，进而提高了地球重力场反演精度。不同于已有研究，本节在卫星能量观测方程中未引入参考扰动位，而将卫星动能差分解为沿星星连线方向的动能差 $E_{k12}^{\parallel}=\frac{1}{2}(\dot{\boldsymbol{r}}_2+\dot{\boldsymbol{r}}_1)\cdot[(\dot{\boldsymbol{r}}_{12}\cdot\widehat{\boldsymbol{e}}_{12})\widehat{\boldsymbol{e}}_{12}]$ 和垂直于星星连线方向的动能差 $E_{k12}^{\perp}=\frac{1}{2}(\dot{\boldsymbol{r}}_2+\dot{\boldsymbol{r}}_1)\cdot[\dot{\boldsymbol{r}}_{12}-(\dot{\boldsymbol{r}}_{12}\cdot\widehat{\boldsymbol{e}}_{12})\widehat{\boldsymbol{e}}_{12}]$；为了提高沿星星连线方向动能差的精度，将 K 波段测距系统的高精度星间速度 $\sigma(\dot{\rho}_{12})=1\mu\text{m/s}$ 引入沿星星连线方向动能差 $E_{\rho_{12}}=\frac{1}{2}(\dot{\boldsymbol{r}}_2+\dot{\boldsymbol{r}}_1)\{\dot{\rho}_{12}\widehat{\boldsymbol{e}}_{12}+[\dot{\boldsymbol{r}}_{12}-(\dot{\boldsymbol{r}}_{12}\cdot\widehat{\boldsymbol{e}}_{12})\widehat{\boldsymbol{e}}_{12}]\}$，进而提高了地球重力场反演精度。

据式(3.35)可知，在地心惯性系中无参考扰动位双星能量观测方程建立如下

$$T_{e12}=\frac{1}{2}(\dot{\boldsymbol{r}}_2+\dot{\boldsymbol{r}}_1)\cdot\{\dot{\rho}_{12}\widehat{\boldsymbol{e}}_{12}+[\dot{\boldsymbol{r}}_{12}-(\dot{\boldsymbol{r}}_{12}\cdot\widehat{\boldsymbol{e}}_{12})\widehat{\boldsymbol{e}}_{12}]\}-E_{f12}+V_{\omega 12}-V_{T12}-V_{012}-E_{012} \tag{3.89}$$

在卫星观测方程(3.89)建立之后，可以看到方程的所有参量都为卫星轨道位置 $\boldsymbol{r}$ 和轨道速度 $\dot{\boldsymbol{r}}$ 的函数。因此，首先利用 9 阶 Runge-Kutta 单步法和 12 阶 Adams-Cowell 线性多步法数值积分公式模拟了 GRACE-A/B 星历，如图 3.13 所示。GRACE 卫星轨道模拟参数如表 3.12 所示，双星轨道模拟过程共计耗时约 3 小时。

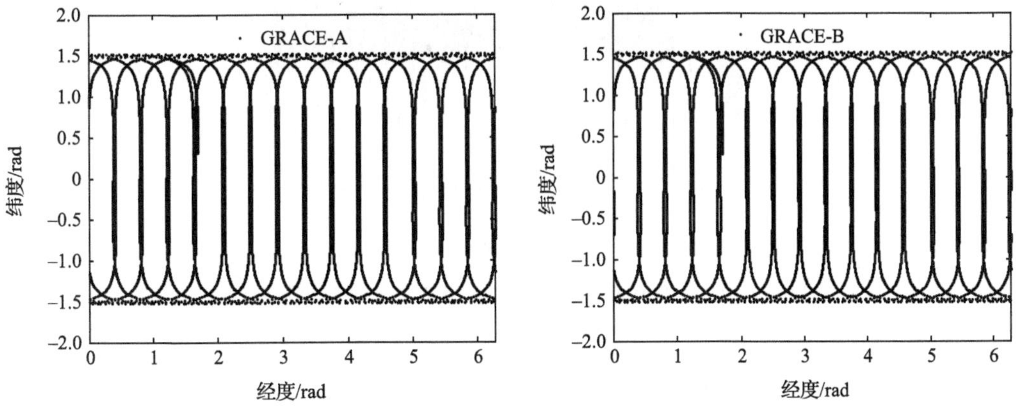

图 3.13 GRACE 卫星模拟轨道图

除了 GRACE 卫星观测方程中待求的地球引力位系数 $\overline{C}_{lm}$ 和 $\overline{S}_{lm}$，其他各项参量均可根据 GRACE 卫星的实际参数以及星载 K 波段测距系统的星间速度 $\dot{\rho}_{12}$、GPS 接收机的轨道位置矢量 $\boldsymbol{r}$ 和速度矢量 $\dot{\boldsymbol{r}}$，以及加速度计的非保守力矢量 $\boldsymbol{f}$ 计算得到。由能量守恒

表 3.12　GRACE 卫星轨道模拟参数

参数	指标	参数	指标
参考模型	EGM2008	模拟时间/d	30
轨道高度/km	500	采样间隔/s	10
星间距离/km	220	计算机 CPU/GHz	3.0
轨道倾角/(°)	89	计算机内存/GB	4.0
轨道离心率	0.004	—	—

定理可知，理论上方程(3.89)两边应严格相等，但由于所模拟的 GRACE-A/B 星历本身存在误差等原因，实际模拟计算中等式两边不会完全相等。以 GRACE 卫星 K 波段测距系统的星间速度精度 1μm/s 为标准，地球扰动位的精度为 $\sigma(T_e)\approx 0.01\text{m}^2/\text{s}^2$。因此，在未加入随机噪声(星间速度、轨道位置和轨道速度，以及非保守力误差等)之前，只要卫星观测方程左右两边计算的能量误差低于地球扰动位误差 1～2 个量级，便不会对地球引力位系数的解算精度产生实质性影响，这也是对卫星轨道模拟精度的要求。图 3.14 表示 GRACE 卫星模拟轨道未加入随机噪声时，卫星观测方程(3.89)左右两边能量差的数值计算精度。据图 3.14 可知，GRACE 卫星观测方程两边能量误差在 $10^{-5}\text{m}^2/\text{s}^2$ 量级，因此对反演地球引力位系数精度的影响可以忽略。利用预处理共轭梯度迭代法反演 120 阶 GRACE 地球重力场的总运算量为 $\sim O\{k(2tn+n^2+tn)\}\approx 5\times 10^{10}(k\ll t,n)$。总之，适当选取预处理阵可较大程度减少基于预处理共轭梯度迭代法求解引力位系数中循环迭代的次数。数值模拟过程经过 8 步迭代，总计耗费时间约 6 小时。

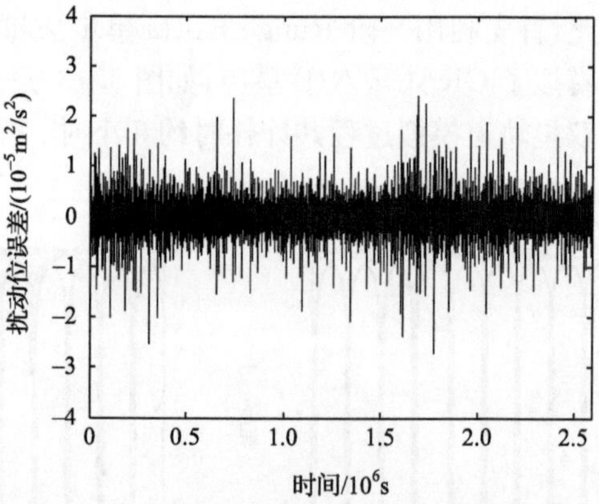

图 3.14　未引入 GRACE 载荷误差时无参考扰动位观测方程能量误差

2. GRACE 地球重力场反演的模拟结果和误差分析

如表 3.13 所示，以卫星 K 波段测距系统的星间速度误差 $\sigma(\dot{\rho}_{12})$ 为标准，可提出 GPS 接收机的轨道位置和轨道速度，以及加速度计的非保守力精度指标的匹配关系。图 3.15(a)～(d)分别表示单独引入卫星 K 波段测距系统的星间速度、GPS 接收机的轨道位置和轨道速度，以及加速度计的非保守力误差后 GRACE 卫星观测方程两边的能量误差。据图 3.15 可知，卫星 K 波段测距系统的星间速度、GPS 接收机的轨道位置和轨道速度，以及加速度计的非保守力误差各自引起卫星观测方程扰动位误差在同一水平($3\times10^{-3}\,m^2/s^2$)，因此，可以证明表 3.13 中卫星各关键载荷精度指标相互匹配。

表 3.13 GRACE 关键载荷精度指标匹配关系

卫星参数	精度指标	卫星参数	精度指标
星间速度/(m/s)	1×10^{-6}	轨道速度/(m/s)	3×10^{-5}
轨道位置/m	3×10^{-2}	非保守力/(m/s^2)	3×10^{-10}

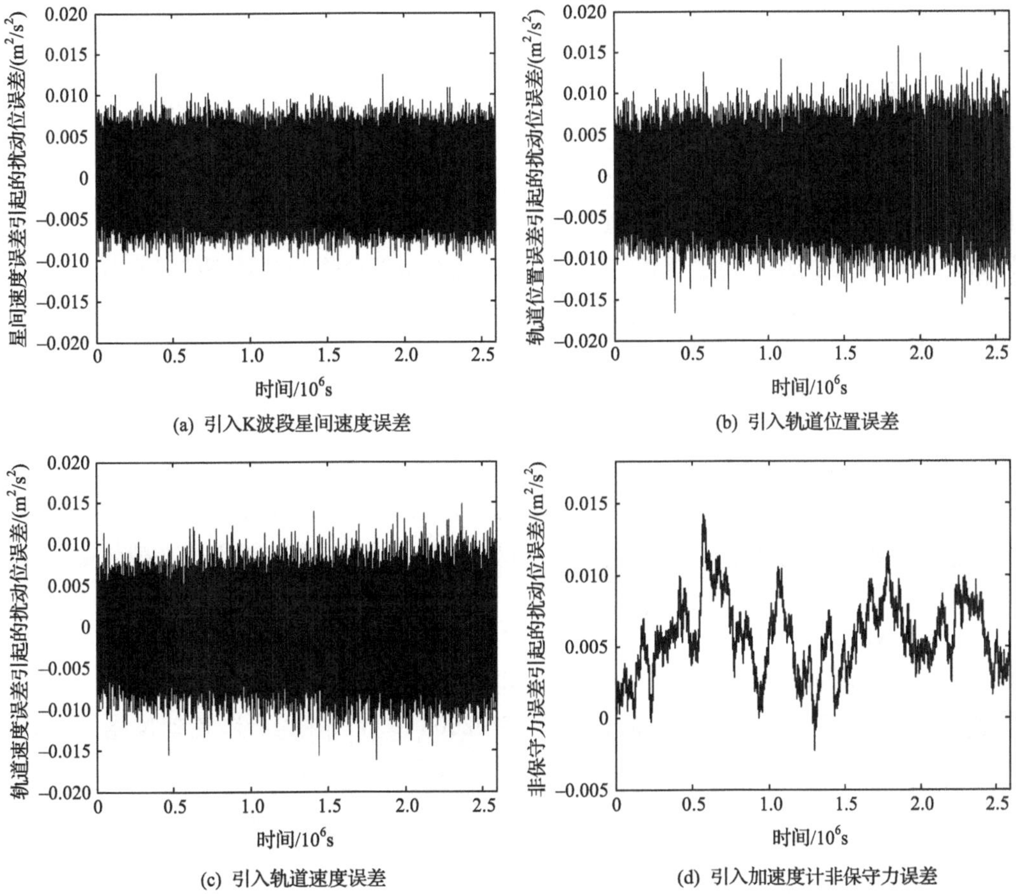

图 3.15 单独引入 GRACE 载荷误差后无参考扰动位观测方程能量误差

本章基于能量守恒法结合预处理共轭梯度迭代法反演了 120 阶 GRACE 地球重力场。为了估计地球引力位系数的反演精度，使用如下引力位系数误差公式：

$$\sigma(\bar{x}_l)=\sqrt{\frac{\sum_{m=-l}^{l}(\bar{x}_{lm}-\bar{u}_{lm})^2}{2l+1}} \tag{3.90}$$

式中，$\bar{x}_{lm}$ 表示待求地球引力位系数；$\bar{u}_{lm}$ 表示已公布的 EGM2008 模型引力位系数；$\sigma(\bar{x}_l)$ 表示待求引力位系数误差。

为了评定基于式(3.90)计算地球引力位系数精度的可靠性，本章同时采用最小二乘

协方差传播定律得到了120阶GRACE地球引力位系数精度。最小二乘协方差阵表示如下(郑伟等,2009b)

$$\boldsymbol{D}(x) = \sigma^2 (\boldsymbol{A}_{t\times n}^{\mathrm{T}}\boldsymbol{A}_{t\times n})^{-1} \tag{3.91}$$

式中,$\sigma^2 = \dfrac{\widehat{\boldsymbol{e}}^{\mathrm{T}}\widehat{\boldsymbol{e}}}{t-n}$ 表示卫星观测值单位权方差的无偏估值,$\widehat{\boldsymbol{e}} = \boldsymbol{G}_{t\times1} - \boldsymbol{A}_{t\times n}\boldsymbol{x}_{n\times1}$ 表示卫星观测方程的残差向量,$\boldsymbol{G}_{t\times1}$ 表示卫星观测值向量;$\boldsymbol{A}_{t\times n}$ 表示观测值和待求引力位系数之间的 t 行 n 列转换矩阵,t 表示卫星轨道观测点的数量,$n = L_{\max}^2 + 2L_{\max} - 3$ 表示待求引力位系数的个数,$L_{\max}$ 表示引力位按球谐函数展开的最大阶数;$\boldsymbol{x}_{n\times1}$ 表示 $n\times1$ 的待求引力位系数向量,其中,引力位系数按照阶数 l 排列形成(次数 m 固定);$\boldsymbol{D}(x)$ 表示最小二乘协方差阵,其对角线元素即为待求引力位系数的方差。

正规矩阵 $\boldsymbol{N}_{n\times n} = \boldsymbol{A}_{t\times n}^{\mathrm{T}}\boldsymbol{A}_{t\times n}$ 是一个块对角占优结构的稠密阵,对于反演120阶GRACE地球重力场而言,正规矩阵 $\boldsymbol{N}_{n\times n}$ 为14637行×14637列的超大型方阵,因此直接求逆较为困难。基于 $\boldsymbol{N}_{n\times n}$ 的块对角占优性,选取 $\boldsymbol{N}_{n\times n}$ 的块对角部分作为预处理阵,形成的 $\boldsymbol{M}_{n\times n}$ 阵为主对角线上按次数 m 排列,其余部分为0的块对角方阵,如此选取不仅保留了 $\boldsymbol{N}_{n\times n}$ 阵的主要特征,而且 $\boldsymbol{M}_{n\times n}^{-1}$ 较 $\boldsymbol{N}_{n\times n}^{-1}$ 易于计算。因此,式(3.91)可表示为

$$\boldsymbol{D}(x) = \sigma^2\boldsymbol{M}_{n\times n}^{-1} \tag{3.92}$$

图3.16表示分别利用先验地球重力场模型法(prior Earth gravity field model method,PEM)和最小二乘协方差阵法(least-squares covariance method,LSM)反演地球引力位系数的模拟和实测精度对比曲线。在各阶处反演GRACE地球引力位系数的模拟和实测精度的统计结果如表3.14所示。据图3.16和表3.14可得如下结论:

(1) 星号线表示德国GFZ公布的EIGEN-GRACE02S地球重力场模型的120阶地球引力位系数实测精度曲线;在 $L=120$ 阶处,反演引力位系数的精度为 6.199×10^{-10}。实线表示基于PEM(参见式(3.90),采用EGM2008模型),在无参考扰动位能量观测方

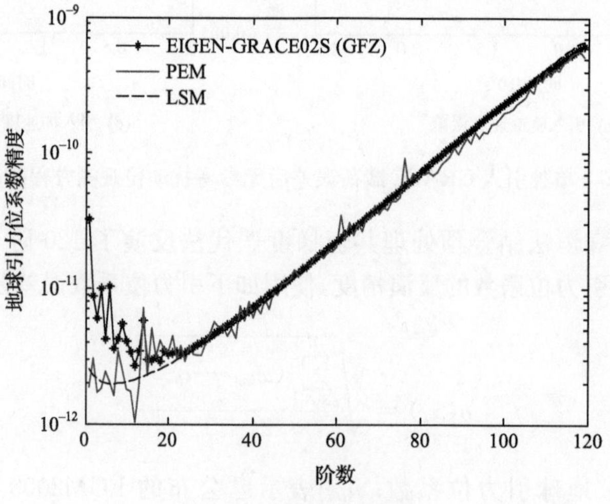

图3.16 基于PEM和LSM反演地球引力位系数精度对比(彩图附后)

程中同时引入星载K波段测距系统的星间速度、GPS接收机的轨道位置和轨道速度，以及加速度计的非保守力的匹配随机误差反演120阶地球引力位系数的数值模拟精度曲线；在$L=120$阶处，反演地球引力位系数的精度为5.192×10^{-10}。虚线表示基于LSM(参见式(3.92))，在无参考扰动位能量观测方程中同时引入星载K波段测距系统的星间速度、GPS接收机的轨道位置和轨道速度，以及加速度计的非保守力的匹配随机误差反演120阶地球引力位系数的数值模拟精度曲线；在$L=120$阶处，反演地球引力位系数的精度为6.633×10^{-10}。

表3.14　GRACE地球引力位系数的模拟和实测精度统计结果

参数	引力位系数精度/10^{-11}				
	20阶	50阶	80阶	100阶	120阶
EIGEN-GRACE02S(GFZ)	0.345	1.169	6.773	21.887	61.985
PEM(模拟)	0.355	1.179	6.457	18.209	51.923
LSM(模拟)	0.266	1.124	6.740	21.904	66.329

(2) 由于利用PEM和LSM反演120阶地球引力位系数的模拟精度(实线和虚线)和基于EIGEN-GRACE02S地球重力场模型的地球引力位系数实测精度(星号线)在各阶处符合较好，从而证明了基于PEM和LSM评定地球重力场反演精度的有效性。

(3) 通过利用PEM和LSM分别反演120阶地球引力位系数的模拟精度在各阶处的符合性，可充分验证基于能量守恒法结合预处理共轭梯度迭代法反演120阶GRACE地球重力场算法的可靠性。

图3.17表示基于GRACE无参考扰动位观测方程反演地球重力场的模拟和实测精度对比曲线，统计结果如表3.15所示。图3.17(a)表示基于GRACE无参考扰动位观测方程反演累计大地水准面的模拟和实测精度对比曲线；星号线表示基于德国GFZ公布的EIGEN-GRACE02S地球重力场模型的120阶累计大地水准面精度曲线，在$L=120$阶处，反演累计大地水准面的精度为18.938×10^{-2}m；实线表示在无参考扰动位观测方程中同时引入GRACE卫星K波段测距系统的星间速度、GPS接收机的轨道位置和轨道速度，以及加速度计的非保守力的匹配随机误差反演120阶累计大地水准面的数值模拟精度曲线，在$L=120$阶处，反演累计大地水准面的精度为17.316×10^{-2}m。图3.17(b)表示基于GRACE无参考扰动位观测方程反演累计重力异常的模拟和实测精度对比曲线；星号线表示基于德国GFZ公布的EIGEN-GRACE02S地球重力场模型的120阶累计重力异常精度曲线，在$L=120$阶处，反演累计重力异常的精度为0.303mGal；实线表示在无参考扰动位观测方程中同时引入GRACE卫星K波段测距系统的星间速度、GPS接收机的轨道位置和轨道速度，以及加速度计的非保守力的匹配随机误差反演120阶累计重力异常的数值模拟精度曲线，在$L=120$阶处，反演累计重力异常的精度为0.279mGal。从图3.17中数值模拟曲线和德国GFZ公布的实测曲线在各阶处反演地球重力场的符合情况可知，利用无参考扰动位的能量守恒观测方程结合预处理共轭梯度迭代法是反演GRACE地球重力场的重要途径之一。

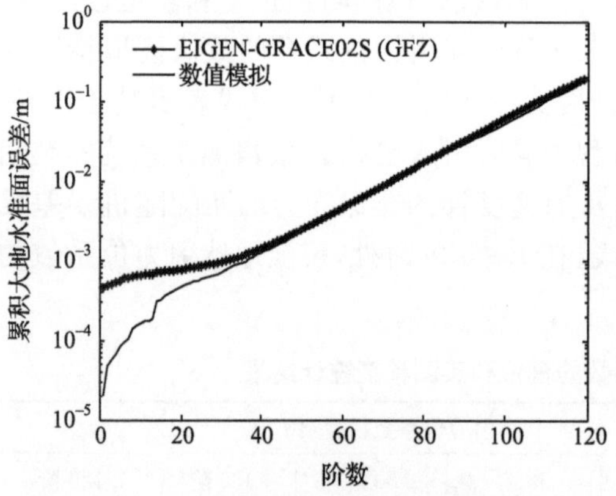

(a) 累计大地水准面精度对比

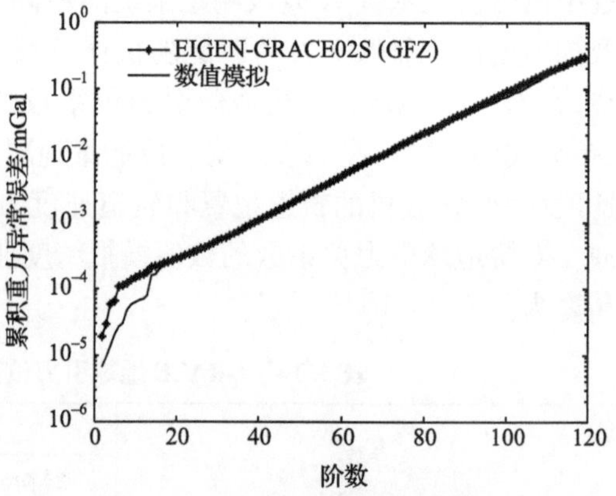

(b) 累计重力异常精度对比

图 3.17 基于无参考扰动位方程反演 GRACE 重力场的模拟和实测精度对比(彩图附后)

表 3.15 GRACE 地球重力场的模拟和实测精度统计结果

重力参数		地球重力场精度				
		20 阶	50 阶	80 阶	100 阶	120 阶
累计大地水准面/10^{-2}m	EIGEN-GRACE02S	0.076	0.228	1.566	5.756	18.938
	数值模拟	0.044	0.211	1.618	4.884	17.316
累计重力异常/10^{-2}mGal	EIGEN-GRACE02S	0.026	0.211	2.006	8.363	30.316
	数值模拟	0.025	0.204	2.096	7.097	27.888

3.3.3 GRACE 卫星系统指标需求分析

1. GRACE 不同关键载荷精度指标匹配关系论证(郑伟等,2011a)

能量守恒法是开展 GRACE 卫星 K 波段测距系统、GPS 接收机、SuperSTAR 加速度计等关键载荷精度指标匹配关系研究的有效方法之一。观测方程简单、物理含义明确、计算精度高、运算速度快和对计算机性能要求低是能量守恒法被采用的根本原因。能量守恒法的缺点是对卫星的测速精度要求较高,GRACE 星载 K 波段测距系统的高精度星间速度测量可满足此要求。本节基于能量守恒法,以 K 波段测距系统的高精度星间速度误差引起扰动位误差为标准,对各关键载荷精度指标的匹配关系进行了系统论证。在卫星重力反演中,K 波段测距系统、GPS 接收机、SuperSTAR 加速度计等关键载荷的精度指标应严格匹配。如果某个载荷的精度指标高于其他载荷,据误差原理可知,高精度指标的载荷无法发挥自身高精度的优势,只有与其他载荷相匹配的精度部分对地球重力场反演精度才有贡献。综上所述,如果 GRACE 关键载荷精度指标设计合理,不仅可以降低重力卫星各载荷研制的难度,避免不必要的人力、物力和财力的浪费,同时也是反演高精度和高空间分辨率地球重力场的重要保证。

表 3.16 表示以 K 波段测距系统的星间速度精度指标为标准,GRACE 双星关键载荷

(K 波段测距系统、GPS 接收机和 SuperSTAR 加速度计)精度指标的匹配关系,其中,K 波段测距系统的星间速度精度指标分别取值 1μm/s、3μm/s、5μm/s 和 10μm/s,GPS 接收机的轨道位置和轨道速度,以及加速度计的非保守力的相应匹配精度指标如表 3.16 所示。

表 3.16　GRACE 不同关键载荷精度指标匹配关系

卫星观测值	关键载荷精度指标			
	(1)	(2)	(3)	(4)
星间速度 $k/(10^{-6}\mathrm{m/s})$	1	3	5	10
轨道位置 $r/10^{-2}\mathrm{m}$	3	9	15	30
轨道速度 $v/(10^{-5}\mathrm{m/s})$	3	9	15	30
非保守力 $f/(10^{-10}\mathrm{m/s^2})$	3	9	15	30

表 3.17 表示分别同时引入表 3.16 中各关键载荷匹配误差后,引起 GRACE 双星扰动位差的统计结果,其中,选取 EGM2008 为参考重力场模型。模拟结果表明,基于 $k(1)$、$r(1)$、$v(1)$和 $f(1)$的匹配性,随着 K 波段测距系统的星间速度、GPS 接收机的轨道位置和轨道速度,以及加速度计的非保守力的精度指标同时降低 3 倍、5 倍和 10 倍,GRACE 扰动位差的标准差按相同比例增大,因此可证明上述各关键载荷的精度指标呈线性变化的匹配关系。

表 3.17　不同载荷误差引起的 GRACE 扰动位差统计结果

观测值精度	扰动位差/($\mathrm{m^2/s^2}$)			
	最大值	最小值	平均值	标准差
$k(1)+r(1)+v(1)+f(1)$	5.193×10^{-2}	-5.934×10^{-2}	-1.827×10^{-3}	7.747×10^{-3}
$k(2)+r(2)+v(2)+f(2)$	1.554×10^{-1}	-1.783×10^{-1}	-5.713×10^{-3}	2.324×10^{-2}
$k(3)+r(3)+v(3)+f(3)$	2.590×10^{-1}	-2.972×10^{-1}	-9.600×10^{-2}	3.874×10^{-2}
$k(4)+r(4)+v(4)+f(4)$	5.177×10^{-1}	-5.946×10^{-1}	-1.932×10^{-2}	7.747×10^{-2}

图 3.18 表示基于 GRACE 不同关键载荷的匹配精度指标反演地球重力场精度的对比。图 3.18(a)表示反演 GRACE 引力位系数精度的对比,其中,(1)表示德国 GFZ 公布的 120 阶 EIGEN-GRACE02S 地球重力场模型的引力位系数实测精度,(2)～(5)分别表

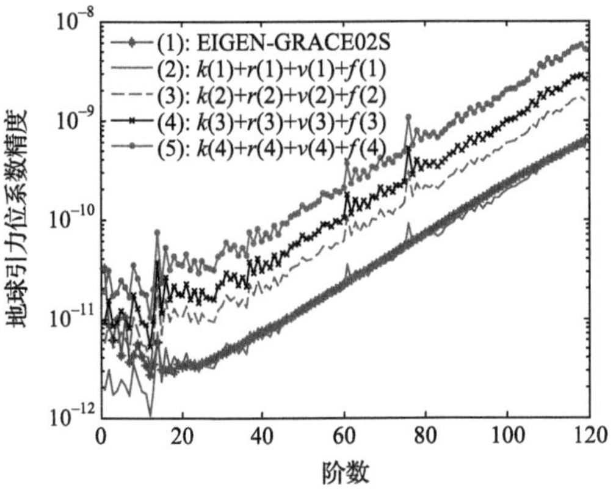

(a) 引力位系数精度对比

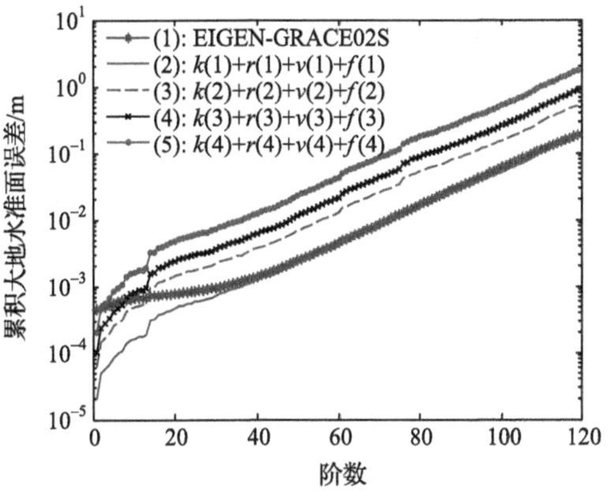

(b) 累计大地水准面精度对比

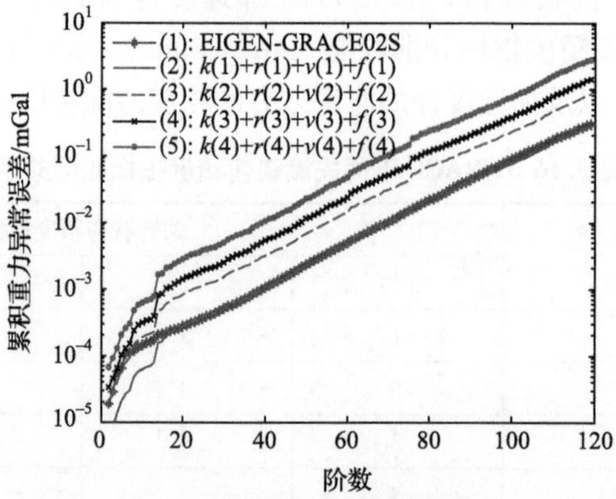

(c) 累计重力异常精度对比

图 3.18　基于不同载荷匹配精度指标反演 GRACE 地球重力场精度对比(彩图附后)

示采用表 3.16 中不同匹配关系的 GRACE 各载荷精度指标反演引力位系数的模拟精度;图 3.18(b)表示反演 GRACE 累计大地水准面精度的对比;图 3.18(c)表示反演 GRACE 累计重力异常精度的对比。基于各载荷不同匹配精度指标反演 GRACE 重力场精度的统计结果如表 3.18 所示。据图 3.18 和表 3.18,模拟结果表明:

(1) 当 GRACE 各载荷匹配精度指标 $k(1)+r(1)+v(1)+f(1)$ 逐渐整体降低 3 倍、5 倍和 10 倍时,反演地球引力位系数精度、累计大地水准面精度和累计重力异常精度在各阶处近似按线性关系降低。

表 3.18　基于不同载荷匹配精度指标反演 GRACE 地球重力场精度统计结果

图 3.18		地球重力场精度				
		20 阶	50 阶	80 阶	100 阶	120 阶
(a) 引力位系数/10^{-11}	(1)	0.345	1.169	6.773	21.887	61.985
	(2)	0.355	1.179	6.457	18.209	51.923
	(3)	1.072	3.489	19.217	54.584	155.691
	(4)	1.789	5.802	31.989	91.023	259.568
	(5)	3.582	11.583	63.889	182.123	520.692
(b) 累计大地水准面/10^{-2}m	(1)	0.076	0.228	1.566	5.756	18.938
	(2)	0.044	0.211	1.618	4.884	17.316
	(3)	0.135	0.631	5.001	14.688	51.881
	(4)	0.226	1.051	8.391	24.507	86.488
	(5)	0.452	2.101	16.867	49.063	173.441
(c) 累计重力异常/10^{-2}mGal	(1)	0.026	0.211	2.006	8.363	30.316
	(2)	0.025	0.204	2.096	7.097	27.888
	(3)	0.076	0.611	6.488	21.327	83.552
	(4)	0.128	1.017	10.888	35.577	139.283
	(5)	0.256	2.034	21.892	71.220	279.348

(2) 当各载荷精度指标取为 $k(1)+r(1)+v(1)+f(1)$ 的 1～10 倍时，在 120 阶处反演引力位系数精度为 51.923×10^{-11}～520.692×10^{-11}，反演累计大地水准面的精度为 17.316×10^{-2}～173.441×10^{-2} m，反演 1.5°×1.5°累计重力异常的精度为 0.279～2.793mGal，其中，精度指标取为 $k(1)+r(1)+v(1)+f(1)$ 时，反演重力场精度与 EIGEN-GRACE02S 模型符合较好。

2. GRACE 不同卫星轨道高度指标论证(郑伟等，2009a)

在卫星重力测量中，利用高轨道 GPS 卫星对低轨道重力卫星可实现精密定轨，同时依靠高精度星载加速度计精密测量作用于重力卫星的非保守力及通过建立模型扣除保守力(太阳、月球引力等)。因此，利用重力卫星作为传感器进行地球重力场感测的最大弱点是卫星高度处的重力场呈现指数衰减 $[R_e/(R_e+H)]^{l+1}$。随着重力卫星轨道逐步升高，地球重力场长波信号衰减幅度较小，中波信号衰减幅度次之，短波信号衰减幅度最大。因此，较高轨道的重力卫星对地球重力场中波和短波信号的敏感性较弱，不利于反演高阶地球重力场。为了克服上述缺点，目前最有效的办法是采用低轨道重力卫星。GRACE 和 CHAMP 具有不同的轨道高度和由此产生不同的轨道扰动波谱，因此二者不是相互竞争而是互相取长补短，它们将联合给出一个高精度的中长波地球重力场模型。

1) 地球重力场随卫星轨道升高的衰减效应

图 3.19 表示在各阶处不同卫星轨道高度衰减因子 $[R_e/(R_e+H)]^{l+1}$ 对地球重力场的影响，横坐标表示引力位按球函数展开的阶数，纵坐标表示衰减因子，统计结果如表 3.19所示。模拟结果表明：①如果引力位展开的阶数 l 一定，随着卫星轨道高度逐渐增加 ($350\text{km}\leqslant H\leqslant 500\text{km}$)，地球重力场在重力卫星轨道处的衰减效应逐渐增强。在 120 阶处(空间分辨率 167km)，重力场在轨道高度为 350km 处的衰减因子为 1.643×10^{-3}；在轨道高度为 400km 处衰减效应增大了 2.430 倍；在轨道高度为 450km 处衰减效应增大了 5.872 倍；在轨道高度为 500km 处衰减效应增大了 14.091 倍。②如果重力卫星轨道高度 H 一定，随着引力位按球函数展开的阶数逐渐增大 ($2\leqslant l\leqslant 120$ 阶)，地球重力场在重力卫星轨道处的衰减效应逐渐增强。GRACE 卫星的初始轨道高度为 500km，在 20 阶处，重力场的衰减因子为 2.210×10^{-1}；在 50 阶处，衰减效应增大了 9.621 倍；在 80 阶处，衰减效

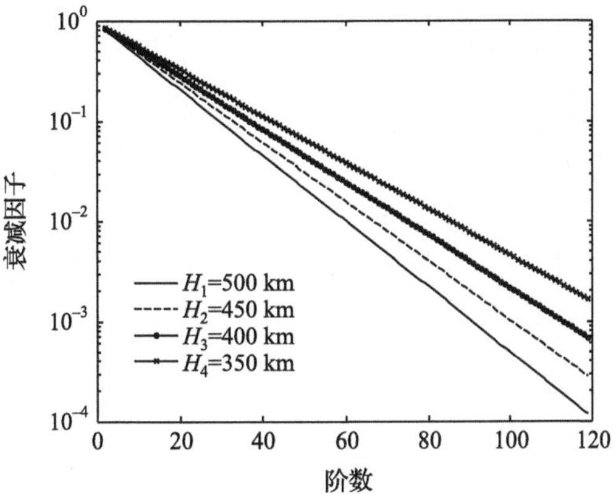

图 3.19　基于不同轨道高度的地球重力场衰减因子(彩图附后)

应增大了92.857倍；在100阶处，衰减效应增大了418.957倍；在120阶处，衰减效应增大了1895.369倍。因此，合理选择卫星轨道高度是反演高精度地球重力场的关键。

表 3.19 基于不同卫星轨道高度的衰减因子统计结果

轨道高度/km	衰减因子$[R_e/(R_e+H)]^{l+1}$				
	20 阶	50 阶	80 阶	100 阶	120 阶
$H_1=500$	2.210×10^{-1}	2.297×10^{-2}	2.387×10^{-3}	5.275×10^{-4}	1.166×10^{-4}
$H_2=450$	2.558×10^{-1}	3.308×10^{-2}	4.278×10^{-3}	1.094×10^{-3}	2.798×10^{-4}
$H_3=400$	2.963×10^{-1}	4.777×10^{-2}	7.703×10^{-3}	2.282×10^{-3}	6.760×10^{-4}
$H_4=350$	3.435×10^{-1}	6.917×10^{-2}	1.393×10^{-2}	4.785×10^{-3}	1.643×10^{-3}

图3.20(a)～(d)分别表示当轨道高度设计为500km、450km、400km和350km时，卫星在地面轨迹的空间分辨率。经对比可知，随着轨道高度逐渐降低，卫星轨迹在地面经度方向的空间分辨率逐渐提高，因此，适当降低卫星轨道高度有利于高阶次地球重力场的反演。地球重力场反演的空间分辨率(半波长)和地球引力位按球函数展开阶数的对应关系如图3.21所示。综上所述，合理选择卫星轨道高度是反演高空间分辨率地球重力场的关键所在。

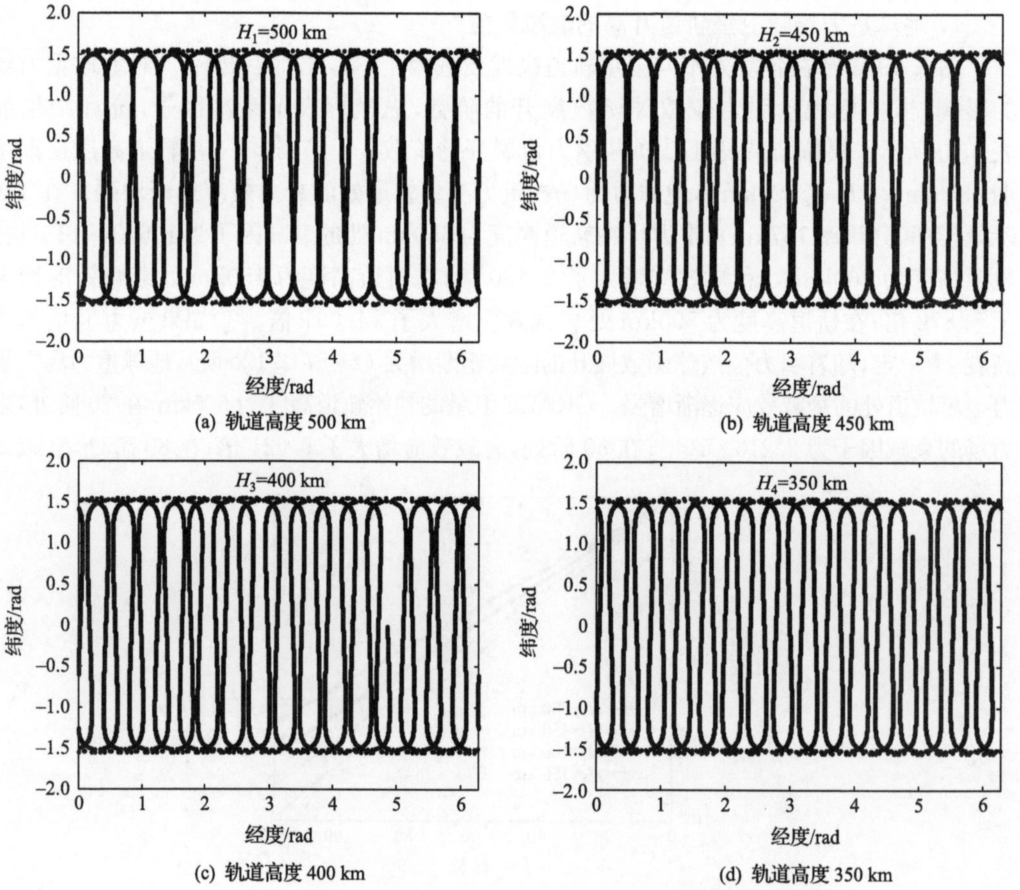

图 3.20 不同轨道高度卫星在地面轨迹的空间分辨率对比

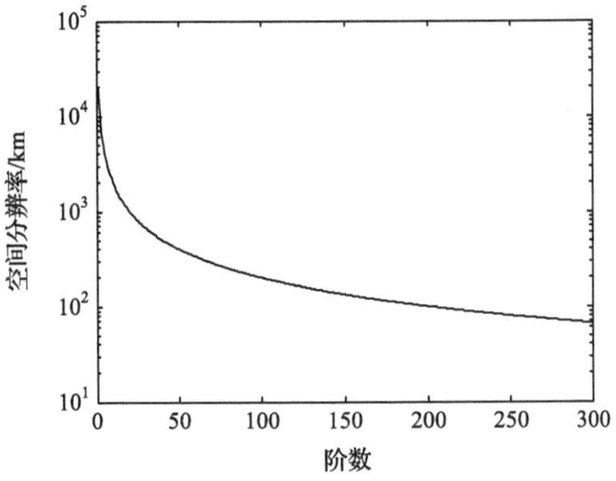

图 3.21　空间分辨率和阶数对应关系

2）基于不同轨道高度反演 GRACE 地球重力场

图 3.22(a)表示基于不同卫星轨道高度反演地球引力位系数精度对比；星号线表示德国 GFZ 公布的 EIGEN-GRACE02S 地球重力场模型的引力位系数实测精度；基于已公

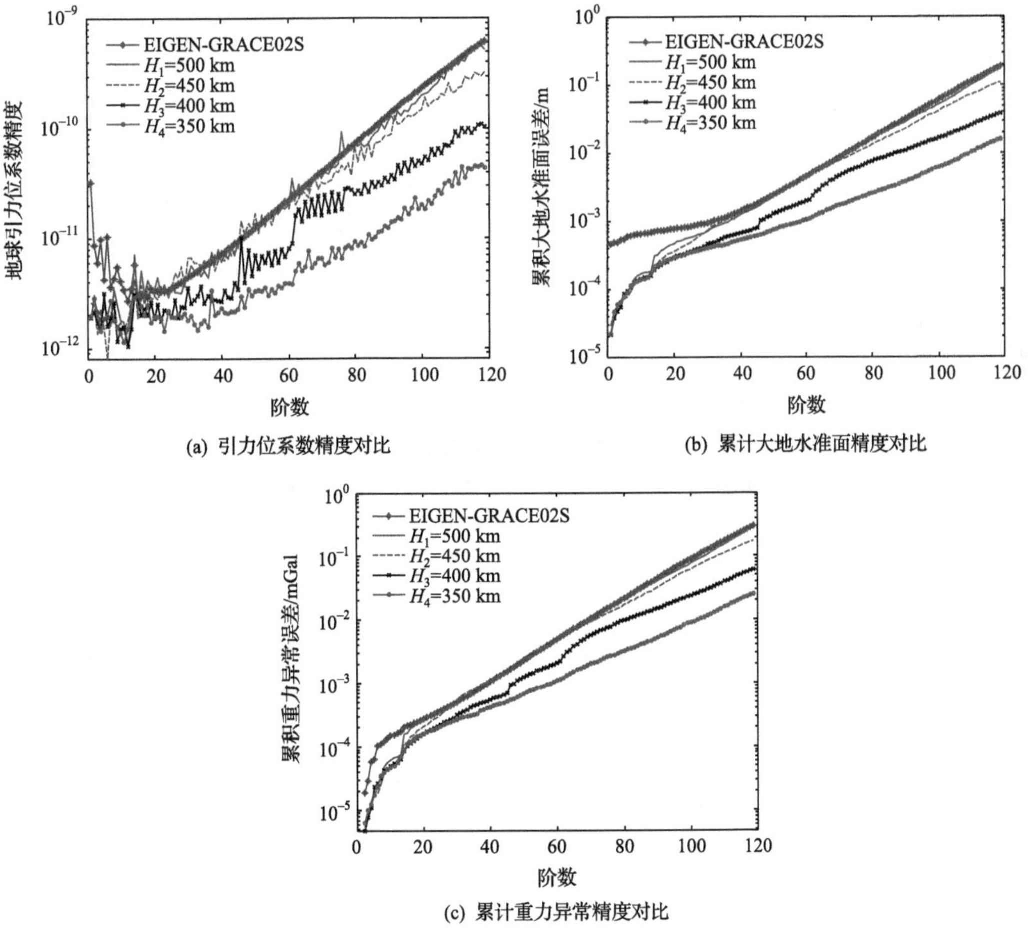

图 3.22　基于不同轨道高度反演 GRACE 地球重力场精度对比(彩图附后)

布的 GRACE 卫星关键载荷精度指标，如表 3.13 所示，实线、虚线、十字线和圆圈线分别表示基于卫星轨道高度 500km、450km、400km 和 350km 反演地球引力位系数的模拟精度。图 3.22(b)、(c)分别表示基于不同卫星轨道高度反演累计大地水准面精度对比和累计重力异常精度对比。在各阶处基于不同轨道高度反演地球重力场精度的统计结果如表 3.20 所示。

表 3.20 基于不同轨道高度反演 GRACE 地球重力场精度统计结果

重力参数		地球重力场精度				
		20 阶	50 阶	80 阶	100 阶	120 阶
引力位系数/10^{-11}	EIGEN-GRACE02S	0.345	1.169	6.773	21.887	61.985
	H_1=500km	0.355	1.179	6.457	18.209	51.923
	H_2=450km	0.269	1.198	3.738	14.269	32.396
	H_3=400km	0.263	0.456	2.769	5.026	10.395
	H_4=350km	0.172	0.299	0.809	1.825	4.315
累计大地水准面/10^{-2}m	EIGEN-GRACE02S	0.076	0.228	1.566	5.756	18.938
	H_1=500km	0.044	0.211	1.618	4.884	17.316
	H_2=450km	0.034	0.229	1.219	3.973	11.055
	H_3=400km	0.028	0.119	0.732	1.599	3.846
	H_4=350km	0.028	0.072	0.245	0.596	1.593
累计重力异常/10^{-2}mGal	EIGEN-GRACE02S	0.026	0.211	2.006	8.363	30.316
	H_1=500km	0.025	0.204	2.096	7.097	27.888
	H_2=450km	0.019	0.225	1.551	5.775	17.655
	H_3=400km	0.015	0.116	0.936	2.284	6.102
	H_4=350km	0.015	0.063	0.306	0.855	2.541

据图 3.22 和表 3.20，模拟结果表明：

(1) 基于相同 GRACE 关键载荷精度指标，如果引力位按球函数展开的阶数一定，随着卫星轨道高度逐渐降低，反演累计大地水准面精度依次提高。在 120 阶处，基于卫星轨道高度 500km 反演累计大地水准面精度为 17.316×10^{-2} m，分别基于卫星轨道高度 450km、400km 和 350km 反演累计大地水准面精度提高了 1.566 倍、4.502 倍和 10.871 倍。

(2) 基于相同的 GRACE 关键载荷精度指标，如果卫星轨道高度一定，随着引力位按球函数展开阶数的增加，反演累计大地水准面精度依次降低。GRACE 卫星的初始轨道高度为 500km，在 20 阶处反演累计大地水准面的精度为 0.044×10^{-2}m，分别在 50 阶、80 阶、100 阶和 120 阶处反演累计大地水准面精度降低了 4.795 倍、36.773 倍、111.000 倍和 393.546 倍。

(3) 在不同卫星轨道高度和各阶处，反演地球引力位系数精度和累计重力异常精度的变化规律类似于反演累计大地水准面精度。

3. GRACE 不同星间距离指标论证(郑伟等，2011e)

GRACE 双星的轨道除受到非保守力摄动外，主要受到地球静态和时变重力场的综合影响。由于 GRACE-A/B 共轨双星以不同的轨道相位敏感地球质量系统的影响，因此双星间将产生微小的轨道摄动差。此轨道摄动差使 GRACE 共轨双星连线方向的星间距离 ρ_{12}、星间速度 $\dot{\rho}_{12}$ 和星间加速度 $\ddot{\rho}_{12}$ 实时变化，GRACE 星载 K 波段测距系统可高精度测量星间距离差 $\Delta\rho_{12}$、星间速度差 $\Delta\dot{\rho}_{12}$ 和星间加速度差 $\Delta\ddot{\rho}_{12}$。通过对 $\Delta\rho_{12}$、$\Delta\dot{\rho}_{12}$ 和 $\Delta\ddot{\rho}_{12}$ 的精密测量，地球重力场的高频信号被放大，因此有效地提高了地球重力场高阶谐波分量的测量精度。

1) GRACE 星间距离、星间速度和星间加速度的测量原理

如图 2.4 所示，为了提高星间距离、星间速度和星间加速度的测量精度以及消除电离层对信号的延迟效应，K 波段测距系统采用双单向和双频段测量模式。首先，GRACE-A/B 双星 K 波段测距系统分别向对方发送 K(24GHz) 和 Ka(32GHz) 波段的微波信号，为了有效区分此双频信号，双星各自发送的 K 波段信号频移 0.5MHz 及 Ka 波段信号频移 0.67MHz；其次，双星各自接收的 K/Ka 波段微波信号与本地超稳定振荡器 USO(稳定度 2×10^{-13}/s) 产生的相应参考频率信号混频处理（信号相乘），通过低通滤波保留差频信号，用大约 19MHz 的信号采样并送到数据处理器；最后，利用数字锁相环路跟踪差频信号得到相位变化解，并将测量结果传回地面跟踪站综合处理。

GRACE-A 卫星 K 波段测距系统向 GRACE-B 发射的微波信号表示为

$$L_A(t)=L_{A0}\cos(\omega_A t+\varphi_{A0}) \tag{3.93}$$

GRACE-B 卫星 K 波段测距系统向 GRACE-A 发射的微波信号表示为

$$L_B(t)=L_{B0}\cos(\omega_B t+\varphi_{B0}) \tag{3.94}$$

其中，L_{A0}、$\omega_A=2\pi f_A$ 和 φ_{A0} 分别表示 GRACE-A 卫星 K 波段测距系统向 GRACE-B 发射微波信号的振幅、角频率和初相位；L_{B0}、$\omega_B=2\pi f_B$ 和 φ_{B0} 分别表示 GRACE-B 卫星 K 波段测距系统向 GRACE-A 发射微波信号的振幅、角频率和初相位。

在 t 时刻，GRACE-A 卫星接收到 GRACE-B 卫星 K 波段测距系统在 Δt 时间前发射的微波信号 $L_B(t-\Delta t)$，并与本地超稳定振荡器 USO 产生的发射信号 $L_A(t)$ 混频处理（信号相乘）得

$$L_A(t)L_B(t-\Delta t)=L_{A0}L_{B0}\cos(\omega_A t+\varphi_{A0})\cos[\omega_B(t-\Delta t)+\varphi_{B0}] \tag{3.95}$$

将式(3.95)积化和差得到和频信号和差频信号：

$$\begin{aligned}L_A(t)L_B(t-\Delta t)=&\frac{L_{A0}L_{B0}}{2}\{\cos[\omega_A t+\varphi_{A0}+\omega_B(t-\Delta t)+\varphi_{B0}]\\&+\cos[\omega_A t+\varphi_{A0}-\omega_B(t-\Delta t)-\varphi_{B0}]\}\end{aligned} \tag{3.96}$$

经低通滤波，仅保留低频分量（差频信号）得

$$L_A(t)L_B(t-\Delta t)=\frac{L_{A0}L_{B0}}{2}\cos[\omega_A t+\varphi_{A0}-\omega_B(t-\Delta t)-\varphi_{B0}] \tag{3.97}$$

式中，$\varphi_A=\omega_A t+\varphi_{A0}-\omega_B(t-\Delta t)-\varphi_{B0}$ 表示 GRACE-A 卫星得到的相位。

同理，在 t 时刻，GRACE-B 卫星接收到 GRACE-A 卫星 K 波段测距系统在 Δt 时间前发射的微波信号 $L_A(t-\Delta t)$，并与本地超稳定振荡器 USO 产生的发射信号 $L_B(t)$ 混频

处理并经低通滤波得

$$L_{\mathrm{A}}(t-\Delta t)L_{\mathrm{B}}(t)=\frac{L_{\mathrm{A0}}L_{\mathrm{B0}}}{2}\cos[\omega_{\mathrm{B}}t+\varphi_{\mathrm{B0}}-\omega_{\mathrm{A}}(t-\Delta t)-\varphi_{\mathrm{A0}}] \tag{3.98}$$

式中，$\varphi_{\mathrm{B}}=\omega_{\mathrm{B}}t+\varphi_{\mathrm{B0}}-\omega_{\mathrm{A}}(t-\Delta t)-\varphi_{\mathrm{A0}}$ 表示 GRACE-B 卫星得到的相位。

将 GRACE-A/B 卫星 K 波段测距系统分别得到的相位传回地面接收站综合处理得

$$\begin{aligned}\varphi_{\mathrm{A}}+\varphi_{\mathrm{B}}&=[\omega_{\mathrm{A}}t+\varphi_{\mathrm{A0}}-\omega_{\mathrm{B}}(t-\Delta t)-\varphi_{\mathrm{B0}}]+[\omega_{\mathrm{B}}t+\varphi_{\mathrm{B0}}-\omega_{\mathrm{A}}(t-\Delta t)-\varphi_{\mathrm{A0}}]\\&=(\omega_{\mathrm{A}}+\omega_{\mathrm{B}})\Delta t\end{aligned} \tag{3.99}$$

由式(3.99)可得 GRACE-A/B 双星的星间距离：

$$\rho_{12}=c\Delta t \tag{3.100}$$

式中，c 表示光速；$\Delta t=\dfrac{\varphi_{\mathrm{A}}+\varphi_{\mathrm{B}}}{\omega_{\mathrm{A}}+\omega_{\mathrm{B}}}$ 表示 K 波段测距系统微波信号在星间传输的时间。

GRACE-A/B 的星间距离 ρ_{12} 同样可由位于地心惯性系中的位置矢量 $\boldsymbol{r}_1$ 和 $\boldsymbol{r}_2$ 表示：

$$\rho_{12}=\boldsymbol{r}_{12}\cdot\widehat{\boldsymbol{e}}_{12} \tag{3.101}$$

式中，$\boldsymbol{r}_{12}=\boldsymbol{r}_2-\boldsymbol{r}_1$ 表示 GRACE-A/B 双星位置矢量差；$\widehat{\boldsymbol{e}}_{12}=\dfrac{\boldsymbol{r}_2-\boldsymbol{r}_1}{|\boldsymbol{r}_2-\boldsymbol{r}_1|}$ 表示由 GRACE-A 指向 GRACE-B 的单位矢量。

在式(3.101)两边同时对时间 t 求导数，得到 GRACE-A/B 的星间速度 $\dot{\rho}_{12}$：

$$\dot{\rho}_{12}=\dot{\boldsymbol{r}}_{12}\cdot\widehat{\boldsymbol{e}}_{12}+\boldsymbol{r}_{12}\cdot\dot{\widehat{\boldsymbol{e}}}_{12} \tag{3.102}$$

式中，$\dot{\boldsymbol{r}}_{12}=\dot{\boldsymbol{r}}_2-\dot{\boldsymbol{r}}_1$ 表示 GRACE-A/B 双星速度矢量差；$\dot{\widehat{\boldsymbol{e}}}_{12}=\dfrac{\dot{\boldsymbol{r}}_{12}-\rho_{12}\widehat{\boldsymbol{e}}_{12}}{\rho_{12}}$ 表示垂直于 GRACE-A/B 双星连线的单位方向矢量。因为 $\boldsymbol{r}_{12}\cdot\dot{\widehat{\boldsymbol{e}}}_{12}=0$，所以式(3.102)可简化为

$$\dot{\rho}_{12}=\dot{\boldsymbol{r}}_{12}\cdot\widehat{\boldsymbol{e}}_{12} \tag{3.103}$$

在式(3.103)两边同时对时间 t 求导数，得到 GRACE-A/B 双星的星间加速度 $\ddot{\rho}_{12}$：

$$\ddot{\rho}_{12}=\ddot{\boldsymbol{r}}_{12}\cdot\widehat{\boldsymbol{e}}_{12}+\dot{\boldsymbol{r}}_{12}\cdot\dot{\widehat{\boldsymbol{e}}}_{12} \tag{3.104}$$

式中，$\ddot{\boldsymbol{r}}_{12}=\ddot{\boldsymbol{r}}_2-\ddot{\boldsymbol{r}}_1$ 表示 GRACE 双星加速度矢量差。

2) 基于不同星间距离反演 GRACE 地球重力场

图 3.23(a)表示基于不同星间距离反演地球引力位系数精度对比，星号线表示德国 GFZ 公布的 EIGEN-GRACE02S 地球重力场模型引力位系数的实测精度；基于 GRACE 卫星公布的关键载荷精度指标，如表 3.13 所示，虚线、实线和圆圈线分别表示基于星间距离 110km、220km 和 330km 反演地球引力位系数的模拟精度。图 3.23(b)、(c)分别表示基于不同星间距离反演累计大地水准面精度对比和累计重力异常精度对比。在各阶处基于不同星间距离反演地球重力场精度的统计结果如表 3.21 所示。模拟结果表明：

(1) 基于相同的 GRACE 关键载荷精度指标反演长波 ($L\leqslant 20$ 阶)地球重力场，随着

星间距离逐渐增大(110～330km),反演累计大地水准面精度依次提高。在20阶处,基于星间距离110km反演累计大地水准面精度为0.052×10^{-2}m,分别基于星间距离220km和330km反演累计大地水准面精度提高了1.156倍和1.209倍。原因分析如下,GRACE采用共轨双星编队飞行差分测量模式,在反演长波($L\leqslant20$阶)重力场时,如果星间距离选择太小,由于双星感测的重力场信号差别较小,在差分掉双星共同误差的同时重力场信号也将被大部分差分掉,导致信噪比较小,因此星间距离设计太小不利于长波地球重力场的反演。

(2) 当反演中波($100\leqslant L\leqslant120$阶)地球重力场时,在120阶处,基于星间距离110km反演累计大地水准面精度为13.052×10^{-2}m,基于星间距离220km和330km反演累计大地水准面精度降低了1.327倍和1.970倍。原因分析如下,适当增加星间距离有助于反演地球重力场信噪比的提高,但星间距离设计太大将导致测量噪声急剧增加以及对GRACE双星轨道和姿态测量精度的要求提高,不利于中波($100\leqslant L\leqslant120$阶)地球重力场的反演。

(3) 基于相同的GRACE卫星关键载荷精度指标,将星间距离设计为220±50km可有效抑制由于星间距离选取不当而导致的长波和中波地球重力场反演精度的降低。因此,如果我国采用卫星跟踪卫星高低/低低的组合模式反演地球重力场,将星间距离设计为220±50km是较优选择,可有效提高120阶地球重力场反演精度。

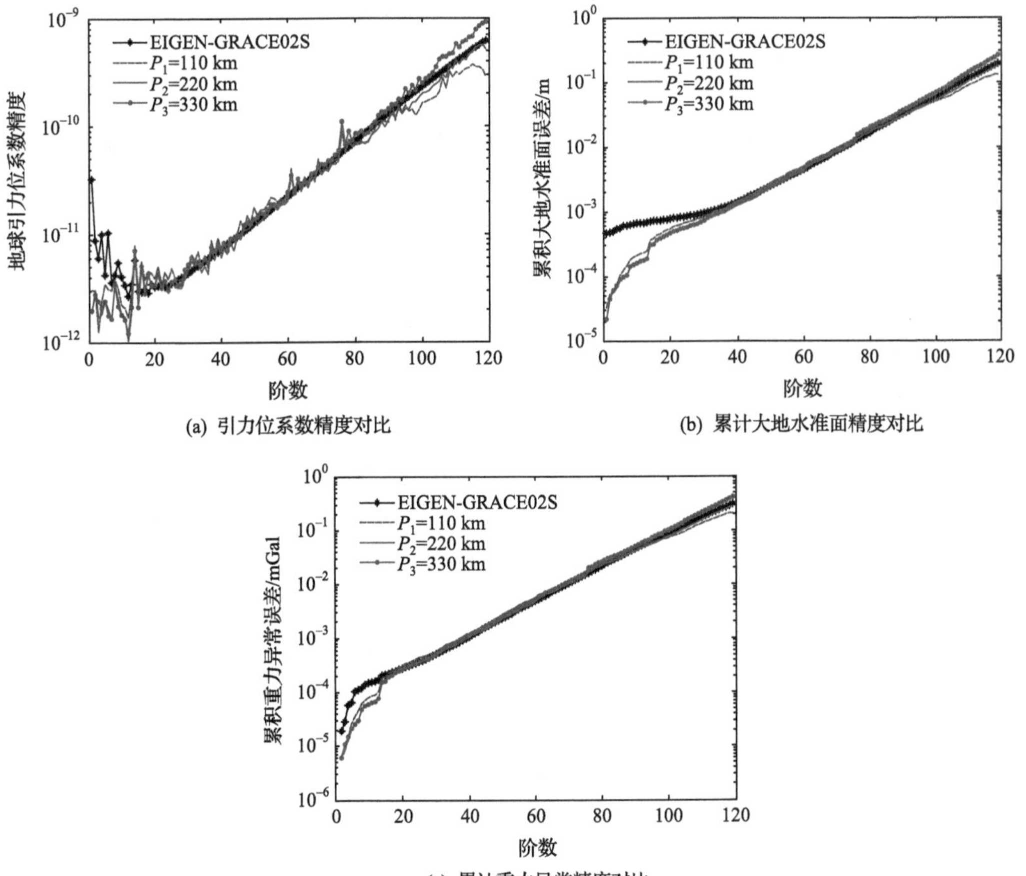

(a) 引力位系数精度对比

(b) 累计大地水准面精度对比

(c) 累计重力异常精度对比

图3.23 基于不同星间距离反演GRACE地球重力场精度对比(彩图附后)

(4) 基于不同星间距离，在各阶处反演 120 阶引力位系数精度和反演累计重力异常精度的变化规律类似于反演累计大地水准面精度。

表 3.21　基于不同星间距离反演 GRACE 地球重力场精度统计结果

重力参数		地球重力场精度				
		20 阶	50 阶	80 阶	100 阶	120 阶
引力位系数/10^{-11}	EIGEN-GRACE02S	0.345	1.169	6.773	21.887	61.985
	P_1=110km	0.437	1.272	6.533	13.845	28.466
	P_2=220km	0.355	1.179	6.457	18.208	51.923
	P_3=330km	0.343	1.237	7.370	27.105	92.558
累计大地水准面/10^{-2}m	EIGEN-GRACE02S	0.076	0.228	1.566	5.756	18.938
	P_1=110km	0.052	0.248	1.733	4.806	13.052
	P_2=220km	0.045	0.211	1.618	4.885	17.316
	P_3=330km	0.043	0.231	1.889	6.490	25.716
累计重力异常/10^{-2}mGal	EIGEN-GRACE02S	0.026	0.211	2.006	8.363	30.316
	P_1=110km	0.029	0.241	2.237	6.937	20.796
	P_2=220km	0.025	0.204	2.096	7.097	27.888
	P_3=330km	0.025	0.225	2.320	9.486	41.590

4. GRACE 不同轨道倾角指标论证(Zheng et al.,2008a)

为了满足 GRACE 整体系统测量地球重力场的要求，双星轨道设计为近极轨模式(轨道倾角 89°)。对于反演 120 阶 GRACE 地球重力场而言，由于 89°轨道倾角在地球南北极形成的极沟区(未覆盖区) $2\times|90°-I_1|=2°$ 小于对应的空间分辨率 $360°/L_{\max}=3°$，因此，该模式的优点是不仅可达到卫星近似全球覆盖的目的，同时可忽略极沟区对地球重力场反演精度的影响。

由于适当增大卫星轨道倾角有利于提高地球引力位带谐项系数反演精度，适当降低卫星轨道倾角有利于提高地球引力位田谐项系数反演精度，因此，采用多颗不同轨道倾角卫星联合测量可互相取长补短，进而共同反演高精度和高空间分辨率的地球重力场。至今为止，Kaula(1966)、Emeljanov 和 Kanter(1989)、Steichen(1993)、Mackenzie 和 Moore(1997)、Cheng 和 Tapley(1999)、Kim(2000)等学者在卫星不同轨道倾角如何影响地球引力位系数反演精度方面开展了卓有成效的研究工作。GRACE 卫星采用高轨道倾角 89°的设计可有效提高地球引力位带谐项系数精度，但对地球引力位田谐项系数的敏感度较低，因此可采用第二组较低轨道倾角卫星高精度测量地球引力位田谐项系数，以弥补单组 89°轨道倾角卫星反演 120 阶 GRACE 地球重力场的不足。综上所述，不同轨道倾角卫星的联合测量是反演高精度和高空间分辨率重力场的有效途径之一。

1) 基于不同卫星轨道倾角反演引力位系数精度

图 3.24 表示采用 GRACE 卫星公布的关键载荷精度指标(表 3.13)基于不同轨道倾角(85°、87°和 89°)卫星的观测值反演地球引力位系数精度对比。图 3.24(a)～(d)分别表示反演地球引力位带谐项系数 $(l\neq 0, m=0)$ (Cheng and Tapley，1999)、扇谐项系数

($l=m\neq 0$)(Cheng and Tapley,1999;Sneeuw,1992)、田谐项系数($l\neq m\neq 0$)和综合系数(带谐、扇谐和田谐项系数)的模拟精度;星号线表示德国 GFZ 公布的 120 阶 EIGEN-GRACE02S 地球重力场模型引力位系数的实测精度;实线、虚线和十字线分别表示基于轨道倾角 89°、87°和 85°反演地球引力位系数的模拟精度。模拟结果表明:

(1) 据图 3.24(a)可知,随着轨道倾角逐渐增加(85°、87°和 89°),反演地球引力位带谐项系数精度依次提高。原因分析如下,地球引力位带谐项系数的反演精度决定于地球重力场反演的空间分辨率和地球两极的极沟尺寸之比 $\frac{360°/L_{\max}}{2\times|90°-I|}$,比值越大引力位带谐项系数的反演精度越高(Sharma,1995;Cheng and Tapley,1999)。对于反演 120 阶 GRACE 地球重力场而言,如果卫星轨道倾角设计为 85°,空间分辨率和极沟尺寸的比值为 0.3,反演引力位带谐项系数的精度最低;如果卫星轨道倾角设计为 87°,空间分辨率和极沟尺寸的比值为 0.5,反演引力位带谐项系数的精度次之;如果卫星轨道倾角设计为 89°,空间分辨率和极沟尺寸的比值为 1.5,反演引力位带谐项系数的精度最高。Mackenzie 和 Moore(1997)基于 Kaula(1966)提出的轨道倾角函数 $\overline{F}_{lm(l-j)/2}(i)$ 阐述了随着单颗卫星轨道倾角逐渐增加(0°～89°),地球引力位带谐项系数对应的轨道倾角函数的幅值依次增大,进而地球引力位带谐项系数对应的地球引力位信号依次增强,因此,反演地球引力位带谐项系数精度依次提高。综上所述,适当增大卫星的轨道倾角有利于提高地球引力位带谐项系数反演的精度。

(2) 据图 3.24(b)可知,随着轨道倾角逐渐增加(85°、87°和 89°),反演地球引力位扇谐项系数精度无显著变化。原因分析如下,地球引力位扇谐项系数反演的精度决定于卫星观测值的空间分辨率(Sharma,1995),$D=20000/L_{\max}$。对于反演 120 阶 GRACE 地球重力场而言,由于三种不同轨道倾角设计方案中卫星观测值的空间分辨率均相同,因此反演地球引力位扇谐项系数精度基本相同。为保证地球引力位扇谐项系数精度,卫星绕地球飞行的总圈数 N_r 应至少大于反演地球重力场最高阶数 $L_{\max}$ 的 2 倍($N_r>2L_{\max}$)。综上所述,卫星轨道倾角的变化对反演地球引力位扇谐项系数精度的影响较小。

(3) 据图 3.24(c)可知,随着轨道倾角逐渐增加(85°、87°和 89°),反演地球引力位田谐项系数精度依次降低。原因分析如下,地球引力位田谐项系数精度决定于卫星轨道在地球表面覆盖面积内观测值的密度(Sharma,1995)。当卫星观测数据长度和采样间隔均相同时,如果卫星轨道倾角较小将导致轨道覆盖面积内观测值的密度较大,因此反演地球引力位田谐项系数精度也较高。对于反演 120 阶 GRACE 地球重力场而言,如果卫星轨道倾角设计为 85°,卫星轨道在地球表面覆盖面积内观测值的密度最大,反演引力位田谐项系数精度最高;如果卫星轨道倾角设计为 87°,卫星轨道在地球表面覆盖面积内观测值的密度次之,反演引力位田谐项系数精度次之;如果卫星轨道倾角设计为 89°,卫星轨道在地球表面覆盖面积内观测值的密度最小,反演引力位田谐项系数精度最低。因此,适当降低卫星轨道倾角有利于提高地球引力位田谐项系数反演的精度。

(4) 据图 3.24(d)可知,随着轨道倾角逐渐增加(85°、87°和 89°),反演地球引力位系数(带谐、扇谐和田谐项系数综合贡献)的精度整体呈升高趋势。但是,由于不同卫星轨道倾角敏感于不同阶 l 和次 m 的引力位系数,因此采用多颗不同轨道倾角卫星联合测量可互相取长补短共同反演高精度和高空间分辨率地球重力场。

(5) 采用89°轨道倾角不会对120阶GRACE地球重力场的反演精度产生显著影响。原因分析如下，为了满足轨道设计要求，GRACE卫星采用近极轨模式将轨道倾角设计为89°，在地球南北极形成的极沟区为$2\times|90°-I_1|=2°$，本章反演了120阶GRACE地球重力场，对应空间分辨率为$360°/L_{\max}=3°$。由于极沟区2°小于空间分辨率3°，因此采用89°轨道倾角反演120阶地球重力场可行。

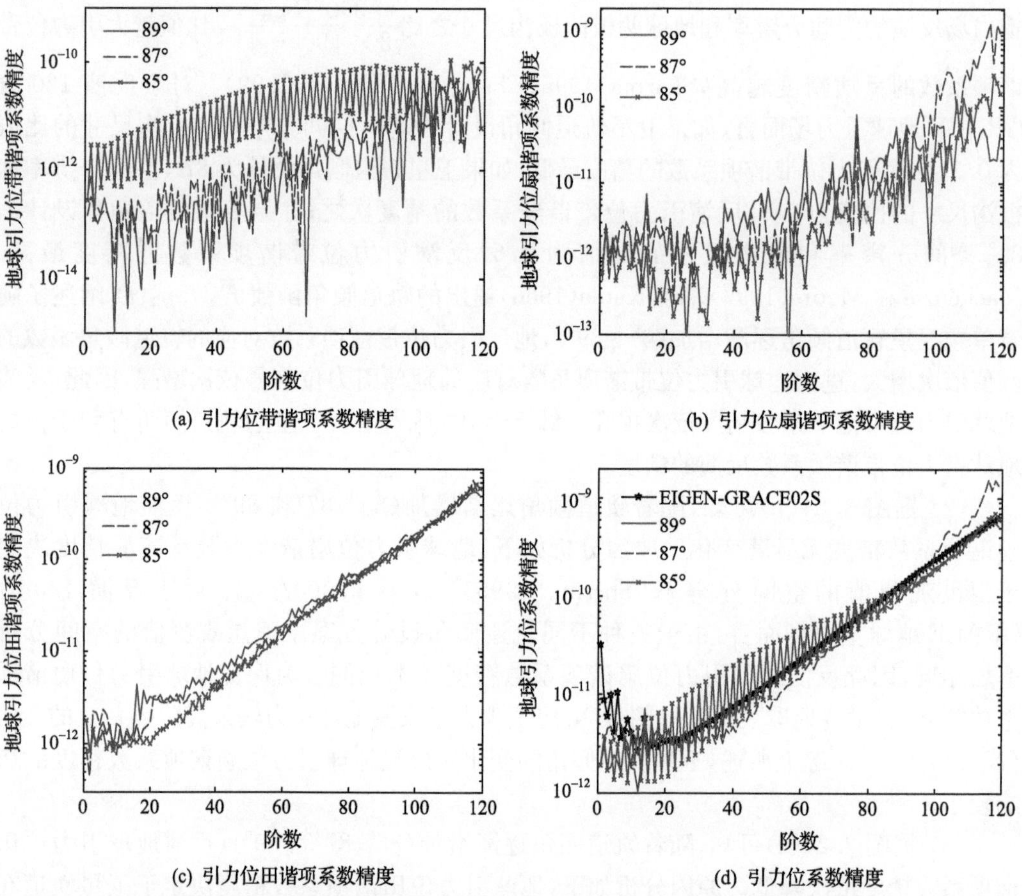

(a) 引力位带谐项系数精度　(b) 引力位扇谐项系数精度

(c) 引力位田谐项系数精度　(d) 引力位系数精度

图3.24　基于不同轨道倾角反演GRACE引力位系数精度对比(彩图附后)

2) 基于不同轨道倾角反演大地水准面精度

两组GRACE双星分别采用89°+(0°～89°)轨道倾角组合反演120阶GRACE地球重力场的引力位系数表示如下

$$\boldsymbol{P}_{lm}^{1}\boldsymbol{x}_{lm}^{89}+\boldsymbol{P}_{lm}^{2}\boldsymbol{x}_{lm}^{i}=\boldsymbol{x}_{lm}^{89+i} \tag{3.105}$$

式中，$\boldsymbol{x}_{lm}^{89}$和$\boldsymbol{x}_{lm}^{i}$分别表示基于89°和(0°～89°)轨道倾角反演的地球引力位系数向量；$\boldsymbol{P}_{lm}^{1}=\dfrac{\sigma_i^2}{\sigma_{89}^2+\sigma_i^2}$和$\boldsymbol{P}_{lm}^{2}=\dfrac{\sigma_{89}^2}{\sigma_{89}^2+\sigma_i^2}$分别表示$\boldsymbol{x}_{lm}^{89}$和$\boldsymbol{x}_{lm}^{i}$的权系数向量，$\sigma_{89}^2$和$\sigma_i^2$分别表示基于89°和(0°～89°)轨道倾角反演地球引力位系数的方差向量，σ_{89}^2和σ_i^2可由各自最小二乘协方差阵$\boldsymbol{D}(x)$的对角线元素得到。

图 3.25 表示基于 89°轨道倾角和不同轨道倾角组合 89°+(0°～89°)反演引力位系数阶误差之比的平均值，Mean[$\sigma(\boldsymbol{x}_l^{89})/\sigma(\boldsymbol{x}_l^{89+i})$]，其中，$\sigma(\boldsymbol{x}_l^{89})$ 表示基于 89°轨道倾角反演地球引力位系数的阶误差向量，$\sigma(\boldsymbol{x}_l^{89+i})$ 表示基于 89°+(0°～89°)轨道倾角组合反演引力位系数的阶误差向量。图 3.26 表示基于不同轨道倾角反演地球累计大地水准面精度对比，星号线表示德国 GFZ 公布的 EIGEN-GRACE02S 地球重力场模型的累计大地水准面实测精度。采用 GRACE 卫星公布的关键载荷精度指标(表 3.13)，虚线表示基于 89°轨道倾角反演累计大地水准面的模拟精度；实线表示两组 GRACE 卫星分别采用 89°和 83°轨道倾角联合反演累计大地水准面的模拟精度。在各阶处基于不同轨道倾角反演累计大地水准面精度的统计结果如表 3.22 所示。

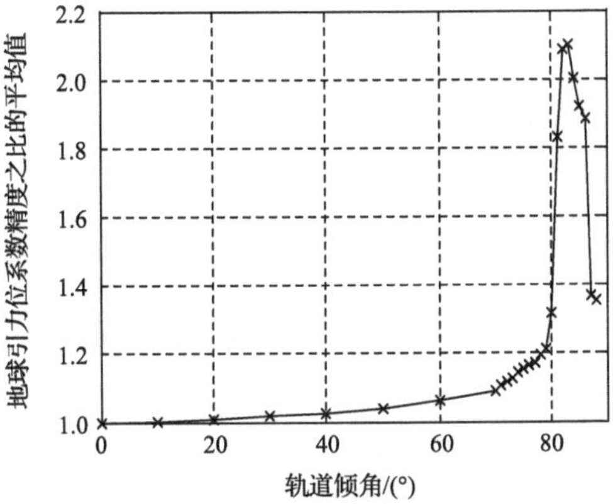

图 3.25 基于 89°倾角和不同倾角组合反演引力位系数阶误差之比的平均值

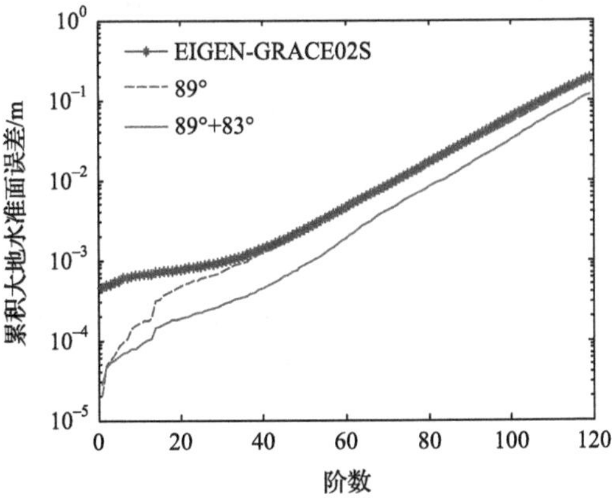

图 3.26 基于不同轨道倾角反演 GRACE 累计大地水准面精度对比(彩图附后)

表 3.22 基于不同轨道倾角反演累计大地水准面精度统计结果

参数	累计大地水准面精度/10^{-2}m				
	20 阶	50 阶	70 阶	90 阶	120 阶
EIGEN-GRACE02S	0.076	0.228	0.813	3.018	18.938
89°	0.045	0.211	0.812	2.746	17.316
89°+83°	0.018	0.081	0.391	1.492	11.600

据图 3.25 和图 3.26 中数值模拟结果可知，两组 GRACE 双星分别采用 89°+(82°～84°)轨道倾角反演 120 阶 GRACE 地球重力场是较优组合。在 120 阶内，两组 GRACE 双星分别采用 89°和 83°轨道倾角联合反演累计大地水准面的模拟精度较单组 89°轨道倾角的模拟精度平均提高约 2 倍。原因分析如下，由于不同卫星轨道倾角敏感于不同阶 l 和次 m 的引力位系数，因此采用多颗不同轨道倾角卫星联合测量可互相取长补短共同反演高精度和高空间分辨率的地球重力场。第一组 GRACE 卫星将轨道倾角设计为 89°，对于反演 120 阶地球重力场而言，89° 轨道倾角在地球南北极形成的极沟区 $2\times|90°-I_1|=2°$ 小于对应的空间分辨率 $360°/L_{\max}=3°$，因此，该模式不仅可达到卫星近似全球覆盖的目的，同时可保证 120 阶地球重力场反演的精度。第一组 GRACE 卫星采用高轨道倾角 89°的设计可有效提高地球引力位带谐项系数的精度，但对地球引力位田谐项系数的敏感度较低，因此需要第二组较低轨道倾角卫星高精度测量地球引力位田谐项系数，以弥补单组 89°轨道倾角卫星反演 120 阶 GRACE 地球重力场的不足。如图 3.26 所示，通过权系数 $\boldsymbol{P}_{lm}^1$ 和 $\boldsymbol{P}_{lm}^2$ 的合理引入，基于 89°轨道倾角和(0°～89°)轨道倾角反演的每组引力位系数均按误差最小原则进行优化组合，因此有效提高了地球重力场反演的精度。如果第二组 GRACE 卫星的轨道倾角设计较高(85°～89°)，其结果只相当于高轨道倾角卫星测量数据的简单重复，因此不能有效提高地球引力位田谐项系数精度；如果第二组 GRACE 卫星的轨道倾角设计较低(0°～81°)，虽然适当提高了地球引力位田谐项系数精度，但同时也急剧降低了地球引力位带谐项系数精度，其结果使地球引力位带谐项系数精度降低的幅度超过了地球引力位田谐项系数精度升高的幅度，因此不能有效地提高地球重力场反演的精度；第二组 GRACE 卫星采用轨道倾角(82°～84°)是较优选择，轨道倾角(82°～84°)的设计不仅可有效弥补单组 89°轨道倾角卫星对地球引力位田谐项系数敏感度较低的不足，同时其地球引力位带谐项系数精度的降低对 120 阶 GRACE 地球重力场反演精度的影响较小。因此，两组 GRACE 双星分别采用 89°+(82°～84°)轨道倾角反演 120 阶 GRACE 地球重力场是较优组合。

5. *GRACE 星体和加速度计的质心调整精度论证*(Zheng et al.,2009c)

在地心惯性系中研究卫星绕地球的运动规律，通常将卫星视为质点。因此，在卫星飞行中作用于卫星的非保守力可以等效为作用于卫星的质点处。在卫星重力反演中，为了将地球引力从卫星受到的合外力中有效分离，作用于卫星的非保守力的精确扣除是能否反演高精度和高空间分辨率地球重力场的重要保证，因此 GRACE 星载加速度计检验质量的质心要求精确定位于卫星体的质心处(Roesset,2003)。由于卫星在实际飞行中，卫星体的质心和星载加速度计检验质量的质心实时存在偏移，因此质心偏差研究是加速度计能否将作用于卫星体的非保守力精确扣除的关键技术。GRACE 卫星体和星载加速度计检验质量的质心偏差源主要来自于两个方面：①地面安装误差源。由于在地面安装时卫星体质心和加速度计检验质量质心存在偏移，导致了 GRACE 星载加速度计的静电力和作用于卫星的非保守力存在固有偏差。②在轨飞行误差源。由于空间环境(温度、压力等)的复杂性导致在轨飞行的卫星发生形变以及对卫星进行实时轨道和姿态控制引起喷气燃料消耗(每 2～3min 喷气 1 次，每次喷气时间 200～300ms)，将会导致 GRACE 卫星体和星载加速度计检验质量的质心存在实时偏差。由于GRACE卫星体和星载加速度计检验质量的质心偏差和卫星姿态测量具有耦合效应，因此在地球重力场反演时会同时将卫星姿态测量误差引入卫星观测方程。GRACE星体和加速度计检验质量的质心偏差以及卫星姿态测量误差的引入将会在加速度计的三轴测量中附加扰动误差，从而影响地球重力场反演的精度。因此，GRACE星体和星载加速度计检验质量质心偏差的系统研究是提高地球重力场反演精度的重要保证。

1) 数学模型

如图3.27所示，在地心惯性系O_I-$X_IY_IZ_I$中，GRACE卫星体质心和星载加速度计检验质量质心的位置矢量关系如下

$$\boldsymbol{r}_A = \boldsymbol{r}_S + \boldsymbol{RL} \tag{3.106}$$

式中，$\boldsymbol{r}_A$和$\boldsymbol{r}_S$分别表示星载加速度计质心和卫星体质心在地心惯性系中的位置矢量；$\boldsymbol{L}$表示卫星体质心和星载加速度计检验质量质心偏移在星体坐标系O_S-$X_SY_SZ_S$中的位置矢量；$\boldsymbol{R}$表示由星体坐标系到地心惯性系的转换矩阵：

$$\boldsymbol{R} = \begin{pmatrix} R_{11} & R_{12} & R_{13} \\ R_{21} & R_{22} & R_{23} \\ R_{31} & R_{32} & R_{33} \end{pmatrix}$$

$$R_{11} = \frac{X_I}{|\boldsymbol{r}|}, R_{12} = \frac{Y_I}{|\boldsymbol{r}|}, R_{13} = \frac{Z_I}{|\boldsymbol{r}|}$$

$$R_{21} = \frac{(Z_I\dot{X}_I - X_I\dot{Z}_I)Z_I - (X_I\dot{Y}_I - Y_I\dot{X}_I)Y_I}{|\boldsymbol{r}||\boldsymbol{n}|}$$

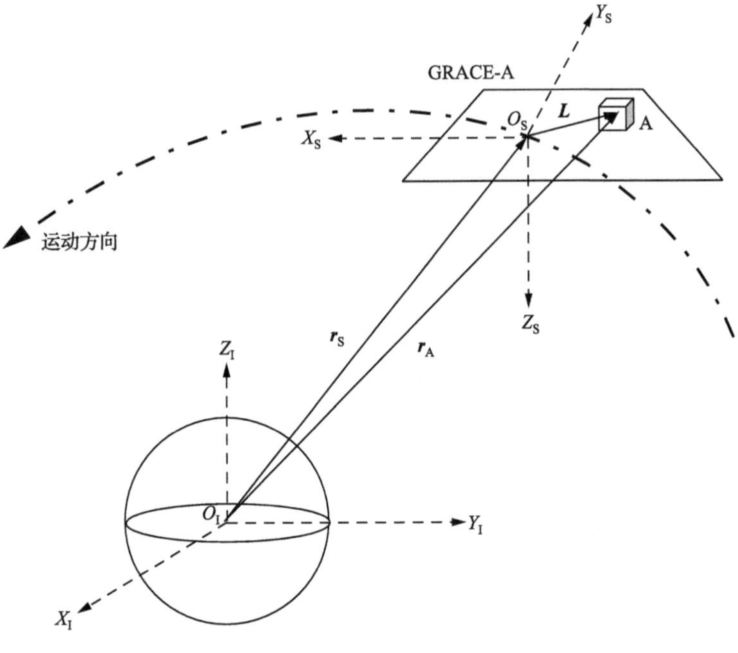

图3.27 GRACE星体和SuperSTAR加速度计检验质量的质心偏移

$$R_{22}=\frac{(X_{\mathrm{I}}\dot{Y}_{\mathrm{I}}-Y_{\mathrm{I}}\dot{X}_{\mathrm{I}})X_{\mathrm{I}}-(Y_{\mathrm{I}}\dot{Z}_{\mathrm{I}}-Z_{\mathrm{I}}\dot{Y}_{\mathrm{I}})Z_{\mathrm{I}}}{|\boldsymbol{r}||\boldsymbol{n}|}$$

$$R_{23}=\frac{(Y_{\mathrm{I}}\dot{Z}_{\mathrm{I}}-Z_{\mathrm{I}}\dot{Y}_{\mathrm{I}})Y_{\mathrm{I}}-(Z_{\mathrm{I}}\dot{X}_{\mathrm{I}}-X_{\mathrm{I}}\dot{Z}_{\mathrm{I}})X_{\mathrm{I}}}{|\boldsymbol{r}||\boldsymbol{n}|}$$

$$R_{31}=\frac{Y_{\mathrm{I}}\dot{Z}_{\mathrm{I}}-Z_{\mathrm{I}}\dot{Y}_{\mathrm{I}}}{|\boldsymbol{n}|},R_{32}=\frac{Z_{\mathrm{I}}\dot{X}_{\mathrm{I}}-X_{\mathrm{I}}\dot{Z}_{\mathrm{I}}}{|\boldsymbol{n}|},R_{33}=\frac{X_{\mathrm{I}}\dot{Y}_{\mathrm{I}}-Y_{\mathrm{I}}\dot{X}_{\mathrm{I}}}{|\boldsymbol{n}|}$$

$$|\boldsymbol{r}|=\sqrt{X_{\mathrm{I}}^2+Y_{\mathrm{I}}^2+Z_{\mathrm{I}}^2}$$

$$|\boldsymbol{n}|=\sqrt{(Y_{\mathrm{I}}\dot{Z}_{\mathrm{I}}-Z_{\mathrm{I}}\dot{Y}_{\mathrm{I}})^2-(Z_{\mathrm{I}}\dot{X}_{\mathrm{I}}-X_{\mathrm{I}}\dot{Z}_{\mathrm{I}})^2+(X_{\mathrm{I}}\dot{Y}_{\mathrm{I}}-Y_{\mathrm{I}}\dot{X}_{\mathrm{I}})^2}$$

其中，$(X_{\mathrm{I}},Y_{\mathrm{I}},Z_{\mathrm{I}})$分别表示 GRACE 在地心惯性坐标系中位置矢量的 3 个分量。

在式(3.106)两边同时对时间 t 求导，可得速度运动方程：

$$\dot{\boldsymbol{r}}_{\mathrm{A}}=\dot{\boldsymbol{r}}_{\mathrm{S}}+\boldsymbol{\Omega}\boldsymbol{R}\boldsymbol{L}+\boldsymbol{R}\dot{\boldsymbol{L}} \tag{3.107}$$

式中，$\boldsymbol{\Omega}$ 表示在地心惯性系中 GRACE 绕$(X_{\mathrm{I}},Y_{\mathrm{I}},Z_{\mathrm{I}})$轴旋转的角速度矩阵。

在式(3.107)两边同时对时间 t 求导，可得加速度运动方程：

$$\ddot{\boldsymbol{r}}_{\mathrm{A}}=\ddot{\boldsymbol{r}}_{\mathrm{S}}+\boldsymbol{R}\ddot{\boldsymbol{L}}+\boldsymbol{\Omega}^2\boldsymbol{R}\boldsymbol{L}+2\boldsymbol{\Omega}\boldsymbol{R}\dot{\boldsymbol{L}}+\dot{\boldsymbol{\Omega}}\boldsymbol{R}\boldsymbol{L} \tag{3.108}$$

在式(3.108)两边同时左乘 $\boldsymbol{R}^{\mathrm{T}}$，可得星体坐标系中的加速度运动方程：

$$\ddot{\boldsymbol{r}}_{\mathrm{A}}^0=\ddot{\boldsymbol{r}}_{\mathrm{S}}^0+\ddot{\boldsymbol{L}}+\boldsymbol{\omega}^2\boldsymbol{L}+2\boldsymbol{\omega}\dot{\boldsymbol{L}}+\dot{\boldsymbol{\omega}}\boldsymbol{L} \tag{3.109}$$

式中，$\ddot{\boldsymbol{r}}_{\mathrm{A}}^0=\boldsymbol{R}^{\mathrm{T}}\ddot{\boldsymbol{r}}_{\mathrm{A}}$ 和 $\ddot{\boldsymbol{r}}_{\mathrm{S}}^0=\boldsymbol{R}^{\mathrm{T}}\ddot{\boldsymbol{r}}_{\mathrm{S}}$ 分别表示加速度计检验质量质心和卫星体质心在星体坐标系中的加速度矢量；$\boldsymbol{\omega}=\boldsymbol{R}^{\mathrm{T}}\boldsymbol{\Omega}\boldsymbol{R}$ 表示在星体坐标系中 GRACE 绕$(X_{\mathrm{S}},Y_{\mathrm{S}},Z_{\mathrm{S}})$轴旋转的角速度矩阵：

$$\boldsymbol{\omega}=\begin{pmatrix}0 & -\omega_{Z_{\mathrm{S}}} & \omega_{Y_{\mathrm{S}}}\\ \omega_{Z_{\mathrm{S}}} & 0 & -\omega_{X_{\mathrm{S}}}\\ -\omega_{Y_{\mathrm{S}}} & \omega_{X_{\mathrm{S}}} & 0\end{pmatrix}$$

$\dot{\boldsymbol{\omega}}=\boldsymbol{R}^{\mathrm{T}}\dot{\boldsymbol{\Omega}}\boldsymbol{R}$ 表示在星体坐标系中 GRACE 绕$(X_{\mathrm{S}},Y_{\mathrm{S}},Z_{\mathrm{S}})$轴旋转的角加速度矩阵：

$$\dot{\boldsymbol{\omega}}=\begin{pmatrix}0 & -\dot{\omega}_{Z_{\mathrm{S}}} & \dot{\omega}_{Y_{\mathrm{S}}}\\ \dot{\omega}_{Z_{\mathrm{S}}} & 0 & -\dot{\omega}_{X_{\mathrm{S}}}\\ -\dot{\omega}_{Y_{\mathrm{S}}} & \dot{\omega}_{X_{\mathrm{S}}} & 0\end{pmatrix}$$

$\boldsymbol{\omega}^2=\boldsymbol{R}^{\mathrm{T}}\boldsymbol{\Omega}^2\boldsymbol{R}$ 表示在星体坐标系中作用于 GRACE 的离心角加速度矩阵：

$$\boldsymbol{\omega}^2=\begin{pmatrix}-\omega_{Y_{\mathrm{S}}}^2-\omega_{Z_{\mathrm{S}}}^2 & \omega_{X_{\mathrm{S}}}\omega_{Y_{\mathrm{S}}} & \omega_{X_{\mathrm{S}}}\omega_{Z_{\mathrm{S}}}\\ \omega_{Y_{\mathrm{S}}}\omega_{X_{\mathrm{S}}} & -\omega_{X_{\mathrm{S}}}^2-\omega_{Z_{\mathrm{S}}}^2 & \omega_{Y_{\mathrm{S}}}\omega_{Z_{\mathrm{S}}}\\ \omega_{Z_{\mathrm{S}}}\omega_{X_{\mathrm{S}}} & \omega_{Z_{\mathrm{S}}}\omega_{Y_{\mathrm{S}}} & -\omega_{X_{\mathrm{S}}}^2-\omega_{Y_{\mathrm{S}}}^2\end{pmatrix}$$

在星体坐标系中，将式(3.109)由矩阵形式改写为矢量形式：

$$\ddot{\boldsymbol{r}}_{\mathrm{A}}^0-\ddot{\boldsymbol{r}}_{\mathrm{S}}^0=\ddot{\boldsymbol{L}}+\boldsymbol{\omega}\times(\boldsymbol{\omega}\times\boldsymbol{L})+2\boldsymbol{\omega}\times\dot{\boldsymbol{L}}+\dot{\boldsymbol{\omega}}\times\boldsymbol{L} \tag{3.110}$$

式中，$\boldsymbol{\omega}\times(\boldsymbol{\omega}\times\boldsymbol{L})$ 和 $2\boldsymbol{\omega}\times\dot{\boldsymbol{L}}$ 分别表示作用于 GRACE 卫星的惯性离心力和科里奥利力。

在星体坐标系中，GRACE 卫星的动力学方程为

$$\ddot{\boldsymbol{r}}_S^0=\nabla V_S+\boldsymbol{f}_S \tag{3.111}$$

式中，∇V_S 和 $\boldsymbol{f}_S$ 分别表示作用于 GRACE 卫星体质心的引力位梯度和非保守力真值。

在星体坐标系中，GRACE 星载加速度计检验质量的动力学方程为

$$\ddot{\boldsymbol{r}}_A^0=\nabla V_A+\boldsymbol{f}_A \tag{3.112}$$

式中，∇V_A 和 $\boldsymbol{f}_A$ 分别表示作用于 GRACE 星载加速度计检验质量质心的引力位梯度和静电力（等效为非保守力测量值）。

由式(3.112)－式(3.111)得

$$\ddot{\boldsymbol{r}}_A^0-\ddot{\boldsymbol{r}}_S^0=(\nabla V_A-\nabla V_S)+(\boldsymbol{f}_A-\boldsymbol{f}_S) \tag{3.113}$$

式中，$\boldsymbol{f}_A-\boldsymbol{f}_S$ 表示由于 GRACE 卫星体和星载加速度计检验质量的质心偏移引起的加速度计非保守力测量值和真值的偏差；在卫星质心 O_S 处将星载加速度计检验质量质心的引力位梯度 ∇V_A 按泰勒展开（取零阶和一阶项）：

$$\nabla V_A\approx\nabla V_S+\nabla^2V_S\cdot\boldsymbol{L} \tag{3.114}$$

式中，$\boldsymbol{K}=\nabla^2V_S$ 表示在星体坐标系中的引力位梯度：

$$\boldsymbol{K}=\begin{pmatrix}\dfrac{\partial^2V_S}{\partial X_S^2} & \dfrac{\partial^2V_S}{\partial X_S\partial Y_S} & \dfrac{\partial^2V_S}{\partial X_S\partial Z_S}\\ \dfrac{\partial^2V_S}{\partial Y_S\partial X_S} & \dfrac{\partial^2V_S}{\partial Y_S^2} & \dfrac{\partial^2V_S}{\partial Y_S\partial Z_S}\\ \dfrac{\partial^2V_S}{\partial Z_S\partial X_S} & \dfrac{\partial^2V_S}{\partial Z_S\partial Y_S} & \dfrac{\partial^2V_S}{\partial Z_S^2}\end{pmatrix} \tag{3.115}$$

式中，$V_S=GM/r$ 表示中心引力位，GM 表示地球质量 M 和万有引力常数 G 之积，$r=\sqrt{X_S^2+Y_S^2+Z_S^2}$，$(X_S,Y_S,Z_S)$分别表示 GRACE 在星体坐标系中位置矢量的 3 个分量：

$$\frac{\partial^2V_S}{\partial X_S^2}=\frac{GM(6X_S-r)}{r^4},\quad \frac{\partial^2V_S}{\partial Y_S^2}=\frac{GM(6Y_S-r)}{r^4},\quad \frac{\partial^2V_S}{\partial Z_S^2}=\frac{GM(6Z_S-r)}{r^4}$$

$$\frac{\partial^2V_S}{\partial X_S\partial Y_S}=\frac{\partial^2V_S}{\partial Y_S\partial X_S}=\frac{3GMX_SY_S}{r^4}$$

$$\frac{\partial^2V_S}{\partial X_S\partial Z_S}=\frac{\partial^2V_S}{\partial Z_S\partial X_S}=\frac{3GMX_SZ_S}{r^4}$$

$$\frac{\partial^2V_S}{\partial Y_S\partial Z_S}=\frac{\partial^2V_S}{\partial Z_S\partial Y_S}=\frac{3GMY_SZ_S}{r^4}$$

由式(3.110)和式(3.113)联合可得，由于 GRACE 卫星体和星载加速度计检验质量的质心偏移而在加速度计三轴附加的非保守加速度：

$$\boldsymbol{f}_A-\boldsymbol{f}_S=\ddot{\boldsymbol{L}}+\boldsymbol{\omega}\times(\boldsymbol{\omega}\times\boldsymbol{L})+2\boldsymbol{\omega}\times\dot{\boldsymbol{L}}+\dot{\boldsymbol{\omega}}\times\boldsymbol{L}-\boldsymbol{K}\cdot\boldsymbol{L} \tag{3.116}$$

GRACE 星体和加速度计的质心调整精度影响地球重力场精度的具体原理和计算步

骤如下：假设外界作用于 GRACE-A 的非保守力为 $\boldsymbol{f}_0$，星体和加速度计检验质量的质心存在偏移 $\Delta\boldsymbol{f}_1 \neq 0$（据式(3.116)可得），则星载加速度计实际测量值为 $\overline{\boldsymbol{f}}_1 = \boldsymbol{f}_0 + \Delta\boldsymbol{f}_1$。首先，将位于星体系的 $\overline{\boldsymbol{f}}_1$ 转化到地心系 $\boldsymbol{f}_1 = \boldsymbol{R}\overline{\boldsymbol{f}}_1$，并代入双星能量差观测方程的耗散能项 $\boldsymbol{E}_{f12}$；其次，基于预处理共轭梯度迭代法解算得到地球引力位系数 $\overline{\boldsymbol{C}}_{lm}$。在重力卫星飞行中，由于需要利用质心调节装置实时补偿星体和加速度计检验质量的质心偏移，因此会在加速度计三轴测量中引入新的误差源——质心偏移误差 $\boldsymbol{\delta}(\Delta\boldsymbol{f}_1)$，进而影响地球重力场反演的精度。

2) 不同质心调整精度对地球重力场精度影响

图 3.28(a)～(c)分别表示当质心调整精度设计为 5×10^{-5} m、1×10^{-4} m 和 5×10^{-4}m时，在加速度计(X_A，Y_A，Z_A)轴附加非保守加速度的标准差。在上述计算中，GRACE 双星的星历采用 9 阶 Runge-Kutta 线性单步法结合 12 阶 Adams-Cowell 线性多步法数值积分公式进行模拟，数值模拟的参数如表 3.23 所示；美国 JPL 公布的 GRACE 关键载荷精度指标如表 3.24 所示；不同质心调整精度在加速度计(X_A，Y_A，Z_A)轴附加的非保守加速度的统计结果如表 3.25 所示。模拟结果表明，以美国 JPL 公布的 GRACE 卫星体和星载加速度计检验质量的质心调整精度 5×10^{-5} m 为标准，随着质心调整精度降低为 1×10^{-4}m 和 5×10^{-4}m，在加速度计三轴附加的非保守加速度标准差按线性关系变化。

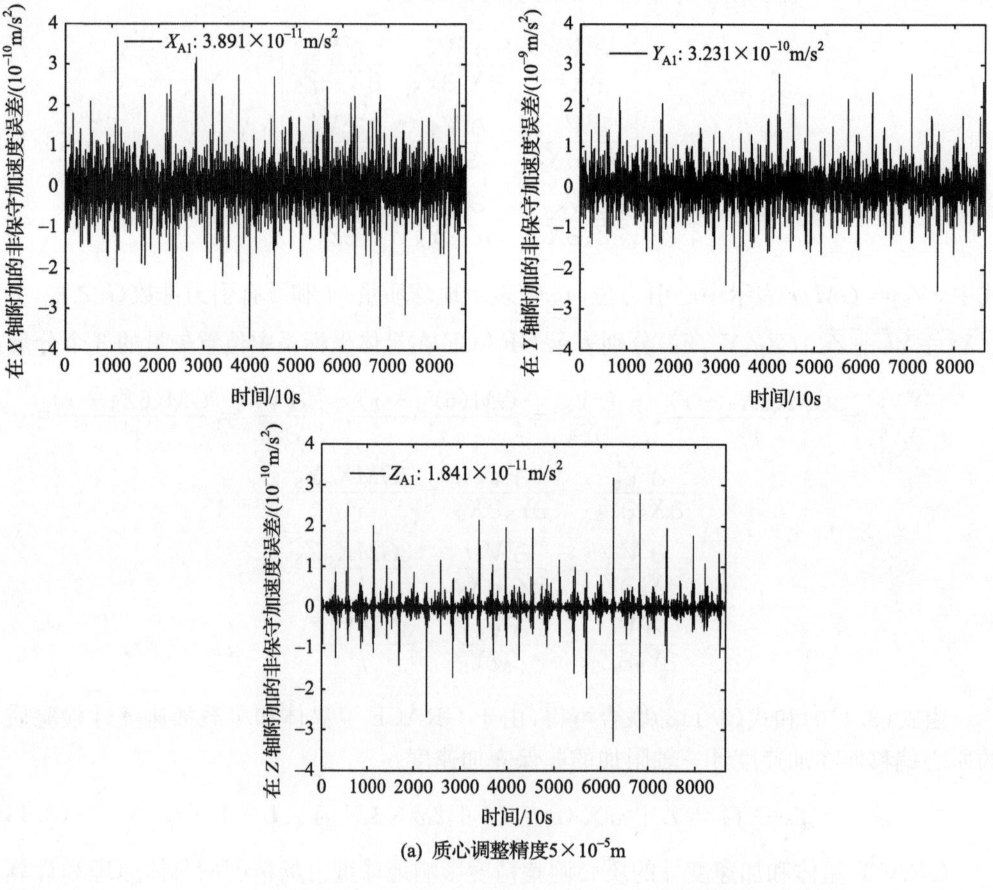

(a) 质心调整精度5×10^{-5}m

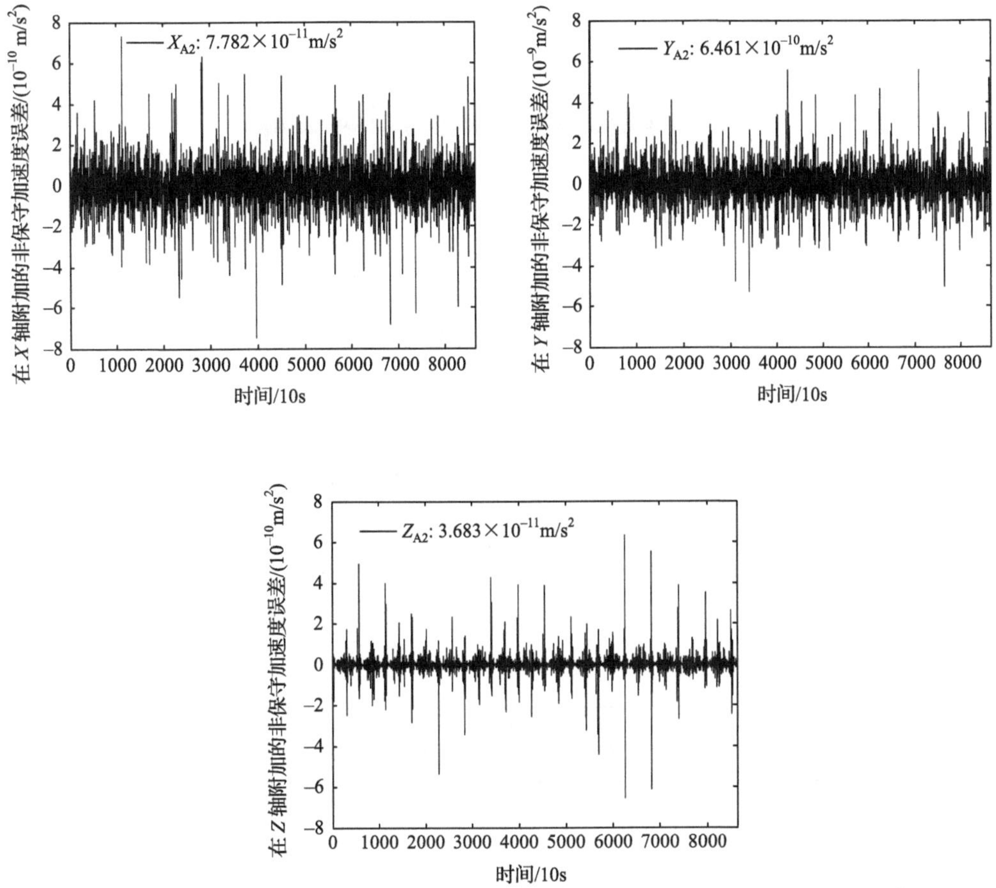

(b) 质心调整精度1×10^{-4}m

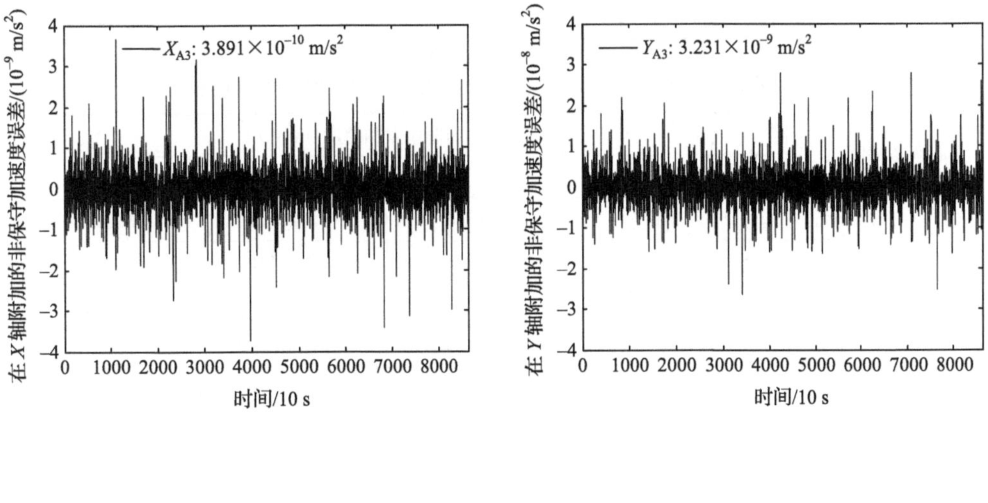

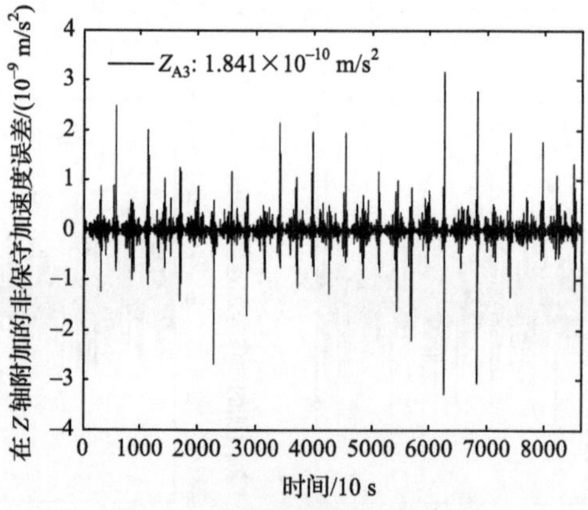

(c) 质心调整精度5×10⁻⁴ m

图 3.28　不同质心调整精度在加速度计三轴附加的非保守加速度标准差

表 3.23　GRACE 双星轨道模拟参数

参数	指标	参数	指标
轨道高度/km	500	采样间隔/s	10
星间距离/km	220	模拟时间/d	30
轨道倾角/(°)	89	参考模型	EGM2008
轨道离心率	0.004	—	—

表 3.24　GRACE 关键载荷精度指标

观测值	精度指标
星间速度/(m/s)	1×10^{-6}
轨道位置/m	3×10^{-2}
轨道速度/(m/s)	3×10^{-5}
加速度计/(m/s²)	3×10^{-9}(x轴)；3×10^{-10}(y,z轴)
恒星敏感器/(rad/s)	9×10^{-7}(翻滚轴)；5×10^{-6}(倾斜轴和偏航轴)

表 3.25　不同质心调整精度在加速度计三轴附加的非保守加速度统计结果

质心调整精度/m		附加的非保守加速度(m/s²)			
		最大值	最小值	平均值	标准差
5×10^{-5}	X_{A1}	3.645×10^{-10}	-3.733×10^{-10}	-2.920×10^{-13}	3.891×10^{-11}
	Y_{A1}	4.047×10^{-9}	-2.651×10^{-9}	2.538×10^{-12}	3.231×10^{-10}
	Z_{A1}	3.156×10^{-10}	-3.273×10^{-10}	4.125×10^{-13}	1.841×10^{-11}
1×10^{-4}	X_{A2}	7.291×10^{-10}	-7.467×10^{-10}	-5.841×10^{-13}	7.782×10^{-11}
	Y_{A2}	8.094×10^{-9}	-5.301×10^{-9}	5.075×10^{-12}	6.461×10^{-10}
	Z_{A2}	6.312×10^{-10}	-6.547×10^{-10}	8.250×10^{-13}	3.683×10^{-11}
5×10^{-4}	X_{A3}	3.645×10^{-9}	-3.733×10^{-9}	-2.920×10^{-12}	3.891×10^{-10}
	Y_{A3}	4.047×10^{-8}	-2.651×10^{-8}	2.538×10^{-11}	3.231×10^{-9}
	Z_{A3}	3.156×10^{-9}	-3.273×10^{-9}	4.125×10^{-12}	1.841×10^{-10}

如图 3.29 所示，星号线表示德国 GFZ 公布的 120 阶 EIGEN-GRACE02S 地球重力场模型的实测精度；实线、虚线、圆圈线和方格线分别表示采用美国 JPL 公布的 GRACE 关键载荷的精度指标(表 3.24)，当质心调整精度设计为 0m、5×10^{-5}m、1×10^{-4}m 和 5×10^{-4}m 时，反演累计大地水准面的模拟精度，统计结果如表 3.26 所示。模拟结果表明：①在120 阶处，当质心调整精度设计为 0m 时，反演累计大地水准面精度为 17.616×10^{-2}m；当质心调整精度分别设计为 5×10^{-5}m、1×10^{-4}m 和 5×10^{-4}m 时，反演精度依次降低至 18.106×10^{-2}m、19.033×10^{-2}m 和 27.329×10^{-2}m。②以 EIGEN-GRACE02S 模型的累计大地水准面的实测精度为标准，当质心调整精度设计为$(5\sim10)\times10^{-5}$m 时，其和 K 波段测距系统、GPS 接收机、SuperSTAR 加速度计、恒星敏感器等 GRACE 关键载荷的精度指标相匹配，对地球重力场反演精度的影响较小。

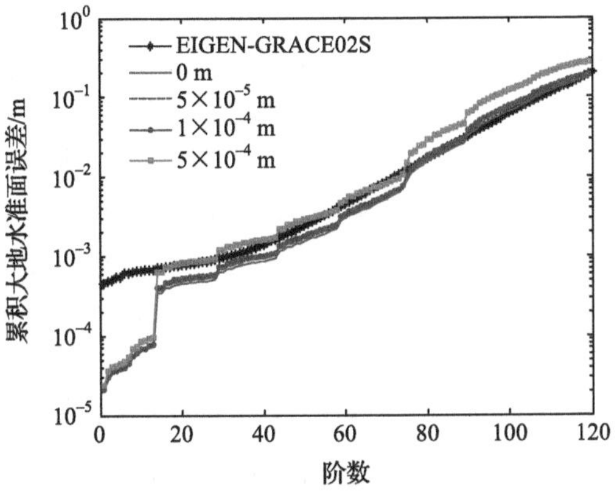

图 3.29　基于不同质心调整精度反演累计大地水准面精度对比(彩图附后)

表 3.26　基于不同质心调整精度反演累计大地水准面精度统计结果

质心偏差/m	累计大地水准面精度/10^{-2}m				
	20 阶	50 阶	80 阶	100 阶	120 阶
EIGEN-GRACE02S	0.076	0.228	1.566	5.756	18.938
0	0.043	0.145	1.388	6.224	17.616
5×10^{-5}	0.047	0.157	1.490	6.715	18.106
1×10^{-4}	0.051	0.169	1.594	7.219	19.033
5×10^{-4}	0.079	0.272	2.488	11.523	27.329

根据我国目前首颗重力卫星各关键载荷研制精度，建议星体和星载加速度计检验质量的质心调整精度设计为$(5\sim10)\times10^{-5}$m 较优。原因如下：如果星体和加速度计检验质量的质心存在偏移，便会在加速度计测量中引入质心偏移误差效应，因此总误差＝测量外界作用于双星的非保守力误差 $\delta \boldsymbol{f}_0$ ＋补偿星体和加速度计检验质量的质心偏移误差 $\delta(\Delta \boldsymbol{f})$。如图 3.29 和表 3.26 所示，当质心调整精度设计为$(0\sim5)\times10^{-5}$m 时，$\delta \boldsymbol{f}_0$ 是主要误差，而 $\delta(\Delta \boldsymbol{f})$ 由于量级相对较小，因此对地球重力场反演精度的影响较小，表明质心调节装置的精度指标设计较高；当质心调整精度设计为$(1\sim5)\times10^{-4}$m 时，$\delta(\Delta \boldsymbol{f})$ 已超越 $\delta \boldsymbol{f}_0$ 成为主要误差，因此对地球重力场反演精度的影响较大，表明质心调节装置的精度

指标设计较低；当质心调整精度设计为$(5\sim10)\times10^{-5}$m时，本章反演累计大地水准面的模拟结果和德国GFZ公布的EIGEN-GRACE02S实测结果符合较好，表明本章提出的质心调节装置精度指标$(5\sim10)\times10^{-5}$m和美国JPL公布的GRACE星载加速度计非保守力精度指标$3\times10^{-10}\text{m/s}^2$相匹配。综上所述，建议我国将来研制的首颗重力卫星的星体和星载加速度计检验质量的质心调整精度设计为$(5\sim10)\times10^{-5}$m较合理。

6. GRACE加速度计高低灵敏轴分辨率指标论证(Zheng et al.,2009e)

在卫星重力测量中，应用卫星作为传感器进行地球重力场测量的最大弱点是卫星轨道高度处的重力呈现指数衰减。为了克服上述缺点进而反演高精度地球重力场，目前最有效的办法是采用低轨道卫星(200～500km)。但是，随着卫星轨道的逐渐降低，作用于卫星的非保守力将急剧增大。因此，无论是由卫星轨道摄动反演地球重力场，还是基于地球重力场精化卫星轨道，对作用于卫星的非保守力(大气阻力、太阳光压、地球辐射压、轨道高度和姿态控制力等)的精确测量历来是大地测量学界关注的热点之一。过去，通过建立非保守力模型，其精度可达10^{-7}m/s^2。但随着21世纪大地测量学、固体地球物理学、海洋学等相关学科对反演高精度地球重力场的迫切要求，低精度的非保守力模型已不能满足要求。为了高精度测量作用于卫星的非保守力，GRACE-A/B双星分别携带定位于卫星质心的三轴SuperSTAR加速度计，在$10^{-4}\sim10^{-1}$Hz频带宽度内高低灵敏轴预期分辨率分别设计为$ACC_X=1\times10^{-9}\text{m/s}^2$，$ACC_{Y,Z}=1\times10^{-10}\text{m/s}^2$。目前国际许多科研机构紧跟国际卫星重力测量的动态，众多学者积极投身于地球重力场反演的研究当中，对GRACE星载SuperSTAR加速度计、K波段测距系统、GPS接收机等关键载荷宏观精度指标的匹配关系进行了研究和论证。但是，对于加速度计自身三轴分辨率指标匹配关系的论证研究尚未深入开展。如果星载加速度计三轴分辨率指标设计合理，在保证地球重力场反演精度的前提下，可以降低星载加速度计研制的难度，避免不必要的人力、物力和财力的浪费。

1) 非保守力的模拟计算

基于DTM2000阻力温度模型模拟了卫星轨道高度处的大气阻力(参见式(2.60)～式(2.68))，同时对星载加速度计数据进行了标定和坐标转换。由于大气阻力对重力卫星的影响较其他非保守力(如太阳光压、地球辐射压、卫星轨道高度和姿态控制力等)至少大一个数量级，因此本章主要考虑了大气阻力对地球重力场反演的影响。

a) 基于DTM2000阻力温度模型模拟卫星轨道高度处大气阻力

在卫星轨道高度处，作用于卫星体的大气阻力表示为(Bruinsma et al.,2004)

$$\boldsymbol{f}=-\frac{1}{2}\rho\sum_{i=1}^{k}C_D^i\frac{S_i}{M}(\boldsymbol{v}\cdot\boldsymbol{n}_i)\cdot\boldsymbol{v} \tag{3.117}$$

式中，$\boldsymbol{f}$表示作用于卫星体的大气阻力；ρ表示卫星轨道高度处的大气密度；C_D^i表示卫星第i块表面的大气阻力系数；M表示卫星体的质量；S_i表示卫星第i块表面的面积；$\boldsymbol{v}$表示卫星在地心惯性系中相对大气的速度；$\boldsymbol{n}_i$表示卫星第i块表面的法向单位矢量。

b) 星载加速度计数据标定和坐标转换

如图3.30所示，地心惯性坐标系$O_I\text{-}X_IY_IZ_I$的原点O_I位于地球的质心，GRACE-A/B

星体坐标系 $O_{S1(2)}$-$X_{S1(2)}Y_{S1(2)}Z_{S1(2)}$ 的原点 $O_{S1(2)}$ 分别位于双星各自的质心，三个坐标轴指向的定义如表 3.27 所示。GRACE-A/B 星载 SuperSTAR 加速度计坐标系 $O_{A1(2)}$-$X_{A1(2)}Y_{A1(2)}Z_{A1(2)}$ 的原点 $O_{A1(2)}$ 分别位于两个加速度计各自的质心，它们和星体坐标系 $O_{S1(2)}$-$X_{S1(2)}Y_{S1(2)}Z_{S1(2)}$ 三轴的对应关系如图 3.30 所示，其中，星体坐标系(SF)和加速度计坐标系(AS)二者原点的重合精度为 50μm，加速度计坐标系的 $X_{A1(2)}$、$Y_{A1(2)}$ 和 $Z_{A1(2)}$ 轴分别平行于星体坐标系的 $Y_{S1(2)}$、$Z_{S1(2)}$ 和 $X_{S1(2)}$ 轴。

GRACE 星载加速度计数据是在星体坐标系中给出的，首先需要转化到加速度计坐标系进行标定：

$$\begin{bmatrix} a_x \\ a_y \\ a_z \end{bmatrix}_{AS} = \boldsymbol{R} \begin{bmatrix} a_x^0 \\ a_y^0 \\ a_z^0 \end{bmatrix}_{SF} \tag{3.118}$$

式中，$\boldsymbol{R} = \boldsymbol{R}_x\boldsymbol{R}_y\boldsymbol{R}_z$ 表示加速度计数据由星体坐标系到加速度计坐标系的转换矩阵：

$$\boldsymbol{R} \approx \begin{bmatrix} 1 & \theta_3 & -\theta_2 \\ -\theta_3 & 1 & \theta_1 \\ \theta_2 & -\theta_1 & 1 \end{bmatrix} \tag{3.119}$$

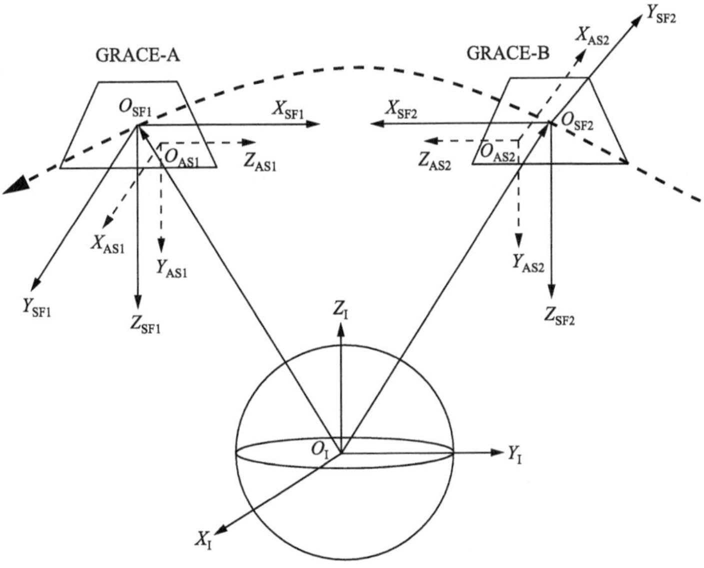

图 3.30　地心惯性坐标系、星体坐标系和加速度计坐标系示意图

表 3.27　地心惯性坐标系和星体坐标系的三轴指向

坐标系	坐标轴	方向
地心系	X_I	指向历元的平春分点
	Z_I	指向地球的北极
	Y_I	与 X_I 轴和 Z_I 轴成右手螺旋法则关系
星体系	$X_{S1(2)}$	指向 K 波段测距系统的相位中心，X_{S1} 轴和 X_{S2} 轴的正方向反向共线
	$Z_{S1(2)}$	垂直于 $X_{1(2)}$ 轴且指向卫星的散热器
	$Y_{S1(2)}$	与 $X_{1(2)}$ 轴和 $Z_{1(2)}$ 轴成右手螺旋法则关系

其中，$\boldsymbol{R}_x$、$\boldsymbol{R}_y$和$\boldsymbol{R}_z$分别表示绕x、y和z轴的旋转矩阵

$$\boldsymbol{R}_x=\begin{bmatrix}1&0&0\\0&\cos\theta_1&\sin\theta_1\\0&-\sin\theta_1&\cos\theta_1\end{bmatrix},\quad \boldsymbol{R}_y=\begin{bmatrix}\cos\theta_2&0&-\sin\theta_2\\0&1&0\\\sin\theta_2&0&\cos\theta_2\end{bmatrix},\quad \boldsymbol{R}_z=\begin{bmatrix}\cos\theta_3&\sin\theta_3&0\\-\sin\theta_3&\cos\theta_3&0\\0&0&1\end{bmatrix}$$

其中，θ_1、θ_2 和 θ_3 分别表示小角度旋转，姿态角度校准误差为 0.3mrad。

加速度计数据的标校（尺度因子和偏差因子）公式如下

$$\boldsymbol{f}_{ij}^0=\boldsymbol{b}_{ij}+k_{ij}\boldsymbol{a}_{ij} \tag{3.120}$$

式中，k_{ij}表示尺度因子（标准差为±0.02）；$\boldsymbol{b}_{ij}$表示偏差因子（标准差为$\pm10^{-6}\,\mathrm{m/s^2}$）；下标$i$表示 GRACE-A/B，$i=1,2$；下标$j$表示$x,y,z$轴，$j=1,2,3$。

标定后的加速度计数据由仪器坐标系（AS）转化到地心惯性坐标系：

$$\begin{bmatrix}f_x\\f_y\\f_z\end{bmatrix}_{\mathrm{ECIS}}=\boldsymbol{C}(\boldsymbol{q})\boldsymbol{R}^{\mathrm{T}}\begin{bmatrix}f_x^0\\f_y^0\\f_z^0\end{bmatrix}_{\mathrm{AS}} \tag{3.121}$$

式中，$\boldsymbol{C}(\boldsymbol{q})$表示姿态转换矩阵：

$$\boldsymbol{C}(\boldsymbol{q})=\begin{bmatrix}q_1^2-q_2^2-q_3^2+q_4^2&2(q_1q_2+q_3q_4)&2(q_1q_3-q_2q_4)\\2(q_1q_2-q_3q_4)&-q_1^2+q_2^2-q_3^2+q_4^2&2(q_2q_3+q_1q_4)\\2(q_1q_3+q_2q_4)&2(q_2q_3-q_1q_4)&-q_1^2-q_2^2+q_3^2+q_4^2\end{bmatrix} \tag{3.122}$$

式中，q_1,q_2,q_3为四元数中矢量$\boldsymbol{q}_{1,2,3}$的三个分量；q_4为四元数的标量分量。

GRACE 卫星采用姿态数据四元数来定义加速度计的三轴姿态。姿态数据四元数与欧拉角（章动角 $0\leqslant\theta\leqslant\pi$，进动角 $0\leqslant\varphi\leqslant2\pi$ 和自转角 $0\leqslant\psi\leqslant2\pi$）的转换关系为

$$\begin{bmatrix}q_1\\q_2\\q_3\\q_4\end{bmatrix}=\begin{bmatrix}\cos\frac{\varphi}{2}\cos\frac{\theta}{2}\cos\frac{\psi}{2}+\sin\frac{\varphi}{2}\sin\frac{\theta}{2}\sin\frac{\psi}{2}\\\sin\frac{\varphi}{2}\cos\frac{\theta}{2}\cos\frac{\psi}{2}-\cos\frac{\varphi}{2}\sin\frac{\theta}{2}\sin\frac{\psi}{2}\\\cos\frac{\varphi}{2}\sin\frac{\theta}{2}\cos\frac{\psi}{2}+\sin\frac{\varphi}{2}\cos\frac{\theta}{2}\sin\frac{\psi}{2}\\-\sin\frac{\varphi}{2}\sin\frac{\theta}{2}\cos\frac{\psi}{2}+\cos\frac{\varphi}{2}\cos\frac{\theta}{2}\sin\frac{\psi}{2}\end{bmatrix} \tag{3.123}$$

其中，加速度计数据由仪器坐标系（AS）转化到地心惯性坐标系的姿态角度标准差为 0.05mrad。

2）基于加速度计不同分辨率指标反演地球重力场

图 3.31 中(1)表示德国 GFZ 公布的 EIGEN-GRACE02S 地球重力场模型的累计大地水准面实测精度；图 3.31 中(2)～(5)分别表示采用 GRACE 星载加速度计三轴预期分辨率指标（$\mathrm{ACC}_X=1\times10^{-9}\,\mathrm{m/s^2}$，$\mathrm{ACC}_{Y,Z}=1\times10^{-10}\,\mathrm{m/s^2}$）、实测分辨率指标（$\mathrm{ACC}_X=3\times10^{-9}\,\mathrm{m/s^2}$，$\mathrm{ACC}_{Y,Z}=3\times10^{-10}\,\mathrm{m/s^2}$）以及设计分辨率指标（$\mathrm{ACC}_X=5\times10^{-9}\,\mathrm{m/s^2}$，$\mathrm{ACC}_{Y,Z}=5\times10^{-10}\,\mathrm{m/s^2}$；$\mathrm{ACC}_X=1\times10^{-8}\,\mathrm{m/s^2}$，$\mathrm{ACC}_{Y,Z}=1\times10^{-9}\,\mathrm{m/s^2}$）时，反演累计大地水准面

的数值模拟精度。图 3.31 中 5 条曲线在各阶处反演累计大地水准面精度如表 3.28 所示。如表 3.29 所示，图 3.31 中(2)～(5)采用的除加速度计之外的 GRACE 卫星各项精度指标和图 3.31 中(1)相同，且各项精度指标以正态分布随机误差的形式引入能量守恒观测方程。图 3.32 中(1)～(5)表示采用不同匹配关系的星载加速度计三轴分辨率指标反演累计重力异常精度的对比曲线，在各阶处反演累计重力异常的精度如表 3.30 所示。

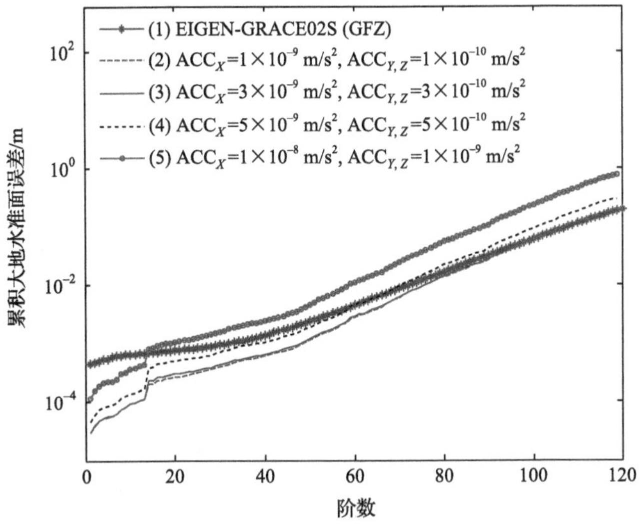

图 3.31　采用不同匹配关系的星载加速度计三轴分辨率指标反演累计大地水准面精度对比(彩图附后)

表 3.28　基于加速度计不同分辨率指标反演累计大地水准面精度统计结果

图 3.31	累计大地水准面精度/10^{-2}m				
	20 阶	50 阶	80 阶	100 阶	120 阶
星号线 (1)	0.076	0.228	1.566	5.756	18.938
虚线 (2)	0.027	0.106	1.309	5.639	18.434
实线 (3)	0.030	0.112	1.335	5.721	18.702
点线 (4)	0.050	0.179	2.050	8.826	30.124
圆圈线 (5)	0.105	0.422	5.235	22.558	80.472

表 3.29　GRACE 精度指标的匹配关系

观测值	精度指标
星间速度/(m/s)	1×10^{-6}
轨道位置/m	3×10^{-2}
轨道速度/(m/s)	3×10^{-5}
加速度计尺度因子	2×10^{-3}
加速度计偏差因子/(m/s^2)	1×10^{-6}
星体系转化到加速度计系/rad	3×10^{-4}
星体系转化到地心系/rad	5×10^{-5}

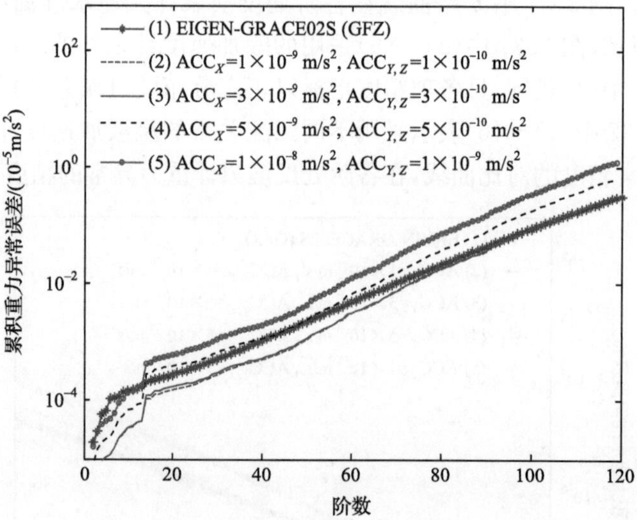

图 3.32 采用不同匹配关系的星载加速度计三轴分辨率指标反演累计重力异常精度对比(彩图附后)

表 3.30 基于加速度计不同分辨率指标反演累计重力异常精度统计结果

图 3.32	累计重力异常精度/($10^{-7}m/s^2$)				
	20 阶	50 阶	80 阶	100 阶	120 阶
星号线 (1)	0.026	0.211	2.006	8.363	30.316
虚线 (2)	0.015	0.102	1.708	8.296	30.042
实线 (3)	0.016	0.106	1.725	8.331	30.265
点线 (4)	0.038	0.228	3.593	17.298	64.514
圆圈线 (5)	0.058	0.407	6.831	33.182	125.011

上述结果表明,基于相同的 GRACE 星载 K 波段测距系统和 GPS 接收机精度指标(表 3.29),当星载加速度计三轴分辨率指标的匹配关系设计为 $ACC_X=(1\sim5)\times10^{-9}m/s^2$,$ACC_{Y,Z}=(1\sim5)\times10^{-10}m/s^2$时,在 120 阶处反演累计大地水准面精度为$(19\sim30)\times10^{-2}m$,反演 1.5°×1.5°累计重力异常精度为 0.3～0.7mGal,其结果与 EIGEN-GRACE02S 的实测精度符合较好,说明加速度计高灵敏轴分辨率取为$(1\sim5)\times10^{-10}m/s^2$较合适,与 GRACE 其他载荷精度指标基本匹配。若加速度计分辨率放宽到 $ACC_X=1\times10^{-8}m/s^2$,$ACC_{Y,Z}=1\times10^{-9}m/s^2$时,在 120 阶处反演累计大地水准面的精度为 $80\times10^{-2}m$,反演 1.5°×1.5°累计重力异常精度为 1.3mGal,说明此时加速度计分辨率指标与其他载荷指标不相匹配。进一步模拟表明,若加速度计高灵敏轴的分辨率取为 $1\times10^{-9}m/s^2$时,匹配的 K 波段测距系统的星间速度精度可以放宽到 $3\times10^{-6}m/s$,定轨精度可以降低到 $10\times10^{-2}m$。

综上所述,采用 GRACE 公布的其他载荷精度指标,当加速度计分辨率指标设计为 $ACC_X=(1\sim10)\times10^{-9}m/s^2$,$ACC_{Y,Z}=(1\sim10)\times10^{-10}m/s^2$时,在 120 阶处反演累计大地水准面精度为$(19\sim80)\times10^{-2}m$,反演 1.5°×1.5°累计重力异常精度为 0.3～1.3mGal。建议我国将来实施的卫星跟踪卫星测量计划中星载加速度计三轴分辨率指标

设计为 $ACC_X=(1\sim5)\times10^{-9}\,m/s^2$，$ACC_{Y,Z}=(1\sim5)\times10^{-10}\,m/s^2$ 较合适，其与 GRACE 星载 K 波段测距系统及 GPS 接收机精度指标基本匹配。除星载加速度计三轴分辨率指标需论证外，开展加速度计指标与重力场测量需求的匹配关系、加速度计各敏感轴的尺度因子和偏差因子标定误差的影响、加速度计与卫星平台安装误差源的分析等问题研究同样是研制高分辨率加速度计进而精确测量非保守力及反演高精度地球重力场的关键。

3）加速度计分辨率指标设计的物理解释

图 3.33 中(1)表示德国 GFZ 公布的 EIGEN-GRACE02S 地球重力场模型的引力位系数精度；图 3.33 中(2)表示采用星载加速度计三轴实测分辨率指标的匹配关系 $ACC_X=3\times10^{-9}\,m/s^2$，$ACC_{Y,Z}=3\times10^{-10}\,m/s^2$ 时，反演引力位系数的数值模拟精度；图 3.33 中(3)表示星载加速度计三轴分辨率指标的匹配关系设计为 $ACC_{X,Y,Z}=3\times10^{-10}\,m/s^2$ 时，反演引力位系数的数值模拟精度。如表 3.31 所示，图 3.33 中(2)、(3)采用的 GRACE 星载 K 波段测距系统和 GPS 接收机的精度指标和图 3.33 中(1)相同。图 3.33 中 3 条曲线在各阶处反演引力位系数精度如表 3.32 所示。据图 3.33 中(2)、(3)在各阶处的符合程度可知，在 GRACE 星载加速度计三轴分辨率指标的匹配关系中，将 $X_{A1(2)}$ 轴设计为低灵敏轴 $(3\times10^{-9}\,m/s^2)$，$Y_{A1(2)}$ 轴和 $Z_{A1(2)}$ 轴设计为高灵敏轴 $(3\times10^{-10}\,m/s^2)$ 较合理。

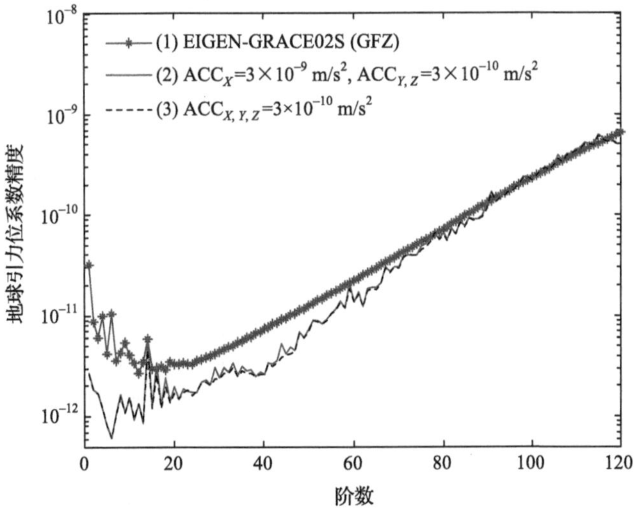

图 3.33　采用不同匹配关系的星载加速度计三轴分辨率指标反演引力位系数精度对比(彩图附后)

表 3.31　GRACE 卫星精度指标的匹配关系

观测值	精度指标	观测值	精度指标
星间相对速度 x/(m/s)	1×10^{-6}	加速度计尺度因子	2×10^{-3}
星间相对速度 y,z/(m/s)	2×10^{-5}	加速度计偏差因子/(m/s²)	1×10^{-6}
卫星对地位置/m	3×10^{-2}	星体系转化到加速度计系/mrad	3×10^{-1}
星间相对位置/m	1×10^{-3}	星体系转化到地心系/mrad	5×10^{-2}
卫星对地速度/(m/s)	3×10^{-5}	—	—

表 3.32　基于星载加速度计不同分辨率指标反演引力位系数精度

图 3.33	引力位系数精度/10^{-11}				
	20 阶	50 阶	80 阶	100 阶	120 阶
星号线 (1)	0.345	1.169	6.773	21.887	61.985
实线 (2)	0.141	0.623	5.981	21.458	52.484
虚线 (3)	0.137	0.622	5.749	21.351	52.098

GRACE 星载加速度计 $X_{A1(2)}$ 轴的分辨率较 $Y_{A1(2)}$ 和 $Z_{A1(2)}$ 轴低一个数量级的物理意义解释如下，如图 3.30 所示，由于 GRACE-A/B 双星的 SuperSTAR 加速度计坐标系 $O_{A1(2)}$-$X_{A1(2)}Y_{A1(2)}Z_{A1(2)}$ 的 $Y_{A1(2)}$ 轴和 $Z_{A1(2)}$ 轴分别平行于位于轨道平面内的星体坐标系 $O_{S1(2)}$-$X_{S1(2)}Y_{S1(2)}Z_{S1(2)}$ 的 $Z_{S1(2)}$ 轴和 $X_{S1(2)}$ 轴，因此 GRACE 双星在轨道处受到的非保守力(以大气阻力为主)主要是在位于轨道平面内的加速度计的 $Y_{A1(2)}$ 轴和 $Z_{A1(2)}$ 轴上进行分解。假如加速度计的 $X_{A1(2)}$ 轴严格垂直于轨道平面内的 $Y_{A1(2)}$ 轴和 $Z_{A1(2)}$ 轴，那么作用于 GRACE 卫星的非保守力在加速度计 $X_{A1(2)}$ 轴上的投影应严格为 0，即可以完全放弃加速度计 $X_{A1(2)}$ 轴的测量。但在加速度计的实际研制中，由于 $X_{A1(2)}$ 轴不能严格垂直于由 $Y_{A1(2)}$ 轴和 $Z_{A1(2)}$ 轴构成的轨道平面，因此作用于卫星的非保守力在加速度计 $X_{A1(2)}$ 轴上必有分量，即加速度计 $X_{A1(2)}$ 轴的测量不能完全放弃，只能将分辨率指标适当降低(Zheng et al.，2008c)。

7. 双星和三星编队影响地球重力场精度论证(Zheng et al.，2009a)

三星能量差观测方程建立如下

$$T_{e23}-T_{e12}=(E_{k23}-E_{k12})-(E_{f23}-E_{f12})+(V_{\omega 23}-V_{\omega 12})-(V_{T23}-V_{T12})-(V_{023}-V_{012})-(E_{023}-E_{012}) \qquad (3.124)$$

如图 3.34 所示，星号线表示德国 GFZ 公布的 EIGEN-GRACE02S 地球重力场模型的实测结果，在 120 阶处，累计大地水准面精度为 18.938×10^{-2} m；虚线和实线分别表示基于能量守恒法利用双星和三星跟踪模式反演 120 阶 GRACE 累计大地水准面的模拟精

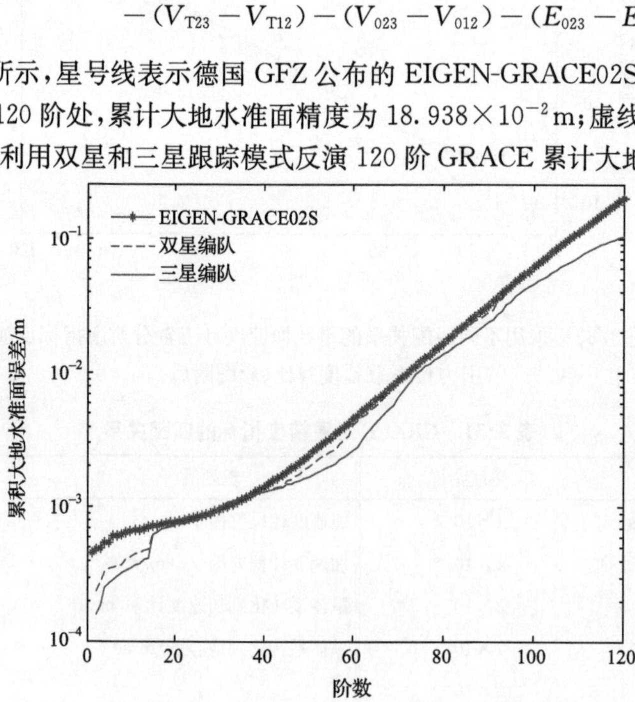

图 3.34　基于双星和三星编队分别反演 GRACE 累计大地水准面精度对比(彩图附后)

度，统计结果如表 3.33 所示。模拟结果表明：①基于双星跟踪模式反演 GRACE 累计大地水准面的模拟精度为 17.616×10^{-2}m，通过其与 EIGEN-GRACE02S 模型实测精度的符合性充分验证了基于能量守恒法反演 120 阶 GRACE 地球重力场的有效性；②基于三星跟踪模式反演 GRACE 累计大地水准面的模拟精度为 10.158×10^{-2}m，在各阶处其较双星提高 30%～40%。

表 3.33　基于双星和三星编队分别反演累计大地水准面精度统计结果

参数	累计大地水准面精度/10^{-2}m				
	20 阶	50 阶	70 阶	90 阶	120 阶
EIGEN-GRACE02S	0.076	0.228	0.813	3.018	18.938
双星编队	0.043	0.145	0.495	2.593	17.616
三星编队	0.042	0.136	0.323	2.236	10.158

基于三星跟踪模式反演 GRACE 地球重力场的模拟精度较双星提高 30%～40%。原因分析如下，GRACE 双星系统测量地球重力场的精度之所以较 CHAMP 单星至少提高 1 个数量级的原因是近共轨相互跟踪编队飞行的 GRACE 双星采用差分模式有效地消除了双星间共同误差以及 GRACE 采用 K 波段测距系统（1μm/s）高精度感知地球重力场的中低频信号。采用三星编队模式反演地球重力场的效果较双星系统仅相当于卫星的有效观测信息增加了 1 倍，据误差原理可知，基于三星跟踪模式反演地球重力场的精度较双星提高约 $\sqrt{2}$ 倍。因此，仅凭简单的再次差分不足以使地球重力场的测量精度达到数量级的提高。国际将来卫星重力测量计划大幅度提升地球重力场精度的有效途径如下。

（1）适当降低卫星轨道高度。应用重力卫星作为传感器感测地球重力场的最大弱点是卫星高度处的重力场呈指数衰减 $[R_e/(R_e+H)]^{l+1}$。为了克服上述缺点进而反演高精度和高空间分辨率地球重力场，目前最有效的办法是采用低轨道重力卫星。但随着卫星轨道高度逐渐降低，作用于卫星的非保守力（大气阻力、太阳光压、地球辐射压、轨道高度、姿态控制力等）将急剧增大，重力卫星轨道高度每降低 100km，大气阻力提高约 10 倍。因此，合理选择卫星轨道高度是反演高精度和高空间分辨率地球重力场的重要保证。下一代 GRACE Follow-On（～250km）双星计划反演地球重力场的精度较目前 GRACE（～450km）至少提高一个数量级的原因之一是较大程度降低了 GRACE Follow-On 卫星的轨道高度，从而有效抑制了地球重力场随卫星轨道高度增加的衰减效应。

（2）提高卫星关键载荷测量精度。由于重力卫星关键载荷（K 波段/激光干涉测距系统、GPS 接收机、加速度计、恒星敏感器等）的测量噪声是卫星重力反演的主要误差源，因此进一步提高关键载荷的精度指标是反演下一代高精度和高空间分辨率地球重力场的关键因素。下一代 GRACE Follow-On 双星计划反演地球重力场的精度较当前 GRACE 至少高一个数量级的原因之二是 GRACE Follow-On 大幅度提高了激光干涉测距系统星间速度的观测精度（提高约 3 个数量级），同时利用非保守力补偿系统高精度补偿双星受到的非保守力。

（3）革新卫星观测模式。目前美国 NASA 已将创新的高精度地球重力场测量技术 SST 带到月球重力场探测中（如 GRAIL（Gravity Recovery and Interior Laboratory）），同时未来有望将 SST 应用于火星（Mars-GRACE）和太阳系其他行星的重力场精密探测之中。但基于 SST 跟踪模式反演地球重力场精度的能力在一定程度上已达到自身极限，因此，为了将来进一步提高地球、月球和太阳系其他行星重力场反演的精度和空间分辨率，需寻求更有效的下一代卫星观测模式。

3.3.4 GRACE 星载加速度计实测数据的精确标校(Zheng et al. ,2011b)

1. 加速度计实测数据的预处理

1) 加速度计实测非保守力概述

如表 3.34 所示，本章采用的 GRACE 星载加速度计实测非保守力是以每天(2007-08-01-00:00:00.00～23:59:59.00)一个数据文件的形式依次给出。GRACE 星体坐标系的原点定义在卫星体的质心，坐标系三轴(X_{SF}、Y_{SF}和 Z_{SF})指向的定义如表 3.35 所示。

GRACE 星载加速度计坐标系三轴(X_{AS}、Y_{AS}和 Z_{AS})定义如下

$$\begin{cases} X_{AS} \cong +Y_{SF} \\ Y_{AS} \cong +Z_{SF} \\ Z_{AS} \cong +X_{SF} \end{cases} \tag{3.125}$$

其中，AS 的原点定义在加速度计的质心，与 SF 原点的偏差不超过 50μm。

GRACE 卫星科学参考坐标系(SRF)三轴(X_{SRF}、Y_{SRF}和 Z_{SRF})定义如下

$$\begin{cases} X_{SRF} \equiv +Z_{AS} \\ Y_{SRF} \equiv +X_{AS} \\ Z_{SRF} \equiv +Y_{AS} \end{cases} \tag{3.126}$$

SRF 和 AS 对应关系如图 3.30 所示。

表 3.34 GRACE 星载加速度计实测非保守力参数

参数	指标
数据来源	美国 JPL
数据类型	GRACE-Level-1B
时间系统	GPS 时
参考框架	科学参考坐标系
数据长度	2007-08-01-00:00:00～10-31-24:00:00
采样间隔/s	1

表 3.35 GRACE 星体坐标系三轴指向

坐标轴	名称	指向定义
X_{SF}	翻滚轴	正方向由原点指向 K/Ka 波段的相位中心
Y_{SF}	倾斜轴	与 X_{SF}和 Z_{SF}成右手螺旋关系
Z_{SF}	偏航轴	垂直于 X_{SF}且正方向由原点指向卫星散热器

2) 加速度计实测非保守力标校模型

自 GRACE 星载加速度计实测非保守力公布以来，美国 JPL 和德国 GFZ 等研究机构基于加速度计实测非保守力的精确标校开展了相关研究，结果表明，GRACE-A/B 星载加

速度计实测非保守力存在不同程度的系统误差，如果对系统误差不进行有效修正，将会较大程度降低地球重力场反演精度。美国 JPL 提供的星载加速度计实测非保守力位于 SRF，在进行尺度因子和偏差因子标校以前，首先需将实测数据由 SRF 转换到 AS：

$$\begin{bmatrix} a_x \\ a_y \\ a_z \end{bmatrix}_{\mathrm{AS}} = \boldsymbol{B} \begin{bmatrix} a_x^0 \\ a_y^0 \\ a_z^0 \end{bmatrix}_{\mathrm{SRF}} \tag{3.127}$$

式中，$[a_x \quad a_y \quad a_z]_{\mathrm{AS}}^{\mathrm{T}}$ 表示位于 AS 的加速度计实测非保守力（单位质量）；$[a_x^0 \quad a_y^0 \quad a_z^0]_{\mathrm{SRF}}^{\mathrm{T}}$ 表示位于 SRF 的实测非保守力。$\boldsymbol{B}$ 表示由 SRF 到 AS 的转换矩阵：

$$\boldsymbol{B} = \begin{bmatrix} 0 & 1 & 0 \\ 0 & 0 & 1 \\ 1 & 0 & 0 \end{bmatrix} \tag{3.128}$$

加速度计实测非保守力的标校包括尺度因子和偏差因子修正：

$$\boldsymbol{f}_{ij}^0 = k_{ij}\boldsymbol{a}_{ij} + \boldsymbol{b}_{ij} \tag{3.129}$$

式中，下标 i 表示 GRACE-A/B，$i=1,2$；下标 j 表示 x,y,z 轴，$j=1,2,3$；$\boldsymbol{a}_{ij}$ 表示美国 JPL 公布的未修正加速度计实测非保守力；k_{ij} 表示尺度因子；$\boldsymbol{b}_{ij}$ 表示偏差因子；$\boldsymbol{f}_{ij}^0$ 表示修正后的加速度计实测非保守力。

3）加速度计实测姿态数据使用

美国 JPL 在 GRACE-Level-1B 数据产品中提供的星载加速度计的姿态数据是以每天(2007-08-01-00:00:00.00～23:59:55.00)一个数据文件的形式依次给出，采样间隔为 5s。在卫星姿态控制中，传统方法是利用欧拉角定义，但 GRACE 卫星采用姿态数据四元数定义加速度计三轴的姿态。欧拉角与姿态数据四元数的转换关系表示如下

$$\begin{bmatrix} q_1 \\ q_2 \\ q_3 \\ q_4 \end{bmatrix} = \begin{bmatrix} \cos\frac{\varphi}{2}\cos\frac{\theta}{2}\cos\frac{\psi}{2} + \sin\frac{\varphi}{2}\sin\frac{\theta}{2}\sin\frac{\psi}{2} \\ \sin\frac{\varphi}{2}\cos\frac{\theta}{2}\cos\frac{\psi}{2} - \cos\frac{\varphi}{2}\sin\frac{\theta}{2}\sin\frac{\psi}{2} \\ \cos\frac{\varphi}{2}\sin\frac{\theta}{2}\cos\frac{\psi}{2} + \sin\frac{\varphi}{2}\cos\frac{\theta}{2}\sin\frac{\psi}{2} \\ -\sin\frac{\varphi}{2}\sin\frac{\theta}{2}\cos\frac{\psi}{2} + \cos\frac{\varphi}{2}\cos\frac{\theta}{2}\sin\frac{\psi}{2} \end{bmatrix} \tag{3.130}$$

式中，θ 表示章动角，$0 \leqslant \theta \leqslant \pi$；$\varphi$ 表示进动角，$0 \leqslant \varphi \leqslant 2\pi$；$\psi$ 表示自转角 $0 \leqslant \psi \leqslant 2\pi$。

GRACE 星载加速度计姿态数据四元数的表达形式如下

$$\boldsymbol{q} = \begin{bmatrix} \boldsymbol{q}_{1,2,3} \\ q_4 \end{bmatrix} = [q_1 \quad q_2 \quad q_3 \quad q_4]^{\mathrm{T}} \tag{3.131}$$

式中，q_1, q_2, q_3 为四元数中矢量 $\boldsymbol{q}_{1,2,3}$ 的三个分量；q_4 为四元数的标量分量。四元数具有以下性质：

$$q_1^2 + q_2^2 + q_3^2 + q_4^2 = 1 \tag{3.132}$$

据式(3.131),姿态数据四元数 $\boldsymbol{q}$ 的逆为

$$\boldsymbol{q}^{-1}=\begin{bmatrix}-\boldsymbol{q}_{1,2,3}\\ q_4\end{bmatrix}=[-q_1 \quad -q_2 \quad -q_3 \quad q_4]^{\mathrm{T}} \tag{3.133}$$

由 SRF 到 ECIS 的四元数变换矩阵为

$$\boldsymbol{C}(\boldsymbol{q})=\begin{bmatrix}q_1^2-q_2^2-q_3^2+q_4^2 & 2(q_1q_2+q_3q_4) & 2(q_1q_3-q_2q_4)\\ 2(q_1q_2-q_3q_4) & -q_1^2+q_2^2-q_3^2+q_4^2 & 2(q_2q_3+q_1q_4)\\ 2(q_1q_3+q_2q_4) & 2(q_2q_3-q_1q_4) & -q_1^2-q_2^2+q_3^2+q_4^2\end{bmatrix} \tag{3.134}$$

式中,$\boldsymbol{C}(\boldsymbol{q})$ 具备以下性质:

$$\boldsymbol{C}^{-1}(\boldsymbol{q})=\boldsymbol{C}(\boldsymbol{q}^{-1})=\boldsymbol{C}^{\mathrm{T}}(\boldsymbol{q}) \tag{3.135}$$

即

$$\boldsymbol{C}(\boldsymbol{q})\cdot\boldsymbol{C}^{\mathrm{T}}(\boldsymbol{q})=\boldsymbol{I} \tag{3.136}$$

如图 3.35 所示,本章处理了 GRACE 卫星 2007-08-01-00:00:00～10-31-24:00:00 三个月(92 天)的实测姿态数据,以每天为一个标准差点。经分析对比可知:①GRACE-B 实测姿态数据的标准差略大于 GRACE-A 的标准差;②GRACE-A/B 姿态数据的实测精度基本达到了预期精度(3×10^{-5})的要求,能高精度完成星载加速度计数据由 AS 到 ECIS 的转化。

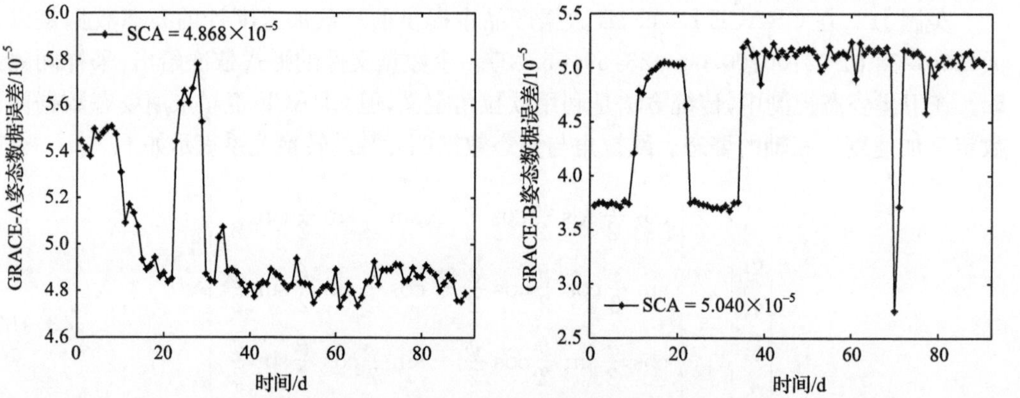

图 3.35 GRACE-A/B 加速度计姿态数据的标准差

SCA 为恒星敏感器

4) 加速度计实测非保守力坐标转化

由于卫星能量观测方程在 ECIS 中建立,因此所有卫星观测数据应统一于 ECIS。本章首先将标校后的位于 AS 的加速度计实测非保守力转换回 SRF,然后再由 SRF 转换到 ECIS,矩阵形式如下

$$\begin{bmatrix}f_x\\ f_y\\ f_z\end{bmatrix}_{\mathrm{ECIS}}=\boldsymbol{C}(\boldsymbol{q})\boldsymbol{B}^{\mathrm{T}}\begin{bmatrix}f_x^0\\ f_y^0\\ f_z^0\end{bmatrix}_{\mathrm{AS}} \tag{3.137}$$

式中，$[f_x \quad f_y \quad f_z]^{\mathrm{T}}_{\mathrm{ECIS}}$ 表示位于 ECIS 的加速度计实测非保守力；$[f_x^0 \quad f_y^0 \quad f_z^0]^{\mathrm{T}}_{\mathrm{AS}}$ 表示位于 AS 的标校后的加速度计实测非保守力。

图 3.36 表示在 AS 中 GRACE-A/B 星载加速度计三轴非保守力的标准差（σ_{f_x}，σ_{f_y}，σ_{f_z}）对比图。本章处理了 GRACE 卫星 2007-08-01-00：00：00～10-31-24：00：00 三个月（92 天）的加速度计实测数据，以每天为一个标准差点。误差分析结论如下：①GRACE-B 星载加速度计三轴非保守力的标准差均大于 GRACE-A 加速度计对应三轴非保守力的标准差；②GRACE-A/B 星载加速度计三轴的标准差中，σ_{f_x} 标准差最大，σ_{f_y} 标准差次

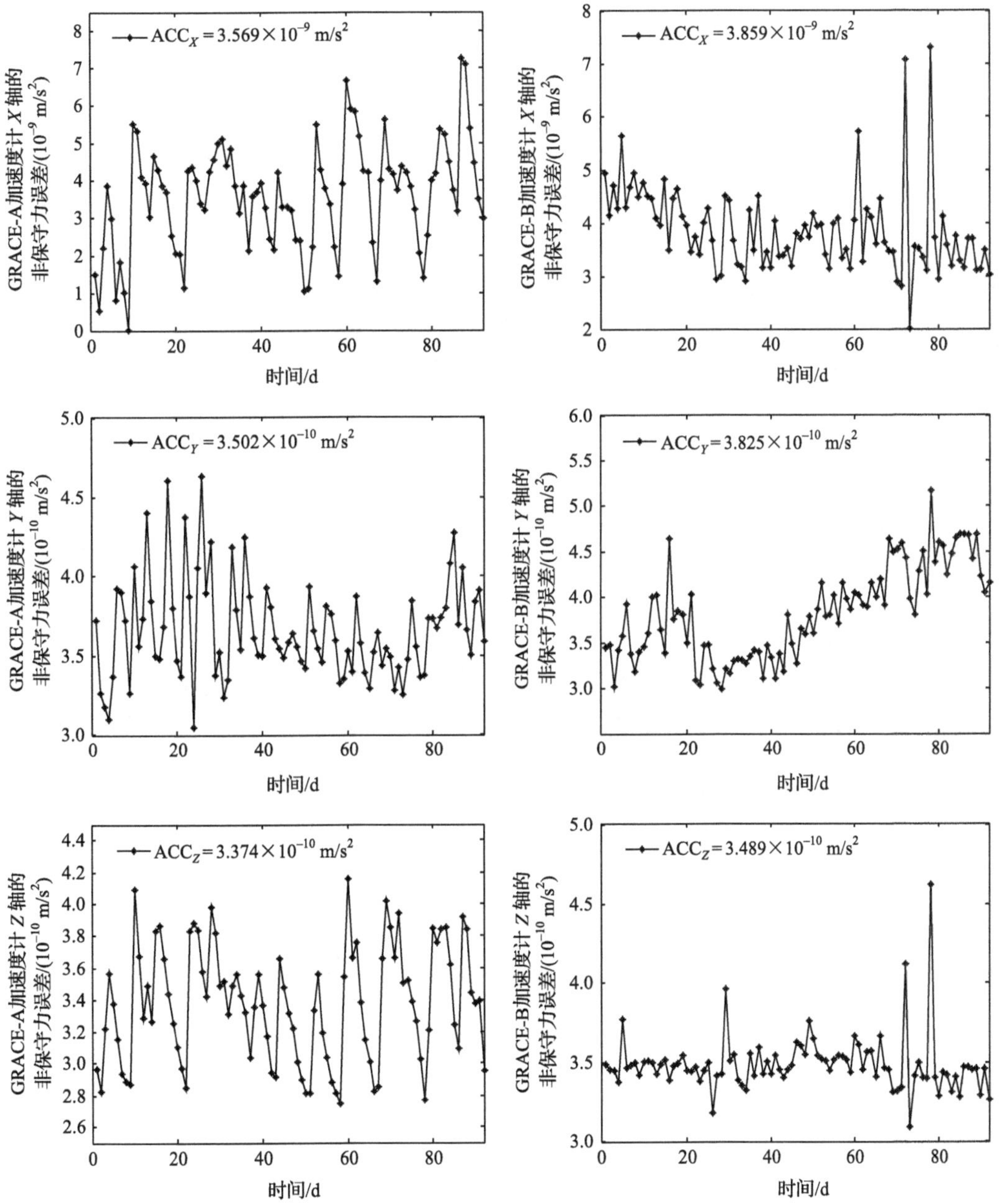

图 3.36　GRACE-A/B 星载加速度计三轴非保守力的标准差

之，σ_{f_z} 标准差最小；③GRACE-A/B 星载加速度计数据实测精度基本达到了预期精度，可用于精确扣除作用于卫星的非保守摄动加速度。

2. 加速度计实测数据的精确标校

在 ECIS 中，基于能量守恒法双星扰动位差的观测方程建立如下

$$T_{e12} = E_{k12} - E_{f12} + V_{\omega 12} - V_{T12} - V_{012} - E_{012} \tag{3.138}$$

在卫星观测方程(3.138)建立之后，方程的所有参量都为卫星 GPS 接收机的轨道位置 $\boldsymbol{r}$ 和轨道速度 $\dot{\boldsymbol{r}}$、K 波段测距系统的星间速度 $\dot{\rho}_{12}$、加速度计的非保守力 $\boldsymbol{f}$ 以及恒星敏感器的姿态数据($\boldsymbol{q}_{1,2,3}$，q_4)的函数。本章采用了美国 JPL 在 GRACE-Level-1B 数据产品中提供的三个月(2007-08-01-00:00:00.00～10-31-24:00:00.00)的 GPS 导航数据、K 波段测距系统的星间速度数据，以及 SuperSTAR 加速度计的非保守力和姿态数据。目前国内外研究机构对 SuperSTAR 加速度计系统误差的标定通常采用两种方法：卫星轨迹交叉点平差法(徐天河，2004)和先验地球重力场模型法。本章基于能量守恒观测方程，利用先验地球重力场模型，通过相邻历元差分法对 SuperSTAR 加速度计实测非保守力进行了精确标校，主要思想：首先由先验地球重力场模型计算出扰动位差分，然后利用最小二乘法拟合出加速度计坐标系中实测非保守力(X_{AS}、Y_{AS}和 Z_{AS}轴)的尺度因子和偏差因子。能量观测方程(3.138)可改写为

$$\int(\dot{\boldsymbol{r}}_2 \cdot \boldsymbol{f}_2 - \dot{\boldsymbol{r}}_1 \cdot \boldsymbol{f}_1)\mathrm{d}t = E_{k12} + V_{\omega 12} - V_{T12} - V_{012} - T_{e12} - E_{012} \tag{3.139}$$

令方程(3.139)的右式为 $E_{12} = E_{k12} + V_{\omega 12} - V_{T12} - V_{012} - T_{e12} - E_{012}$，假定有 n 个观测历元，对应时刻为 t_1， t_2， …， t_n，则离散化的能量观测方程为

$$\begin{gathered}
\dot{\boldsymbol{r}}_2(t_1) \cdot \boldsymbol{f}_2(t_1) - \dot{\boldsymbol{r}}_1(t_1) \cdot \boldsymbol{f}_1(t_1) = E_{12}(t_1)/\Delta t \\
[\dot{\boldsymbol{r}}_2(t_1) \cdot \boldsymbol{f}_2(t_1) - \dot{\boldsymbol{r}}_1(t_1) \cdot \boldsymbol{f}_1(t_1)] + [\dot{\boldsymbol{r}}_2(t_2) \cdot \boldsymbol{f}_2(t_2) - \dot{\boldsymbol{r}}_1(t_2) \cdot \boldsymbol{f}_1(t_2)] = E_{12}(t_2)/\Delta t \\
\cdots\cdots \\
[\dot{\boldsymbol{r}}_2(t_1) \cdot \boldsymbol{f}_2(t_1) - \dot{\boldsymbol{r}}_1(t_1) \cdot \boldsymbol{f}_1(t_1)] + \cdots + [\dot{\boldsymbol{r}}_2(t_n) \cdot \boldsymbol{f}_2(t_n) - \dot{\boldsymbol{r}}_1(t_n) \cdot \boldsymbol{f}_1(t_n)] = E_{12}(t_n)/\Delta t
\end{gathered} \tag{3.140}$$

基于方程(3.140)，在相邻历元间差分后的能量观测方程为

$$\begin{gathered}
\dot{\boldsymbol{r}}_2(t_1) \cdot \boldsymbol{f}_2(t_1) - \dot{\boldsymbol{r}}_1(t_1) \cdot \boldsymbol{f}_1(t_1) = \widetilde{E}_{12}(t_1)/\Delta t \\
\dot{\boldsymbol{r}}_2(t_2) \cdot \boldsymbol{f}_2(t_2) - \dot{\boldsymbol{r}}_1(t_2) \cdot \boldsymbol{f}_1(t_2) = \widetilde{E}_{12}(t_2)/\Delta t \\
\cdots\cdots \\
\dot{\boldsymbol{r}}_2(t_n) \cdot \boldsymbol{f}_2(t_n) - \dot{\boldsymbol{r}}_1(t_n) \cdot \boldsymbol{f}_1(t_n) = \widetilde{E}_{12}(t_n)/\Delta t
\end{gathered} \tag{3.141}$$

式中，$\widetilde{E}_{12}(t_k)=\dfrac{E_{12}(t_k)-E_{12}(t_{k-1})}{\Delta t}\quad(k=2,3,\cdots,n)$。

采用式(3.141)的优点是经过相邻历元间差分后，可消去能量积分常数，同时极大简化了计算过程。如表 3.36 所示，本章基于能量守恒法，利用先验地球重力场模型 EGM2008 对加速度计实测非保守力每天进行一次标校，拟合出了适合于(2007-08-01-00:00:00.00～10-31-24:00:00.00)时间段的实测非保守力的尺度因子和偏差因子，进而对 AS 中的实测非保守力精确修正。本章同时采用了 OSU91、EIGEN-CHAMP03S、GGM02S 等地球重力场模型对加速度计实测非保守力进行标校，得到的尺度因子和偏差因子与 EGM2008 模型差别较小，因此充分说明了基于能量守恒法精确标校星载 SuperSTAR加速度计实测非保守力的有效性。

表 3.36　加速度计实测非保守力标校的尺度因子和偏差因子

标校参数		GRACE-A	GRACE-B
尺度因子	X_{AS}	0.970±0.018	0.960±0.016
	Y_{AS}	0.930±0.015	0.920±0.012
	Z_{AS}	0.989±0.002	0.955±0.002
偏差因子/(10^{-6}m/s^2)	X_{AS}	30.960±0.015	6.878±0.012
	Y_{AS}	−0.501±0.010	−0.365±0.009
	Z_{AS}	−1.021±0.008	−0.566±0.006

如图 3.37 所示，如果在能量观测方程(3.138)中使用未标校过的加速度计实测非保守力，观测方程的扰动位误差表现为每天 0.4m^2/s^{2}的线性漂移；假如在(3.138)中使用标校(尺度因子和偏差因子)后的加速度计实测非保守力，可有效去除系统误差带来的影响，观测方程两边扰动位误差仅为 0.01m^2/s^2。本章基于标校后的加速度计实测非保守力反演了 120 阶 GRACE 地球重力场，其结果和德国 GFZ 公布的 EIGEN-GRACE02S 地球重力场模型符合较好。GRACE 加速度计实测非保守力需要精确和实时标校的物理解释如下，美国 JPL 公布的加速度计实测非保守力仅在 10^{-4}～10^{-1}Hz 带宽内测量精度较高，而测量带宽外系统误差较大。由于观测方程(3.138)中的耗散能差 $E_{f12}=\int(\dot{\boldsymbol{r}}_2\cdot\boldsymbol{f}_2-\dot{\boldsymbol{r}}_1\cdot\boldsymbol{f}_1)\mathrm{d}t$ 表现为积分形式，因此导致了观测方程两边存在能量差漂移。虽然美国 JPL 提供了统一的尺度因子标校参数和以简化儒略日(T_d)为变量的偏差因子计算公式，但由于加速度

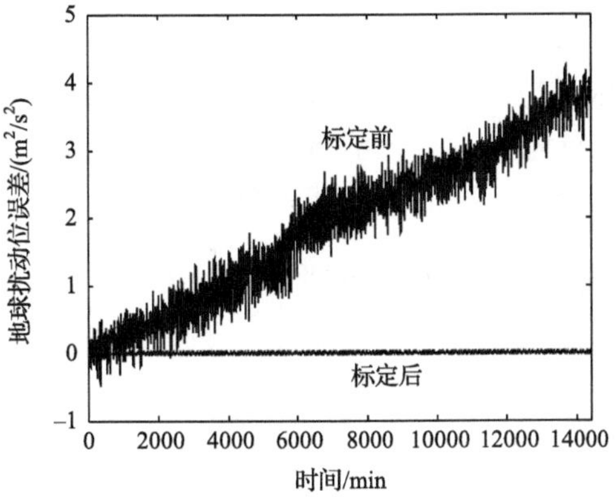

图 3.37　原始和标校的加速度计非保守力对地球扰动位误差影响(彩图附后)

计的尺度和偏差等系统偏差是随时间变化的，因此其提供的标校参数仅是总体实测非保守力的平均值，不能正确反映每天的ACC系统偏差的实际变化。在利用特定时间段的加速度计实测非保守力反演地球重力场时，应重新计算尺度因子和偏差因子，进而对加速度计实测非保守力精确修正。基于能量守恒法反演重力场敏感于加速度计非保守力的系统误差，因此精确标校加速度计实测非保守力是反演高精度和高空间分辨率重力场的重要保证。

3.3.5 GRACE地球重力场模型建立(Zheng et al.，2009d)

1. GRACE关键载荷实测数据的有效预处理

1）双频GPS接收机实测数据

美国JPL于2004年1月21日公布的GRACE-Level-1B卫星GPS导航数据(轨道位置、轨道速度及误差)位于地固系，采样间隔为60s。GRACE卫星时间系统采用GPS时，原点重新定义在2000-01-01-12：00：00。GPS导航数据以每天一个数据文件的形式依次给出，主要存在三方面的问题：

(1) 卫星轨道存在3min的重叠期。卫星每天的轨道数据(2007-05-31-23:59:00.00～2007-06-02-00:01:00.00)和第二天的轨道数据(2007-06-01-23:59:00.00～2007-06-03-00:01:00.00)存在3min的轨道重叠。为了保证轨道数据的精度和连续性，本章将前一天的轨道结束部分去掉2min的数据文件，将后一天的轨道开始部分去掉1min的数据文件，依此类推完成轨道数据的拼接。

(2) 卫星轨道数据的开始和结束时段各31min的精度较低(消除轨道重叠期效应之后)。造成轨道首尾段数据精度较低的原因主要是定轨中对这两个时段施加弱约束(轨道约束自校准技术)造成的。由于能量守恒法反演地球重力场对卫星轨道数据较敏感，如果保留轨道首尾段精度较低的数据将会影响反演重力场的精度，因此本章采取去掉首尾段精度较低的观测数据来反演地球重力场。

(3) 轨道数据中存在明显粗大误差。由于卫星轨道环境比较复杂以及卫星自身轨道和姿态控制(如喷气等)等原因，GRACE卫星轨道数据中存在明显的粗差。如果对粗差不进行有效剔除，将会极大影响地球重力场反演的精度。在判别卫星观测值是否含有粗差时应特别慎重，需作充分的分析和研究，并根据判别准则予以确定。通常用来判别粗大误差的准则包括：3σ准则(莱以特准则)和t检验准则(罗曼诺夫斯基准则)(费业泰，2005)。GRACE卫星的轨道重复周期为15～30d，即对同一星下点的重复测量次数为3～6次，因此本章利用t检验准则(罗曼诺夫斯基准则)剔除了2007-06-01～2007-12-31时间段内含有粗差的GRACE卫星位置(352个)和速度(265个)数据。

t检验准则的特点是首先剔除一个可疑的测量值，然后按t分布检验被剔除的测量值是否含有粗大误差。设对某量作多次等精度测量x_1，x_2，…，x_n，若认为测量值x_j为可疑数据，将其剔除后计算平均值(计算时不包括x_j) $\bar{x}=\dfrac{1}{n-1}\sum_{\substack{i=1\\i\neq j}}^{n}x_i$，并求得测量列的标准差(计算时不包括残余误差$\delta_j=x_j-\bar{x}$)：

$$\sigma=\sqrt{\frac{\sum_{i=1}^{n}\delta_i^2}{n-2}} \tag{3.142}$$

根据测量次数 n 和选取的显著度 a，即可由表 3.37 中查得 t 分布的检验系数 $K(n, a)$。若

$$|x_j - \bar{x}| > K\sigma \tag{3.143}$$

则认为 x_j 含有粗大误差，应予以剔除。

如表 3.38 所示，本章从 GRACE 卫星 2007-06-01-00:00:00～2007-12-31-24:00:00 六个月的数据中随机抽取了 2007-06-01、07-18、08-01、09-15、10-31、11-26 和 12-10 共 7 天的轨道数据（表 3.38 中仅列出 08-01、09-15 和 10-31 的轨道数据），经分析得到如下结论：①GRACE-B 卫星的位置和速度的各分量误差均略大于 GRACE-A 的各项误差；②GRACE-A卫星位置的 z 分量误差最小，x 分量误差次之，y 分量误差最大，而 GRACE-B 卫星位置的 z 分量误差最小，y 分量误差次之，x 分量误差最大；③GRACE-A 卫星速度的 $\dot{x}$ 分量误差最小，$\dot{y}$ 分量误差次之，$\dot{z}$ 分量误差最大，而 GRACE-B 卫星速度的 $\dot{y}$ 分量误差最小，$\dot{x}$ 分量误差次之，$\dot{z}$ 分量误差最大。上述结论主要由 GRACE-A/B 双星飞行空间环境的复杂性和各自星载双频 GPS 接收机的差异性造成。

表 3.37　t 检验准则中显著度 a、检验系数 $K(n,a)$ 和测量次数 n

n \ K \ a	0.05	0.01	n \ K \ a	0.05	0.01	n \ K \ a	0.05	0.01
4	4.97	11.46	13	2.29	3.23	22	2.14	2.91
5	3.56	6.53	14	2.26	3.17	23	2.13	2.90
6	3.04	5.04	15	2.24	3.12	24	2.12	2.88
7	2.78	4.36	16	2.22	3.08	25	2.11	2.86
8	2.62	3.96	17	2.20	3.04	26	2.10	2.85
9	2.51	3.71	18	2.18	3.01	27	2.10	2.84
10	2.43	3.54	19	2.17	3.00	28	2.09	2.83
11	2.37	3.41	20	2.16	2.95	29	2.09	2.82
12	2.33	3.31	21	2.15	2.93	30	2.08	2.81

表 3.38　GRACE-A/B 双星轨道误差统计

卫星参数		2007-08-01		2007-09-15		2007-10-31	
		A	B	A	B	A	B
位置误差 $/10^{-2}$m	x	1.861	2.235	1.755	2.148	1.662	1.943
	y	1.889	2.175	1.817	2.019	1.681	1.911
	z	1.773	2.106	1.598	1.948	1.554	1.838
	$\|\boldsymbol{r}\|$	3.190	3.763	2.989	3.533	2.829	3.287
速度误差 $/10^{-5}$m/s	$\dot{x}$	1.583	1.843	1.531	1.808	1.478	1.710
	$\dot{y}$	1.601	1.830	1.565	1.772	1.480	1.668
	$\dot{z}$	2.052	2.370	1.858	2.216	1.809	2.068
	$\|\dot{\boldsymbol{r}}\|$	3.046	3.516	2.872	3.364	2.765	3.160

2) K/Ka 波段测距系统实测数据

美国 JPL 在 GRACE-Level-1B 中提供的 K 波段测距系统(KBR)实测数据以每天(2007-06-01-00:00:00.00～23:59:55.00)一个数据文件的形式依次给出,采样间隔为 5s,主要存在两方面问题:

(1) KBR 实测数据中存在粗差。剔除粗差仍采用 t 检验准则。

(2) KBR 实测数据存在间断。由于空间环境的复杂性,GRACE 卫星 K/Ka 波段微波不能始终保持从一颗卫星发射到另一颗卫星。为了达到精确发射和接收的目的,GRACE-A/B 双星通过姿态控制系统实时调整自身的姿态(两颗卫星的 x 轴反向共线),因此导致了 KBR 数据采集的间断。美国 JPL 数据中心提供的 KBR 数据间断较为频繁,而且部分数据间断时间较长,因此给数据处理带来较大困难。本章采用如下方法处理间断数据:①如果 KBR 数据间断小于或等于 5 个历元,可采用 9 阶Lagrange 多项式插值出间断的 KBR 数据(通过采用不同阶数的 Lagrange 多项式进行插值,结果表明,9 阶 Lagrange多项式插值精度与 KBR 测量精度 10^{-6}m/s 基本相当)(郑伟等,2014a);②如果 KBR 数据间断大于 5 个历元,将间断数据舍弃不用。

如图 3.38 所示,图 3.38(a)表示在时域中 2007 年 8 月 24 日的 GRACE 星间速度波动图,波动振幅约±2m/s。图 3.38(b)表示在频域中星间速度的幅度谱:①星间速度测量信号的主频率为 1.78×10^{-4} Hz,对应的主周期为 5600s,与 GRACE 卫星绕地球一圈的周期相同;②除主频率外,星间速度测量信号中同时混有二倍频信号(3.56×10^{-4} Hz);③在幅度谱中,由主频率对应得到的星间速度波动幅度和时域中的结果完全吻合。基于能量守恒法反演地球重力场对测速精度的敏感性较高,而 GRACE 卫星 KBR 高精度星间速度测量(1μm/s)可满足此要求。

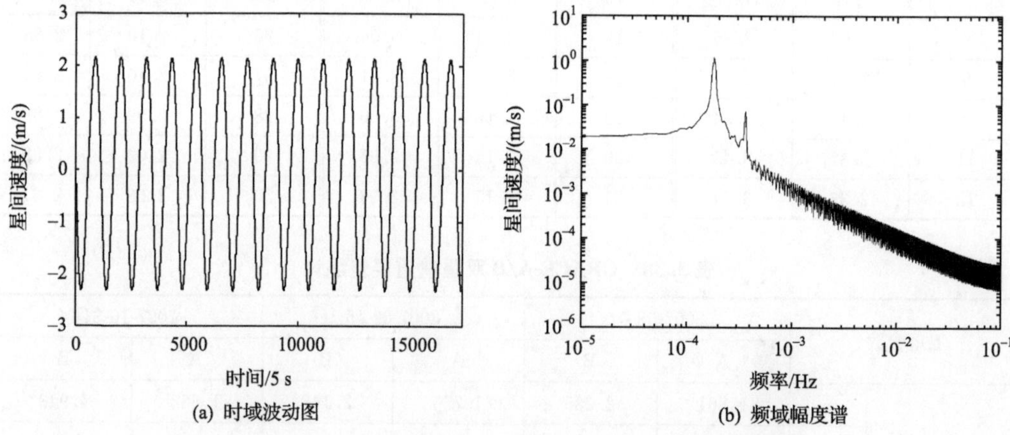

图 3.38 GRACE 卫星 K 波段测距系统的星间速度测量

3) 恒星敏感器实测数据

美国 JPL 在 GRACE-Level-1B 中提供的恒星敏感器(SCA)姿态实测数据以每天(2007-06-01-00:00:00.00～23:59:55.00)一个数据文件的形式依次给出,采样间隔为 5s,主要存在的问题和处理方法类似于 KBR 数据。

GRACE 卫星 SCA 数据以四元数 ($\boldsymbol{q}_{1,2,3}, q_4$) 形式给出,其中,$q_1, q_2, q_3$ 为四元数中矢

量 $\boldsymbol{q}_{1,2,3}$ 的三个分量，q_4 为四元数的标量分量。四元数表示的由星体坐标系到地心系的坐标变换矩阵如下

$$\boldsymbol{C}(\boldsymbol{q})=\begin{bmatrix} q_1^2-q_2^2-q_3^2+q_4^2 & 2(q_1q_2+q_3q_4) & 2(q_1q_3-q_2q_4) \\ 2(q_1q_2-q_3q_4) & -q_1^2+q_2^2-q_3^2+q_4^2 & 2(q_2q_3+q_1q_4) \\ 2(q_1q_3+q_2q_4) & 2(q_2q_3-q_1q_4) & -q_1^2-q_2^2+q_3^2+q_4^2 \end{bmatrix} \tag{3.144}$$

本章处理了 GRACE 卫星 2007-08-01-00:00:00～2007-10-31-24:00:00 三个月(92 天)的实测姿态数据，以每天为一个标准差点。经对比分析可知：①GRACE-B 卫星的实测姿态数据误差均大于 GRACE-A 的误差；②GRACE-A/B 的实测姿态数据的精度均达到了 SCA 的预期精度，有利于高精度调整卫星姿态和进行加速度计数据的坐标系转化(由仪器坐标系到地心坐标系)。

4) SuperSTAR 静电悬浮加速度计实测数据

美国 JPL 在 GRACE-Level-1B 中提供的加速度计(ACC)非保守力实测数据是在科学参考坐标系以每天(2007-06-01-00:00:00.00～23:59:59.00)一个数据文件的形式依次给出，采样间隔为 1s。ACC 实测数据具体处理如下：

(1) ACC 实测数据的粗差剔除和间断处理类似于 KBR 数据。

(2) ACC 实测数据标校。自 GRACE 卫星 ACC 实测数据解密以来，国内外研究机构针对其系统误差的标定进行了相关研究，结果表明，GRACE-A/B 双星 ACC 数据存在不同程度的尺度和偏差等系统误差，如果对其不进行有效修正将会较大程度降低地球重力场反演的精度。实测数据的标校包括尺度因子和偏差因子的修正：

$$\boldsymbol{f}_{ij}=\boldsymbol{b}_{ij}+k_{ij}\boldsymbol{a}_{ij} \tag{3.145}$$

式中，下标 i 表示 GRACE-A/B，$i=1,2$；下标 j 表示 x,y,z 轴，$j=1,2,3$；$\boldsymbol{a}_{ij}$ 表示在 AS 中未修正的 ACC 实测数据；k_{ij} 表示尺度因子；$\boldsymbol{b}_{ij}$ 表示偏差因子；$\boldsymbol{f}_{ij}$ 表示修正后的 ACC 实测数据(单位质量)。

如表 3.39 所示，本章从 GRACE 卫星 2007-06-01-00:00:00～2007-12-31-24:00:00 六个月的实测数据中随机抽取了 2007-06-01、07-10、08-15、09-20、10-15、11-27 和 12-01 共 7 天的 ACC 实测数据(表 3.39 中仅列出 2007-08-15、09-20 和 10-15 的实测误差)，经误差分析结论如下：①GRACE-B 的 ACC 实测数据的各分量误差均大于 GRACE-A 的误差；②在 GRACE-A/B 的 ACC 实测数据中，f_x 分量误差最小，f_z 分量误差次之，f_y 分量误差最大。上述结论主要是由于 GRACE-A/B 飞行空间环境的复杂性和各自星载加速度计的差异性造成的。

表 3.39　GRACE-A/B 双星实测非保守力误差统计

卫星参数		2007-08-15		2007-09-20		2007-10-15	
		A	B	A	B	A	B
ACC 误差/ $(10^{-10}\mathrm{m/s^2})$	f_x	2.069	3.733	1.500	3.190	3.329	6.757
	f_y	13.712	18.405	17.781	17.856	17.613	18.479
	f_z	8.650	9.649	2.140	9.291	7.216	8.285

2. GRACE 地球重力场的精确解算

不同于 Jekeli(1999)建立的带有参考扰动位的能量观测方程，本章首次建立了无参考扰动位的能量观测方程，在保证地球重力场反演精度的前提下，简化了能量观测方程进而提高了计算速度。在地心惯性系中，基于能量守恒法的双星扰动位差观测方程建立如下

$$T_{e12} = E_{k12} - E_{f12} + V_{\omega 12} - V_{T12} - V_{012} - E_{012} \tag{3.146}$$

在卫星观测方程(3.146)建立之后，方程的所有参量都为卫星 GPS 接收机的轨道位置 $\boldsymbol{r}$ 和轨道速度 $\dot{\boldsymbol{r}}$、K 波段测距系统的星间速度 $\dot{\rho}_{12}$、加速度计的非保守力 $\boldsymbol{f}$ 以及恒星敏感器的姿态数据四元数 ($\boldsymbol{q}_{1,2,3}, q_4$) 的函数。经对比分析结论如下：①据表 3.40 可知，在 GRACE 卫星能量观测方程(3.146)中动能 E_{k12} 和中心引力位 V_{012} 是主要能量项，但其他各能量项是反演高精度和高空间分辨率地球重力场必不可少的修正项。②据图 3.39可知，在频域中动能 E_{k12} 和中心引力位 V_{012} 测量信号的主频率为 1.78×10^{-4} Hz，对应的主周期为 5600s，与 GRACE 卫星绕地球一圈的周期相同；除主频率外，测量信号中同时混有二倍频信号 3.56×10^{-4} Hz。③在频域中，耗散能 E_{f12}、旋转能 $V_{\omega 12}$、太阳引力位 V_{S12}、月球引力位 V_{M12} 和地球固体潮位 V_{P12} 的幅度谱中测量信号的主频率为 3.56×10^{-4} Hz，对应的主周期为 2800s，与 GRACE 卫星绕地球一圈的半周期相同；除主频率外，测量信号中同时混有其他频率的信号。④在频域中，由主频率对应得到动能 E_{k12}、耗散能 E_{f12}、旋转能 $V_{\omega 12}$、太阳引力位 V_{S12}、月球引力位 V_{M12}、固体潮位 V_{P12} 和中心引力位 V_{012} 波动的振幅和时域中的结果完全吻合，因此可通过时域和频域相互检验计算结果的合理性。

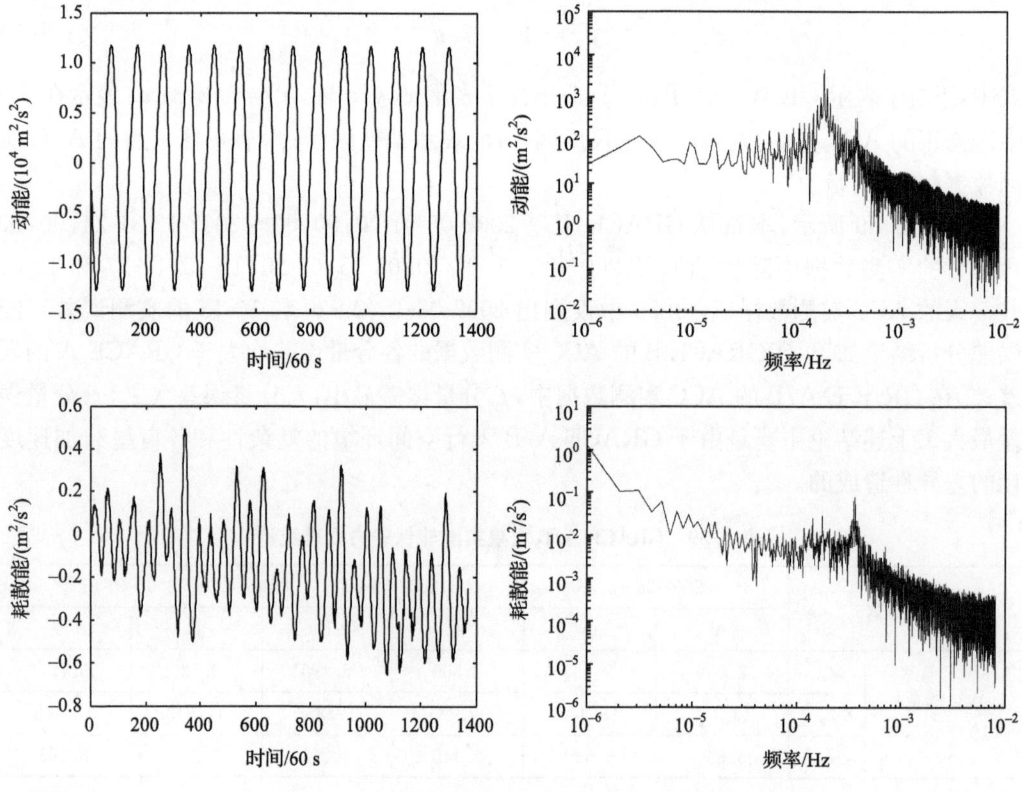

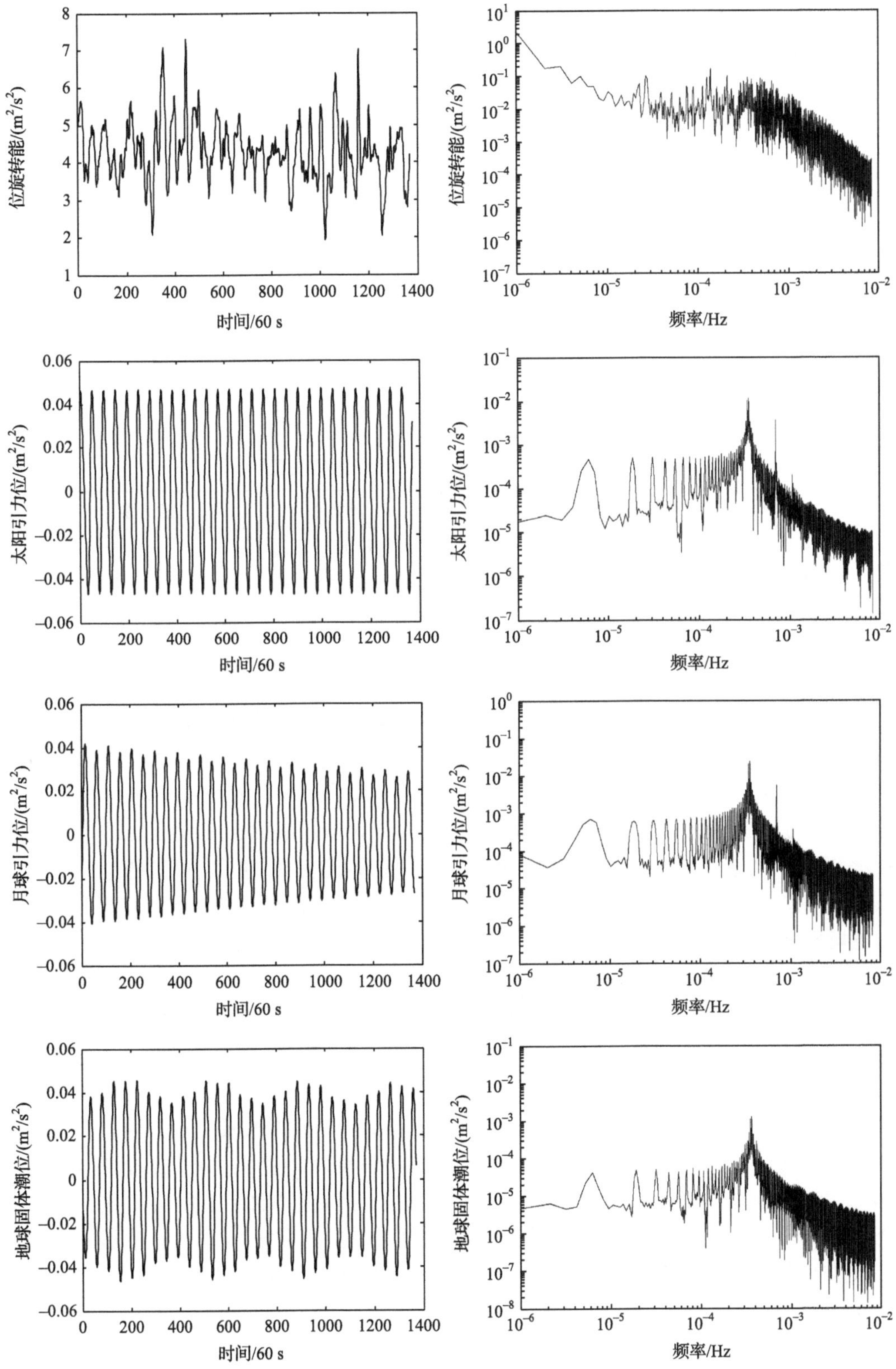

位旋转能/(m²/s²)
时间/60 s
频率/Hz
太阳引力位/(m²/s²)
时间/60 s
频率/Hz
月球引力位/(m²/s²)
时间/60 s
频率/Hz
地球固体潮位/(m²/s²)
时间/60 s
频率/Hz

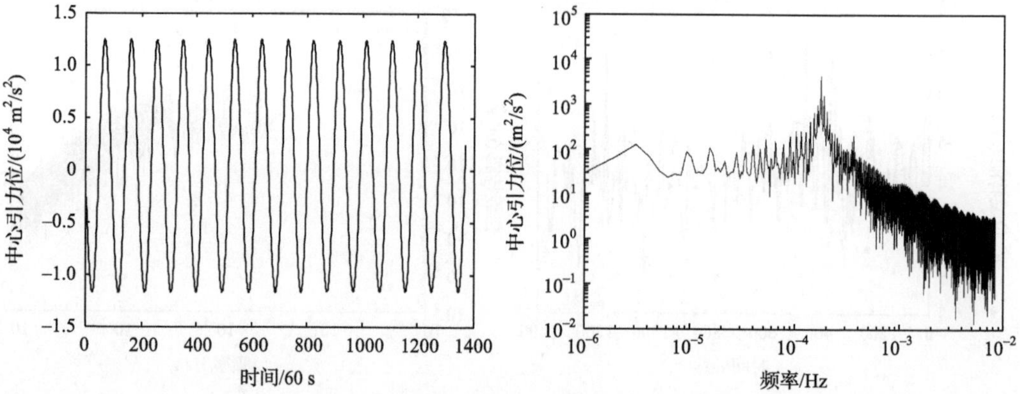

图 3.39 在时域和频域中，卫星观测方程中动能 E_{k12}、耗散能 E_{f12}、位旋转能 $V_{\omega12}$、太阳引力位 V_{S12}、月球引力位 V_{M12}、地球固体潮位 V_{P12} 和中心引力位 V_{012}

表 3.40 GRACE 观测方程中各项能量值

能量项	能量值/(m^2/s^2)	能量项	能量值/(m^2/s^2)
动能 E_{k12}	8521	月球引力位 V_{M12}	0.0238
耗散能 E_{f12}	0.2275	地球固体潮位 V_{P12}	0.0288
旋转能 $V_{\omega12}$	0.8100	中心引力位 V_{012}	8480
太阳引力位 V_{S12}	0.0323	—	—

如图 3.40 所示，虚线表示德国 GFZ 公布的 EIGEN-GRACE02S 地球重力场模型精度，在 120 阶处累计大地水准面精度为 18.938×10^{-2}m；实线表示基于能量守恒法利用美国 JPL 公布的 6 个月的 GRACE-Level-1B 实测数据反演地球重力场精度，在 120 阶处累计大地水准面精度为 25.313×10^{-2}m；GRACE 累计大地水准面精度统计结果如表 3.41 所示。图 3.41 表示地球重力场模型 EIGEN-GRACE02S 和 IGG-GRACE 的地球引力位系数的残差 δ 和标准差 σ 对比。结果表明，由于 $\delta<2\sigma$，因此可以证明本章解算的地球重力场模型 IGG-GRACE 可靠。

如图 3.40 和表 3.41 所示，本章利用能量守恒法反演 120 阶 GRACE 累计大地水准面精度在长波部分($L\leqslant40$ 阶)略优于 EIGEN-GRACE02S，而在中长波($40<L\leqslant120$ 阶)部分略低于 EIGEN-GRACE02S。原因分析如下：①德国 GFZ 采用 110 天的 GRACE 实测数据建立了 EIGEN-GRACE02S 地球重力场模型；本章采用约 180 天的实测数据反演了 120 阶 GRACE 地球重力场。通过两条累计大地水准面精度曲线在各阶处的对比可知，适当增加数据量有利于提高长波地球重力场精度。②德国 GFZ 公布的 EIGEN-GRACE02S 地球重力场模型采用的 GRACE 卫星轨道位置和轨道速度实测数据的采样间隔是 5s，因此 K 波段测距系统的星间速度、加速度计的非保守力、恒星敏感器的姿态实测数据等均以轨道数据的采样间隔为标准进行处理。本章采用的美国 JPL 公布的 GRACE-Level-1B 实测数据中卫星轨道位置和轨道速度的采样间隔是 60s，星间速度和姿态数据的采样间隔是 5s，非保守力的采样间隔是 1s。如果将采样间隔为 60s 的轨道数据利用 Lagrange 多点内插法插值成 5s 采样间隔，需要在每两个实测数据点间插入 12 个虚

点，无法保证插值精度。由于利用能量守恒法结合预处理共轭梯度法反演地球重力场对测速精度极为敏感，因此本章以轨道数据的采样间隔 60s 为标准处理了星间速度、非保守力和三维姿态实测数据。综上所述，适当缩小采样间隔将增加实测数据在地表分布的空间分辨率，有利于感测中高频地球重力场信号。

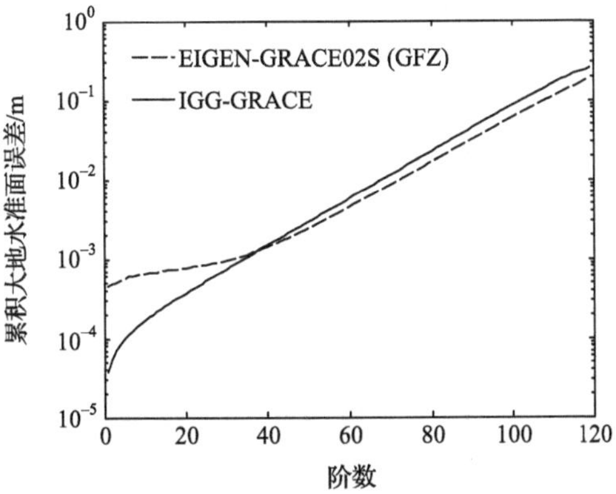

图 3.40　IGG-GRACE 累计大地水准面精度对比(彩图附后)

表 3.41　IGG-GRACE 累计大地水准面精度统计

重力模型	累计大地水准面精度/10^{-2}m				
	20 阶	40 阶	80 阶	100 阶	120 阶
EIGEN-GRACE02S	0.076	0.135	1.566	5.756	18.938
IGG-GRACE	0.035	0.133	2.136	8.218	25.313

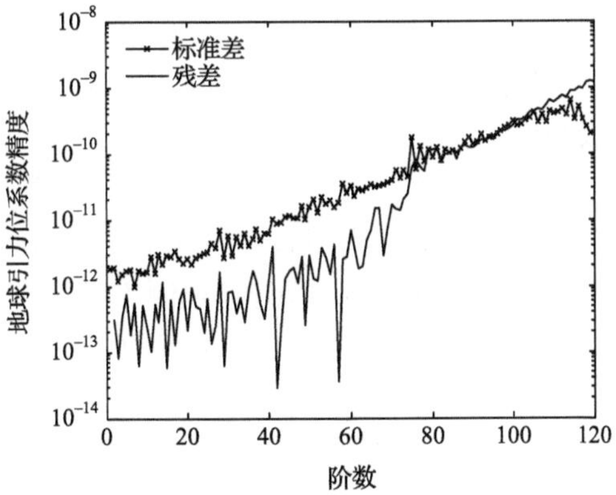

图 3.41　EIGEN-GRACE02S 和 IGG-GRACE 地球引力位系数的标准差和残差(彩图附后)

3.4　本章小结

本章主要建立了单星和双星能量观测方程，并围绕 CHAMP 和 GRACE 卫星开展了重力反演和需求论证。具体结论如下。

1) 能量守恒卫星重力反演法原理

(1) 推导了 SST-HL 模式在地心惯性系和协议地固系中单星(CHAMP)能量观测方程,给出了由于地球自转引起的位旋转效应项。

(2) 基于单星能量观测方程,推导了 SST-LL 模式在地心惯性系中带有参考扰动位和无参考扰动位的双星(GRACE)能量观测方程。

(3) 阐述了利用直接最小二乘法求解大型线性超定方程组的困难性。结果表明,基于 30 天且采样间隔为 10s 的卫星跟踪数据,若反演 120 阶地球重力场,采用直接最小二乘法的总运算量为 $O(tn^2+n^3)\sim259200\times120^4+120^6\sim O(10^{14})$,此运算量即使在并行机上计算也非常耗时,因此利用直接最小二乘法求解大型线性超定方程组并不可取。

(4) 适当选取预处理阵可以极大地减少预处理共轭梯度迭代法求解地球引力位系数中循环迭代的次数(较直接最小二乘法可降低约 1000 倍)。预处理共轭梯度迭代法最关键的部分在于预处理阵 $\boldsymbol{M}_{n\times n}$ 的选取,$\boldsymbol{M}_{n\times n}$ 的选取有两个标准:$\boldsymbol{M}_{n\times n}^{-1}$ 易于计算;$\boldsymbol{M}_{n\times n}^{-1}$ 与 $\boldsymbol{N}_{n\times n}^{-1}$ 越接近越好。本章选取 $\boldsymbol{N}_{n\times n}$ 的块对角部分作为预处理阵,形成的 $\boldsymbol{M}_{n\times n}$ 阵为主对角线上按次数 m 排列且其余部分为 0 的块对角方阵。本章所列出的预处理共轭梯度迭代法比通常方法略有改进:通常的预处理共轭梯度迭代法每次迭代需 4 次向量相乘,本章列出的方法只需要 2 次向量相乘,使运算量从 $\sim O(tn^2)$ 减少到 $\sim O(2ktn)$。

(5) Legendre 函数的快速求解是利用预处理共轭梯度迭代法求解大型线性超定方程组的关键问题之一。因为在每个观测点都需计算 Legendre 函数,对于取 30 天的观测值来说,需要准确计算 259200×2 次 Legendre 函数值且单个 Legendre 函数的计算量随着球谐展开阶数的升高而迅速增大,因此造成整个计算极其耗时。本章在保证计算精度的前提下,没有逐个计算每个观测点的 Legendre 函数,因为 Legendre 函数只与余纬度有关,因此只需计算有限个余纬度点的函数,而其他点上的函数值用已知点上的值作泰勒展开并取前四项逼近,引入的能量误差整体水平($10^{-5}\,m^2/s^2$)远远小于 K 波段测距系统的星间速度误差、GPS 接收机的定轨误差和加速度计的非保守力误差引起的扰动位能量误差($0.01\,m^2/s^2$),因此可以忽略不计。

2) CHAMP 卫星重力反演

(1) 依照 CHAMP 星历模拟算法流程图和卫星轨道模拟参数,仿真模拟了 CHAMP 卫星的星历。经误差分析可知,由于模拟星历引起观测方程的能量误差 $10^{-4}\,m^2/s^2$ 远小于地球扰动位误差 $0.3m^2/s^2$,因此对反演引力位系数精度的影响可以忽略。

(2) 以卫星轨道位置误差(1×10^{-1}m)为标准,提出了卫星轨道速度(1×10^{-4}m/s)和加速度计非保守力($3\times10^{-9}\,m/s^2$)精度指标的匹配关系,并通过单独引入卫星轨道位置、轨道速度和加速度计非保守力误差后引起扰动位误差在同一水平验证了 3 个精度指标相互匹配。

(3) 将卫星轨道位置、轨道速度和加速度计非保守力的匹配误差同时引入 CHAMP 卫星能量观测方程,给出了卫星观测方程中扰动位、动能、耗散能、旋转能和中心引力位的能量误差值。通过误差分析可知,由于在卫星能量观测方程中动能 E_k 和中心引力位 V_0 是主要误差项,因此利用能量守恒法反演地球重力场对卫星轨道测量精度要求较高。

(4) 通过数值模拟基于能量守恒法反演了 70 阶 CHAMP 地球重力场,在 70 阶处,引力位系数精度和累计大地水准面精度分别为 7.755×10^{-10} 和 17.273×10^{-2} m。从

图 3.11中数值模拟精度曲线和德国 GFZ 公布的 EIGEN-CHAMP03S 实测精度曲线在各阶处反演地球重力场的符合情况可知，能量守恒法结合预处理共轭梯度迭代法是反演地球重力场的重要手段和有效方法，可通过数值模拟为我国研制的重力卫星提供关键载荷的匹配精度指标，进而反演高精度和高空间分辨率的地球重力场。

3) GRACE 卫星重力反演

(1) 以 GRACE 卫星 K 波段测距系统的星间速度精度 1×10^{-6}m/s 为标准，提出了 GPS 接收机的轨道位置 3×10^{-2}m 和轨道速度 3×10^{-5}m/s，以及加速度计的非保守力 3×10^{-10}m/s^{2}精度指标的匹配关系，并验证了 4 个精度指标相互匹配。

(2) 基于 GRACE 双星无参考扰动位的能量守恒观测方程反演了 120 阶地球重力场，在 $L=120$ 阶处，反演引力位系数精度和累计大地水准面精度分别为 5.192×10^{-10}和 17.316×10^{-2}m，其结果和德国 GFZ 公布的 EIGEN-GRACE02S 地球重力场模型符合较好；经误差分析可知，由于动能差和中心引力位差是主要误差项，因此能量守恒法对卫星轨道和 K 波段测距系统的星间速度精度要求较高。

(3) 通过分别基于 EGM2008 模型和最小二乘协方差阵反演 120 阶地球引力位系数的模拟精度在各阶处的符合性，充分验证了基于能量守恒法结合预处理共轭梯度迭代法反演 120 阶 GRACE 地球重力场算法的可靠性。

(4) 当 GRACE 各载荷匹配精度指标 $k(1)+r(1)+v(1)+f(1)$逐渐整体降低 3 倍、5 倍和 10 倍时，反演地球引力位系数精度、累计大地水准面精度和累计重力异常精度在各阶处近似按线性关系降低。

(5) 随着重力卫星轨道逐步升高，地球重力场的长波信号衰减幅度较小，中波信号衰减幅度次之，短波信号衰减幅度最大；轨道高度每降低 100km，大气阻力约提高 10 倍。因此，合理选择卫星轨道高度是反演高精度和高空间分辨率地球重力场的重要保证。

(6) 如果星间距离选择太小，在差分掉双星共同误差时，重力场信号也将被大部分差分掉，导致信噪比较低，因此星间距离设计太小不利于长波地球重力场的反演；星间距离设计太大又不能有效差分掉双星的共同误差，不利于中长波地球重力场的反演；将星间距离设计为 220±50km 有利于反演 120 阶地球重力场。

(7) 由于不同卫星轨道倾角敏感于不同阶 l 和次 m 的引力位系数，因此采用多颗不同轨道倾角卫星联合测量可互相取长补短共同反演高精度和高空间分辨率的地球重力场。两组 GRACE 双星分别采用 89°+(82°～84°)轨道倾角反演 120 阶 GRACE 地球重力场是较优组合。在 120 阶内，两组 GRACE 分别采用轨道倾角 89°和 83°联合反演累计大地水准面精度较单组 89°轨道倾角平均提高约 2 倍。

(8) 当质心调整精度设计为$(5\sim10)\times10^{-5}$m 时，其与 K 波段测距系统、GPS 接收机、SuperSTAR 加速度计、恒星敏感器等 GRACE 关键载荷的精度指标相匹配，对地球重力场反演精度的影响较小，因此建议我国将来研制的首颗重力卫星的星体和星载加速度计检验质量的质心调整精度设计为$(5\sim10)\times10^{-5}$m 较优。

(9) 如果星载加速度计三轴分辨率指标设计合理，在保证地球重力场反演精度的前提下，可适当降低星载加速度计研制的难度。因此，建议我国星载加速度计三轴分辨率指标设计为 $ACC_X=(1\sim5)\times10^{-9}$ m/s^2，$ACC_{Y,Z}=(1\sim5)\times10^{-10}$ m/s^2 较合适，其与 GRACE 星载 K 波段测距系统及 GPS 接收机精度指标基本匹配。

(10) 采用三星编队模式反演地球重力场的效果较双星系统仅相当于卫星的有效观测信息增加了 1 倍，据误差原理可知，基于三星跟踪模式反演地球重力场的精度较双星提高约$\sqrt{2}$倍。因此，仅凭简单的再次差分不足以使地球重力场的测量精度获得数量级提高。

(11) 基于能量守恒法反演地球重力场敏感于加速度计实测非保守力的系统误差，因此精确标校加速度计实测数据是反演高精度和高空间分辨率地球重力场的关键因素。利用先验地球重力场模型，通过相邻历元差分法对加速度计实测非保守力进行了适合于 2007 年 8 月 1 日至 10 月 31 日时间段的重新标校。标校前，加速度计非保守力系统误差会引起每天 $0.4\mathrm{m}^2/\mathrm{s}^2$ 的扰动位差线性漂移；标校后，加速度计实测数据去掉了系统误差影响，地球扰动位误差仅为 $0.01\mathrm{m}^2/\mathrm{s}^2$。

(12) 对 GRACE 卫星各关键载荷的实测数据(K 波段测距系统的星间速度、GPS 接收机的轨道位置和轨道速度，以及加速度计的非保守力等)进行了轨道拼接、粗差探测、线性内插、重新标定、坐标转换、误差分析等预处理；利用美国 JPL 公布的 6 个月的 GRACE-Level-1B 实测数据建立了 120 阶地球重力场模型 IGG-GRACE；基于 $\delta < 2\sigma$，检验了地球重力场反演精度的可靠性，并分析了 IGG-GRACE 模型精度在低频部分略优于 EIGEN-GRACE02S 模型，而在中高频部分略低于其的原因。

第4章　基于星间加速度法反演地球重力场

卫星加速度法是指以卫星轨道加速度或星间加速度为观测量建立卫星观测方程，基于最小二乘法、PCCG法等解算大型线性超定方程组，进而解算地球引力位系数，最终目的是反演高精度和高分辨率的地球重力场。卫星加速度法的优点是观测方程形式简单、计算量相对较小，以及对计算机性能要求较低；缺点是采用的数值微分算法在一定程度上损失了长波地球重力场的精度。沈云中等(2005)导出了星间加速度观测方程的简化形式，分别基于星间速度与星间加速度模拟计算了地球重力场；Liu(2008)基于3点星间距离联合法(3RC)解算了地球重力场。本章首先利用星间加速度法反演120阶GRACE地球重力场，对比分析新建立的GRACE-IRAM重力场模型和德国GFZ公布的EIGEN-GRACE02S模型的优缺点(郑伟等，2011c)；其次，开展插值公式、相关系数和采样间隔对GRACE Follow-On星间加速度精度影响的论证研究(Zheng et al.，2012a)。

4.1　GRACE地球重力场反演(郑伟等，2011c)

4.1.1　方法

1. 卫星观测方程建立

在地心惯性系中，GRACE-A/B的星间距离 ρ_{12} 表示如下

$$\rho_{12} = \boldsymbol{r}_{12} \cdot \boldsymbol{e}_{12} \tag{4.1}$$

式中，$\boldsymbol{r}_{12} = \boldsymbol{r}_2 - \boldsymbol{r}_1$ 表示GRACE-A/B的相对轨道位置矢量，$\boldsymbol{r}_1$ 和 $\boldsymbol{r}_2$ 分别表示双星的绝对轨道位置矢量；$\boldsymbol{e}_{12} = \boldsymbol{r}_{12}/|\boldsymbol{r}_{12}|$ 表示由GRACE-A指向GRACE-B的单位矢量。

在式(4.1)两边同时对时间 t 求导数，可得GRACE-A/B的星间速度 $\dot{\rho}_{12}$：

$$\dot{\rho}_{12} = \dot{\boldsymbol{r}}_{12} \cdot \boldsymbol{e}_2 + \boldsymbol{r}_{12} \cdot \dot{\boldsymbol{e}}_{12} \tag{4.2}$$

式中，$\dot{\boldsymbol{r}}_{12} = \dot{\boldsymbol{r}}_2 - \dot{\boldsymbol{r}}_1$ 表示GRACE-A/B的相对轨道速度矢量；$\dot{\boldsymbol{e}}_{12}$ 表示垂直于GRACE-A/B连线的单位矢量：

$$\dot{\boldsymbol{e}}_{12} = \frac{\dot{\boldsymbol{r}}_{12} - \dot{\rho}_{12}\boldsymbol{e}_{12}}{\rho_{12}} \tag{4.3}$$

因为 $\boldsymbol{r}_{12} \cdot \dot{\boldsymbol{e}}_{12} = 0$，所以式(4.2)可简化为

$$\dot{\rho}_{12} = \dot{\boldsymbol{r}}_{12} \cdot \boldsymbol{e}_{12} \tag{4.4}$$

在式(4.4)两边同时对时间 t 求导数，可得GRACE-A/B的星间加速度 $\ddot{\rho}_{12}$：

$$\ddot{\rho}_{12} = \ddot{\boldsymbol{r}}_{12} \cdot \boldsymbol{e}_{12} + \dot{\boldsymbol{r}}_{12} \cdot \dot{\boldsymbol{e}}_{12} \tag{4.5}$$

式中，$\ddot{\boldsymbol{r}}_{12}$ 表示 GRACE-A/B 的相对轨道加速度矢量：

$$\ddot{\boldsymbol{r}}_{12}=\boldsymbol{F}_{12}^{0}+\boldsymbol{F}_{12}^{\mathrm{T}}+\boldsymbol{F}_{12}^{\mathrm{c}}+\boldsymbol{f}_{12}^{\mathrm{N}} \tag{4.6}$$

式中，$\boldsymbol{F}_{12}^{\mathrm{c}}=\boldsymbol{F}_{2}^{\mathrm{c}}-\boldsymbol{F}_{1}^{\mathrm{c}}$ 表示除地球引力之外的作用于 GRACE-A/B 的所有相对保守力（包括太阳引力，月球引力，地球固体、海洋、大气和极潮摄动力，广义相对论效应摄动力等）；$\boldsymbol{f}_{12}^{\mathrm{N}}=\boldsymbol{f}_{2}^{\mathrm{N}}-\boldsymbol{f}_{1}^{\mathrm{N}}$ 表示作用于 GRACE-A/B 的所有相对非保守力（包括大气阻力、太阳光压力、地球辐射压力、卫星轨道高度及姿态控制力、经验摄动力等）；$\boldsymbol{F}_{12}^{0}=\boldsymbol{F}_{2}^{0}-\boldsymbol{F}_{1}^{0}$ 表示作用于 GRACE-A/B 的相对地球中心引力：

$$\boldsymbol{F}_{12}^{0}=-GM\left(\frac{\boldsymbol{r}_2}{|\boldsymbol{r}_2|^3}-\frac{\boldsymbol{r}_1}{|\boldsymbol{r}_1|^3}\right) \tag{4.7}$$

式中，GM 表示地球质量 M 和万有引力常数 G 之积；$|\boldsymbol{r}_{1(2)}|=\sqrt{x_{1(2)}^2+y_{1(2)}^2+z_{1(2)}^2}$ 表示 GRACE-A/B 各自的地心半径，$(x_{1(2)},y_{1(2)},z_{1(2)})$ 分别表示双星各自位置矢量 $\boldsymbol{r}_{1(2)}$ 的三个分量。$\boldsymbol{F}_{12}^{\mathrm{T}}=\nabla T_{12}$ 表示作用于 GRACE-A/B 的相对地球扰动引力：

$$\nabla T_{12}=\left(\frac{\partial T_2}{\partial x_2}-\frac{\partial T_1}{\partial x_1},\frac{\partial T_2}{\partial y_2}-\frac{\partial T_1}{\partial y_1},\frac{\partial T_2}{\partial z_2}-\frac{\partial T_1}{\partial z_1}\right)^{\mathrm{T}} \tag{4.8}$$

式中，$\nabla T_{12}=\nabla(T_2-T_1)$ 表示相对扰动位梯度。

联合式(4.3)～式(4.8)，星间加速度观测方程表示如下

$$\nabla T_{12}\cdot\boldsymbol{e}_{12}=\ddot{\rho}_{12}-\frac{|\dot{\boldsymbol{r}}_{12}|^2-\dot{\rho}_{12}^2}{\rho_{12}}+GM\left(\frac{\boldsymbol{r}_2}{|\boldsymbol{r}_2|^3}-\frac{\boldsymbol{r}_1}{|\boldsymbol{r}_1|^3}\right)\cdot\boldsymbol{e}_{12}-\boldsymbol{F}_{12}^{\mathrm{c}}\cdot\boldsymbol{e}_{12}-\boldsymbol{f}_{12}^{\mathrm{N}}\cdot\boldsymbol{e}_{12} \tag{4.9}$$

2. 星间加速度

基于 Newton 插值模型，星间距离 ρ_{12} 的泰勒展开表示如下（Reubelt et al.，2003）

$$\rho_{12}(t)=\rho_{12}(t_1)+\sum_{i=1}^{n-1}\binom{q}{i}\Delta_{1+i/2}^{i} \tag{4.10}$$

式中，$\binom{q}{i}$表示二项式系数，$q=\dfrac{t-t_1}{\Delta t}$，$t$ 表示插值点的时间，t_1 表示插值点的初始时刻，Δt 表示采样间隔；$\Delta_{1+(n-1)/2}^{n-1}=\sum\limits_{i=1}^{n}(-1)^{n+i}\binom{n-1}{i-1}\rho_{12}(t_i)$ 表示差分算子，n 表示插值点数。

在式(4.10)两边同时对时间 t 求二阶导数可得星间加速度 $\ddot{\rho}_{12}$ 展开公式：

$$\ddot{\rho}_{12}(t_i)=\frac{1}{(\Delta t)^2}\left[\Delta_2^2+\frac{6(q-1)}{3!}\Delta_{5/2}^2+\cdots+\frac{1}{(n-1)!}\sum_{j=0}^{n-2}\frac{\sum\limits_{k=0}^{n-2}\left(\dfrac{q-j}{q-k}\right)-1}{(q-j)^2}\prod_{l=0}^{n-2}(q-l)\Delta_{1+(n-1)/2}^{n-1}\right] \tag{4.11}$$

其中，9 点 Newton 插值公式表示如下

$$\ddot{\rho}_{12}(t_i)=\frac{1}{(\Delta t)^2}\Big[-\frac{1}{560}\rho_{12}(t_{i-4})+\frac{8}{315}\rho_{12}(t_{i-3})-\frac{1}{5}\rho_{12}(t_{i-2})+\frac{8}{5}\rho_{12}(t_{i-1})-\frac{205}{72}\rho_{12}(t_i)$$
$$+\frac{8}{5}\rho_{12}(t_{i+1})-\frac{1}{5}\rho_{12}(t_{i+2})+\frac{8}{315}\rho_{12}(t_{i+3})-\frac{1}{560}\rho_{12}(t_{i+4})\Big] \tag{4.12}$$

3. 扰动位梯度

地球扰动位 $T(r,\theta,\lambda)$ 表示如下

$$T(r,\theta,\lambda)=\frac{GM}{R_e}\sum_{l=2}^{L}\left(\frac{R_e}{r}\right)^{l+1}\sum_{m=0}^{l}(\bar{C}_{lm}\cos m\lambda+\bar{S}_{lm}\sin m\lambda)\bar{P}_{lm}(\cos\theta) \tag{4.13}$$

式中，r、θ 和 λ 分别表示卫星的地心半径、余纬度和经度；R_e 表示地球的平均半径；$\bar{P}_{lm}(\cos\theta)$ 表示规格化的 Legendre 函数，l 表示阶数，m 表示次数；$\bar{C}_{lm}$ 和 $\bar{S}_{lm}$ 表示待求的规格化引力位系数。

扰动位梯度 ∇T 在球坐标系 (r,θ,λ) 和直角坐标系 (x,y,z) 中的转换关系表示如下

$$\begin{cases}\dfrac{\partial T(r,\theta,\lambda)}{\partial x}=\dfrac{\partial T}{\partial r}\dfrac{\partial r}{\partial x}+\dfrac{\partial T}{\partial \theta}\dfrac{\partial \theta}{\partial x}+\dfrac{\partial T}{\partial \lambda}\dfrac{\partial \lambda}{\partial x}\\ \dfrac{\partial T(r,\theta,\lambda)}{\partial y}=\dfrac{\partial T}{\partial r}\dfrac{\partial r}{\partial y}+\dfrac{\partial T}{\partial \theta}\dfrac{\partial \theta}{\partial y}+\dfrac{\partial T}{\partial \lambda}\dfrac{\partial \lambda}{\partial y}\\ \dfrac{\partial T(r,\theta,\lambda)}{\partial z}=\dfrac{\partial T}{\partial r}\dfrac{\partial r}{\partial z}+\dfrac{\partial T}{\partial \theta}\dfrac{\partial \theta}{\partial z}+\dfrac{\partial T}{\partial \lambda}\dfrac{\partial \lambda}{\partial z}\end{cases} \tag{4.14}$$

式(4.14)的矩阵形式表示如下

$$\nabla T_{x,y,z}=\boldsymbol{J}\cdot\nabla T_{r,\theta,\lambda} \tag{4.15}$$

式中，$\nabla T_{r,\theta,\lambda}$ 表示 T 对 (r,θ,λ) 的偏导数：

$$\nabla T_{r,\theta,\lambda}=\begin{pmatrix}\dfrac{\partial T}{\partial r}\\ \dfrac{\partial T}{\partial \theta}\\ \dfrac{\partial T}{\partial \lambda}\end{pmatrix}=-\frac{GM}{r}\sum_{l=2}^{L}\left(\frac{R_e}{r}\right)^{l}\sum_{m=0}^{l}\begin{pmatrix}(l+1)/r(\bar{C}_{lm}\cos m\lambda+\bar{S}_{lm}\sin m\lambda)\bar{P}_{lm}(\cos\theta)\\ (\bar{C}_{lm}\cos m\lambda+\bar{S}_{lm}\sin m\lambda)\sin\theta\bar{P}'_{lm}(\cos\theta)\\ m(\bar{C}_{lm}\sin m\lambda+\bar{S}_{lm}\cos m\lambda)\bar{P}_{lm}(\cos\theta)\end{pmatrix} \tag{4.16}$$

式中，Legendre 函数 $\bar{P}_{lm}(\cos\theta)$ 表示如下(Koop，1993)

$$\begin{cases}\bar{P}_{l,l}=f_1\sin\theta\bar{P}_{l-1,l-1}\\ \bar{P}_{l,l-1}=f_2\cos\theta\bar{P}_{l-1,l-1}\\ \bar{P}_{l,m}=f_3(f_4\cos\theta\bar{P}_{l-1,m}-f_5\bar{P}_{l-2,m})\\ \bar{P}_{l,m-2}=\dfrac{1}{f_6}[-2(m-1)\dfrac{\cos\theta}{\sin\theta}\bar{P}_{l,m-1}+f_7\bar{P}_{l,m})]\end{cases} \tag{4.17}$$

初值表示如下

$$\begin{cases}\bar{P}_{0,0}=1\\ \bar{P}_{1,1}=\sqrt{3}\sin\theta\end{cases} \tag{4.18}$$

系数表示如下

$$\begin{cases}f_1=\sqrt{\dfrac{2l+1}{2l}}\\ f_2=\sqrt{2l+1}\\ f_3=\sqrt{\dfrac{2l+1}{(l-m)(l+m)}}\\ f_4=\sqrt{2l-1}\\ f_5=\sqrt{\dfrac{(l-m-1)(l+m-1)}{2l-3}}\\ f_6=\begin{cases}-\sqrt{2l(l+1)} & if\ m=2\\ -\sqrt{(l-m+2)(l+m-1)} & if\ m\neq 2\end{cases}\\ f_7=\sqrt{(l+m)(l-m+1)}\end{cases} \tag{4.19}$$

Legendre 函数的一阶导数 $\bar{P}'_{lm}(\cos\theta)$ 表示如下

$$\begin{cases}\bar{P}'_{l,l}=f_1(\cos\theta\bar{P}_{l-1,l-1}+\sin\theta\bar{P}'_{l-1,l-1})\\ \bar{P}'_{l,l-1}=f_2(-\sin\theta\bar{P}_{l-1,l-1}+\cos\theta\bar{P}'_{l-1,l-1})\\ \bar{P}'_{l,m}=f_3(-f_4\sin\theta\bar{P}_{l-1,m}+f_4\cos\theta\bar{P}'_{l-1,m}-f_5\bar{P}_{l-2,m})\end{cases} \tag{4.20}$$

初值表示如下

$$\begin{cases}\bar{P}'_{0,0}=0\\ \bar{P}'_{1,1}=\sqrt{3}\cos\theta\end{cases} \tag{4.21}$$

$\boldsymbol{J}$ 表示由$\nabla T_{r,\theta,\lambda}$ 到$\nabla T_{x,y,z}$ 的转换矩阵：

$$\boldsymbol{J}=\begin{bmatrix}\dfrac{\partial r}{\partial x} & \dfrac{\partial \theta}{\partial x} & \dfrac{\partial \lambda}{\partial x}\\ \dfrac{\partial r}{\partial y} & \dfrac{\partial \theta}{\partial y} & \dfrac{\partial \lambda}{\partial y}\\ \dfrac{\partial r}{\partial z} & \dfrac{\partial \theta}{\partial z} & \dfrac{\partial \lambda}{\partial z}\end{bmatrix} \tag{4.22}$$

球坐标系 (r,θ,λ) 和直角坐标系 (x,y,z) 的转换关系如下

$$\begin{cases}x=r\sin\theta\cos\lambda\\ y=r\sin\theta\sin\lambda\\ z=r\cos\theta\end{cases} \tag{4.23}$$

(r,θ,λ) 对(x,y,z) 的偏导数表示如下

$$
\begin{cases}
\dfrac{\partial r}{\partial r}=\dfrac{\partial r}{\partial x}\dfrac{\partial x}{\partial r}+\dfrac{\partial r}{\partial y}\dfrac{\partial y}{\partial r}+\dfrac{\partial r}{\partial z}\dfrac{\partial z}{\partial r}=1\\
\dfrac{\partial r}{\partial \theta}=\dfrac{\partial r}{\partial x}\dfrac{\partial x}{\partial \theta}+\dfrac{\partial r}{\partial y}\dfrac{\partial y}{\partial \theta}+\dfrac{\partial r}{\partial z}\dfrac{\partial z}{\partial \theta}=0\\
\dfrac{\partial r}{\partial \lambda}=\dfrac{\partial r}{\partial x}\dfrac{\partial x}{\partial \lambda}+\dfrac{\partial r}{\partial y}\dfrac{\partial y}{\partial \lambda}+\dfrac{\partial r}{\partial z}\dfrac{\partial z}{\partial \lambda}=0\\
\dfrac{\partial \theta}{\partial r}=\dfrac{\partial \theta}{\partial x}\dfrac{\partial x}{\partial r}+\dfrac{\partial \theta}{\partial y}\dfrac{\partial y}{\partial r}+\dfrac{\partial \theta}{\partial z}\dfrac{\partial z}{\partial r}=0\\
\dfrac{\partial \theta}{\partial \theta}=\dfrac{\partial \theta}{\partial x}\dfrac{\partial x}{\partial \theta}+\dfrac{\partial \theta}{\partial y}\dfrac{\partial y}{\partial \theta}+\dfrac{\partial \theta}{\partial z}\dfrac{\partial z}{\partial \theta}=1\\
\dfrac{\partial \theta}{\partial \lambda}=\dfrac{\partial \theta}{\partial x}\dfrac{\partial x}{\partial \lambda}+\dfrac{\partial \theta}{\partial y}\dfrac{\partial y}{\partial \lambda}+\dfrac{\partial \theta}{\partial z}\dfrac{\partial z}{\partial \lambda}=0\\
\dfrac{\partial \lambda}{\partial r}=\dfrac{\partial \lambda}{\partial x}\dfrac{\partial x}{\partial r}+\dfrac{\partial \lambda}{\partial y}\dfrac{\partial y}{\partial r}+\dfrac{\partial \lambda}{\partial z}\dfrac{\partial z}{\partial r}=0\\
\dfrac{\partial \lambda}{\partial \theta}=\dfrac{\partial \lambda}{\partial x}\dfrac{\partial x}{\partial \theta}+\dfrac{\partial \lambda}{\partial y}\dfrac{\partial y}{\partial \theta}+\dfrac{\partial \lambda}{\partial z}\dfrac{\partial z}{\partial \theta}=0\\
\dfrac{\partial \lambda}{\partial \lambda}=\dfrac{\partial \lambda}{\partial x}\dfrac{\partial x}{\partial \lambda}+\dfrac{\partial \lambda}{\partial y}\dfrac{\partial y}{\partial \lambda}+\dfrac{\partial \lambda}{\partial z}\dfrac{\partial z}{\partial \lambda}=1
\end{cases}
\tag{4.24}
$$

其中，(x,y,z) 对 (r,θ,λ) 的偏导数表示如下

$$
\frac{\partial(x,y,z)}{\partial(r,\theta,\lambda)}=\begin{bmatrix}\dfrac{\partial x}{\partial r} & \dfrac{\partial y}{\partial r} & \dfrac{\partial z}{\partial r}\\ \dfrac{\partial x}{\partial \theta} & \dfrac{\partial y}{\partial \theta} & \dfrac{\partial z}{\partial \theta}\\ \dfrac{\partial x}{\partial \lambda} & \dfrac{\partial y}{\partial \lambda} & \dfrac{\partial z}{\partial \lambda}\end{bmatrix}=\begin{bmatrix}\sin\theta\cos\lambda & \sin\theta\sin\lambda & \cos\theta\\ r\cos\theta\cos\lambda & r\cos\theta\sin\lambda & -r\sin\theta\\ -r\sin\theta\sin\lambda & r\sin\theta\cos\lambda & 0\end{bmatrix}
\tag{4.25}
$$

基于式(4.24)和式(4.25)可得

$$
\boldsymbol{J}=\begin{bmatrix}\cos\lambda\sin\theta & \dfrac{\cos\lambda\cos\theta}{r} & -\dfrac{\sin\lambda}{r\sin\theta}\\ \sin\lambda\sin\theta & \dfrac{\sin\lambda\cos\theta}{r} & \dfrac{\cos\lambda}{r\sin\theta}\\ \cos\theta & -\dfrac{\sin\theta}{r} & 0\end{bmatrix}
\tag{4.26}
$$

4.1.2 结果

在卫星观测方程(4.9)建立之后，首先利用 9 阶 Runge-Kutta 线性单步法结合 12 阶 Adams-Cowell 线性多步法数值积分公式模拟了 GRACE-A/B 的星历，初始轨道根数和相关模拟参数如表 4.1 所示。

如图 4.1 所示，星号线表示德国 GFZ 公布的 120 阶 EIGEN-GRACE02S 地球重力场模型的实测精度，在 120 阶处反演累计大地水准面精度为 18.938×10^{-2}m；虚线表示基于星间加速度法反演 GRACE-IRAM 地球重力场的模拟精度，在 120 阶处累计大地水准面精度为 7.215×10^{-2}m，GRACE 卫星关键载荷精度指标如表 4.2 所示，各阶处累计大地

表 4.1　GRACE-A/B 双星初始轨道根数和相关模拟参数

参数	指标
历元/MJD	52732.00000000
轨道半长轴/km	6857.01012085
轨道倾角/(°)	89.007800000
轨道偏心率	0.00170720
升交点赤经/(°)	249.22240000
近地点幅角/(°)	304.18170000
星间距离/km	219.8577886
真近点角/(°)	112.02610000　110.02610000
重力场模型	EGM2008
模拟时间/d	30
采样间隔/s	10

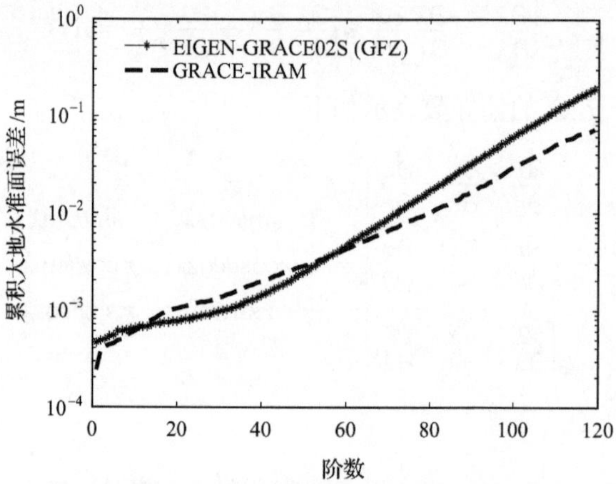

图 4.1　基于星间加速度法反演累计大地水准面精度(彩图附后)

表 4.2　GRACE 关键载荷精度指标

观测值	精度指标	观测值	精度指标
星间距离/m	1×10^{-5}	轨道速度/(m/s)	3×10^{-5}
星间速度/(m/s)	1×10^{-6}	非保守力/(m/s²)	3×10^{-10}
轨道位置/m	3×10^{-2}	—	—

水准面精度的统计结果如表 4.3 所示。模拟结果表明，在地球重力场长波部分($2\leqslant L<60$)，EIGEN-GRACE02S 模型的精度略优于 GRACE-IRAM；在地球重力场中长波部分($60\leqslant L\leqslant120$)，GRACE-IRAM 模型的精度略优于 EIGEN-GRACE02S。原因分析如下：星间加速度法的主要观测量是由星间距离二次微分得到的星间加速度。在数值微分过程中，差分掉 GRACE-A/B 双星共同误差的同时，也差分掉了部分地球重力场低频信号，因此在一定程度上将会降低地球重力场长波信号的灵敏度，但同时会提高中长波地球重力场的感测精度。因此，星间加速度法有望成为将来精确反演高阶次地球重力场(如

GRACE Follow-On 重力卫星计划)的优选方法之一。

表 4.3　基于星间加速度法反演累计大地水准面精度统计结果

重力模型	累计大地水准面精度/10^{-2}m					
	20 阶	40 阶	60 阶	80 阶	100 阶	120 阶
EIGEN-GRACE02S	0.076	0.134	0.424	1.566	5.756	18.938
GRACE-IRAM	0.101	0.193	0.398	0.964	2.810	7.215

4.2　GRACE Follow-On 星间加速度精度论证 (Zheng et al., 2012a)

4.2.1　插值公式的选取

基于 Newton 插值模型，星间距离 ρ_{12} 的泰勒展开公式表示如下(Reubelt et al., 2003)

$$\rho_{12}(t) = \rho_{12}(t_1) + \sum_{i=1}^{n-1} \binom{q}{i} \Delta^{i}_{1+i/2} \tag{4.27}$$

式中，$\binom{q}{i}$表示二项式系数，$q = \dfrac{t - t_1}{\Delta t}$，$t$ 表示插值点的时间，t_1 表示插值点的初始时刻，Δt 表示采样间隔；$\Delta^{n-1}_{1+(n-1)/2} = \sum_{i=1}^{n} (-1)^{n+i} \binom{n-1}{i-1} \rho_{12}(t_i)$ 表示差分算子，n 表示插值的点数。

在式(4.27)两边同时对时间 t 求二阶导数，可得星间加速度 $\ddot{\rho}_{12}$ 的展开公式：

$$\ddot{\rho}_{12}(t_i) = \frac{1}{(\Delta t)^2}\left[\Delta^2_2 + \frac{6(q-1)}{3!}\Delta^2_{5/2} + \cdots + \frac{1}{(n-1)!}\sum_{j=0}^{n-2}\frac{\sum_{k=0}^{n-2}\left(\frac{q-j}{q-k}\right)-1}{(q-j)^2}\prod_{l=0}^{n-2}(q-l)\Delta^{n-1}_{1+(n-1)/2}\right] \tag{4.28}$$

基于式(4.28)，3 点、5 点、7 点和 9 点 Newton 插值公式表示如下

$$\ddot{\rho}_{12}(t_i) = \frac{1}{(\Delta t)^2}\left[\rho_{12}(t_{i-1}) - 2\rho_{12}(t_i) + \rho_{12}(t_{i+1})\right] \tag{4.29}$$

$$\ddot{\rho}_{12}(t_i) = \frac{1}{(\Delta t)^2}\left[-\frac{1}{12}\rho_{12}(t_{i-2}) + \frac{4}{3}\rho_{12}(t_{i-1}) - \frac{5}{2}\rho_{12}(t_i) + \frac{4}{3}\rho_{12}(t_{i+1}) - \frac{1}{12}\rho_{12}(t_{i+2})\right] \tag{4.30}$$

$$\begin{aligned}\ddot{\rho}_{12}(t_i) = &\frac{1}{(\Delta t)^2}\Big[\frac{1}{90}\rho_{12}(t_{i-3}) - \frac{3}{20}\rho_{12}(t_{i-2}) \\ &+ \frac{3}{2}\rho_{12}(t_{i-1}) - \frac{49}{18}\rho_{12}(t_i) + \frac{3}{2}\rho_{12}(t_{i+1}) - \frac{3}{20}\rho_{12}(t_{i+2}) + \frac{1}{90}\rho_{12}(t_{i+3})\Big]\end{aligned} \tag{4.31}$$

$$\ddot{\rho}_{12}(t_i)=\frac{1}{(\Delta t)^2}\Big[-\frac{1}{560}\rho_{12}(t_{i-4})+\frac{8}{315}\rho_{12}(t_{i-3})-\frac{1}{5}\rho_{12}(t_{i-2})+\frac{8}{5}\rho_{12}(t_{i-1})-\frac{205}{72}\rho_{12}(t_i)$$
$$+\frac{8}{5}\rho_{12}(t_{i+1})-\frac{1}{5}\rho_{12}(t_{i+2})+\frac{8}{315}\rho_{12}(t_{i+3})-\frac{1}{560}\rho_{12}(t_{i+4})\Big] \tag{4.32}$$

插值公式的优化选取是决定星间加速度精度的关键因素。基于 $\dot{\rho}_{12}=\dot{\boldsymbol{r}}_{12}\cdot\boldsymbol{e}_{12}+\boldsymbol{r}_{12}\cdot\dot{\boldsymbol{e}}_{12}$ 和式(4.28)计算得到的星间加速度分别为理论值和计算值,二者之差可有效评定 Newton 插值公式的插值精度。图 4.2 表示基于采样间隔 10s,3 点、5 点、7 点和 9 点 Newton 插值公式的插值精度,统计结果如表 4.4 所示。模拟结果表明,当采样间隔一定,随着 Newton 插值公式中插值点数的逐渐减少,星间加速度的插值误差逐渐增加。基于 9 点 Newton 插值公式,星间加速度的插值误差为 $4.401\times10^{-13}\mathrm{m/s^2}$,分别基于 7 点、5 点和 3 点 Newton 插值公式,插值误差增加了 1.192 倍、6.912 倍和 274.029 倍。由于 GRACE Follow-On 星间加速度的测量精度约为 $10^{-12}\mathrm{m/s^2}$ 量级,因此采用 7 点和 9 点 Newton 插值公式引入的插值误差将不会对 GRACE Follow-On 地球重力场的精度产生实质性影响。具体原因分析如下:①当采用低阶插值公式(3 点和 5 点)时,由于星间距离的插值点数较少,导致信号量较少,因此信噪比较低,不足以有效获得星间加速度信号。②当采用高阶插值公式(7 点和 9 点)时,随着星间距离插值点数增多,信号量逐渐增加,

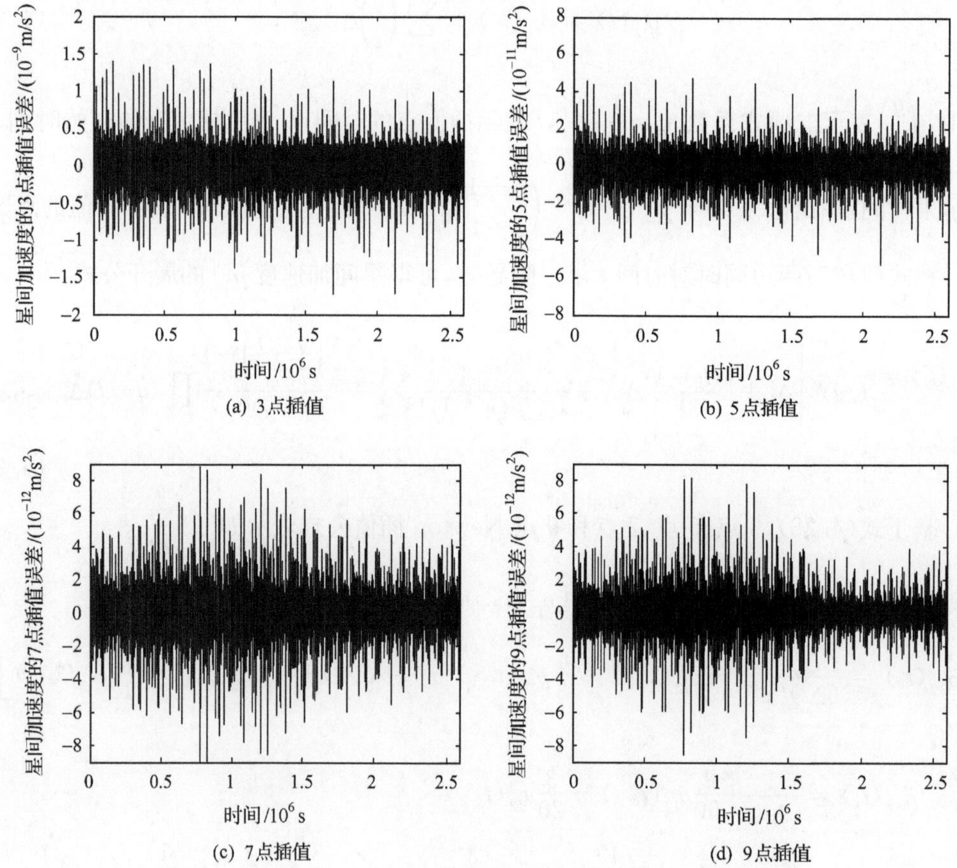

(a) 3点插值　(b) 5点插值

(c) 7点插值　(d) 9点插值

图 4.2　不同点数 Newton 插值公式引入星间加速度的插值误差

因此信噪比逐渐增高。但是，随着插值点数的增加，星间距离误差同时也逐渐增大，而且高阶微分公式易于放大观测误差，因此最优信噪比（插值点数）的选取是高精度获得星间加速度的关键所在。综上所述，本章通过优化选取将采用 9 点 Newton 插值公式由星间距离插值得到星间加速度。

表 4.4　星间加速度的插值误差统计

插值点数	插值误差/(m/s²)			
	最小值	最大值	平均值	标准差
3 点	-1.728×10^{-9}	1.395×10^{-9}	-6.116×10^{-15}	1.206×10^{-10}
5 点	-5.267×10^{-11}	4.733×10^{-11}	-5.380×10^{-17}	3.042×10^{-12}
7 点	-8.982×10^{-12}	8.809×10^{-12}	-7.044×10^{-18}	5.246×10^{-13}
9 点	-8.592×10^{-12}	8.157×10^{-12}	-1.227×10^{-17}	4.401×10^{-13}

4.2.2　相关系数的选择

星间加速度不是相互独立，而具有一定的相关性。因此，在插值的星间加速度中引入正态分布的随机白噪声不符合实际情况，应加入具有相关性的色噪声。星间加速度的色噪声可通过方差-协方差传播定律获得（Reubelt et al.，2003）

$$\boldsymbol{D}\{\ddot{\rho}_{12}(t)\}=(\beta_1,\beta_2,\cdots,\beta_n)\boldsymbol{D}\{\rho_{12}(t)\}(\beta_1,\beta_2,\cdots,\beta_n)^{\mathrm{T}} \tag{4.33}$$

式中，$\boldsymbol{D}\{\rho_{12}(t)\}$ 和 $\boldsymbol{D}\{\ddot{\rho}_{12}(t)\}$ 分别表示星间距离和星间加速度的方差 - 协方差矩阵；$(\beta_1, \beta_2,\cdots,\beta_n)$ 表示 Newton 插值公式(4.28)的系数。

假设卫星观测值是等精度测量，$\boldsymbol{D}\{\rho_{12}(t)\}$ 表示如下

$$\boldsymbol{D}\{\rho_{12}(t)\}=\boldsymbol{\Gamma}(\mu)\sigma_{\rho_{12}}^2 \tag{4.34}$$

式中，$\sigma_{\rho_{12}}^2$ 表示星间距离的白噪声方差；$\boldsymbol{\Gamma}(\mu)$ 表示色噪声协方差转换阵：

$$\boldsymbol{\Gamma}(\mu)=\begin{pmatrix} 1 & \mu & \mu^2 & \cdots & \mu^{n-1} \\ \mu & 1 & \mu & \cdots & \mu^{n-2} \\ \mu^2 & \mu & 1 & \cdots & \mu^{n-3} \\ \vdots & \vdots & \vdots & \ddots & \vdots \\ \mu^{n-1} & \mu^{n-2} & \mu^{n-3} & \cdots & 1 \end{pmatrix} \tag{4.35}$$

式中，$\mu=K^{\gamma}$ 表示相关系数（$0<K<1$），K 表示相关系数因子，$\gamma=\Delta t/10$。

相关系数是影响星间加速度精度的重要因素。图 4.3 表示基于 9 点 Newton 插值公式和采样间隔 10s，不同相关系数对星间加速度方差的影响，统计结果如表 4.5 所示。模拟结果表明，当插值公式和采样间隔一定，随着相关系数逐渐增大，星间加速度的方差逐渐减小。基于相关系数 0.99，星间加速度的方差为 $3.777\times10^{-24}\mathrm{m}^2/\mathrm{s}^4$，分别基于相关系数 0.97、0.95、0.93、0.90、0.80、0.70、0.60、0.50 和 0.00，星间加速度的方差增加了 3.011 倍、5.102 倍、6.968 倍、9.780 倍、17.503 倍、22.404 倍、25.025 倍、26.217 倍和 26.820 倍。在美国 JPL 公布的 GRACE-Level-1B 实测数据中，K 波段测距系统星间距离

和星间速度的相关系数约为 0.85、GPS 接收机轨道位置和轨道速度的相关系数约为 0.95、星载加速度计非保守力的相关系数约为 0.90。因此，本章将采用 GRACE 卫星实测数据的相关系数计算星间加速度色噪声。

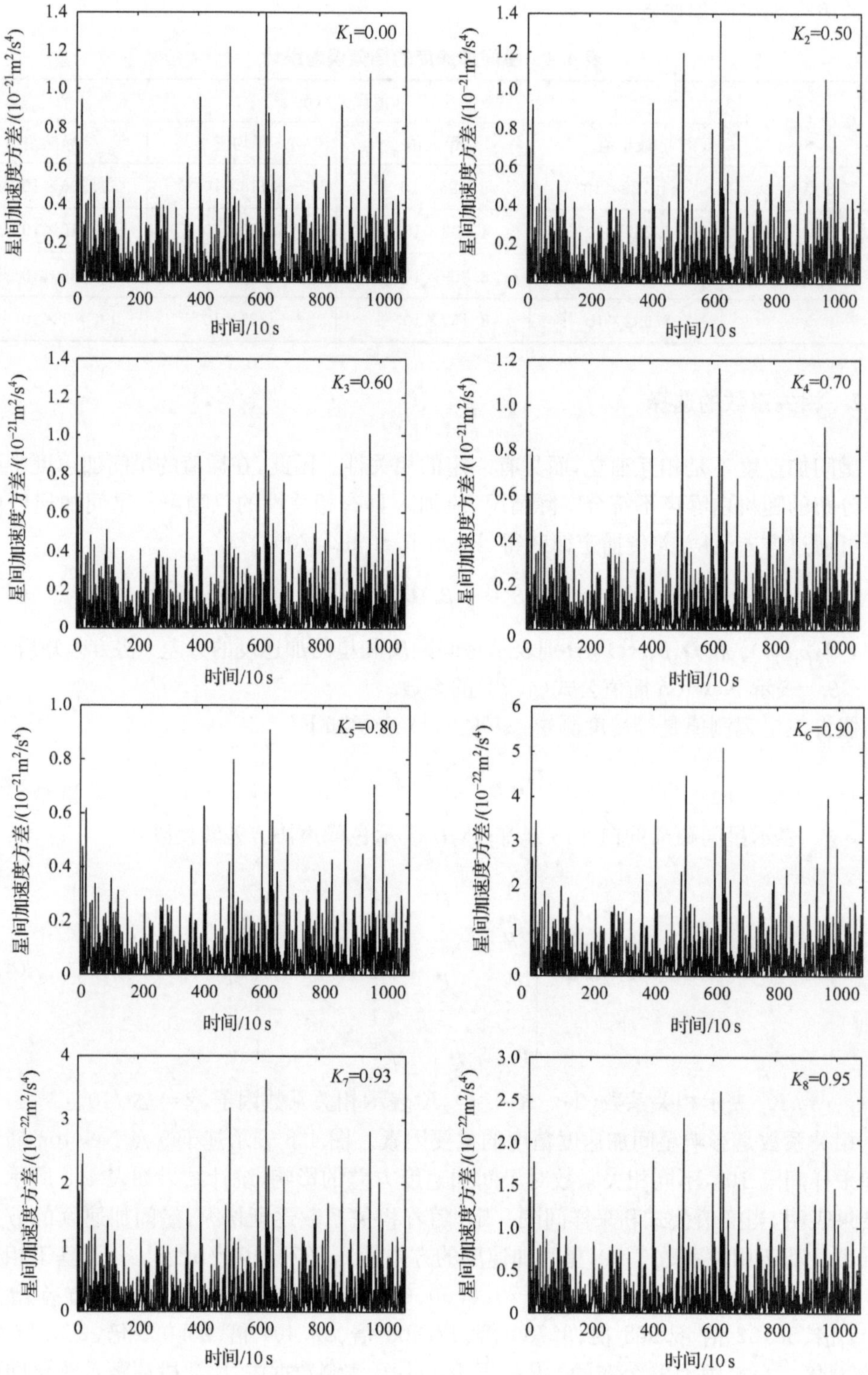

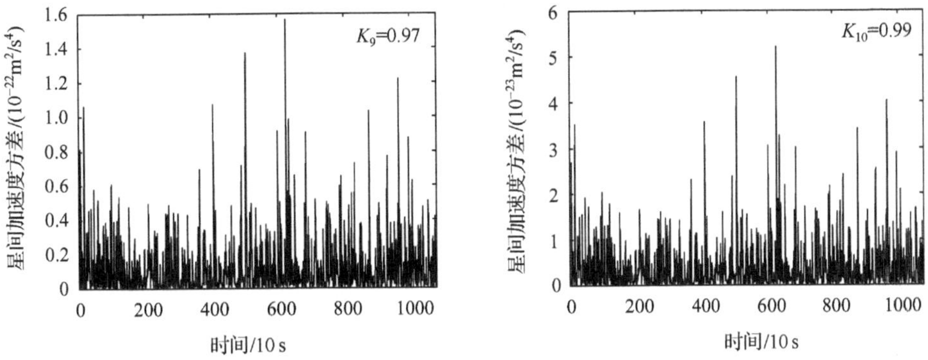

图 4.3 不同相关系数对星间加速度方差的影响

表 4.5 基于不同相关系数的星间加速度方差统计

相关系数	星间加速度方差/(m^2/s^4)		
	最小值	最大值	平均值
K_1=0.00	3.486×10^{-28}	1.392×10^{-21}	1.013×10^{-22}
K_2=0.50	3.406×10^{-28}	1.360×10^{-21}	9.902×10^{-23}
K_3=0.60	3.251×10^{-28}	1.298×10^{-21}	9.452×10^{-23}
K_4=0.70	2.911×10^{-28}	1.162×10^{-21}	8.462×10^{-23}
K_5=0.80	2.274×10^{-28}	9.080×10^{-22}	6.611×10^{-23}
K_6=0.90	1.271×10^{-28}	5.073×10^{-22}	3.694×10^{-23}
K_7=0.93	9.055×10^{-29}	3.615×10^{-22}	2.632×10^{-23}
K_8=0.95	6.510×10^{-29}	2.599×10^{-22}	1.893×10^{-23}
K_9=0.97	3.913×10^{-29}	1.562×10^{-22}	1.137×10^{-23}
K_{10}=0.99	1.299×10^{-29}	5.188×10^{-23}	3.777×10^{-24}

4.2.3 采样间隔的设定

图 4.4 表示基于 9 点 Newton 插值公式和相关系数因子 $K=0.99$，不同采样间隔对星间加速度方差的影响。模拟结果表明，基于采样间隔 1s，星间加速度的方差为 $8.322\times10^{-19}m^2/s^4$，分别基于采样间隔 5s、10s、20s、30s 和 60s，星间加速度的方差降低了 6.228×10^2 倍、9.929×10^3 倍、1.588×10^5 倍、8.004×10^5 倍和 1.291×10^7 倍。当插值公式和相关系数因子一定，随着采样间隔的逐渐增大，星间加速度的方差逐渐降低，但同时卫星观测值的空间分辨率也随之降低。权衡利弊，本章将选取采样间隔 10s 计算星间加速度色噪声。

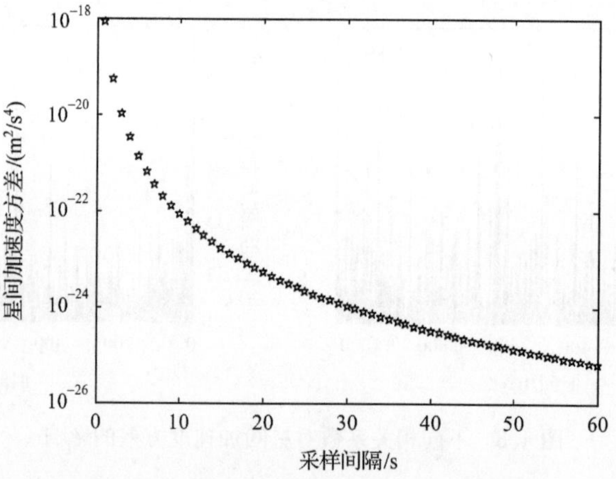

图 4.4　不同采样间隔对星间加速度方差的影响

4.2.4　卫星观测值的色噪声模拟

在卫星观测方程建立之后，首先利用 9 阶 Runge-Kutta 线性单步法结合 12 阶 Adams-Cowell 线性多步法数值积分公式模拟了 GRACE Follow-On-A/B 的星历，轨道模拟参数如表 4.6 所示。

表 4.6　GRACE Follow-On-A/B 双星轨道模拟参数

参数	指标
轨道高度/km	250
轨道倾角/(°)	89
轨道偏心率	0.001
星间距离/km	50
模拟时间/d	30
采样间隔/s	10
参考重力场模型	EGM2008

基于 Gauss-Markov 模型，卫星观测值的色噪声表示如下(沈云中，2000)

$$\begin{cases} \varepsilon_0 = \delta_0 \\ \varepsilon_1 = \mu\varepsilon_0 + \sqrt{1-\mu^2}\,\delta_1 \\ \varepsilon_2 = \mu\varepsilon_1 + \sqrt{1-\mu^2}\,\delta_2 \\ \quad\vdots \\ \varepsilon_i = \mu\varepsilon_{i-1} + \sqrt{1-\mu^2}\,\delta_i \end{cases} \tag{4.36}$$

式中，$\delta_i(i=1,2,\cdots,\tau)$ 表示正态分布的随机白噪声($\mu=0$)，i 表示观测点的个数；$\varepsilon_i(i=1,2,\cdots,\tau)$ 表示具有相关性的色噪声($0<\mu<1$)。

本章基于 Gauss-Markov 色噪声模型，利用 9 点 Newton 插值公式、相关系数(K 波段测距系统的星间距离和星间速度 0.85、GPS 接收机的轨道位置和轨道速度 0.95、星载加速度计的非保守力 0.90)和采样间隔 10s 模拟了星间距离、星间速度、轨道位置、轨道速度和非保守力的色噪声(GPS 轨道位置和轨道速度精度指标可通过高精度激光干涉测距系统辅助获得)，其中，星间距离、星间速度，以及轨道位置、轨道速度和非保守力 x 轴方向的色噪声如图 4.5 所示，统计结果如表 4.7 所示。

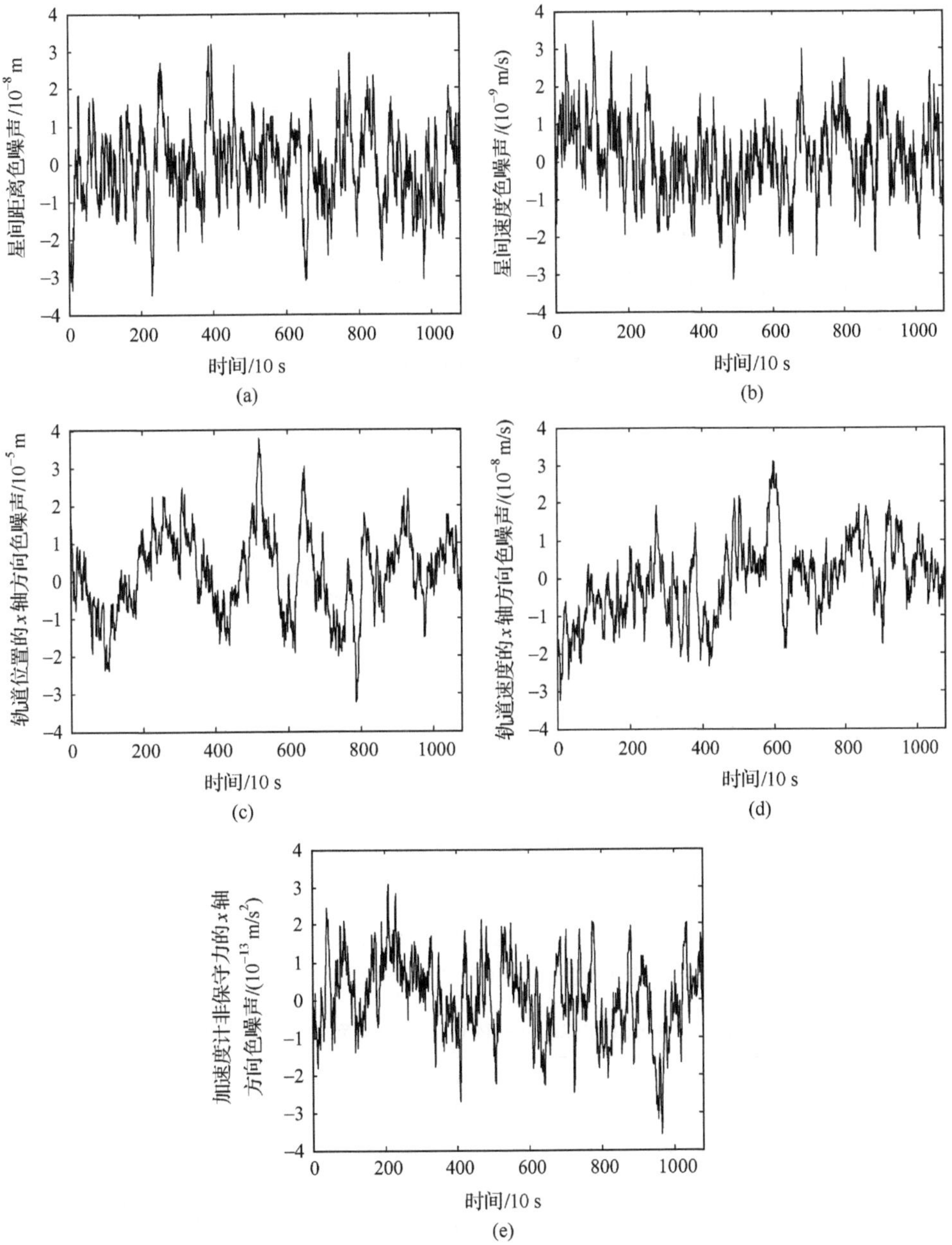

图 4.5 星间距离、星间速度、轨道位置、轨道速度和非保守力色噪声模拟

表 4.7　GRACE 卫星观测值色噪声统计

观测值	色噪声			
	最小值	最大值	平均值	标准差
星间距离/m	-6.472×10^{-8}	3.180×10^{-8}	-7.190×10^{-10}	1.083×10^{-8}
星间速度/(m/s)	-3.139×10^{-9}	3.736×10^{-9}	1.073×10^{-10}	1.023×10^{-9}
轨道位置/m	-3.238×10^{-5}	3.787×10^{-5}	1.832×10^{-6}	1.095×10^{-5}
轨道速度/(m/s)	-3.223×10^{-8}	3.098×10^{-8}	-7.213×10^{-10}	1.028×10^{-8}
非保守力/(m/s²)	-3.591×10^{-13}	3.073×10^{-13}	5.823×10^{-15}	1.027×10^{-13}

4.2.5　地球重力场反演

如图 4.6 所示，星号线表示德国 GFZ 公布的 120 阶 EIGEN-GRACE02S 地球重力场模型的实测精度，在 120 阶处累计大地水准面精度为 1.893×10^{-1}m；虚线表示基于 9 点 Newton 插值公式、相关系数(K 波段测距系统的星间距离和星间速度 0.85、GPS 接收机的轨道位置和轨道速度 0.95、星载加速度计的非保守力 0.90)和采样间隔 10s，反演 GRACE Follow-On 地球重力场的模拟精度，在 120 阶处累计大地水准面精度为 4.602×10^{-4}m，统计结果如表 4.8 所示。

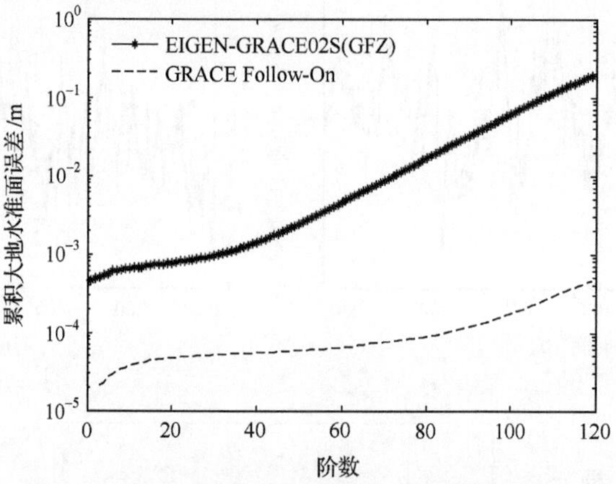

图 4.6　基于星间加速度法反演 GRACE Follow-On 累计大地水准面精度(彩图附后)

表 4.8　GRACE Follow-On 累计大地水准面精度统计结果

重力模型	累计大地水准面精度/m					
	20 阶	40 阶	60 阶	80 阶	100 阶	120 阶
EIGEN-GRACE02S	7.607×10^{-4}	1.343×10^{-3}	4.240×10^{-3}	1.566×10^{-2}	5.756×10^{-2}	1.893×10^{-1}
GRACE Follow-On	4.675×10^{-5}	5.436×10^{-5}	6.323×10^{-5}	8.739×10^{-5}	1.675×10^{-4}	4.602×10^{-4}

4.3 本章小结

本章基于星间加速度法，并围绕当前 GRACE 和下一代 GRACE Follow-On 卫星重力计划开展了地球重力场反演研究论证。具体结论如下：

(1) 利用星间加速度法反演了 120 阶 GRACE-IRAM 地球重力场，在 120 阶处累计大地水准面精度为 7.215×10^{-2} m，通过 GRACE-IRAM 和 EIGEN-GRACE02S 模型在各阶处的符合性验证了本章星间加速度法的有效性；由于星间加速度法的主要观测量是由星间距离二次微分得到的星间加速度，因此在地球重力场低频部分，GRACE-IRAM 模型的精度略低于 EIGEN-GRACE02S 模型，而在重力场中高频部分，其精度略优。

(2) 影响星间加速度精度的三个关键因素包括：插值公式、相关系数和采样间隔。①当采样间隔一定，随着插值点数的增多，信号量逐渐增加，但观测误差也同时增大，而且高阶微分公式易于放大观测误差，因此适当选择插值点数可有效优化信噪比进而提高插值精度；②当插值公式和采样间隔一定，随着相关系数的逐渐增大，星间加速度的方差逐渐减小，因此适当增大相关系数可有效提高星间加速度的精度；③当插值公式和相关系数一定，随着采样间隔逐渐增大，星间加速度的方差逐渐降低，但同时卫星观测值的空间分辨率也相应降低。因此，合理选取采样间隔有利于地球重力场精度的提高。

(3) 星间加速度法的优点是对中高频重力场信号的敏感性较高，缺点是不利于长波重力场的反演。因此，星间加速度法可用于建立将来高阶次地球重力场模型。基于 9 点 Newton 插值公式、相关系数(星间距离和星间速度 0.85、轨道位置和轨道速度 0.95、非保守力 0.90)和采样间隔 10s，利用星间加速度平滑法结合预处理共轭梯度迭代法反演了 GRACE Follow-On 地球重力场，在 120 阶处累计大地水准面精度为 4.602×10^{-4} m。

第 5 章 基于半解析法估计地球重力场精度

在众多卫星重力反演方法中,按照卫星观测方程的建立和求解的不同可分为解析法和数值法。解析法(Cui and Lelgemann, 2000; Visser, 2005; Zheng et al., 2010a)是指通过分析地球重力场和卫星观测数据的关系建立卫星观测方程模型,进而估计地球重力场精度。解析法的优点是卫星观测方程物理含义明确,可快速求解地球重力场;缺点是由于在建立卫星观测方程模型时存在不同程度的近似,因此求解精度相对较低。数值法是指通过分析地球引力位系数和卫星观测数据的关系建立卫星观测方程,并通过最小二乘法拟合出地球引力位系数。数值法的优点是地球重力场求解精度较高;缺点是求解速度较慢且对计算机性能要求较高。为了有效综合解析法和数值法的优点,国际大地测量学界提出了基于半解析法反演地球重力场的思想。优点是卫星观测方程物理含义明确,易于误差分析,且可精确和快速求解高阶地球重力场。目前,Jekeli 和 Rapp(1980)、Kim(2000)、Sneeuw(2000)、Loomis(2005)等在基于半解析法估计地球重力场精度方面开展了广泛研究。Jekeli 和 Rapp(1980)建立了仅由星间速度误差影响累计大地水准面的单误差模型,在模型中轨道位置和非保守力误差的影响并未考虑,因此,全球重力场的精度仅能被近似估计。Kim(2000)基于 Jekeli 和 Rapp 建立的单误差模型对不同轨道选择的 GRACE 地球重力场进行了敏感度分析。不同于已有研究,本章首次基于运动学原理和功率谱原理分别建立星间速度、轨道位置、轨道速度、非保守力等关键载荷误差联合影响累计大地水准面的半解析法误差模型,并精确和快速地估计 120 阶 GRACE 和 360 阶 GRACE Follow-On 全球重力场精度。

5.1 运动学原理的半解析法

本章首次基于运动学原理半解析法建立星间速度、轨道位置、轨道速度和非保守力误差联合影响累计大地水准面的误差模型,基于关键载荷精度指标的匹配关系论证误差模型的可靠性,基于美国 JPL 公布的 2006 年的 GRACE-Level-1B 实测误差数据,有效和快速地估计 120 阶 GRACE 全球重力场精度(Zheng et al., 2008b、2010b)。

5.1.1 GRACE 地球重力场精度估计

1. *K 波段测距系统的星间速度误差模型*

基于能量守恒定律,卫星观测方程可表示为

$$\frac{1}{2}\dot{r}^2 = V + C \tag{5.1}$$

式中，$\dot{r}=\dot{r}_0+\Delta\dot{r}$ 表示卫星的瞬时速度，$\dot{r}_0=\sqrt{GM/r}$ 表示卫星的平均速度，GM 表示地球质量 M 和万有引力常数 G 之积，r 表示由卫星质心到地心之间的距离，$\Delta\dot{r}$ 表示由扰动位引起的速度变化；$V=V_0+T$ 表示地球引力位，V_0 表示中心引力位，T 表示扰动位；C 表示能量积分常数。式(5.1)可变形为

$$\frac{1}{2}(\dot{r}_0+\Delta\dot{r})^2=V_0+T+C \tag{5.2}$$

由于忽略二阶小量 $(\Delta\dot{r})^2$（近似程度约 10^{-10}）且 $\frac{1}{2}\dot{r}_0^2=V_0+C$，式(5.2)可变形为

$$T=\dot{r}_0\Delta\dot{r} \tag{5.3}$$

扰动位方差和速度变化方差的关系如下

$$\sigma^2(\delta T)=\dot{r}_0^2\sigma^2(\delta\dot{r}) \tag{5.4}$$

如图 5.1 所示，$O_I\text{-}X_IY_IZ_I$ 表示地心惯性系；θ 表示地心角，$\theta=2°$；$\dot{\rho}_{12}$ 表示 K 波段测距系统的星间速度，$\dot{\rho}_{12}\approx\Delta\dot{r}_2-\Delta\dot{r}_1$。星间速度的方差表示如下

$$\sigma^2(\delta\dot{\rho}_{12})\approx 2[\sigma^2(\delta\dot{r})-\text{cov}(\Delta\dot{r}_1,\Delta\dot{r}_2)] \tag{5.5}$$

式中，$\text{cov}(\Delta\dot{r}_1,\Delta\dot{r}_2)$ 表示协方差函数，$\text{cov}(\Delta\dot{r}_1,\Delta\dot{r}_2)=\sum_{l=2}^{L}\sigma_l^2(\delta\dot{r})P_l(\cos\theta)$ (Kim, 2000)，$P_l(\cos\theta)$ 表示 Legendre 函数，l 表示阶数。式(5.5)可变形为

$$\sigma_l^2(\delta\dot{\rho}_{12})\approx 2\sigma_l^2(\delta\dot{r})[1-P_l(\cos\theta)] \tag{5.6}$$

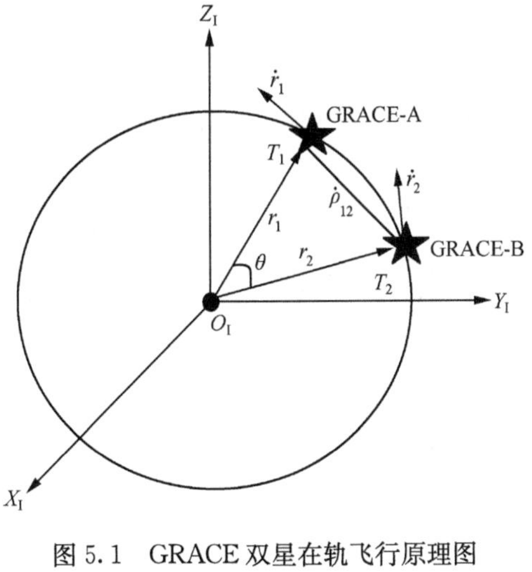

图 5.1　GRACE 双星在轨飞行原理图

r_1 和 r_2 分别表示由 GRACE-A/B 双星质心到地心之间的距离；T_1 和 T_2 分别表示在 GRACE-A/B 双星轨道处的地球扰动位

地球扰动位 $T(r,\phi,\lambda)$ 表示如下

$$T(r,\phi,\lambda)=\frac{GM}{r}\sum_{l=2}^{L}\sum_{m=0}^{l}\left[\left(\frac{R_e}{r}\right)^l(C_{lm}\cos m\lambda+S_{lm}\sin m\lambda)\bar{P}_{lm}(\sin\phi)\right] \tag{5.7}$$

式中，ϕ 表示地心纬度；λ 表示地心经度；R_e 表示地球的平均半径；$\bar{P}_{lm}(\sin\phi)$ 表示规格化的 Legendre 函数，m 表示次数；C_{lm}，S_{lm} 表示待求的规格化地球引力位系数。

基于帕塞瓦尔定理，地球扰动位的方差表示如下

$$\sigma_l^2(\delta T)=\frac{1}{4\pi}\iint[\delta T(r,\phi,\lambda)]^2\cos\phi\mathrm{d}\phi\mathrm{d}\lambda \tag{5.8}$$

其中，$\bar{Y}_{lm}(\phi,\lambda)=\bar{P}_{l|m|}(\sin\phi)Q_m(\lambda)$，$Q_m(\lambda)=\begin{cases}\cos m\lambda & m\geqslant 0\\ \sin|m|\lambda & m<0\end{cases}$。

基于球谐函数的正交归一性，式(5.8)可化简为

$$\sigma_l^2(\delta T)=\left(\frac{GM}{R_e}\right)^2\left(\frac{R_e}{r}\right)^{2l+2}\sum_{m=0}^{l}(\delta C_{lm}^2+\delta S_{lm}^2) \tag{5.9}$$

大地水准面高的方差为

$$\sigma_l^2(\delta N_{\dot{\rho}_{12}})=R_e^2\sum_{m=0}^{l}(\delta C_{lm}^2+\delta S_{lm}^2) \tag{5.10}$$

联合式(5.9)和式(5.10)，可得 $\sigma_l^2(\delta N_{\dot{\rho}_{12}})$ 和 $\sigma_l^2(\delta T)$ 的关系式：

$$\sigma_l^2(\delta N_{\dot{\rho}_{12}})=R_e^2\left(\frac{R_e}{GM}\right)^2\left(\frac{r}{R_e}\right)^{2l+2}\sigma_l^2(\delta T) \tag{5.11}$$

联合式(5.4)、式(5.6)和式(5.11)，可得累积大地水准面误差和星间速度误差之间的关系式：

$$\delta N_{\dot{\rho}_{12}}=R_e\sqrt{\sum_{l=2}^{L}\left\{\frac{1}{2[1-P_l(\cos\theta)]}\frac{R_e}{GM}\left(\frac{r}{R_e}\right)^{2l+1}\sigma_l^2(\delta\dot{\rho}_{12})\right\}} \tag{5.12}$$

2. GPS 接收机的轨道位置误差模型

如图 5.1 所示，卫星向心加速度 $\ddot{r}$ 和瞬时速度 $\dot{r}$ 的关系式表示为

$$\ddot{r}=\frac{\dot{r}^2}{r} \tag{5.13}$$

式中，$\ddot{r}=\ddot{r}_{\rho_{12}}/\sin(\theta/2)$，$\ddot{r}_{\rho_{12}}$ 表示 $\ddot{r}$ 在星星连线方向的投影。式(5.13)可变形为

$$\ddot{r}_{\rho_{12}}=\frac{\sin(\theta/2)}{r}\dot{r}^2 \tag{5.14}$$

在式(5.14)两边同时微分可得

$$\mathrm{d}\ddot{r}_{\rho_{12}}=\frac{2\dot{r}\sin(\theta/2)}{r}\mathrm{d}\dot{r} \tag{5.15}$$

由于 $\dot{r}=\dot{r}_0+\Delta\dot{r}$ 且忽略二阶小量 $\Delta\dot{r}\mathrm{d}\dot{r}$（近似程度约 10^{-10}），在式(5.15)两边同乘时间 t

可得

$$\mathrm{d}\dot{r}_{\rho_{12}} = \sqrt{\frac{4GM\sin^2(\theta/2)}{r^3}}\mathrm{d}r \tag{5.16}$$

基于式(5.16)，星间速度误差 $\delta\dot{\rho}_{12}$ 和轨道位置误差 δr 的关系表示为

$$\delta\dot{\rho}_{12} = \sqrt{\frac{4GM\sin^2(\theta/2)}{r^3}}\delta r \tag{5.17}$$

将式(5.17)代入式(5.12)，可得累积大地水准面误差和轨道位置误差之间的关系式：

$$\delta N_r = R_e\sqrt{\sum_{l=2}^{L}\left\{\frac{1}{2[1-P_l(\cos\theta)]}\frac{R_e}{GM}\left(\frac{r}{R_e}\right)^{2l+1}\sigma_l^2\left(\sqrt{\frac{4GM\sin^2(\theta/2)}{r^3}}\delta r\right)\right\}} \tag{5.18}$$

3. GPS 接收机的轨道速度误差模型

如图 5.1 所示，卫星加速度在星星连线方向投影 $\ddot{r}_{\rho_{12}}$ 和卫星加速度 $\ddot{r}$ 之间的关系为

$$\ddot{r}_{\rho_{12}} = \ddot{r}\sin(\theta/2) \tag{5.19}$$

式中，$\ddot{r}_{\rho_{12}} = \ddot{\rho}_{12}/2$，$\ddot{\rho}_{12}$ 表示 K 波段测距系统的星间加速度。在式(5.19)两边同时微分并乘时间 t 可得

$$\mathrm{d}\dot{\rho}_{12} = 2\sin(\theta/2)\mathrm{d}\dot{r} \tag{5.20}$$

基于式(5.20)，星间速度误差 $\delta\dot{\rho}_{12}$ 和轨道速度误差 $\delta\dot{r}$ 之间的关系为

$$\delta\dot{\rho}_{12} = 2\sin(\theta/2)\delta\dot{r} \tag{5.21}$$

将式(5.21)代入式(5.12)，可得累积大地水准面误差和轨道速度误差之间的关系式：

$$\delta N_{\dot{r}} = R_e\sqrt{\sum_{l=2}^{L}\left\{\frac{1}{2[1-P_l(\cos\theta)]}\frac{R_e}{GM}\left(\frac{r}{R_e}\right)^{2l+1}\sigma_l^2(2\sin(\theta/2)\delta\dot{r})\right\}} \tag{5.22}$$

4. 加速度计的非保守力误差模型

由于 GRACE 双星受到的主要非保守力和星间速度近似同向，且非保守力通常表现为累积误差特性，据平方误差积分准则，星间速度误差 $\delta\dot{\rho}_{12}$ 和非保守力误差 δf 的关系表示为

$$\delta\dot{\rho}_{12} = \sqrt{\int(\delta f)^2\mathrm{d}t} \tag{5.23}$$

将式(5.23)代入式(5.12)，可得累积大地水准面误差和非保守力误差之间的关系式：

$$\delta N_f = R_e\sqrt{\sum_{l=2}^{L}\left\{\frac{1}{2[1-P_l(\cos\theta)]}\frac{R_e}{GM}\left(\frac{r}{R_e}\right)^{2l+1}\sigma_l^2\left(\sqrt{\int(\delta f)^2\mathrm{d}t}\right)\right\}} \tag{5.24}$$

5. 关键载荷联合误差模型

联合式(5.12)、式(5.18)、式(5.22)和式(5.24)，可得星间速度、轨道位置、轨道速度和非保守力误差联合影响大地水准面的累积误差模型：

$$\delta N_{\mathrm{c}} = R_{\mathrm{e}} \sqrt{\sum_{l=2}^{L} \left\{ \frac{1}{2[1-P_l(\cos\theta)]} \frac{R_{\mathrm{e}}}{GM} \left(\frac{r}{R_{\mathrm{e}}}\right)^{2l+1} \sigma_l^2(\delta\eta) \right\}} \tag{5.25}$$

式中，$\delta\eta = \sqrt{\sigma_l^2(\delta\dot{\rho}_{12}) + \sigma_l^2\left(\sqrt{\frac{4GM\sin^2(\theta/2)}{r^3}}\delta r\right) + \sigma_l^2(2\sin(\theta/2)\delta\dot{r}) + \sigma_l^2(\sqrt{\int(\delta f)^2\mathrm{d}t})}$ 表示 GRACE-A/B 双星关键载荷的总误差，$\sigma_l^2(\delta\dot{\rho}_{12})$ 表示星间速度方差，$\sigma_l^2\left(\sqrt{\frac{4GM\sin^2(\theta/2)}{r^3}}\delta r\right)$ 表示轨道位置方差，$\sigma_l^2(2\sin(\theta/2)\delta\dot{r})$ 表示轨道速度方差，$\sigma_l^2\left(\sqrt{\int(\delta f)^2\mathrm{d}t}\right)$ 表示非保守力方差。

基于半解析法，利用 2006 年的 GRACE-Level-1B 实测误差 $\delta\dot{\rho}_{12}$、δr、$\delta\dot{r}$ 和 δf 估计累积大地水准面误差的过程如下：

(1) 首先以 1°×1°为网格分辨率，在地球表面的经度(0°～360°)和纬度(−90°～90°)范围内绘制网格；其次，按照 GRACE 卫星轨道(图 5.2)在地球表面的轨迹点位置依次加入 $\delta\eta$；最后，如图 5.3 所示，将分布于地球表面的 $\delta\eta$ 平均归算于划分的网格点 $\delta\eta(\phi,\lambda)$ 处，其中，横坐标和纵坐标分别表示经度和纬度，颜色表示平均归算于网格点处的误差值 $\delta\eta(\phi,\lambda)$ 的大小。

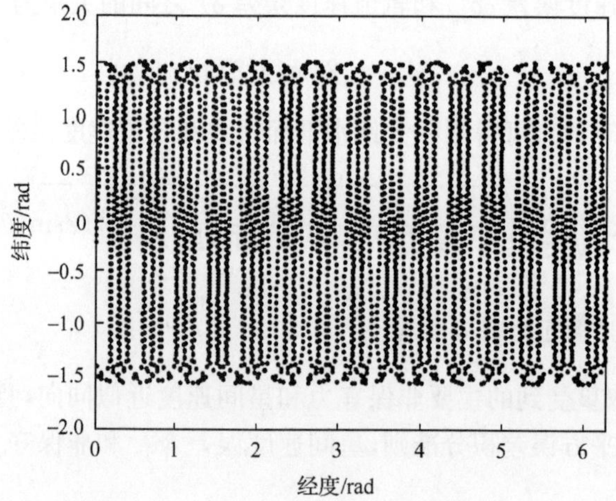

图 5.2 GRACE-A 卫星 3 天的轨道图

(2) 将 $\delta\eta(\phi,\lambda)$ 按球谐函数展开为

$$\delta\eta(\phi,\lambda) = \sum_{l=0}^{L}\sum_{m=0}^{l}[(C_{\delta\eta_{lm}}\cos m\lambda + S_{\delta\eta_{lm}}\sin m\lambda)\bar{P}_{lm}(\sin\phi)] \tag{5.26}$$

式中，$(C_{\delta\eta_{lm}}, S_{\delta\eta_{lm}})$ 表示 $\delta\eta(\phi,\lambda)$ 按球函数展开的系数：

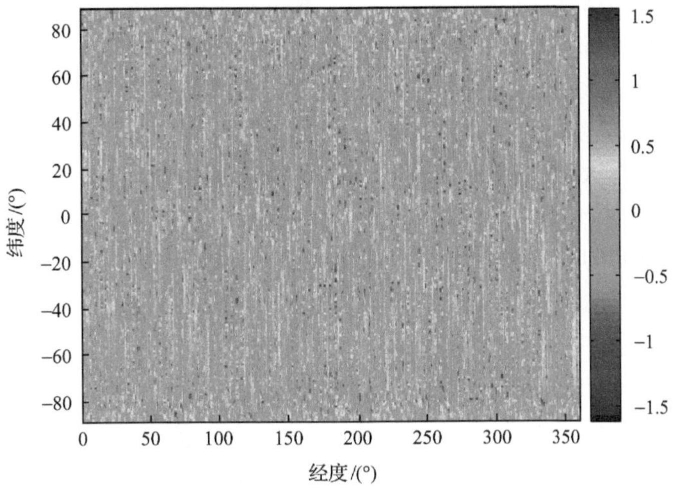

图 5.3　GRACE 卫星 $\delta\eta$ 在地表的分布(单位：μm/s；彩图附后)

$$(C_{\delta\eta_{lm}}, S_{\delta\eta_{lm}}) = \frac{1}{4\pi}\iint \delta\eta(\phi,\lambda)\bar{Y}_{lm}(\phi,\lambda)\cos\phi \mathrm{d}\phi \mathrm{d}\lambda \tag{5.27}$$

$\delta\eta$ 在各阶处的方差表示为

$$\sigma_l^2(\delta\eta) = \sum_{m=0}^{l}(C_{\delta\eta_{lm}}^2 + S_{\delta\eta_{lm}}^2) \tag{5.28}$$

将式(5.28)代入式(5.25)，可有效和快速估计全球重力场精度。

6. 结果

如图 5.4 所示，实线、圆圈线、十字线和虚线分别表示单独引入 K 波段测距系统的星间速度误差 1×10^{-6}m/s、GPS 接收机的轨道位置误差 3×10^{-2}m 和轨道速度误差 3×10^{-5}m/s，以及加速度计的非保守力误差 3×10^{-10}m/s^2 估计的累计大地水准面精度。基

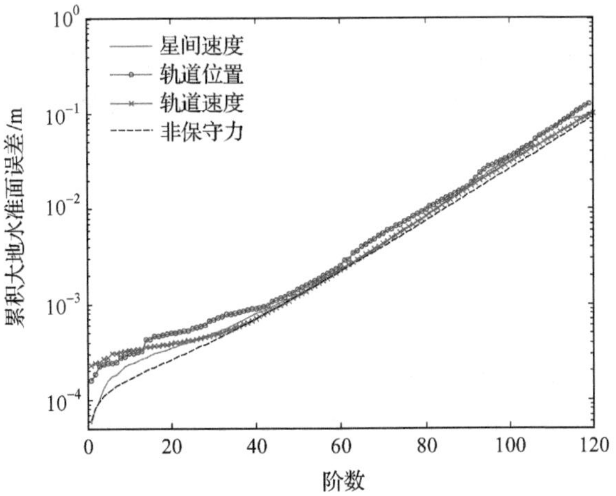

图 5.4　基于 GRACE 关键载荷实测误差估计累计大地水准面精度对比(彩图附后)

于 GRACE 各关键载荷精度指标的匹配关系，据图 5.4 中 4 条曲线在各阶处的符合性可验证本章建立的半解析误差模型是可靠的。

如图 5.5 所示，虚线表示德国 GFZ 公布的 120 阶 EIGEN-GRACE02S 全球重力场模型的实测精度，在 120 阶处反演累计大地水准面精度为 18.938×10^{-2}m；实线表示基于联合误差模型估计累计大地水准面的精度，在 120 阶处累计大地水准面精度为 18.368×10^{-2}m。基于半解析法估计 GRACE 累计大地水准面精度的统计结果如表 5.1 所示。通过两条曲线在各阶处的符合性可知，半解析法是反演高精度和高空间分辨率全球重力场的有效方法。

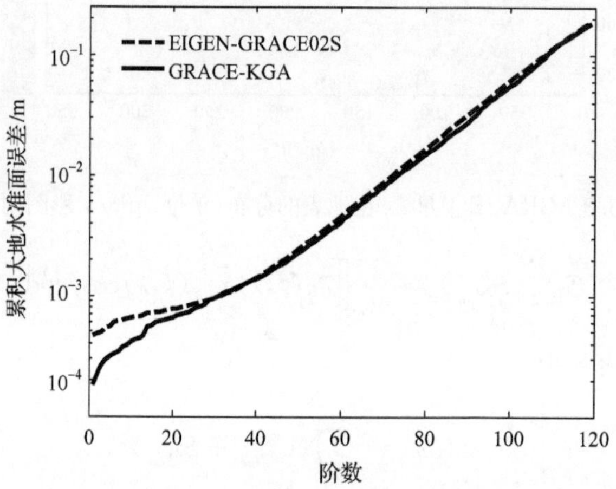

图 5.5 基于半解析法估计累计大地水准面精度(彩图附后)

表 5.1 基于半解析法的累计大地水准面精度统计结果

重力模型	累计大地水准面精度/10^{-2}m				
	20 阶	50 阶	80 阶	100 阶	120 阶
EIGEN-GRACE02S	0.076	0.228	1.566	5.756	18.938
GRACE-KGA	0.065	0.213	1.403	5.186	18.368

如图 5.6 所示，星号线表示德国 GFZ 公布的 120 阶 EIGEN-GRACE02S 地球重力场模型的实测精度(平均轨道高度 $H_0=500$km)，在 120 阶处累计大地水准面精度为 18.938×10^{-2}m；实细线、虚细线、圆圈线、十字线、三角线、实粗线和虚粗线分别表示基于卫星平均轨道高度 $H_1=500$km、$H_2=450$km、$H_3=400$km、$H_4=350$km、$H_5=300$km、$H_6=250$km和 $H_7=200$km 估计 GRACE 累计大地水准面的模拟精度，统计结果如表 5.2 所示。模拟结果表明：①在 120 阶处，当卫星平均轨道高度选择为 500km 时，累计大地水准面精度为 18.549×10^{-2}m。通过模拟(实细线)和实测(星号线)累计大地水准面精度曲线在各阶处的符合性可知，半解析法是确定高精度和高空间分辨率地球重力场的有效方法之一；②当卫星平均轨道高度分别选择为 450km、400km、350km、300km、250km 和 200km 时，累计大地水准面的误差分别提高了 2.284 倍、5.206 倍、11.807 倍、26.575 倍、58.514 倍和 122.841 倍。

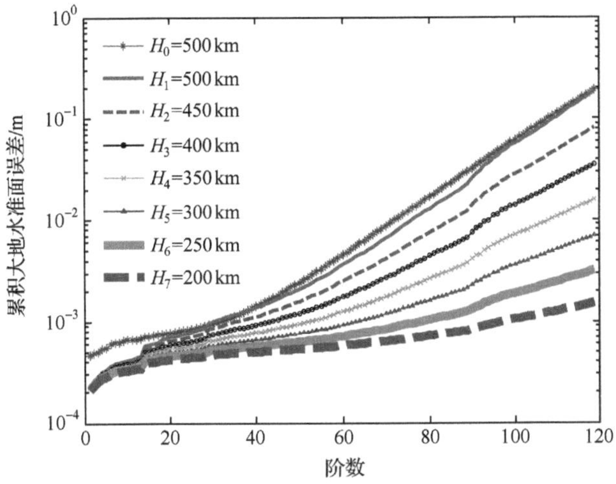

图 5.6　基于相同的平均星间距离 220km 和不同的平均轨道高度估计 GRACE 累计大地水准面精度对比(彩图附后)

表 5.2　基于不同平均轨道高度的累计大地水准面精度统计结果

轨道高度	累计大地水准面精度/10^{-2}m				
	20 阶	50 阶	80 阶	100 阶	120 阶
H_0=500km	0.076	0.228	1.566	5.756	18.938
H_1=500km	0.067	0.199	1.202	5.367	18.549
H_2=450km	0.062	0.152	0.707	2.695	8.123
H_3=400km	0.057	0.117	0.419	1.355	3.563
H_4=350km	0.052	0.093	0.253	0.685	1.571
H_5=300km	0.048	0.075	0.157	0.351	0.698
H_6=250km	0.045	0.062	0.102	0.185	0.317
H_7=200km	0.041	0.053	0.071	0.104	0.151

如图 5.7 所示,圆圈线、实线和虚线分别表示基于平均星间距离 P_1=110km、P_2=220km 和 P_3=330km 估计 GRACE 累计大地水准面的模拟精度,统计结果如表 5.3 所示。模拟结果表明:①当估计长波($L\leqslant 80$ 阶)地球重力场精度时,随着平均星间距离逐渐增大(110～330km),累计大地水准面精度依次提高。在 80 阶处,基于平均星间距离 110km 估计累计大地水准面精度为 0.725×10^{-2}m,分别基于平均星间距离 220km 和 330km 估计精度提高了 1.730 倍和 1.997 倍;②当估计中长波($80<L\leqslant 120$ 阶)地球重力场精度时,基于平均星间距离 220km 估计累计大地水准面精度均高于平均星间距离 110km 和 330km。在 120 阶处,基于平均星间距离 220km 估计累计大地水准面的精度为 3.563×10^{-2}m,分别基于平均星间距离 110km 和 330km 估计精度降低了 1.377 倍和 1.246 倍。

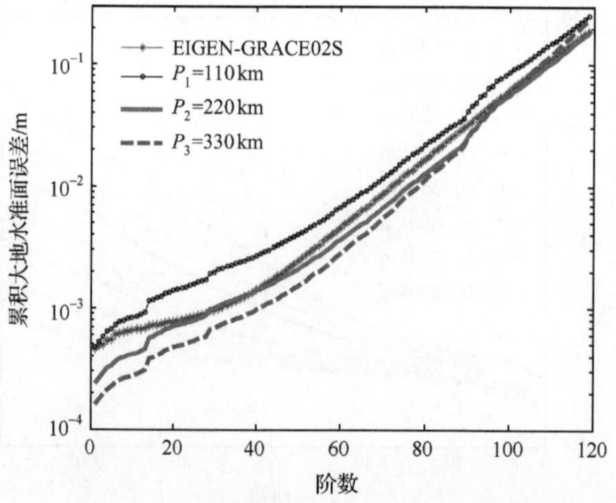

图 5.7 基于相同的平均轨道高度 400km 和不同的平均星间距离估计 GRACE 累计大地水准面精度对比(彩图附后)

表 5.3 基于不同平均星间距离的累计大地水准面精度统计结果

星间距离	累计大地水准面精度/10^{-2}m				
	20 阶	50 阶	80 阶	100 阶	120 阶
P_1=110km	0.113	0.226	0.725	2.098	4.908
P_2=220km	0.056	0.117	0.419	1.355	3.563
P_3=330km	0.038	0.083	0.363	1.425	4.439

5.1.2 GRACE Follow-On 地球重力场精度估计

图 5.8 表示基于相同星间距离 50km 和不同轨道高度估计累计大地水准面精度的对比;点号线表示德国 GFZ 公布的 120 阶 EIGEN-GRACE02S 地球重力场模型的实测精度,在 120 阶处累计大地水准面精度为 1.893×10^{-1}m;实粗线、虚粗线、实细线、虚细线和十字线分别表示基于卫星轨道高度 250km、300km、350km、400km 和 450km 估计 GRACE Follow-On 累计大地水准面的模拟精度。在 300 阶处,当卫星轨道高度设计为 350km 时,累计大地水准面的精度为 3.993×10^{-1}m;当卫星轨道高度分别设计为 300km 和 250km 时,累计大地水准面的精度提高了 8.770 倍和 77.145 倍;当卫星轨道高度分别设计为 400km 和 450km 时,累计大地水准面的精度降低了 8.718 倍和 75.307 倍,如表 5.4所示。模拟结果表明,随着卫星轨道高度逐渐增加(250~450km),地球重力场精度迅速降低。因此,GRACE Follow-On 地球重力场精度较 GRACE 至少高一个数量级的三个原因之一是较大程度降低了 GRACE Follow-On 卫星的轨道高度,从而有效抑制了地球重力场随卫星轨道高度增加的衰减效应。其他两个地球重力场精度提高的原因是 GRACE Follow-On 计划大幅度提高了激光干涉测距系统的星间速度精度,同时利用非保守力补偿系统高精度补偿了双星受到的非保守力。

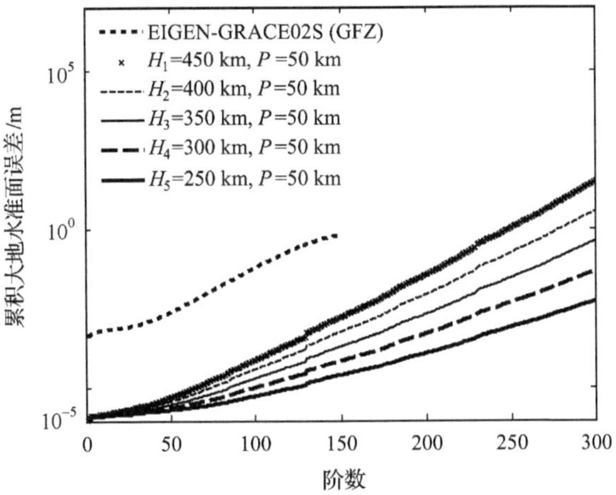

图 5.8 基于不同轨道高度估计累计大地水准面精度对比

表 5.4 基于不同轨道高度估计累计大地水准面精度统计结果

阶数	累计大地水准面精度/m					
	EIGEN-GRACE02S	轨道高度				
		250km	300km	350km	400km	450km
50	2.282×10^{-3}	1.955×10^{-6}	2.325×10^{-6}	2.861×10^{-6}	3.629×10^{-6}	4.721×10^{-6}
100	5.756×10^{-2}	5.385×10^{-6}	9.972×10^{-6}	1.911×10^{-5}	3.719×10^{-5}	7.294×10^{-5}
120	1.893×10^{-1}	9.196×10^{-6}	2.009×10^{-5}	4.498×10^{-5}	1.018×10^{-4}	2.314×10^{-4}
200	—	1.208×10^{-4}	4.936×10^{-4}	2.029×10^{-3}	8.358×10^{-3}	3.435×10^{-2}
250	—	7.784×10^{-4}	4.681×10^{-3}	2.816×10^{-2}	1.688×10^{-1}	1.006×10^{0}
300	—	5.176×10^{-3}	4.553×10^{-2}	3.993×10^{-1}	3.481×10^{0}	3.007×10^{1}

图 5.9 表示基于相同轨道高度 350km 和不同星间距离估计累计大地水准面精度的对比，实粗线、虚细线和实细线分别表示基于星间距离 50km、110km 和 220km 估计累计

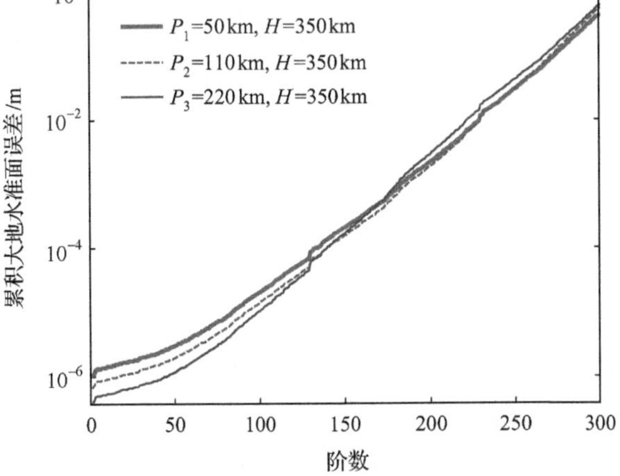

图 5.9 基于不同星间距离估计累计大地水准面精度对比(彩图附后)

大地水准面的模拟精度。在 300 阶处，当星间距离设计为 50km 时，累计大地水准面的精度为 3.993×10^{-1}m；当星间距离分别设计为 110km 和 220km 时，累计大地水准面的精度降低了 1.259 倍和 1.395 倍，如表 5.5 所示。模拟结果表明，随着星间距离逐渐增大(50～220km)，长波地球重力场的精度逐渐提高，而短波地球重力场的精度逐渐降低。基于差分原理，GRACE Follow-On 双星间的公共误差能被大部分抵消，因此适当缩短星间距离(～50km)可有效提高短波地球重力场的精度。

表 5.5　基于不同星间距离估计累计大地水准面精度统计结果

阶数	累计大地水准面精度/m		
	星间距离		
	50km	110km	220km
50	2.861×10^{-6}	1.876×10^{-6}	1.121×10^{-7}
100	1.911×10^{-5}	1.317×10^{-5}	9.709×10^{-6}
120	4.498×10^{-5}	3.193×10^{-5}	2.677×10^{-5}
200	2.029×10^{-3}	1.733×10^{-3}	2.721×10^{-3}
250	2.816×10^{-2}	2.861×10^{-2}	3.986×10^{-2}
300	3.993×10^{-1}	5.028×10^{-1}	5.572×10^{-1}

GRACE Follow-On 全球重力场的精度较 GRACE 至少高一个数量级的原因如下：①GRACE Follow-On 较大程度地降低了卫星轨道高度；②大幅度地提高了激光干涉测距系统星间速度的精度；③利用非保守力补偿系统高精度补偿了双星受到的非保守力。建议我国下一代重力卫星的平均轨道高度可设计为 350km，平均星间距离设计为 50km，具体原因分析如下：

(1) 由于较高轨道的重力卫星对地球重力场中波和短波信号的敏感性较弱，因此适当降低卫星轨道高度可有效抑制地球重力场信号的衰减效应。德国 CHAMP、美国和德国合作的 GRACE 重力卫星在 10～15 年的飞行计划中，轨道高度主要分布在距地面 400～500km 的空间范围；欧空局 GOCE 重力卫星在 4 年的飞行任务内，轨道高度感测区间为 200～300km。由于不同卫星轨道高度敏感于不同频段的地球重力场信号，因此 CHAMP、GRACE 和 GOCE 重力卫星仅能在特定轨道高度区间内高精度感测地球重力场。如果我国 GRACE Follow-On 重力卫星的轨道高度和已有国际卫星重力测量计划相同，效果仅相当于其测量的简单重复，对于地球重力场精度的进一步提高没有实质性贡献。我国重力卫星的轨道高度应尽可能选择在它们的测量盲区，进而达到互补的效果。因此，建议我国下一代 GRACE Follow-On 重力卫星的轨道高度设计为 350km(轨道波动区间 400～300km)较优。

(2) GRACE Follow-On 双星采用共轨编队飞行差分测量模式，如果星间距离选择太小，由于双星感测的重力场信号差别较小，在差分掉双星共同误差的同时重力场信号也将被大部分差分掉，导致信噪比较低；适当增加星间距离有助于地球重力场信噪比的提高，但星间距离设计太大将导致测量噪声急剧增加以及对 GRACE Follow-On 双星轨道和姿态测量精度要求的提高。因此，建议我国下一代 GRACE Follow-On 重力卫星的星间距离取 50km 为优。

5.2 功率谱原理的半解析法

本节首次基于功率谱原理建立星间速度、轨道位置、轨道速度和非保守力误差影响累计大地水准面的半解析联合误差模型；提出 GRACE Follow-On 卫星各关键载荷精度指标的匹配关系；基于不同卫星轨道高度，论证估计高精度和高空间分辨率 GRACE Follow-On 全球重力场的可行性(Zheng et al.，2009b)。

5.2.1 方法

1. *星间速度误差模型*

地球扰动位 $T(r,\phi,\lambda)$ 表示如下

$$T(r,\phi,\lambda)=\frac{GM}{r}\sum_{l=2}^{L}\sum_{m=0}^{l}\left[\left(\frac{R_e}{r}\right)^l(\bar{C}_{lm}\cos m\lambda+\bar{S}_{lm}\sin m\lambda)\bar{P}_{lm}(\sin\phi)\right] \tag{5.29}$$

式中，r、ϕ 和 λ 分别表示卫星轨道地心半径、地心纬度和地心经度；R_e 表示地球的平均半径；GM 表示地球质量 M 和万有引力常数 G 的乘积；$\bar{P}_{lm}(\sin\phi)$ 表示阶 l 和次 m 的缔合 Legendre 函数；$(\bar{C}_{lm},\bar{S}_{lm})$ 表示待估计的正规化地球引力位系数。

$T(r,\phi,\lambda)$ 的功率谱表示如下

$$P_l^2\{T(r,\phi,\lambda)\}=\sum_{m=0}^{l}\left[\frac{1}{4\pi}\iint T(r,\phi,\lambda)\bar{Y}_{lm}(\phi,\lambda)\cos\phi\mathrm{d}\phi\mathrm{d}\lambda\right]^2 \tag{5.30}$$

式中，$\bar{Y}_{lm}(\phi,\lambda)=\bar{P}_{l|m|}(\sin\phi)Q_m(\lambda)$，$Q_m(\lambda)=\begin{cases}\cos m\lambda & m\geqslant 0\\ \sin|m|\lambda & m<0\end{cases}$。

基于球谐函数的正交归一性，式(5.30)可被简化为

$$P_l^2\{T(r,\phi,\lambda)\}=\left(\frac{GM}{R_e}\right)^2\left(\frac{R_e}{r}\right)^{2l+2}\sum_{m=0}^{l}(\bar{C}_{lm}^2+\bar{S}_{lm}^2) \tag{5.31}$$

大地水准面高的功率谱表示如下

$$P_l^2\{N\}=R_e^2\sum_{m=0}^{l}(\bar{C}_{lm}^2+\bar{S}_{lm}^2) \tag{5.32}$$

联合式(5.31)和式(5.32)，$P_l^2\{N\}$ 和 $P_l^2\{T(r,\phi,\lambda)\}$ 的关系式表示如下

$$P_l^2\{N\}=R_e^2\left(\frac{R_e}{GM}\right)^2\left(\frac{r}{R_e}\right)^{2l+2}P_l^2\{T(r,\phi,\lambda)\} \tag{5.33}$$

在球坐标系中，$T(r,\phi,\lambda)$ 对 ϕ 和 λ 的偏微分表示如下

$$\begin{cases}\dfrac{\partial T(r,\phi,\lambda)}{\partial\phi}=\dfrac{GM}{r}\sum\limits_{l=2}^{L}\sum\limits_{m=0}^{l}\left[\left(\dfrac{R_e}{r}\right)^l(\bar{C}_{lm}\cos m\lambda+\bar{S}_{lm}\sin m\lambda)(\bar{P}_{l,m+1}(\sin\phi)-m\,\mathrm{tg}\phi\bar{P}_{lm}(\sin\phi))\right]\\ \dfrac{\partial T(r,\phi,\lambda)}{\partial\lambda}=\dfrac{GM}{r}\sum\limits_{l=2}^{L}\sum\limits_{m=0}^{l}\left[\left(\dfrac{R_e}{r}\right)^l(-m\bar{C}_{lm}\sin m\lambda+m\bar{S}_{lm}\cos m\lambda)\bar{P}_{lm}(\sin\phi)\right]\end{cases} \tag{5.34}$$

如图 5.10 所示，星号线、实线和圆圈线分别表示 $P_l^2\{T(r,\phi,\lambda)\}$、$P_l^2\{\partial T(r,\phi,\lambda)/\partial\phi\}$ 和 $P_l^2\{\partial T(r,\phi,\lambda)/\partial\lambda\}$。$P_l^2\{\partial T(r,\phi,\lambda)/\partial\lambda\}$ 和 $P_l^2\{T(r,\phi,\lambda)\}$ 的关系式表示如下

$$P_l^2\{\partial T(r,\phi,\lambda)/\partial\lambda\}=\left(\frac{GM}{R_e}\right)^2\left(\frac{R_e}{r}\right)^{2l+2}\sum_{m=0}^{l}m^2(\bar{C}_{lm}^2+\bar{S}_{lm}^2)=\frac{l^2}{2}P_l^2\{T(r,\phi,\lambda)\} \tag{5.35}$$

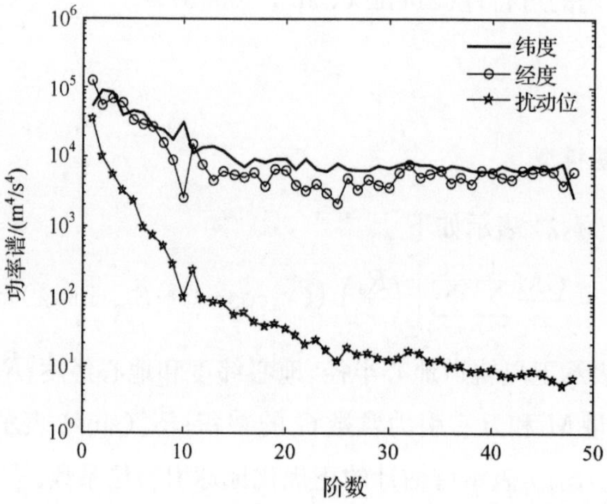

图 5.10　$T(r,\phi,\lambda)$, $\partial T(r,\phi,\lambda)/\partial\phi$ 和 $\partial T(r,\phi,\lambda)/\partial\lambda$ 的功率谱(彩图附后)

基于球对称性，$P_l^2\{\partial T(r,\phi,\lambda)/\partial\phi\}$ 和 $P_l^2\{\partial T(r,\phi,\lambda)/\partial\lambda\}$ 相等：

$$P_l^2\left\{\frac{\partial T(r,\phi,\lambda)}{\partial\phi}\right\}=P_l^2\left\{\frac{\partial T(r,\phi,\lambda)}{\partial\lambda}\right\}=\frac{l^2}{2}P_l^2\{T(r,\phi,\lambda)\} \tag{5.36}$$

基于物理学中的能量守恒法，单星观测方程表示如下

$$\frac{1}{2}\dot{r}^2=V_0+T+C \tag{5.37}$$

式中，$\dot{r}$ 表示卫星轨道速度；V_0 表示中心引力位；C 表示能量常数。

如图 5.1 所示，令 $\theta=\Delta\phi$，双星观测方程表示如下

$$\frac{1}{2}(\dot{r}_2+\dot{r}_1)\dot{\rho}_{12}=T_2-T_1 \tag{5.38}$$

式中，$\frac{1}{2}(\dot{r}_2+\dot{r}_1)=\sqrt{GM/r}$ 表示卫星的平均速度，$\dot{r}_1$ 和 $\dot{r}_2$ 表示卫星的绝对速度；$\dot{\rho}_{12}=\dot{\boldsymbol{r}}_{12}\cdot\boldsymbol{e}_{12}$ 表示 K 波段测距系统的星间速度，$\dot{\boldsymbol{r}}_{12}=\dot{\boldsymbol{r}}_2-\dot{\boldsymbol{r}}_1$ 表示双星的相对速度，$\boldsymbol{e}_{12}=\boldsymbol{r}_{12}/|\boldsymbol{r}_{12}|$ 表示由第一颗卫星指向第二颗卫星的单位矢量，$\boldsymbol{r}_{12}=\boldsymbol{r}_2-\boldsymbol{r}_1$ 表示双星的相对位置；$T_2-T_1=\frac{\partial T}{\partial\phi}\Delta\phi$ 表示地球扰动位差，$\Delta\phi=\frac{\rho_{12}}{r}$，$\rho_{12}$ 表示星间距离。$\dot{\rho}_{12}$ 的功率谱表示如下

$$P_l^2\{\dot{\rho}_{12}\}=\frac{r}{GM}P_l^2\left\{\frac{\partial T(r,\phi,\lambda)}{\partial\phi}\right\}(\Delta\phi)^2 \tag{5.39}$$

联合式(5.33)、式(5.36)和式(5.39),累计大地水准面精度 $\delta N_{\dot{\rho}}$ 和星间速度误差 $\delta\dot{\rho}_{12}$ 之间的关系式表示如下

$$\delta N_{\dot{\rho}_{12}} = R_e \sqrt{\frac{R_e}{GM}\left(\frac{r}{\rho_{12}}\right)^2 \sum_{l=2}^{L}\left[\frac{2}{l^2}\left(\frac{r}{R_e}\right)^{2l+1} \sigma_l^2(\delta\dot{\rho}_{12})\right]} \tag{5.40}$$

2. 轨道位置误差模型

向心加速度 $\ddot{r}$ 和轨道速度 $\dot{r}$ 的关系式表示如下

$$\ddot{r} = \frac{\dot{r}^2}{r} \tag{5.41}$$

式中,$\ddot{r} = \ddot{r}_{\rho_{12}}/\sin(\Delta\phi/2)$,$\ddot{r}_{\rho_{12}}$ 表示 $\ddot{r}$ 的星星连线方向分量。式(5.41)可改写为

$$\ddot{r}_{\rho_{12}} = \frac{\sin(\Delta\phi/2)}{r}\dot{r}^2 \tag{5.42}$$

式(5.42)对时间 t 的一阶微分表示如下

$$\mathrm{d}\ddot{r}_{\rho_{12}} = \frac{2\dot{r}\sin(\Delta\phi/2)}{r}\mathrm{d}\dot{r} \tag{5.43}$$

式中,$\dot{r} = \sqrt{GM/r}$。式(5.43)两边同时乘以时间 t 可得

$$\mathrm{d}\dot{r}_{\rho_{12}} = \sqrt{\frac{4GM\sin^2(\Delta\phi/2)}{r^3}}\mathrm{d}r \tag{5.44}$$

基于式(5.44),星间速度误差 $\delta\dot{\rho}_{12}$ 和轨道位置误差 δr 的关系式表示如下

$$\delta\dot{\rho}_{12} = \sqrt{\frac{4GM\sin^2(\Delta\phi/2)}{r^3}}\delta r \tag{5.45}$$

将式(5.45)代入式(5.40),累计大地水准面精度 δN_r 和轨道位置误差 δr 之间的关系式表示如下

$$\delta N_r = R_e \sqrt{\frac{R_e}{GM}\left(\frac{r}{\rho_{12}}\right)^2 \sum_{l=2}^{L}\left[\frac{2}{l^2}\left(\frac{r}{R_e}\right)^{2l+1} \sigma_l^2\left(\sqrt{\frac{4GM\sin^2(\Delta\phi/2)}{r^3}}\delta r\right)\right]} \tag{5.46}$$

3. 轨道速度误差模型

如图 5.1 所示,$\ddot{r}_{\rho_{12}}$ 和 $\ddot{r}$ 的关系式表示如下

$$\ddot{r}_{\rho_{12}} = \ddot{r}\sin(\Delta\phi/2) \tag{5.47}$$

在式(5.47)两边同时微分可得

$$\mathrm{d}\ddot{r}_{\rho_{12}} = \sin(\Delta\phi/2)\mathrm{d}\ddot{r} \tag{5.48}$$

在式(5.48)两边同时乘以时间 t 可得

$$\mathrm{d}\dot{r}_{\rho_{12}} = \sin(\Delta\phi/2)\mathrm{d}\dot{r} \tag{5.49}$$

基于式(5.49)，星间速度误差 $\delta\dot{\rho}_{12}$ 和轨道速度误差 $\delta\dot{r}$ 之间的关系式表示如下

$$\delta\dot{\rho}_{12} = \sin(\Delta\phi/2)\delta\dot{r} \tag{5.50}$$

将式(5.50)代入式(5.40)，累计大地水准面精度 $\delta N_{\dot{r}}$ 和轨道速度误差 $\delta\dot{r}$ 之间的关系式表示如下

$$\delta N_{\dot{r}} = R_{\mathrm{e}}\sqrt{\frac{R_{\mathrm{e}}}{GM}\left(\frac{r}{\rho_{12}}\right)^2\sum_{l=2}^{L}\left[\frac{2}{l^2}\left(\frac{r}{R_{\mathrm{e}}}\right)^{2l+1}\sigma_l^2(\sin(\Delta\phi/2)\delta\dot{r})\right]} \tag{5.51}$$

4. 非保守力误差模型

由于非保守力的主要指向近似于星间速度的方向，而且非保守力表现为累积误差特性，因此，基于积分方差原理，星间速度误差 $\delta\dot{\rho}_{12}$ 和非保守力误差 δf 之间的关系式表示如下

$$\delta\dot{\rho}_{12} = \sqrt{\int(\delta f)^2\mathrm{d}t} \tag{5.52}$$

将式(5.52)代入式(5.40)，累计大地水准面精度 δN_f 和非保守力误差 δf 之间的关系式为

$$\delta N_f = R_{\mathrm{e}}\sqrt{\frac{R_{\mathrm{e}}}{GM}\left(\frac{r}{\rho_{12}}\right)^2\sum_{l=2}^{L}\left[\frac{2}{l^2}\left(\frac{r}{R_{\mathrm{e}}}\right)^{2l+1}\sigma_l^2\left(\sqrt{\int(\delta f)^2\mathrm{d}t}\right)\right]} \tag{5.53}$$

5. 联合误差模型

联合式(5.40)、式(5.46)、式(5.51)和式(5.53)，卫星关键载荷误差(星间速度误差、轨道位置误差、轨道速度误差和非保守力误差)影响累计大地水准面精度的联合误差模型建立如下

$$\delta N = R_{\mathrm{e}}\sqrt{\frac{R_{\mathrm{e}}}{GM}\left(\frac{r}{\rho_{12}}\right)^2\sum_{l=2}^{L}\left[\frac{2}{l^2}\left(\frac{r}{R_{\mathrm{e}}}\right)^{2l+1}\sigma_l^2(\delta\eta)\right]} \tag{5.54}$$

式中，$\delta\eta = \sqrt{\sigma_l^2(\delta\dot{\rho}_{12}) + \sigma_l^2\left(\sqrt{\frac{4GM\sin^2(\Delta\phi/2)}{r^3}}\delta r\right) + \sigma_l^2(\sin(\Delta\phi/2)\delta\dot{r}) + \sigma_l^2\left(\sqrt{\int(\delta f)^2\mathrm{d}t}\right)}$。

基于半解析法，利用联合误差模型估计累计大地水准面精度的过程如下(以 GRACE Follow-On 卫星为例)。

(1) 利用 9 阶 Runge-Kutta 线性单步法结合 12 阶 Adams-Cowell 线性多步法数值积分公式模拟了 GRACE Follow-On 双星的星历。模拟轨道如图 5.11 所示，模拟过程耗时约 3 小时。

(2) 基于 $\delta\dot{\rho}_{12}$、δr、$\delta\dot{r}$ 和 δf，生成时间长度 30 天和采样间隔 10s 的正态分布随机白噪声 $\delta\eta$。

(3) 以 1°×1°为网格分辨率，在地球表面的经度 λ(0°～360°)和纬度 ϕ(−90°～90°)范

围内绘制网格,按照卫星轨道在地球表面的轨迹点位置依次加入 $\delta\eta$ 。如图 5.12 所示,将分布于地球表面的 $\delta\eta$ 平均归算于划分的网格点处 $\delta\eta(\phi,\lambda)$,其中,横坐标和纵坐标分别表示经度和纬度,颜色表示平均归算于网格点处的误差值 $\delta\eta(\phi,\lambda)$。本章利用不同的参考球面网格分辨率 0.1°×0.1°~10°×10°分别估计了地球重力场精度。结果表明,随着网格分辨率的增加,虽然网格化误差逐渐减小,但是计算耗时却大幅度提高。权衡利弊,本章选择网格分辨率 1°×1°,在保证地球重力场估计精度的前提下,可有效提高计算速度。

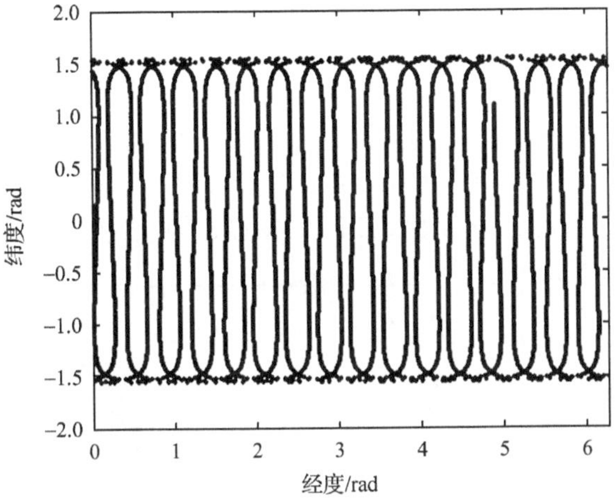

图 5.11　GRACE Follow-On 卫星的模拟轨道

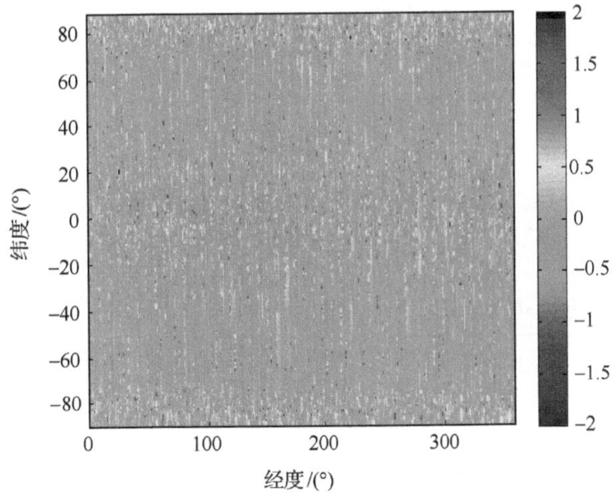

图 5.12　GRACE Follow-On 卫星的 $\delta\eta$ 在地表分布(单位: nm/s;彩图附后)

(4) 将 $\delta\eta(\phi,\lambda)$ 按球谐函数展开为

$$\delta\eta(\phi,\lambda)=\sum_{l=0}^{L}\sum_{m=0}^{l}\left[(C_{\delta\eta_{lm}}\cos m\lambda+S_{\delta\eta_{lm}}\sin m\lambda)\bar{P}_{lm}(\sin\phi)\right] \tag{5.55}$$

式中,$(C_{\delta\eta_{lm}},S_{\delta\eta_{lm}})$ 表示 $\delta\eta(\phi,\lambda)$ 按球函数展开的系数:

$$(C_{\delta\eta_{lm}},S_{\delta\eta_{lm}})=\frac{1}{4\pi}\iint\delta\eta(\phi,\lambda)\bar{Y}_{lm}(\phi,\lambda)\cos\phi\,\mathrm{d}\phi\,\mathrm{d}\lambda \tag{5.56}$$

$\delta\eta$ 的方差表示如下

$$\sigma_l^2(\delta\eta) = \sum_{m=0}^{l}(C_{\delta\eta_{lm}}^2 + S_{\delta\eta_{lm}}^2) \tag{5.57}$$

将式(5.57)代入式(5.54)，基于 $\delta\eta$ 可精确和快速地估计全球重力场精度。

5.2.2 结果

图 5.13 表示基于 GRACE Follow-On 卫星各关键载荷精度指标(表 5.6)分别估计 360 阶累计大地水准面精度的对比，实细线、虚细线、虚粗线和圆圈线分别表示基于半解析法，单独引入激光干涉测距系统的星间速度误差、GPS 接收机的轨道位置误差和轨道速度误差，以及加速度计的非保守力误差估计累计大地水准面的精度。据图 5.13 中 4 条曲线在各阶处的符合性，可验证 GRACE Follow-On 卫星各关键载荷精度指标相互匹配。

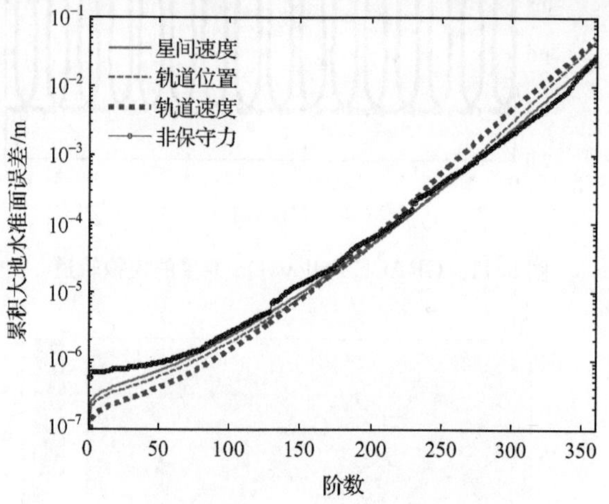

图 5.13 基于 GRACE Follow-On 关键载荷精度指标估计累计大地水准面精度(彩图附后)

表 5.6 GRACE 和 GRACE Follow-On 关键载荷精度指标对比

观测值	精度指标	
	GRACE	GRACE Follow-On
星间速度/(m/s)	1×10^{-6}	1×10^{-9}
轨道位置/m	3×10^{-2}	3×10^{-5}
轨道速度/(m/s)	5×10^{-5}	5×10^{-8}
非保守力/(m/s²)	3×10^{-10}	3×10^{-13}

图 5.14 表示基于半解析法分别利用 GRACE 以及相同星间距离 50km 和不同轨道高度的 GRACE Follow-On 卫星估计累计大地水准面精度对比，统计结果如表 5.7 所示。

如图 5.14 所示，十字线表示德国 GFZ 公布的 120 阶 EIGEN-GRACE02S 全球重力场模型的实测精度，在 120 阶处，累计大地水准面精度为 1.893×10^{-1}m；虚细线表示基于美国 JPL 于 2007 年公布的 GRACE 卫星关键载荷的实测误差(表 5.6)估计累计大地水准面的精度,在 120 阶处,累计大地水准面精度为 1.985×10^{-1}m。通过两条曲线在各阶处的符合性可知,本章基于半解析法建立的联合误差模型可靠。

如图 5.14 所示,实粗线、虚粗线和实细线分别表示基于卫星轨道高度 250km、350km 和 450km 估计 GRACE Follow-On 累计大地水准面的精度。在 360 阶处,当卫星轨道高度选择为 250km,累计大地水准面精度为 5.825×10^{-2}m;当卫星轨道高度选择为 350km 和 450km 时,累计大地水准面精度降低了 193 倍和 35656 倍。结果表明,随着卫星轨道高度逐渐增加(250～450km),全球重力场精度迅速降低。因此,GRACE Follow-On(～250km)全球重力场精度较 GRACE(～450km)至少高一个数量级的最主要原因是较大程度降低了 GRACE Follow-On 卫星的轨道高度,从而全球重力场信号随卫星轨道高度增加的衰减效应得以有效抑制。

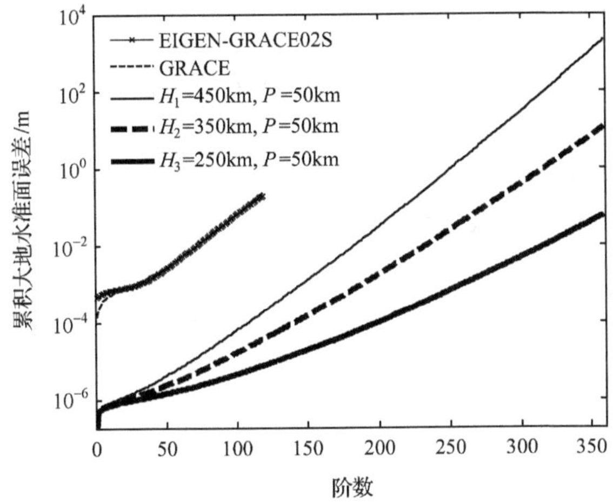

图 5.14　基于不同卫星轨道高度估计 GRACE 和 GRACE Follow-On 累计大地水准面精度对比(彩图附后)

表 5.7　GRACE 和 GRACE Follow-On 累计大地水准面精度统计

阶数	累计大地水准面精度/m				
	EIGEN-GRACE02S	GRACE	GRACE Follow-On 轨道高度 450km	350km	250km
50	2.282×10^{-3}	2.505×10^{-3}	3.920×10^{-6}	2.253×10^{-6}	1.406×10^{-6}
80	1.566×10^{-2}	1.524×10^{-2}	1.878×10^{-5}	6.709×10^{-6}	2.606×10^{-6}
100	5.756×10^{-2}	5.682×10^{-2}	5.955×10^{-5}	1.562×10^{-5}	4.356×10^{-6}
120	1.893×10^{-1}	1.985×10^{-1}	1.916×10^{-4}	3.725×10^{-5}	7.573×10^{-6}
200	—	—	2.790×10^{-2}	1.633×10^{-3}	9.629×10^{-5}
300	—	—	2.696×10^{1}	3.571×10^{-1}	4.602×10^{-3}
360	—	—	2.077×10^{3}	1.125×10^{1}	5.825×10^{-2}

5.3 本章小结

本章基于新型半解析累积大地水准面联合误差模型估计了 GRACE 地球重力场精度,并开展了将来 GRACE Follow-On 卫星重力计划的需求分析研究。具体结论如下:

(1) 分别基于运动学和功率谱原理的半解析法,建立了 GRACE 和 GRACE Follow-On 卫星 K 波段/激光干涉测距系统的星间速度、GPS 接收机的轨道位置和轨道速度,以及加速度计的非保守力误差影响累积大地水准面的联合误差模型,并基于各关键载荷精度指标的匹配关系论证了误差模型的可靠性。

(2) 基于运动学原理的半解析误差模型,利用美国 JPL 公布的 2006 年的 GRACE-Level-1B 实测误差数据,有效和快速地估计了 120 阶 GRACE 全球重力场精度。在 120 阶处累计大地水准面精度为 18.368×10^{-2} m,其结果和德国 GFZ 公布的 EIGEN-GRACE02S 全球重力场模型符合较好。

(3) 利用功率谱原理的半解析误差模型,精确和快速地估计了全球重力场的精度。基于 2007 年美国 JPL 公布的 GRACE-Level-1B 实测误差数据,在 120 阶处确定 GRACE 累计大地水准面精度为 1.985×10^{-1} m;基于轨道高度 250km 和星间距离 50km,在 360 阶处确定 GRACE Follow-On 累计大地水准面精度为 5.825×10^{-2} m;基于不同卫星轨道高度,论证了估计高精度和高空间分辨率 GRACE Follow-On 全球重力场的可行性。

第 6 章 基于解析法估计地球重力场精度

解析法是指通过分析地球重力场精度和卫星观测数据误差的关系建立累积大地水准面误差模型，进而估计地球重力场精度。优点是卫星观测方程物理含义明确，易于误差分析且可快速求解高阶地球重力场；缺点是在建立卫星观测方程模型时作了不同程度的近似。由于卫星重力测量计划整体的复杂性，因此较难建立解析观测方程以描述地球重力场反演的整体过程。但在重力卫星发射之前的地球重力场需求分析阶段，可通过解析法有效和快速论证卫星观测模式、卫星轨道参数（如轨道高度、星间距离、轨道倾角、轨道离心率等）、关键载荷匹配精度指标（如激光干涉测距系统、GPS 接收机和加速度计）等的最优设计，以及分析卫星系统各项误差源对地球重力场反演精度的影响（Zheng et al.，2010a）。

6.1 解析误差模型的建立和检验

6.1.1 解析误差模型的建立

1. 星间速度误差模型

地球扰动位表示为

$$T(r,\phi,\lambda)=\frac{GM}{r}\sum_{l=2}^{L}\sum_{m=0}^{l}\left[\left(\frac{R_e}{r}\right)^{l}(\bar{C}_{lm}\cos m\lambda+\bar{S}_{lm}\sin m\lambda)\bar{P}_{lm}(\sin\phi)\right] \tag{6.1}$$

式中，GM 表示地球质量 M 和万有引力常数 G 之积；R_e 表示地球的平均半径；r 表示由卫星质心到地心之间的距离，ϕ 表示地心纬度，λ 表示地心经度；$\bar{P}_{lm}(\sin\phi)$ 表示规格化的 Legendre 函数，l 表示阶数，m 表示次数；$(\bar{C}_{lm},\bar{S}_{lm})$ 表示待求的规格化引力位系数。

地球扰动位的功率谱表示为（Rummel et al.，1993）

$$P_l^2\{T\}=\sum_{m=0}^{l}\left[\frac{1}{4\pi}\iint T(r,\phi,\lambda)\bar{Y}_{lm}(\phi,\lambda)\cos\phi\,\mathrm{d}\phi\,\mathrm{d}\lambda\right]^2 \tag{6.2}$$

式中，$\bar{Y}_{lm}(\phi,\lambda)=\bar{P}_{l|m|}(\sin\phi)Q_m(\lambda)$，$Q_m(\lambda)=\begin{cases}\cos m\lambda & m\geqslant 0\\ \sin|m|\lambda & m<0\end{cases}$。

基于球谐函数的正交性，式(6.2)可化简为

$$P_l^2\{T\}=\left(\frac{GM}{R_e}\right)^2\left(\frac{R_e}{r}\right)^{2l+2}\sum_{m=0}^{l}(\bar{C}_{lm}^2+\bar{S}_{lm}^2) \tag{6.3}$$

大地水准面功率谱为

$$P_l^2\{N\} = R_e^2 \sum_{m=0}^{l} (\bar{C}_{lm}^2 + \bar{S}_{lm}^2) \tag{6.4}$$

据式(6.3)和式(6.4)，可得 $P_l^2\{N\}$ 和 $P_l^2\{T\}$ 的关系：

$$P_l^2\{N\} = R_e^2 \left(\frac{R_e}{GM}\right)^2 \left(\frac{r}{R_e}\right)^{2l+2} P_l^2\{T\} \tag{6.5}$$

在球坐标系中，T 对 ϕ 和 λ 的偏导数为

$$\begin{cases} \dfrac{\partial T}{\partial \phi} = \dfrac{GM}{r} \displaystyle\sum_{l=2}^{L} \sum_{m=0}^{l} \left(\frac{R_e}{r}\right)^l (\bar{C}_{lm} \cos m\lambda + \bar{S}_{lm} \sin m\lambda) [\bar{P}_{l,m+1}(\sin\phi) - m \mathrm{tg}\phi \bar{P}_{lm}(\sin\phi)] \\ \dfrac{\partial T}{\partial \lambda} = \dfrac{GM}{r} \displaystyle\sum_{l=2}^{L} \sum_{m=0}^{l} \left(\frac{R_e}{r}\right)^l (-m\bar{C}_{lm} \sin m\lambda + m\bar{S}_{lm} \cos m\lambda) \bar{P}_{lm}(\sin\phi) \end{cases} \tag{6.6}$$

如图 5.10 所示，星号线、实线和圆圈线分别表示 $P_l^2\{T\}$、$P_l^2\{\partial T/\partial \phi\}$ 和 $P_l^2\{\partial T/\partial \lambda\}$。$P_l^2\{\partial T/\partial \lambda\}$ 和 $P_l^2\{T\}$ 的关系表示如下

$$P_l^2\{\partial T/\partial \lambda\} = \left(\frac{GM}{R_e}\right)^2 \left(\frac{R_e}{r}\right)^{2l+2} \sum_{m=0}^{l} m^2 (\bar{C}_{lm}^2 + \bar{S}_{lm}^2) \approx \frac{l^2}{2} P_l^2\{T\} \tag{6.7}$$

由于球对称性，$\partial T/\partial \phi$ 和 $\partial T/\partial \lambda$ 具有相同的功率谱：

$$P_l^2\left\{\frac{\partial T}{\partial \phi}\right\} = P_l^2\left\{\frac{\partial T}{\partial \lambda}\right\} = \frac{l^2}{2} P_l^2\{T\} \tag{6.8}$$

据能量守恒定律，单星观测方程可表示为

$$\frac{1}{2}\dot{r}^2 = V_0 + T + C \tag{6.9}$$

式中，$\dot{r}$ 表示卫星轨道速度；V_0 表示中心引力位；C 表示能量常数。

如图 6.1 所示，GRACE Follow-On 双星差分能量观测方程可表示为

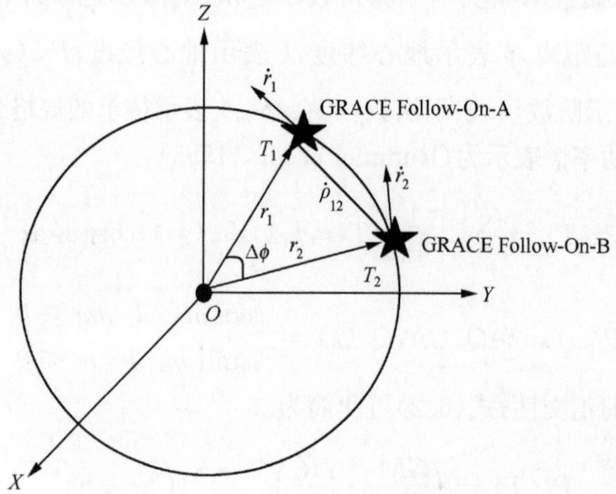

图 6.1　GRACE Follow-On-A/B 双星测量地球重力场原理图

$$\frac{1}{2}(\dot{r}_2+\dot{r}_1)\dot{\rho}_{12}=T_2-T_1 \tag{6.10}$$

式中，$\frac{1}{2}(\dot{r}_2+\dot{r}_1)=\sqrt{GM/r}$ 表示沿星星连线方向的平均速度，$\dot{r}_1$ 和 $\dot{r}_2$ 分别表示双星的绝对速度；$\dot{\rho}_{12}=\dot{\boldsymbol{r}}_{12}\cdot\boldsymbol{e}_{12}$ 表示激光干涉测距系统的星间速度，$\dot{\boldsymbol{r}}_{12}=\dot{\boldsymbol{r}}_2-\dot{\boldsymbol{r}}_1$ 表示双星的相对速度矢量，$\boldsymbol{e}_{12}=\boldsymbol{r}_{12}/|\boldsymbol{r}_{12}|$ 表示由第一颗卫星指向第二颗卫星的单位方向矢量；$T_2-T_1=\frac{\partial T}{\partial\phi}\Delta\phi$ 表示双星扰动位差，$\Delta\phi=\frac{\rho_{12}}{r}$ 表示地心角，ρ_{12} 表示星间距离。$\dot{\rho}_{12}$ 的功率谱表示为

$$P_l^2\{\dot{\rho}_{12}\}=\frac{r}{GM}P_l^2\left\{\frac{\partial T}{\partial\phi}\right\}(\Delta\phi)^2 \tag{6.11}$$

联合式(6.5)、式(6.8)和式(6.11)，可得 GRACE Follow-On 卫星激光干涉测距系统的星间速度误差谱 $P_l^2\{\delta\dot{\rho}_{12}\}$ 和每阶大地水准面误差谱 $P_l^2\{\delta N\}$ 的转换关系：

$$P_l^2\{\delta N\}=\frac{R_e^3}{GM}\left(\frac{r}{\rho_{12}}\right)^2\left(\frac{r}{R_e}\right)^{2l+1}\frac{2}{l^2}P_l^2\{\delta\dot{\rho}_{12}\} \tag{6.12}$$

式中，$P_l^2\{\delta\dot{\rho}_{12}\}=\frac{\sigma^2(\delta\dot{\rho}_{12})}{L_{\max}}$，$\sigma^2(\delta\dot{\rho}_{12})$ 表示星间速度的方差，$L_{\max}$ 表示 GRACE Follow-On 地球重力场理论上可反演的最高阶数(由于地球重力场的部分高频信号湮没于观测误差，因此实测最高阶数将低于理论值)：

$$L_{\max}=\frac{\pi r}{D} \tag{6.13}$$

式中，$D=\dot{r}_0\Delta t$ 表示半波长空间分辨率，$\dot{r}_0=\sqrt{GM/r}$ 表示卫星平均速度，Δt 表示卫星观测值采样间隔。

基于式(6.12)和式(6.13)，星间速度误差 $\delta\dot{\rho}_{12}$ 影响累计大地水准面精度 $\delta N_{\dot{\rho}_{12}}$ 的解析误差模型表示如下

$$\delta N_{\dot{\rho}_{12}}=R_e\sqrt{\frac{R_e}{GM}\left(\frac{r}{\rho_{12}}\right)^2\sum_{l=2}^{L}\left(\frac{r}{R_e}\right)^{2l+1}\frac{2}{l^2}\frac{2l+1}{L_{\max}}\frac{\sigma^2(\delta\dot{\rho}_{12})}{L_{\max}}} \tag{6.14}$$

式中，$\frac{2l+1}{L_{\max}}$ 表示由每阶大地水准面误差转化到累积大地水准面误差的频谱因子。

2. 轨道位置误差模型

卫星向心加速度 $\ddot{r}$ 和线速度 $\dot{r}$ 之间的关系表示为

$$\ddot{r}=\frac{\dot{r}^2}{r} \tag{6.15}$$

式中，$\ddot{r}=\ddot{r}_{\rho_{12}}/\sin(\Delta\phi/2)$，$\ddot{r}_{\rho_{12}}$ 表示 $\ddot{r}$ 在星星连线方向的投影。式(6.15)变形为

$$\ddot{r}_{\rho_{12}}=\frac{\sin(\Delta\phi/2)}{r}\dot{r}^2 \tag{6.16}$$

在式(6.16)两边同时微分可得

$$\mathrm{d}\ddot{r}_{\rho_{12}} = \frac{2\dot{r}\sin(\Delta\phi/2)}{r}\mathrm{d}\dot{r} \tag{6.17}$$

式中，$\dot{r} = \sqrt{GM/r}$。在式(6.17)两边同乘时间 t 可得

$$\mathrm{d}\dot{r}_{\rho_{12}} = \sqrt{\frac{4GM\sin^2(\Delta\phi/2)}{r^3}}\mathrm{d}r \tag{6.18}$$

基于式(6.18)，星间速度误差 $\delta\dot{\rho}_{12}$ 和轨道位置误差 δr 之间的关系表示为

$$\delta\dot{\rho}_{12} = \sqrt{\frac{4GM\sin^2(\Delta\phi/2)}{r^3}}\delta r \tag{6.19}$$

基于式(6.14)和式(6.19)，轨道位置误差 δr 影响累计大地水准面精度 δN_r 的解析误差模型表示如下

$$\delta N_r = R_e\sqrt{\frac{R_e}{GM}\left(\frac{r}{\rho_{12}}\right)^2\sum_{l=2}^{L}\left(\frac{r}{R_e}\right)^{2l+1}\frac{2}{l^2}\frac{2l+1}{L_{\max}}\frac{\sigma^2\left(\sqrt{\frac{4GM\sin^2(\Delta\phi/2)}{r^3}}\delta r\right)}{L_{\max}}} \tag{6.20}$$

3. 轨道速度误差模型

$\ddot{r}_{\rho_{12}}$ 和 $\ddot{r}$ 之间的关系表示如下

$$\ddot{r}_{\rho_{12}} = \ddot{r}\sin(\Delta\phi/2) \tag{6.21}$$

式中，$\ddot{r}_{\rho_{12}} = \ddot{\rho}_{12}/2$，$\ddot{\rho}_{12}$ 表示激光干涉测距系统的星间加速度。在式(6.21)两边同时微分可得

$$\mathrm{d}\ddot{\rho}_{12} = 2\sin(\Delta\phi/2)\mathrm{d}\ddot{r} \tag{6.22}$$

在式(6.22)两边同乘时间 t 可得

$$\mathrm{d}\dot{\rho}_{12} = 2\sin(\Delta\phi/2)\mathrm{d}\dot{r} \tag{6.23}$$

星间速度误差 $\delta\dot{\rho}_{12}$ 和轨道速度误差 $\delta\dot{r}$ 之间的关系表示为

$$\delta\dot{\rho}_{12} = 2\sin(\Delta\phi/2)\delta\dot{r} \tag{6.24}$$

基于式(6.14)和式(6.24)，轨道速度误差 $\delta\dot{r}$ 影响累计大地水准面精度 $\delta N_{\dot{r}}$ 的解析误差模型表示如下

$$\delta N_{\dot{r}} = R_e\sqrt{\frac{R_e}{GM}\left(\frac{r}{\rho_{12}}\right)^2\sum_{l=2}^{L}\left(\frac{r}{R_e}\right)^{2l+1}\frac{2}{l^2}\frac{2l+1}{L_{\max}}\frac{\sigma^2(2\sin(\Delta\phi/2)\delta\dot{r})}{L_{\max}}} \tag{6.25}$$

4. 非保守力误差模型

式(6.10)可变形为

$$\dot{\rho}_{12} = \sqrt{r/GM}\frac{\partial T}{\partial \phi}\Delta\phi \tag{6.26}$$

双星合外力差表示为

$$a_{12} = \frac{\partial T}{r\partial \phi}\Delta\phi \tag{6.27}$$

联合式(6.26)和式(6.27)可得

$$\dot{\rho}_{12} = \sqrt{r^3/GM}a_{12} \tag{6.28}$$

在式(6.28)两边同时微分可得

$$\mathrm{d}\dot{\rho}_{12} = \sqrt{r^3/GM}\mathrm{d}a_{12} \tag{6.29}$$

星间速度误差 $\delta\dot{\rho}_{12}$ 和双星在轨飞行总误差 δa_{12} 之间的关系表示为

$$\delta\dot{\rho}_{12} = \sqrt{r^3/GM}\delta a_{12} \tag{6.30}$$

式中，δa_{12} 包括双星关键载荷误差 δP（星间速度误差 $\delta\dot{\rho}_{12}$、轨道位置误差 δr、轨道速度误差 $\delta\dot{r}$ 和非保守力误差 δf）和其他误差 δQ（轨道和姿态控制误差、固体潮模型误差等）两部分，$\delta a_{12} = \sqrt{\sigma^2(\delta P) + \sigma^2(\delta Q)}$。由于 δP 是 δa_{12} 的主要误差源，同时本章将 δQ 按最大误差处理 $\delta Q = \delta P$，因此 δa_{12} 和 δP 的关系表示为

$$\delta a_{12} = \sqrt{2}\delta P \tag{6.31}$$

据误差原理可知，双星各项关键载荷误差应相互匹配（将 $\delta\dot{\rho}_{12}$、δr、$\delta\dot{r}$ 和 δf 统一归算成加速度量纲后，误差值近似相等），因此 δP 和 δf 的方差转换关系表示为

$$\sigma^2(\delta P) = 8\sigma^2(\delta f) \tag{6.32}$$

因此，δa_{12} 和 δf 的转换关系表示为

$$\delta a_{12} = 4\delta f \tag{6.33}$$

基于式(6.30)和式(6.33)，星间速度误差 $\delta\dot{\rho}_{12}$ 和非保守力误差 δf 之间的转换关系表示为

$$\delta\dot{\rho}_{12} = \sqrt{16r^3/GM}\delta f \tag{6.34}$$

基于式(6.14)和式(6.34)，非保守力误差 δf 影响累计大地水准面精度 δN_f 的解析误差模型表示如下

$$\delta N_f = R_e\sqrt{\frac{R_e}{GM}\left(\frac{r}{\rho_{12}}\right)^2\sum_{l=2}^{L}\left(\frac{r}{R_e}\right)^{2l+1}\frac{2}{l^2}\frac{2l+1}{L_{\max}}\frac{\sigma^2(\sqrt{16r^3/GM}\delta f)}{L_{\max}}} \tag{6.35}$$

5. 联合解析误差模型

基于式(6.14)、式(6.20)、式(6.25)和式(6.35)，GRACE Follow-On-A/B 双星激光干涉测距系统的星间速度误差、GPS 接收机的轨道位置误差和速度误差，以及加速度计的非保守力误差影响累计大地水准面精度的联合解析误差模型表示如下

$$\delta N = R_e \sqrt{\frac{R_e}{GM}\left(\frac{r}{\rho_{12}}\right)^2 \sum_{l=2}^{L}\left(\frac{r}{R_e}\right)^{2l+1} \frac{2}{l^2} \frac{2l+1}{L_{max}} \frac{\sigma^2(\delta\eta)}{L_{max}}} \tag{6.36}$$

式中，$\delta\eta = \sqrt{\sigma^2(\delta\dot{\rho}_{12}) + \sigma^2\left(\sqrt{\frac{4GM\sin^2(\Delta\phi/2)}{r^3}}\delta r\right) + \sigma^2(2\sin(\Delta\phi/2)\delta\dot{r}) + \sigma^2(\sqrt{16r^3/GM}\delta f)}$ 表示 GRACE Follow-On-A/B 双星关键载荷的总误差，$\sigma^2(\delta\dot{\rho}_{12})$ 表示星间速度方差，$\sigma^2\left(\sqrt{\frac{4GM\sin^2(\Delta\phi/2)}{r^3}}\delta r\right)$ 表示轨道位置方差，$\sigma^2(2\sin(\Delta\phi/2)\delta\dot{r})$ 表示轨道速度方差，$\sigma^2(\sqrt{16r^3/GM}\delta f)$ 表示非保守力方差。

6.1.2 解析误差模型的检验

如图 6.2 所示，由上而下分别表示单独引入 GRACE 卫星 K 波段测距系统的星间速度误差、GPS 接收机的轨道位置误差和轨道速度误差，以及加速度计的非保守力误差估计累计大地水准面的精度，GRACE 关键载荷精度指标的匹配关系如表 6.1 所示，解析误差模型的其他参数如表 6.2 所示。据图 6.2 中 4 条曲线在各阶处的符合性，可验证本章在表 6.1 中提出的 GRACE 各项关键载荷精度指标是匹配的。同时，通过本章在表 6.1 中提出的 GRACE 卫星关键载荷匹配精度指标和美国 JPL 公布的 GRACE-Level-1B 实测精度指标的符合性，充分证明了本章建立的星间速度、轨道位置、轨道速度和非保守力解析误差模型的可靠性。

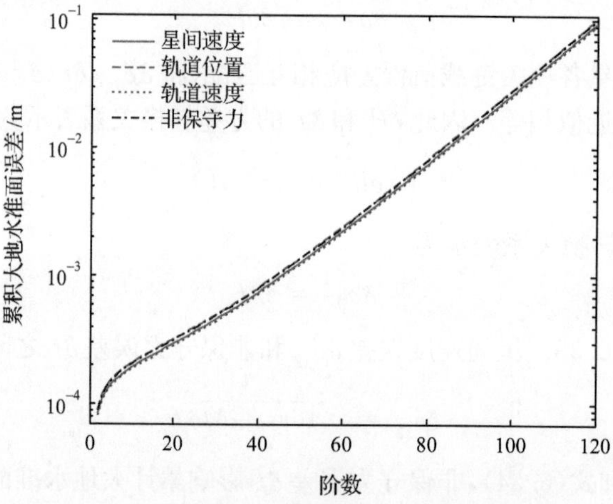

图 6.2 基于 GRACE 关键载荷匹配精度指标估计累计大地水准面精度对比(彩图附后)

表 6.1 基于单独解析误差模型提出的 GRACE 卫星关键载荷匹配精度指标

观测值	精度指标
星间速度/(m/s)	1×10^{-6}
轨道位置/m	3×10^{-2}
轨道速度/(m/s)	3×10^{-5}
非保守力/(m/s²)	3×10^{-10}

表 6.2　GRACE 解析误差模型的相关参数

参数	指标
平均轨道高度 H/km	455
星间距离 ρ_{12}/km	220
地球平均半径 R_e/km	6370
采样间隔 Δt/s	5
地球引力常数 $GM/(m^3/s^2)$	3.986004415×10^{14}

如图 6.3 所示，虚线表示德国 GFZ 公布的 120 阶 EIGEN-GRACE02S 地球重力场模型的实测精度，在 120 阶处累计大地水准面精度为 18.938×10^{-2}m；实线表示基于联合解析误差模型估计累计大地水准面的精度，在 120 阶处累计大地水准面精度为 18.474×10^{-2}m；GRACE 累计大地水准面精度的统计结果如表 6.3 所示。通过图 6.3 中两条曲线在各阶处的符合性，可验证本章建立的联合解析误差模型是正确的。因此，解析法是反演高精度和高空间分辨率地球重力场的有效方法之一。

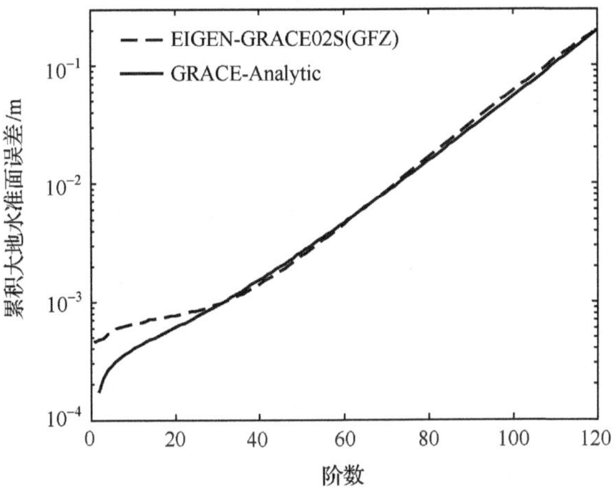

图 6.3　基于功率谱原理解析法估计 GRACE 累计大地水准面精度(彩图附后)

表 6.3　基于功率谱原理解析法估计 GRACE 累计大地水准面精度统计结果

重力模型	累计大地水准面精度/10^{-2}m				
	20 阶	50 阶	80 阶	100 阶	120 阶
EIGEN-GRACE02S	0.076	0.228	1.566	5.756	18.938
GRACE-Analytic	0.061	0.262	1.560	5.474	18.474

6.2　GRACE Follow-On 地球重力场精度估计

图 6.4 表示基于 GRACE Follow-On 卫星关键载荷的不同匹配精度指标(激光干涉测距系统的星间速度、GPS 接收机的轨道位置和轨道速度，以及加速度计的非保守力误差)估计累计大地水准面精度对比，其中，卫星轨道高度 250km，星间距离 50km，关键载

荷的不同匹配精度指标如表 6.4 所示(轨道位置和速度精度指标可通过高精度的激光干涉测距系统辅助 GPS 定轨得到),累计大地水准面精度的统计结果如表 6.5 所示。结果表明,在 360 阶处,当卫星关键载荷的精度指标选择为 GFO-4,累计大地水准面的精度为 1.231×10^{-1}m;当卫星关键载荷的精度指标选择为 GFO-3、GFO-2 和 GFO-1,累计大地

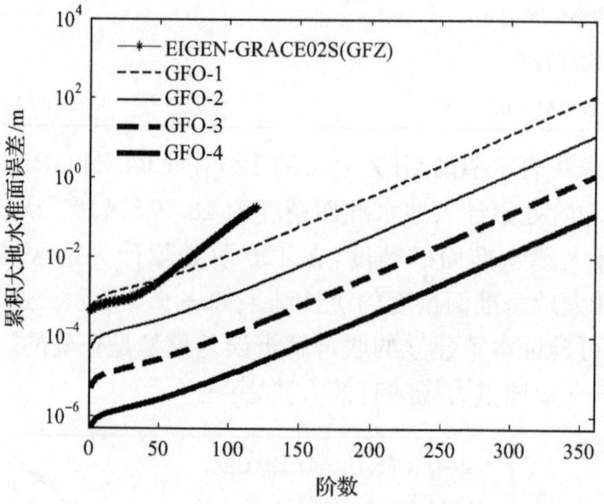

图 6.4 基于 GRACE Follow-On 卫星关键载荷的不同匹配精度指标估计累计大地水准面精度对比(彩图附后)

表 6.4 基于单独解析误差模型提出的 GRACE Follow-On 卫星关键载荷匹配精度指标

观测值	精度指标			
	GFO-1	GFO-2	GFO-3	GFO-4
星间速度/(m/s)	1×10^{-6}	1×10^{-7}	1×10^{-8}	1×10^{-9}
轨道位置/m	3×10^{-2}	3×10^{-3}	3×10^{-4}	3×10^{-5}
轨道速度/(m/s)	3×10^{-5}	3×10^{-6}	3×10^{-7}	3×10^{-8}
非保守力/(m/s²)	3×10^{-10}	3×10^{-11}	3×10^{-12}	3×10^{-13}

表 6.5 基于关键载荷的不同匹配精度指标估计累计大地水准面精度的统计结果

阶数	累计大地水准面精度/m				
	EIGEN-GRACE02S	GFO-1	GFO-2	GFO-3	GFO-4
20	7.607×10^{-4}	1.391×10^{-3}	1.391×10^{-4}	1.391×10^{-5}	1.391×10^{-6}
50	2.282×10^{-3}	2.688×10^{-3}	2.688×10^{-4}	2.688×10^{-5}	2.688×10^{-6}
90	3.018×10^{-2}	8.227×10^{-3}	8.227×10^{-4}	8.227×10^{-5}	8.227×10^{-6}
120	1.893×10^{-1}	2.178×10^{-2}	2.178×10^{-3}	2.178×10^{-4}	2.178×10^{-5}
200	—	3.551×10^{-1}	3.551×10^{-2}	3.551×10^{-3}	3.551×10^{-4}
300	—	1.344×10^{1}	1.344×10^{0}	1.344×10^{-1}	1.344×10^{-2}
360	—	1.231×10^{2}	1.231×10^{1}	1.231×10^{0}	1.231×10^{-1}

水准面的精度分别升高了 10 倍、100 倍和 1000 倍。因此，卫星关键载荷测量精度的大幅提高是 GRACE Follow-On 全球重力场精度较 GRACE 至少高一个数量级的重要因素。

图 6.5 表示基于解析法分别利用相同星间距离 50km 和不同轨道高度的 GRACE Follow-On 卫星估计累计大地水准面精度的对比，关键载荷精度指标的匹配关系如表 6.4(GFO-4)所示，累计大地水准面精度的统计结果如表 6.6 所示。如图 6.5 所示，实粗线、虚粗线、实细线、虚细线和十字线分别表示基于卫星轨道高度 250km、300km、350km、400km 和 450km 估计 GRACE Follow-On 累计大地水准面的精度。在 360 阶处，当卫星轨道高度选择为 250km，累计大地水准面精度为 1.231×10^{-1}m；当卫星轨道高度选择为 300km、350km、400km 和 450km，累计大地水准面精度分别提高了 13.794 倍、189.439 倍、2577.579 倍和 34670.999 倍。结果表明，随着卫星轨道高度逐渐增加(250～450km)，全球重力场精度迅速降低。因此，卫星轨道高度的有效降低是 GRACE Follow-On 全球重力场精度较 GRACE 至少高一个数量级的根本保证。

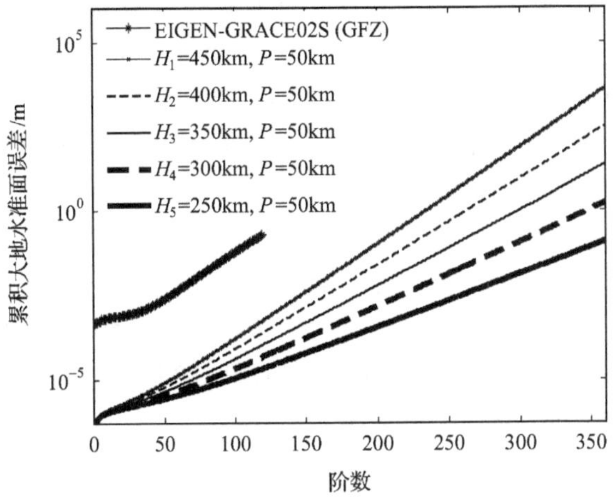

图 6.5 基于 GRACE Follow-On 卫星的相同星间距离和不同轨道高度估计累计大地水准面精度对比(彩图附后)

表 6.6 基于不同轨道高度估计累计大地水准面精度统计结果

阶数	累计大地水准面精度/m					
	EIGEN-GRACE02S	轨道高度				
		250km	300km	350km	400km	450km
20	7.607×10^{-4}	1.391×10^{-6}	1.503×10^{-6}	1.629×10^{-6}	1.772×10^{-6}	1.934×10^{-6}
50	2.282×10^{-3}	2.688×10^{-6}	3.455×10^{-6}	4.533×10^{-6}	6.041×10^{-6}	8.148×10^{-6}
90	3.018×10^{-2}	8.227×10^{-6}	1.456×10^{-5}	2.625×10^{-5}	4.786×10^{-5}	8.776×10^{-5}
120	1.893×10^{-1}	2.178×10^{-5}	4.883×10^{-5}	1.109×10^{-4}	2.535×10^{-4}	5.811×10^{-4}
200	—	3.551×10^{-4}	1.465×10^{-3}	6.077×10^{-3}	2.521×10^{-2}	1.044×10^{-1}
300	—	1.344×10^{-2}	1.180×10^{-1}	1.035×10^{0}	9.019×10^{0}	7.800×10^{1}
360	—	1.231×10^{-1}	1.698×10^{0}	2.332×10^{1}	3.173×10^{2}	4.268×10^{3}

6.3 本章小结

本章开展了利用新型解析误差模型有效和快速估计将来 GRACE Follow-On 地球重力场精度的探索性研究。具体结论如下：

(1) 建立了 GRACE Follow-On 卫星激光干涉测距系统的星间速度、GPS 接收机的轨道位置和轨道速度，以及加速度计的非保守力误差影响累计大地水准面精度的单独和联合解析误差模型。同时，利用本章提出的 GRACE 卫星关键载荷匹配精度指标和美国 JPL 公布的 GRACE-Level-1B 实测精度指标的符合性，以及本章估计的 GRACE 累计大地水准面精度和德国 GFZ 公布的 EIGEN-GRACE02S 地球重力场模型实测精度的一致性，证明了本章建立的解析误差模型是可靠的。

(2) 分别基于单独和联合解析误差模型，论证了 GRACE Follow-On 卫星不同关键载荷匹配精度指标和轨道高度对累计大地水准面精度的影响。GRACE Follow-On 全球重力场精度较 GRACE 至少高一个数量级的原因如下：①GRACE Follow-On 计划大幅度提高了关键载荷(激光干涉测距系统的星间速度、GPS 接收机的轨道位置和轨道速度，以及加速度计的非保守力)的测量精度；②较大程度地降低了 GRACE Follow-On 卫星的轨道高度，从而有效抑制了全球重力场随卫星轨道高度增加的衰减效应；③利用非保守力补偿系统高精度消除了双星受到的非保守力。

(3) 解析法具有卫星观测方程物理含义明确、易于误差分析和快速求解高阶地球重力场的优点，是有效和快速论证卫星观测模式、卫星轨道参数、关键载荷匹配精度指标等的合理性和最优设计，分析卫星系统各项误差源对地球重力场精度的影响，以及反演高精度和高空间分辨率地球重力场的有效方法之一。

第7章 基于星间距离和星间速度插值法反演地球重力场

卫星加速度法主要包括轨道加速度法和星间加速度法。轨道加速度法通常适于解算 CHAMP-type 地球重力场；Reubelt 等(2003)利用牛顿插值原理基于轨道加速度法测量了 CHAMP 地球重力场；Ditmar 等(2006)基于 3 点加权平均加速度法建立了 DEOS CHAMP-01C 70 地球重力场。星间加速度法通常用于反演 GRACE-type 地球重力场。Shen 等(2005)推导了简化的星间加速度观测方程；Liu(2008)基于 3 点星间速度联合法反演了 GRACE 地球重力场；Keller 和 Sharifi(2005)基于星间加速度的一阶梯度解算了地球重力场。在上述卫星观测方程中，由于采用了 K 波段测距系统的高精度星间距离和星间速度，地球重力场感测精度被显著提高。因此，星间距离和星间速度的论证研究是进一步提高地球重力场反演精度的重要保证。

7.1 星间距离插值卫星重力反演法

GPS 接收机的轨道位置、K 波段测距系统的星间距离，以及加速度计的非保守力是重力卫星的原始观测值。然而，轨道速度和轨道加速度是轨道位置的导出量，以及星间速度和星间加速度是星间距离的导出量。因此，假如上述的卫星观测值导出量被直接使用，负面影响(如差分误差、模型误差、计算误差等)将在一定程度上损失地球重力场的反演精度。基于以上原因，本章通过将精确的星间距离引入相对轨道位置矢量的视线分量，进而建立了新型星间距离插值观测方程(Zheng et al., 2012b)。

7.1.1 卫星观测方程建立

在地心惯性系中，基于 Newton 插值公式，单星轨道位置的泰勒展开表示如下(Engeln-Mullges and Reutter, 1988; Reubelt et al., 2003)

$$\boldsymbol{r}(t)=\boldsymbol{r}(t_0)+\sum_{j=1}^{n}\binom{\alpha}{j}\sum_{\xi=0}^{j}(-1)^{j+\xi}\binom{j}{\xi}\boldsymbol{r}(t_\xi) \tag{7.1}$$

式中，$\binom{\alpha}{j}$表示二项式系数，$\alpha=\dfrac{t-t_0}{\Delta t}$，$t$ 表示计算点的时刻，t_0 表示插值点的初始时刻，Δt 表示采样间隔；n 表示插值点的数量。

基于式(7.1)的二阶导数，单星轨道加速度表示如下

$$\ddot{\boldsymbol{r}}(t)=\sum_{j=1}^{n}\binom{\alpha}{j}''\sum_{\xi=0}^{j}(-1)^{j+\xi}\binom{j}{\xi}\boldsymbol{r}(t_\xi) \tag{7.2}$$

双星轨道加速度差表示如下

$$\ddot{\boldsymbol{r}}_{12}(t)=\sum_{j=1}^{n}\binom{\alpha}{j}''\sum_{\xi=0}^{j}(-1)^{j+\xi}\binom{j}{\xi}\boldsymbol{r}_{12}(t_{\xi}) \tag{7.3}$$

式中，$\boldsymbol{r}_{12}=\boldsymbol{r}_2-\boldsymbol{r}_1$ 和 $\ddot{\boldsymbol{r}}_{12}=\ddot{\boldsymbol{r}}_2-\ddot{\boldsymbol{r}}_1$ 分别表示双星相对轨道位置矢量和相对轨道加速度矢量，$\boldsymbol{r}_1$ 和 $\boldsymbol{r}_2$ 分别表示双星各自的轨道位置，$\ddot{\boldsymbol{r}}_1$ 和 $\ddot{\boldsymbol{r}}_2$ 分别表示双星各自的轨道加速度。

在式(7.3)中，$\ddot{\boldsymbol{r}}_{12}$ 的视线分量表示如下

$$\boldsymbol{e}_{12}(t)\cdot\ddot{\boldsymbol{r}}_{12}(t)=\sum_{j=1}^{n}\binom{\alpha}{j}''\sum_{\xi=0}^{j}(-1)^{j+\xi}\binom{j}{\xi}\boldsymbol{e}_{12}(t)\cdot\boldsymbol{r}_{12}(t_{\xi}) \tag{7.4}$$

式中，$\boldsymbol{e}_{12}=\boldsymbol{r}_{12}/|\boldsymbol{r}_{12}|$ 表示由第一颗卫星指向第二颗卫星的单位矢量。

由于 GPS 轨道测量精度相对较低，在卫星观测方程(7.4)中直接使用 $\boldsymbol{r}_{12}$ 较难实质性提高地球重力场的精度。因此，K 波段测距系统的高精度星间距离 ρ_{12} 的有效引入是进一步提高地球重力场精度的关键因素。$\boldsymbol{e}_{12}(t)\cdot\boldsymbol{r}_{12}(t_{\xi})$ 可被改写为

$$\boldsymbol{e}_{12}(t)\cdot\boldsymbol{r}_{12}(t_{\xi})=\boldsymbol{e}_{12}(t)\cdot[\boldsymbol{r}_{12}^{\parallel}(t_{\xi})+\boldsymbol{r}_{12}^{\perp}(t_{\xi})] \tag{7.5}$$

式中，$\boldsymbol{r}_{12}^{\parallel}(t_{\xi})=(\boldsymbol{r}_{12}\cdot\boldsymbol{e}_{12})\boldsymbol{e}_{12}$ 表示 $\boldsymbol{r}_{12}$ 的视线分量；$\boldsymbol{r}_{12}^{\perp}(t_{\xi})=\boldsymbol{r}_{12}-(\boldsymbol{r}_{12}\cdot\boldsymbol{e}_{12})\boldsymbol{e}_{12}$ 表示 $\boldsymbol{r}_{12}$ 的垂向分量。

为了有效降低式(7.5)中的 $\sigma[\boldsymbol{e}_{12}(t)\cdot\boldsymbol{r}_{12}^{\parallel}(t_{\xi})]$，将 $(\boldsymbol{r}_{12}\cdot\boldsymbol{e}_{12})\boldsymbol{e}_{12}$ 替换为 $\rho_{12}\boldsymbol{e}_{12}$。因此，式(7.4)可被修改为

$$\boldsymbol{e}_{12}(t)\cdot\ddot{\boldsymbol{r}}_{12}(t)=\sum_{j=1}^{n}\binom{\alpha}{j}''\sum_{\xi=0}^{j}(-1)^{j+\xi}\binom{j}{\xi}\boldsymbol{e}_{12}(t)\cdot\boldsymbol{r}_{\rho_{12}}(t_{\xi}) \tag{7.6}$$

式中，$\boldsymbol{r}_{\rho_{12}}(t_{\xi})=\rho_{12}(t_{\xi})\boldsymbol{e}_{12}(t_{\xi})+\{\boldsymbol{r}_{12}(t_{\xi})-[\boldsymbol{r}_{12}(t_{\xi})\cdot\boldsymbol{e}_{12}(t_{\xi})]\boldsymbol{e}_{12}(t_{\xi})\}$。

基于式(7.6)，3 点、5 点、7 点和 9 点星间距离插值公式表示如下

$$\boldsymbol{e}_{12}(t_j)\cdot\ddot{\boldsymbol{r}}_{12}(t_j)=\frac{\boldsymbol{e}_{12}(t_j)}{(\Delta t)^2}\cdot[\boldsymbol{r}_{\rho_{12}}(t_{j-1})-2\boldsymbol{r}_{\rho_{12}}(t_j)+\boldsymbol{r}_{\rho_{12}}(t_{j+1})] \tag{7.7}$$

$$\begin{aligned}\boldsymbol{e}_{12}(t_j)\cdot\ddot{\boldsymbol{r}}_{12}(t_j)=\frac{\boldsymbol{e}_{12}(t_j)}{(\Delta t)^2}\cdot\Big[&-\frac{1}{12}\boldsymbol{r}_{\rho_{12}}(t_{j-2})+\frac{4}{3}\boldsymbol{r}_{\rho_{12}}(t_{j-1})\\&-\frac{5}{2}\boldsymbol{r}_{\rho_{12}}(t_j)+\frac{4}{3}\boldsymbol{r}_{\rho_{12}}(t_{j+1})-\frac{1}{12}\boldsymbol{r}_{\rho_{12}}(t_{j+2})\Big]\end{aligned} \tag{7.8}$$

$$\begin{aligned}\boldsymbol{e}_{12}(t_j)\cdot\ddot{\boldsymbol{r}}_{12}(t_j)=\frac{\boldsymbol{e}_{12}(t_j)}{(\Delta t)^2}\cdot\Big[&\frac{1}{90}\boldsymbol{r}_{\rho_{12}}(t_{j-3})-\frac{3}{20}\boldsymbol{r}_{\rho_{12}}(t_{j-2})+\frac{3}{2}\boldsymbol{r}_{\rho_{12}}(t_{j-1})\\&-\frac{49}{18}\boldsymbol{r}_{\rho_{12}}(t_j)+\frac{3}{2}\boldsymbol{r}_{\rho_{12}}(t_{j+1})-\frac{3}{20}\boldsymbol{r}_{\rho_{12}}(t_{j+2})+\frac{1}{90}\boldsymbol{r}_{\rho_{12}}(t_{j+3})\Big]\end{aligned} \tag{7.9}$$

$$\begin{aligned}\boldsymbol{e}_{12}(t_j)\cdot\ddot{\boldsymbol{r}}_{12}(t_j)=\frac{\boldsymbol{e}_{12}(t_j)}{(\Delta t)^2}\cdot\Big[&-\frac{1}{560}\boldsymbol{r}_{\rho_{12}}(t_{j-4})+\frac{8}{315}\boldsymbol{r}_{\rho_{12}}(t_{j-3})-\frac{1}{5}\boldsymbol{r}_{\rho_{12}}(t_{j-2})+\frac{8}{5}\boldsymbol{r}_{\rho_{12}}(t_{j-1})\\&-\frac{205}{72}\boldsymbol{r}_{\rho_{12}}(t_j)+\frac{8}{5}\boldsymbol{r}_{\rho_{12}}(t_{j+1})-\frac{1}{5}\boldsymbol{r}_{\rho_{12}}(t_{j+2})+\frac{8}{315}\boldsymbol{r}_{\rho_{12}}(t_{j+3})-\frac{1}{560}\boldsymbol{r}_{\rho_{12}}(t_{j+4})\Big]\end{aligned} \tag{7.10}$$

在式(7.6)中，$\ddot{\boldsymbol{r}}_{12}$ 的具体形式表示如下

$$\ddot{\boldsymbol{r}}_{12}=\boldsymbol{g}_{12}^{0}+\boldsymbol{g}_{12}^{\mathrm{T}}+\boldsymbol{a}_{12}^{\mathrm{C}}+\boldsymbol{f}_{12}^{\mathrm{N}} \tag{7.11}$$

式中，$\boldsymbol{g}_{12}^{\mathrm{T}}=\nabla T_{12}$ 表示相对地球扰动引力；$\boldsymbol{a}_{12}^{\mathrm{C}}=\boldsymbol{a}_{2}^{\mathrm{C}}-\boldsymbol{a}_{1}^{\mathrm{C}}$ 表示除地球引力之外的其他相对保守力(建模型计算)，主要包括日月引力、固体潮汐力、海洋潮汐力、大气潮汐力、极潮汐力等；$\boldsymbol{f}_{12}^{\mathrm{N}}=\boldsymbol{f}_{2}^{\mathrm{N}}-\boldsymbol{f}_{1}^{\mathrm{N}}$ 表示相对非保守力(加速度计测量)，主要包括大气阻力、太阳光压、地球辐射压、轨道高度和姿态控制力等；$\boldsymbol{g}_{12}^{0}=\boldsymbol{g}_{2}^{0}-\boldsymbol{g}_{1}^{0}$ 表示相对中心引力：

$$\boldsymbol{g}_{12}^{0}=-GM\left(\frac{\boldsymbol{r}_2}{|\boldsymbol{r}_2|^3}-\frac{\boldsymbol{r}_1}{|\boldsymbol{r}_1|^3}\right) \tag{7.12}$$

式中，GM 表示地球质量 M 和万有引力常数 G 之积；$|\boldsymbol{r}_{1(2)}|=\sqrt{x_{1(2)}^2+y_{1(2)}^2+z_{1(2)}^2}$ 表示双星的地心半径，$(x_{1(2)},y_{1(2)},z_{1(2)})$ 表示轨道位置矢量 $\boldsymbol{r}_{1(2)}$ 的 3 个分量。

通过将式(7.11)和式(7.12)代入式(7.6)，星间距离插值观测方程表示如下

$$\begin{aligned}\boldsymbol{e}_{12}(t)\cdot\nabla T_{12}(t)=\boldsymbol{e}_{12}(t)\cdot\Bigg\{&\sum_{j=1}^{n}\binom{\alpha}{j}''\sum_{\xi=0}^{j}(-1)^{j+\xi}\binom{j}{\xi}\boldsymbol{r}_{\rho_{12}}(t_\xi)\\&+GM\left[\frac{\boldsymbol{r}_2(t)}{|\boldsymbol{r}_2(t)|^3}-\frac{\boldsymbol{r}_1(t)}{|\boldsymbol{r}_1(t)|^3}\right]-\boldsymbol{a}_{12}^{\mathrm{C}}(t)-\boldsymbol{f}_{12}^{\mathrm{N}}(t)\Bigg\}\end{aligned} \tag{7.13}$$

7.1.2 全球重力场模型建立和标校

1. 卫星观测值的预处理

首先对美国 JPL 公布的 2008-01-01～2008-12-31 时间段内的 GRACE-Level-1B 实测数据，包括：GPS 接收机的轨道位置、K 波段测距系统的星间距离、加速度计的非保守力，以及恒星敏感器的三维姿态，进行了轨道拼接、粗差探测、线性内插、重新标定(尺度因子和偏差因子)、坐标转换、误差分析等有效预处理(Reigber et al.，2005；Tapley et al.，2005；Zheng et al.，2009d；Horwath et al.，2011)。

2. 星间距离插值点的优化选取

如图 7.1 所示，十字线、圆圈线、虚线和实线分别表示基于 3 点、5 点、7 点和 9 点星间距离插值公式联合预处理共轭梯度法反演的 120 阶累计大地水准面精度，统计结果如表 7.1 所示。研究结果表明：

(1) 适当增加星间距离插值点数有利于提高地球重力场反演精度。在 120 阶内，分别基于 3 点、5 点、7 点和 9 点星间距离插值公式，累计大地水准面精度呈非线性变化趋势。原因分析如下，随着星间距离插值点数的增加，虽然卫星观测值的信息量被有效提升，但观测值误差量也同时增加。因此，地球重力场的最优精度较大程度依赖于多点插值公式的最优信噪比。基于 9 点星间距离插值公式反演的累计大地水准面精度略高于 7 点星间距离插值公式的反演精度，同时几乎等于 11 点星间距离插值公式的反演精度。因此，基于 9 点星间距离插值公式反演 120 阶地球重力场较优。

(2) 在 120 阶内，基于 3 点星间距离插值公式反演的累计大地水准面精度远低于分

别基于 5 点、7 点和 9 点星间距离插值公式的反演精度。原因分析如下：首先，式(7.7)的左边 $\boldsymbol{e}_{12}(t_j)\cdot\ddot{\boldsymbol{r}}_{12}(t_j)$ 是点域值，而右边$\frac{\boldsymbol{e}_{12}(t_j)}{(\Delta t)^2}\cdot[\boldsymbol{r}_{\rho_{12}}(t_{j-1})-2\boldsymbol{r}_{\rho_{12}}(t_j)+\boldsymbol{r}_{\rho_{12}}(t_{j+1})]$ 是平均值，因此，式(7.7)的左边几乎不等于右边；其次，3 点星间距离插值公式采用的插值点数太少，以致于无法提供足够的插值信息。

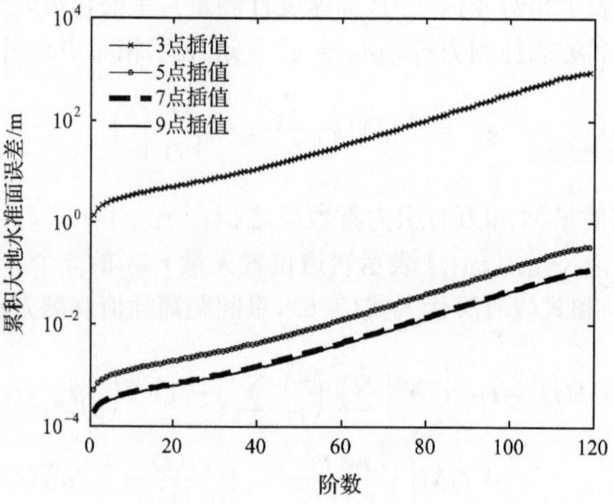

图 7.1　基于不同星间距离插值点数反演累计大地水准面精度(彩图附后)

表 7.1　基于不同星间距离插值点数的累计大地水准面精度统计

插值公式	累计大地水准面精度/m				
	20 阶	50 阶	80 阶	100 阶	120 阶
3 点插值	4.679×10^{0}	1.706×10^{1}	9.386×10^{1}	3.157×10^{2}	8.783×10^{2}
5 点插值	1.785×10^{-3}	6.506×10^{-3}	3.579×10^{-2}	1.203×10^{-1}	3.349×10^{-1}
7 点插值	6.307×10^{-4}	2.299×10^{-3}	1.265×10^{-2}	4.255×10^{-2}	1.183×10^{-1}
9 点插值	5.851×10^{-4}	2.133×10^{-3}	1.173×10^{-2}	3.947×10^{-2}	1.098×10^{-1}

3. WHIGG-GEGM01S 重力场模型的精确标校

本章通过 WHIGG-GEGM01S 模型和 GPS/水准数据(美国 4445 个观测点(NGS, 1999)、欧洲 1233 个观测点(Kenyeres et al., 2006)和澳大利亚 197 个观测点(Johnston and Manning, 2003))计算获得的大地水准面高度差，精确标校了地球重力场模型 WHIGG-GEGM01S。同时，本章也基于相同的 GPS/水准数据标校了德国 GFZ 公布的地球重力场模型 EIGEN-GRACE01S(120 阶)，EIGEN-GRACE02S(150 阶)，EIGEN-CG03C(360 阶)，EIGEN-GL04C(360 阶)和 EIGEN-5C(360 阶)。具体计算过程如下(Reigber et al., 2005; Tapley et al., 2005; Dawod et al., 2010)：①基于地球重力场模型 WHIGG-GEGM01S 计算位于 GPS/水准观测点位置(纬度、经度和正高)处的大地水准面高；②由 WHIGG-GEGM01S 模型计算大地水准面高冗长误差，并从 GPS/水准大地水准面高中扣除；③基于 WHIGG-GEGM01S 模型和约化的 GPS/水准观测值计算大地水准面高差，可有效评定 WHIGG-GEGM01S 模型的质量。

本章对比了分别基于 6 个地球重力场模型和相同 GPS/水准数据(美国、欧洲和澳大利亚)计算获得的大地水准面高度差。研究结果表明,在 120 阶内,相对于 EIGEN-GRACE01S(RMS = 0.851)、EIGEN-CG03C(RMS = 0.481)、EIGEN-GL04C(RMS = 0.393)和 EIGEN-5C(RMS=0.346)模型,基于 WHIGG-GEGM01S(RMS=0.726)模型的大地水准面高度差的标准差最接近于 EIGEN-GRACE02S(RMS=0.735)模型的标准差。原因分析如下:①EIGEN-GRACE02S 和 WHIGG-GEGM01S 模型均仅由 GRACE 卫星实测数据建立;②由于 EIGEN-GRACE01S(39 天)模型采用的 GRACE 卫星实测数据的数量远小于 WHIGG-GEGM01S(365 天)模型,因此基于 WHIGG-GEGM01S 模型和 GPS/水准数据计算获得的大地水准面高度差的标准差相对于 EIGEN-GRACE01S 模型较小;③由于 EIGEN-CG03C、EIGEN-GL04C 和 EIGEN-5C 模型均由 CHAMP、GRACE、LAGEOS 和地表重力数据联合解算建立,因此基于 WHIGG-GEGM01S 模型和 GPS/水准数据计算获得的大地水准面高度差的标准差相对于 EIGEN-CG03C、EIGEN-GL04C 和 EIGEN-5C 模型较大。

图 7.2 表示 EIGEN-GRACE01S、EIGEN-GRACE02S、EIGEN-CG03C、EIGEN-GL04C、EIGEN-5C 和 WHIGG-GEGM01S 模型的地球引力位系数精度,统计结果如表 7.2所示。研究结果表明,WHIGG-GEGM01S 模型的精度较接近于 EIGEN-GRACE02S 模型。在 30 阶内,WHIGG-GEGM01S 地球引力位系数精度曲线较 EIGEN-GRACE01S 和 EIGEN-GRACE02S 模型的精度曲线更平滑的原因分析如下:①随着卫星观测值数量的增加,地球重力场长波信号精度将有效提高且趋于平滑。由于 WHIGG-GEGM01S(365 天)模型采用的卫星观测值数量分别大于 EIGEN-GRACE01S(39 天)和 EIGEN-GRACE02S(110 天)模型,因此 WHIGG-GEGM01S 模型的地球引力位系数精度曲线相对较光滑。②EIGEN-GRACE01S 和 EIGEN-GRACE02S 模型均基于动力学法建立,而 WHIGG-GEGM01S 模型基于星间距离插值法获得。因此,不同的卫星重力反演方法对地球重力场长波信号精度影响各异。综上所述,WHIGG-GEGM01S 模型是正确的和可靠的。

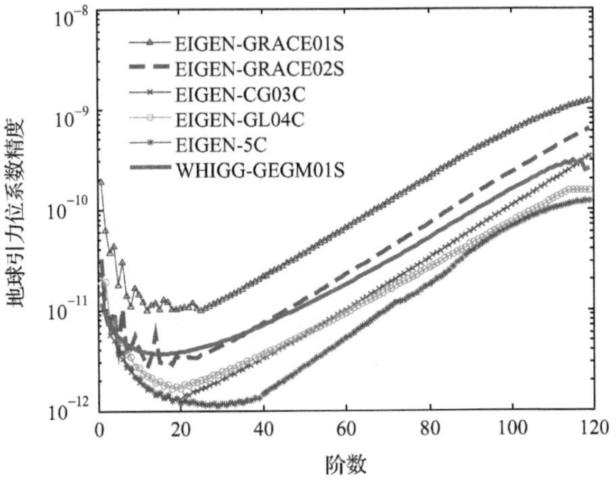

图 7.2 WHIGG-GEGM01S 和不同地球重力场模型的引力位系数精度对比(彩图附后)

表 7.2 WHIGG-GEGM01S 和不同地球重力场模型的引力位系数精度统计结果

重力模型	地球引力位系数精度				
	20 阶	50 阶	80 阶	100 阶	120 阶
EIGEN-GRACE01S	1.013×10^{-11}	3.448×10^{-11}	1.958×10^{-10}	5.710×10^{-10}	1.187×10^{-9}
EIGEN-GRACE02S	3.452×10^{-12}	1.169×10^{-11}	6.773×10^{-11}	2.189×10^{-10}	6.199×10^{-10}
EIGEN-CG03C	1.313×10^{-12}	5.251×10^{-12}	3.060×10^{-11}	1.012×10^{-10}	3.332×10^{-10}
EIGEN-GL04C	1.729×10^{-12}	5.336×10^{-12}	2.459×10^{-11}	7.073×10^{-11}	1.524×10^{-10}
EIGEN-5C	1.329×10^{-12}	2.521×10^{-12}	1.664×10^{-11}	6.414×10^{-11}	1.203×10^{-10}
WHIGG-GEGM01S	3.751×10^{-12}	1.042×10^{-11}	4.878×10^{-11}	1.475×10^{-10}	2.562×10^{-10}

图 7.3 表示 WHIGG-GEGM01S 地球重力场模型的精度，统计结果如表 7.3 所示；在 120 阶处，累计大地水准面精度和累计重力异常精度分别为 1.098×10^{-1} m 和 1.741×10^{-6} m/s^2。基于 EIGEN-GRACE02S 模型在大地测量学、地球物理学、海洋学、冰川学等地学研究领域的优秀表现，作者下一步将基于 WHIGG-GEGM01S 模型开展广泛的科学应用研究。

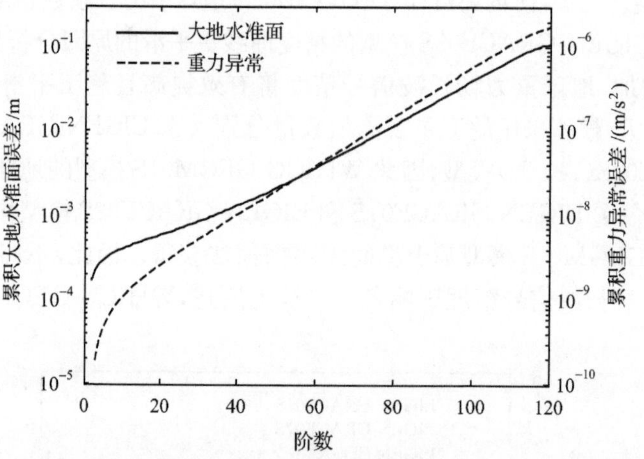

图 7.3 WHIGG-GEGM01S 重力场模型的累计大地水准面精度和累计重力异常精度(彩图附后)

表 7.3 WHIGG-GEGM01S 模型的累计大地水准面和累计重力异常精度统计结果

重力参数	WHIGG-GEGM01S 模型精度				
	20 阶	50 阶	80 阶	100 阶	120 阶
累计大地水准面/m	5.851×10^{-4}	2.133×10^{-3}	1.173×10^{-2}	3.947×10^{-2}	1.098×10^{-1}
累计重力异常/(m/s^2)	2.596×10^{-9}	1.989×10^{-8}	1.493×10^{-7}	5.718×10^{-7}	1.741×10^{-6}

7.2 星间速度插值卫星重力反演法(Zheng et al., 2012c)

7.2.1 GRACE 地球重力场反演

1. 卫星观测方程

单星轨道速度 $\dot{r}$ 的泰勒展开表示如下

$$\dot{\boldsymbol{r}}(t)=\dot{\boldsymbol{r}}(t_0)+\sum_{i=1}^{n}\binom{\beta}{i}\sum_{\alpha=0}^{i}(-1)^{i+\alpha}\binom{i}{\alpha}\dot{\boldsymbol{r}}(t_\alpha)+O(\dot{\boldsymbol{r}}) \tag{7.14}$$

式中，$\binom{\beta}{i}$表示二项式系数，$\beta=\dfrac{t-t_0}{\Delta t}$，$t$ 表示计算点的时刻，t_0 表示插值点的初始时刻，Δt 表示采样间隔；n 表示插值点的数量；$O(\dot{\boldsymbol{r}})$ 表示泰勒展开的高阶项，由于超低量级，因此被忽略。

基于式(7.14)的一阶导数，单星轨道加速度 $\ddot{\boldsymbol{r}}$ 的泰勒展开表示如下

$$\ddot{\boldsymbol{r}}(t)=\sum_{i=1}^{n}\binom{\beta}{i}'\sum_{\alpha=0}^{i}(-1)^{i+\alpha}\binom{i}{\alpha}\dot{\boldsymbol{r}}(t_\alpha) \tag{7.15}$$

基于式(7.15)，双星轨道加速度差的泰勒展开表示如下

$$\ddot{\boldsymbol{r}}_{12}(t)=\sum_{i=1}^{n}\binom{\beta}{i}'\sum_{\alpha=0}^{i}(-1)^{i+\alpha}\binom{i}{\alpha}\dot{\boldsymbol{r}}_{12}(t_\alpha) \tag{7.16}$$

式中，$\dot{\boldsymbol{r}}_{12}=\dot{\boldsymbol{r}}_2-\dot{\boldsymbol{r}}_1$ 和 $\ddot{\boldsymbol{r}}_{12}=\ddot{\boldsymbol{r}}_2-\ddot{\boldsymbol{r}}_1$ 分别表示轨道速度差和轨道加速度差矢量，$\dot{\boldsymbol{r}}_1$ 和 $\dot{\boldsymbol{r}}_2$ 表示双星的轨道速度矢量，$\ddot{\boldsymbol{r}}_1$ 和 $\ddot{\boldsymbol{r}}_2$ 表示双星的轨道加速度矢量。

$\ddot{\boldsymbol{r}}_{12}$ 的视线分量表示如下

$$\boldsymbol{e}_{12}(t)\cdot\ddot{\boldsymbol{r}}_{12}(t)=\sum_{i=1}^{n}\binom{\beta}{i}'\sum_{\alpha=0}^{i}(-1)^{i+\alpha}\binom{i}{\alpha}\boldsymbol{e}_{12}(t)\cdot\dot{\boldsymbol{r}}_{12}(t_\alpha) \tag{7.17}$$

式中，$\boldsymbol{e}_{12}=\boldsymbol{r}_{12}/|\boldsymbol{r}_{12}|$ 表示第一颗卫星指向第二颗卫星的单位矢量，$\boldsymbol{r}_{12}=\boldsymbol{r}_2-\boldsymbol{r}_1$ 表示双星的轨道位置差矢量，$\boldsymbol{r}_1$ 和 $\boldsymbol{r}_2$ 分别表示双星的轨道位置矢量。

由于 GPS 低精度的轨道测量，假如 $\dot{\boldsymbol{r}}_{12}$ 被直接使用于式(7.17)，地球重力场精度将无法实质性提高。因此，K 波段测距系统的高精度星间速度 $\dot{\rho}_{12}$ 的有效引入是进一步提高地球重力场精度的有效手段。$\dot{\boldsymbol{r}}_{12}$ 可被改写为

$$\dot{\boldsymbol{r}}_{12}=\dot{\boldsymbol{r}}_{12}^{\parallel}+\dot{\boldsymbol{r}}_{12}^{\perp} \tag{7.18}$$

式中，$\dot{\boldsymbol{r}}_{12}^{\parallel}=(\dot{\boldsymbol{r}}_{12}\cdot\boldsymbol{e}_{12})\boldsymbol{e}_{12}$ 和 $\dot{\boldsymbol{r}}_{12}^{\perp}=\dot{\boldsymbol{r}}_{12}-(\dot{\boldsymbol{r}}_{12}\cdot\boldsymbol{e}_{12})\boldsymbol{e}_{12}$ 分别表示 $\dot{\boldsymbol{r}}_{12}$ 的视线分量和垂向分量。

为了有效降低 $\sigma(\boldsymbol{e}_{12}\cdot\dot{\boldsymbol{r}}_{12}^{\parallel})$，将式(7.18)中的$(\dot{\boldsymbol{r}}_{12}\cdot\boldsymbol{e}_{12})\boldsymbol{e}_{12}$ 替换为 $\dot{\rho}_{12}\boldsymbol{e}_{12}$。因此，式(7.17)可改写为

$$\boldsymbol{e}_{12}(t)\cdot\ddot{\boldsymbol{r}}_{12}(t)=\sum_{i=1}^{n}\binom{\beta}{i}'\sum_{\alpha=0}^{i}(-1)^{i+\alpha}\binom{i}{\alpha}\boldsymbol{e}_{12}(t)\cdot\dot{\boldsymbol{r}}_{\rho_{12}}(t_\alpha) \tag{7.19}$$

式中，$\dot{\boldsymbol{r}}_{\rho_{12}}(t_\alpha)=\dot{\rho}_{12}(t_\alpha)\boldsymbol{e}_{12}(t_\alpha)+\{\dot{\boldsymbol{r}}_{12}(t_\alpha)-[\dot{\boldsymbol{r}}_{12}(t_\alpha)\cdot\boldsymbol{e}_{12}(t_\alpha)]\boldsymbol{e}_{12}(t_\alpha)\}$。

基于式(7.19)，2点、4点、6点和8点星间速度插值公式分别表示如下

$$\boldsymbol{e}_{12}(t_i)\cdot\ddot{\boldsymbol{r}}_{12}(t_i)=-\frac{\boldsymbol{e}_{12}(t_i)}{2\Delta t}\cdot[\dot{\boldsymbol{r}}_{\rho_{12}}(t_{i-1})-\dot{\boldsymbol{r}}_{\rho_{12}}(t_{i+1})] \tag{7.20}$$

$$\boldsymbol{e}_{12}(t_i)\cdot\ddot{\boldsymbol{r}}_{12}(t_i)=\frac{\boldsymbol{e}_{12}(t_i)}{12\Delta t}\cdot[\dot{\boldsymbol{r}}_{\rho_{12}}(t_{i-2})-8\dot{\boldsymbol{r}}_{\rho_{12}}(t_{i-1})+8\dot{\boldsymbol{r}}_{\rho_{12}}(t_{i+1})-\dot{\boldsymbol{r}}_{\rho_{12}}(t_{i+2})] \tag{7.21}$$

$$\begin{aligned}\boldsymbol{e}_{12}(t_i)\cdot\ddot{\boldsymbol{r}}_{12}(t_i)=&-\frac{\boldsymbol{e}_{12}(t_i)}{60\Delta t}\cdot[\dot{\boldsymbol{r}}_{\rho_{12}}(t_{i-3})-9\dot{\boldsymbol{r}}_{\rho_{12}}(t_{i-2})+45\dot{\boldsymbol{r}}_{\rho_{12}}(t_{i-1})\\&-45\dot{\boldsymbol{r}}_{\rho_{12}}(t_{i+1})+9\dot{\boldsymbol{r}}_{\rho_{12}}(t_{i+2})-\dot{\boldsymbol{r}}_{\rho_{12}}(t_{i+3})]\end{aligned} \tag{7.22}$$

$$\begin{aligned}\boldsymbol{e}_{12}(t_i)\cdot\ddot{\boldsymbol{r}}_{12}(t_i)=&\frac{\boldsymbol{e}_{12}(t_i)}{\Delta t}\cdot\Big[\frac{1}{280}\dot{\boldsymbol{r}}_{\rho_{12}}(t_{i-4})-\frac{4}{105}\dot{\boldsymbol{r}}_{\rho_{12}}(t_{i-3})+\frac{1}{5}\dot{\boldsymbol{r}}_{\rho_{12}}(t_{i-2})-\frac{4}{5}\dot{\boldsymbol{r}}_{\rho_{12}}(t_{i-1})\\&+\frac{4}{5}\dot{\boldsymbol{r}}_{\rho_{12}}(t_{i+1})-\frac{1}{5}\dot{\boldsymbol{r}}_{\rho_{12}}(t_{i+2})+\frac{4}{105}\dot{\boldsymbol{r}}_{\rho_{12}}(t_{i+3})-\frac{1}{280}\dot{\boldsymbol{r}}_{\rho_{12}}(t_{i+4})\Big]\end{aligned} \tag{7.23}$$

在式(7.19)中，$\ddot{\boldsymbol{r}}_{12}$ 的具体形式表示如下

$$\ddot{\boldsymbol{r}}_{12}=\boldsymbol{g}_{12}^{0}+\boldsymbol{g}_{12}^{\mathrm{T}}+\boldsymbol{F}_{12}^{\mathrm{C}}+\boldsymbol{f}_{12}^{\mathrm{N}} \tag{7.24}$$

式中，$\boldsymbol{g}_{12}^{\mathrm{T}}=\nabla T_{12}$ 表示双星的地球扰动引力差；$\boldsymbol{F}_{12}^{\mathrm{C}}=\boldsymbol{F}_{2}^{\mathrm{C}}-\boldsymbol{F}_{1}^{\mathrm{C}}$表示双星保守力差；$\boldsymbol{f}_{12}^{\mathrm{N}}=\boldsymbol{f}_{2}^{\mathrm{N}}-\boldsymbol{f}_{1}^{\mathrm{N}}$ 表示双星非保守力差；$\boldsymbol{g}_{12}^{0}=\boldsymbol{g}_{2}^{0}-\boldsymbol{g}_{1}^{0}$ 表示地心引力差：

$$\boldsymbol{g}_{12}^{0}=-GM\left(\frac{\boldsymbol{r}_2}{|\boldsymbol{r}_2|^3}-\frac{\boldsymbol{r}_1}{|\boldsymbol{r}_1|^3}\right) \tag{7.25}$$

式中，GM 表示地球质量M 和万有引力常数G 的乘积；$|\boldsymbol{r}_{1(2)}|=\sqrt{x_{1(2)}^2+y_{1(2)}^2+z_{1(2)}^2}$ 分别表示双星的地心半径，$(x_{1(2)},y_{1(2)},z_{1(2)})$ 表示轨道位置矢量 $\boldsymbol{r}_{1(2)}$ 的3个分量。

通过将式(7.24)和式(7.25)代入式(7.19)，星间速度插值观测方程表示如下

$$\begin{aligned}\boldsymbol{e}_{12}(t)\cdot\nabla T_{12}(t)=&\sum_{i=1}^{n}\binom{\beta}{i}'\sum_{\alpha=0}^{i}(-1)^{i+\alpha}\binom{i}{\alpha}\boldsymbol{e}_{12}(t)\cdot\{\dot{\rho}_{12}(t_\alpha)\boldsymbol{e}_{12}(t_\alpha)\\&+[\dot{\boldsymbol{r}}_{12}(t_\alpha)-(\dot{\boldsymbol{r}}_{12}(t_\alpha)\cdot\boldsymbol{e}_{12}(t_\alpha))\boldsymbol{e}_{12}(t_\alpha)]\}\\&+\boldsymbol{e}_{12}(t)\cdot\Big[GM\Big(\frac{\boldsymbol{r}_2(t)}{|\boldsymbol{r}_2(t)|^3}-\frac{\boldsymbol{r}_1(t)}{|\boldsymbol{r}_1(t)|^3}\Big)-\boldsymbol{F}_{12}^{\mathrm{C}}(t)-\boldsymbol{f}_{12}^{\mathrm{N}}(t)\Big]\end{aligned} \tag{7.26}$$

其中，$T(\mathrm{r},\theta,\lambda)$ 表示地球扰动位：

$$T(r,\theta,\lambda)=\frac{GM}{R_{\mathrm{e}}}\sum_{l=2}^{L}\left(\frac{R_{\mathrm{e}}}{r}\right)^{l+1}\sum_{m=0}^{l}(\bar{C}_{lm}\cos m\lambda+\bar{S}_{lm}\sin m\lambda)\bar{P}_{lm}(\cos\theta) \tag{7.27}$$

式中，(r,θ,λ) 分别表示地心半径、地心余纬度和地心经度；R_{e} 表示地球平均半径；

$\bar{P}_{lm}(\cos\theta)$ 表示正规化的缔合 Legendre 函数，l 表示阶数，m 表示次数；$\bar{C}_{lm}$ 和 $\bar{S}_{lm}$ 表示待估的地球引力位系数。

2. 卫星观测值

本章采用了 2008 年美国 JPL 公布的 GRACE-Level-1B 实测数据，包括 GPS 接收机的轨道位置和轨道速度、K 波段测距系统的星间速度、加速度计的非保守力、恒星敏感器的三维姿态等。

3. 多点插值公式的优化选取

如图 7.4 所示，圆圈线、十字线、虚线和实线分别表示基于 2 点、4 点、6 点和 8 点星间速度插值公式反演 120 阶地球引力位系数的精度，统计结果如表 7.4 所示。研究结果如下：①在 120 阶内，基于 2 点星间速度插值公式的地球引力位系数精度远低于基于 4 点、6 点和 8 点星间速度插值公式的地球引力位系数精度。原因分析如下，式(7.20)的左边 $\boldsymbol{e}_{12}(t_i)\cdot\ddot{\boldsymbol{r}}_{12}(t_i)$ 为点域值，而右边 $-\dfrac{\boldsymbol{e}_{12}(t_i)}{2\Delta t}\cdot[\dot{\boldsymbol{r}}_{\rho_{12}}(t_{i-1})-\dot{\boldsymbol{r}}_{\rho_{12}}(t_{i+1})]$ 为平均值，因此式(7.20)的左右两边几乎不相等。②在 120 阶内，基于 6 点星间速度插值公式的地球重力场精度高于基于 2 点、4 点和 8 点星间速度插值公式的地球重力场精度。原因分析如下，随着星间速度插值点数的增加，卫星观测值的总信息量逐渐增加，因此基于 6 点星间速度插值公式的地球引力位系数精度高于基于 2 点和 4 点星间速度插值公式的地球引力位系数精度。然而，随着星间速度插值点数的增加，卫星观测值的总误差量也同时增加。因此，基于 8 点星间速度插值公式的地球引力位系数精度低于基于 6 点星间速度插值公式的地球引力位系数精度。总而言之，6 点星间速度插值公式是精确反演 120 阶地球重力场精度的最优选择。

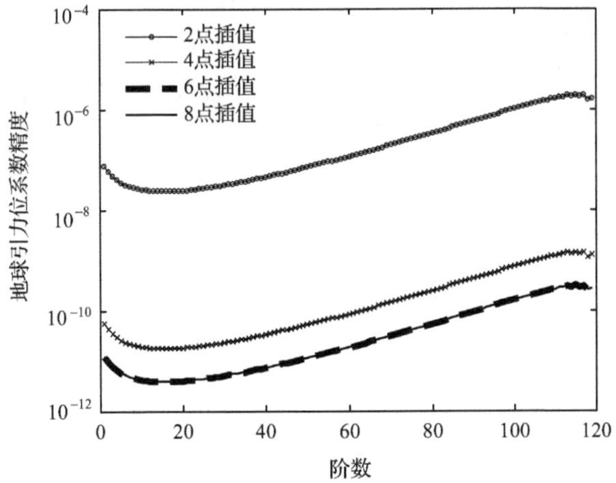

图 7.4　基于不同星间速度插值点数反演地球引力位系数精度(彩图附后)

表 7.4　基于不同星间速度插值点数的地球引力位系数精度统计结果

插值公式	地球引力位系数精度				
	20 阶	60 阶	80 阶	100 阶	120 阶
2 点插值	2.441×10^{-8}	1.101×10^{-7}	3.174×10^{-7}	9.600×10^{-7}	1.667×10^{-6}
4 点插值	1.801×10^{-11}	8.127×10^{-11}	2.342×10^{-10}	7.084×10^{-10}	1.230×10^{-9}
6 点插值	3.892×10^{-12}	1.756×10^{-11}	5.061×10^{-11}	1.531×10^{-10}	2.658×10^{-10}
8 点插值	3.926×10^{-12}	1.772×10^{-11}	5.105×10^{-11}	1.544×10^{-10}	2.681×10^{-10}

4. WHIGG-GEGM02S 模型的精确标定

本章基于 WHIGG-GEGM02S 模型和 GPS/水准数据的大地水准面高度差精确标定了 GRACE-only 地球重力场模型 WHIGG-GEGM02S，分别对比了 GPS/水准数据(美国、德国和澳大利亚)和 GRACE 全球重力场模型(EIGEN-GRACE01S/02S、EIGEN-GL04S1、EIGEN-5C、GGM01S/02S 和 WHIGG-GEGM02S)之间的大地水准面高度差。研究结果表明，相对于 EIGEN-GRACE01S(RMS=0.863m)、EIGEN-GRACE02S(RMS=0.670m)、EIGEN-GL04S1(RMS=0.465m)、EIGEN-5C(RMS=0.461m)和 GGM01S(RMS=0.756m)模型，基于 WHIGG-GEGM02S 模型(RMS=0.562m)的大地水准面高度差的标准差较接近于 GGM02S(RMS=0.559m)模型。原因分析如下：①GGM02S(363 天)和 WHIGG-GEGM02S(365 天)模型均为 GRACE-only 地球重力场模型，而且均采用了几乎相同数量的卫星观测值。②EIGEN-GRACE01S(39 天)、EIGEN-GRACE02S(110 天)和 GGM01S(111 天)模型采用的卫星观测值数量均分别少于 WHIGG-GEGM02S 模型。因此，基于 WHIGG-GEGM02S 模型的大地水准面高度差的标准差均分别低于 EIGEN-GRACE01S、EIGEN-GRACE02S 和 GGM01S 模型。③EIGEN-GL04S1 和 EIGEN-5C 为基于 CHAMP、GRACE、LAGEOS 和地表重力数据解算的联合模型。因此，基于 WHIGG-GEGM02S 模型的大地水准面高度差的标准差均分别高于 EIGEN-GL04S1 和 EIGEN-5C 模型。另外，图 7.5 分别表示全球重力场模型 EIGEN-GRACE01S/

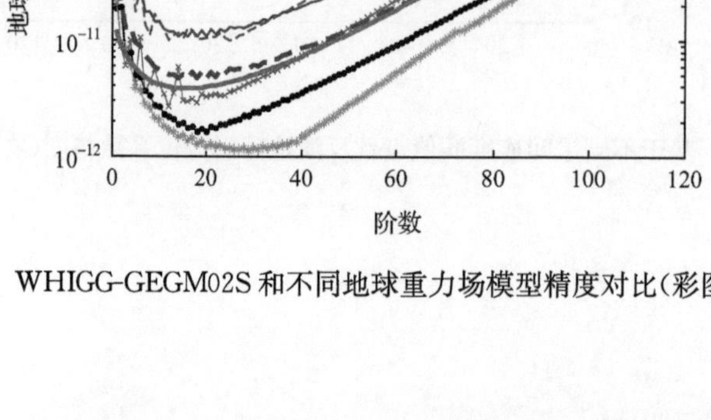

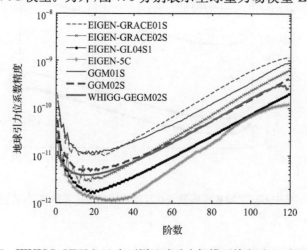

图 7.5　WHIGG-GEGM02S 和不同地球重力场模型精度对比(彩图附后)

02S、EIGEN-GL04S1、EIGEN-5C、GGM01S/02S 和 WHIGG-GEGM02S 的地球引力位系数精度，统计结果如表 7.5 所示。研究结果表明，基于 WHIGG-GEGM02S 模型的地球引力位系数精度接近于 GGM02S 模型。总而言之，WHIGG-GEGM02S 模型是正确的和可靠的。

表 7.5 WHIGG-GEGM02S 和不同地球重力场模型精度统计结果

重力模型	地球引力位系数精度				
	20 阶	50 阶	80 阶	100 阶	120 阶
EIGEN-GRACE01S	1.013×10^{-11}	3.448×10^{-11}	1.958×10^{-10}	5.710×10^{-10}	1.187×10^{-9}
EIGEN-GRACE02S	3.452×10^{-12}	1.169×10^{-11}	6.773×10^{-11}	2.189×10^{-10}	6.199×10^{-10}
EIGEN-GL04S1	1.730×10^{-12}	5.341×10^{-12}	2.468×10^{-11}	7.138×10^{-11}	2.003×10^{-10}
EIGEN-5C	1.329×10^{-12}	2.521×10^{-12}	1.664×10^{-11}	6.414×10^{-11}	1.203×10^{-10}
GGM01S	1.216×10^{-11}	2.756×10^{-11}	1.170×10^{-10}	3.285×10^{-10}	8.972×10^{-10}
GGM02S	5.249×10^{-12}	1.178×10^{-11}	5.056×10^{-11}	1.443×10^{-10}	4.215×10^{-10}
WHIGG-GEGM02S	3.892×10^{-12}	1.081×10^{-11}	5.061×10^{-11}	1.531×10^{-10}	2.658×10^{-10}

5. 地球重力场反演

图 7.6 表示 WHIGG-GEGM02S 模型的地球重力场精度，统计结果如表 7.6 所示；在 120 阶处，累计大地水准面精度和累计重力异常精度分别为 1.139×10^{-1} m 和 1.806×10^{-6} m/s^2。

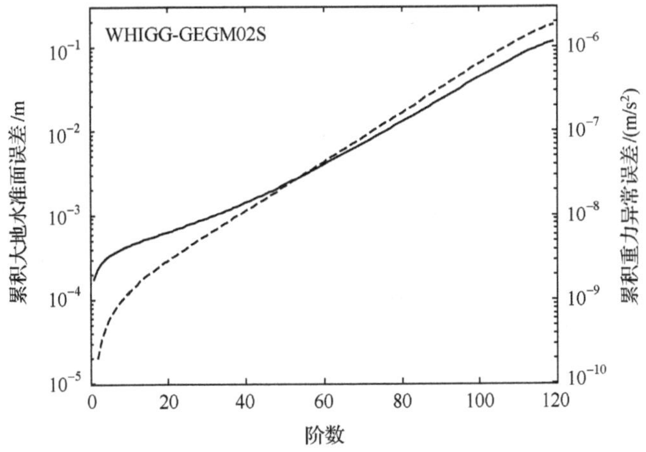

图 7.6 WHIGG-GEGM02S 模型的累计大地水准面精度和累计重力异常精度对比(彩图附后)

表 7.6 WHIGG-GEGM02S 模型的累计大地水准面和累计重力异常精度统计结果

重力参数	WHIGG-GEGM02S 模型精度				
	20 阶	50 阶	80 阶	100 阶	120 阶
累计大地水准面/m	6.071×10^{-4}	2.213×10^{-3}	1.218×10^{-2}	4.096×10^{-2}	1.139×10^{-1}
累计重力异常/(m/s^2)	2.693×10^{-9}	2.063×10^{-8}	1.550×10^{-7}	5.933×10^{-7}	1.806×10^{-6}

7.2.2 GRACE Follow-On 地球重力场反演

1. 数值模拟

基于 9 阶 Runge-Kutta 线性单步法和 12 阶 Adams-Cowell 线性多步法数值模拟了 GRACE Follow-On-A/B 双星轨道，初始轨道参数如表 7.7 所示。

表 7.7 GRACE Follow-On 卫星轨道模拟参数

参数	指标	参数	指标
轨道高度/km	～250	轨道长度/d	30
轨道倾角/(°)	89	采样间隔/s	10
轨道离心率	0.001	参考模型	EGM2008(120 阶)
星间距离/km	50	—	—

卫星观测值不是相互独立，而具有明显的相关性。因此，在卫星观测值中引入了具有相关性的色噪声。基于 Gauss-Markov 模型，卫星观测值色噪声公式表示如下(Grafarend and Vanicek，1980；沈云中，2000)

$$\begin{cases} \varepsilon_0 = \delta_0 \\ \varepsilon_1 = \mu\varepsilon_0 + \sqrt{1-\mu^2}\delta_1 \\ \varepsilon_2 = \mu\varepsilon_1 + \sqrt{1-\mu^2}\delta_2 \\ \vdots \\ \varepsilon_i = \mu\varepsilon_{i-1} + \sqrt{1-\mu^2}\delta_i \end{cases} \tag{7.28}$$

式中，μ 表示相关系数；$\delta_i(i=1,2,\cdots,k)$ 表示正态分布的随机白噪声($\mu=0$)，k 表示卫星观测值的数量；$\varepsilon_i(i=1,2,\cdots,k)$ 表示色噪声($0<\mu<1$)。

1) 星间距离和星间速度的色噪声

如图 7.7(a)所示，基于不同的相关系数 $0\leqslant\mu\leqslant0.99$ 和相同的采样间隔 5s，按照式(7.28)数值模拟了激光干涉测距系统星间距离的色噪声 10^{-8}m。

基于 6 点 Newton 插值公式，星间速度色噪声表示如下

$$\begin{aligned} \varepsilon_{\dot{\rho}_{12}}(t_i) = -\frac{1}{60\Delta t}\cdot[&\varepsilon_{\rho_{12}}(t_{i-3}) - 9\varepsilon_{\rho_{12}}(t_{i-2}) + 45\varepsilon_{\rho_{12}}(t_{i-1}) \\ &- 45\varepsilon_{\rho_{12}}(t_{i+1}) + 9\varepsilon_{\rho_{12}}(t_{i+2}) - \varepsilon_{\rho_{12}}(t_{i+3})] \end{aligned} \tag{7.29}$$

式中，$\varepsilon_{\rho_{12}}$ 和 $\varepsilon_{\dot{\rho}_{12}}$ 分别表示星间距离和星间速度的色噪声。

图 7.7(b)表示基于不同的相关系数 $0\leqslant\mu\leqslant0.99$ 和相同的采样间隔 5s 计算的星间速度色噪声 $\varepsilon_{\dot{\rho}_{12}}$。研究结果表明，随着相关系数逐渐增加 0～0.99，星间速度色噪声逐渐减小 2.338×10^{-9}～0.263×10^{-9}m/s。因此，相关系数的适当增加有利于提高星间速度的精度。由于星间速度的测量精度约为 10^{-9}m/s，因此本章基于相关系数 0.80～0.90 和采样间隔 5s 计算了星间速度的色噪声。图 7.8 表示基于相关系数 0.85 计算的星间距离和星间速度的色噪声。

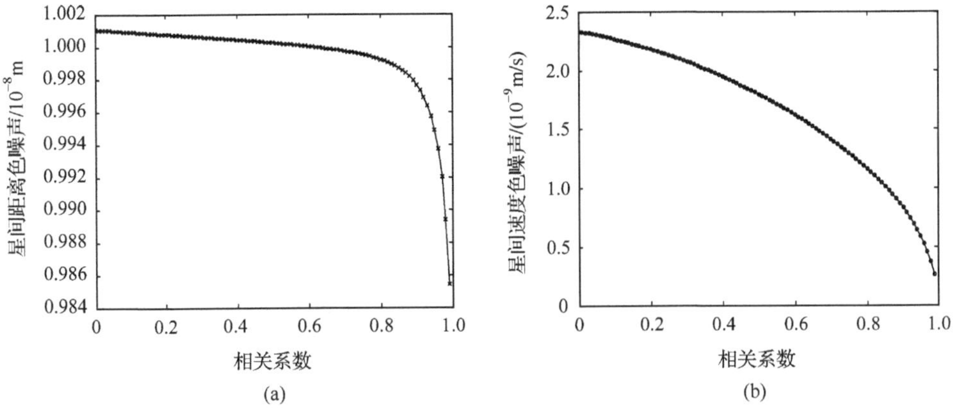

图 7.7 基于不同的相关系数和相同的采样间隔 5s 模拟的星间距离和星间速度色噪声

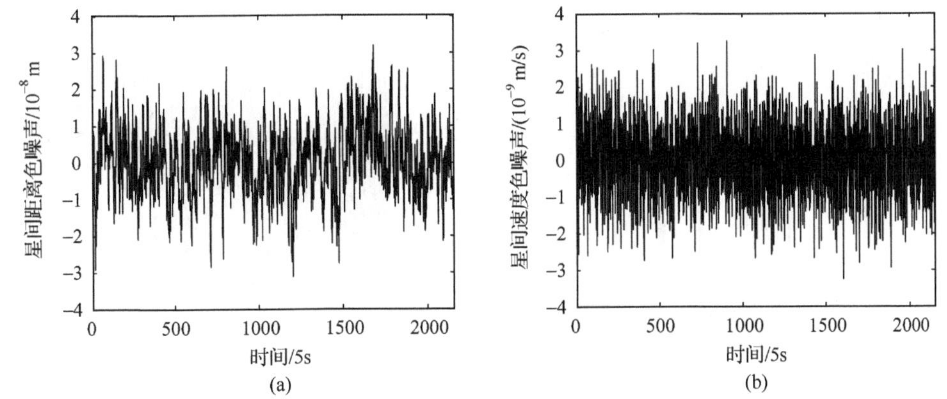

图 7.8 基于相关系数 0.85 和采样间隔 5s 模拟的星间距离和星间速度色噪声

2）轨道位置和轨道速度的色噪声

本章基于不同的相关系数 $0 \leqslant \mu \leqslant 0.99$ 和相同的采样间隔 5s，分别利用式(7.28)和式(7.29)数值模拟了轨道位置和轨道速度的色噪声，其中，轨道位置和轨道速度的视线方向色噪声如图 7.9 所示。结果表明，随着相关系数的逐渐增加，轨道位置和轨道速度的色噪声逐渐减小。基于 GRACE Follow-On 卫星的轨道位置(10^{-5}m)和轨道速度(10^{-7}m/s)的测量精度，基于相关系数 0.90～0.99 数值模拟了轨道位置和轨道速度的色噪声。图 7.10表示基于相关系数 0.95 和采样间隔 5s 数值模拟的视线方向轨道位置和轨道速度的色噪声。另外，由于重力卫星轨道三轴分量几乎为等精度测量，因此卫星轨道垂向和径向分量的色噪声特性类似于视线分量。

3）非保守力的色噪声

基于 GRACE-Level-1B 实测数据，加速度计非保守力的相关系数约为 0.85～0.95。本章基于相关系数 0.90 和采样间隔 5s，利用式(7.28)数值模拟了加速度计非保守力的色噪声 10^{-13}m/s^2，其中，加速度计非保守力的视线方向色噪声如图 7.11 所示。

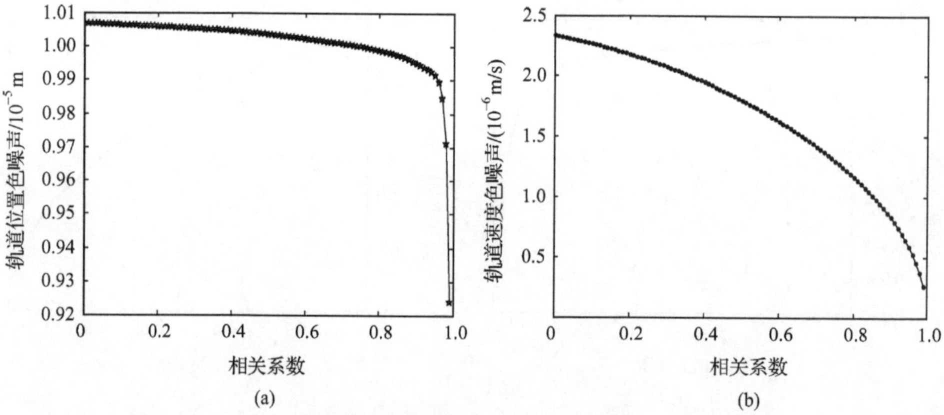

图 7.9　基于不同的相关系数和相同的采样间隔 5s 模拟的
轨道位置和轨道速度色噪声(视线方向)

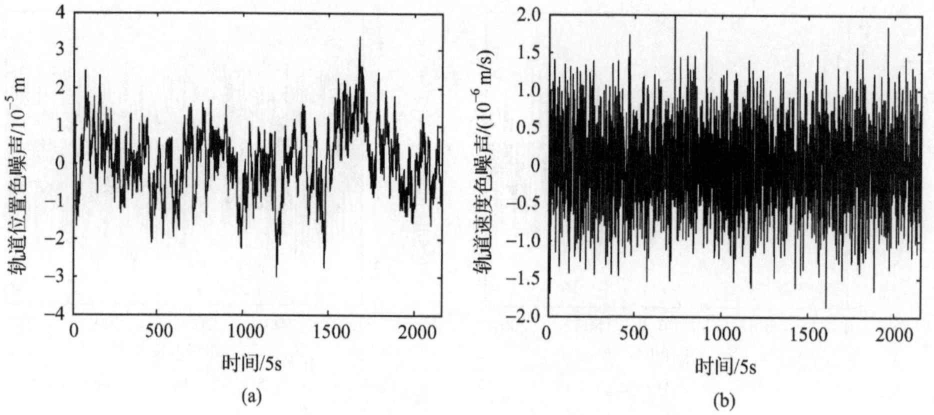

图 7.10　基于相关系数 0.95 和采样间隔 5s 模拟的
轨道位置和轨道速度色噪声(视线方向)

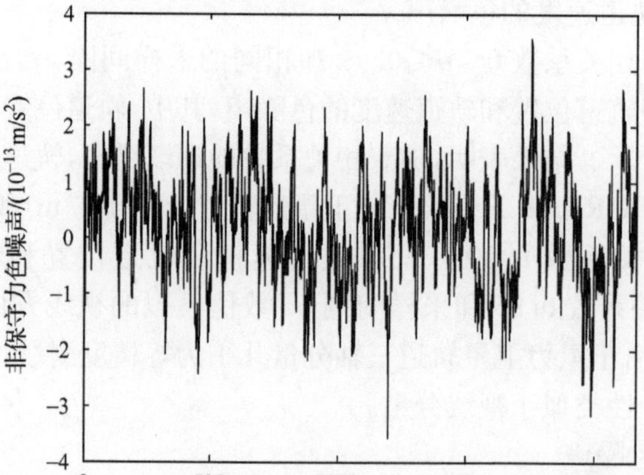

图 7.11　基于相关系数 0.90 和采样间隔 5s 模拟的
非保守力色噪声(视线方向)

2. 结果

1) 星间速度插值点数的选取

如图 7.12 所示，圆圈线、十字线、实线和虚线分别表示基于观测时间 30 天、采样间隔 5s 和相关系数(星间速度 0.85、轨道位置和轨道速度 0.95，以及非保守力 0.90)，利用 2 点、4 点、6 点和 8 点星间速度插值公式，反演累计大地水准面精度，统计结果如表 7.8 所示。当相关系数和采样间隔一定，插值点数的适当增加有利于地球重力场精度的提高。研究结果表明：①在 120 阶内，基于 2 点星间速度插值公式的累计大地水准面精度远低于基于 4 点、6 点和 8 点星间速度插值公式的精度；②基于 6 点星间速度插值公式的累计大地水准面精度远高于基于 2 点、4 点和 8 点星间速度插值公式的精度。总之，6 点星间速度插值公式是建立下一代高精度和高阶次全球重力场模型的优选方法。

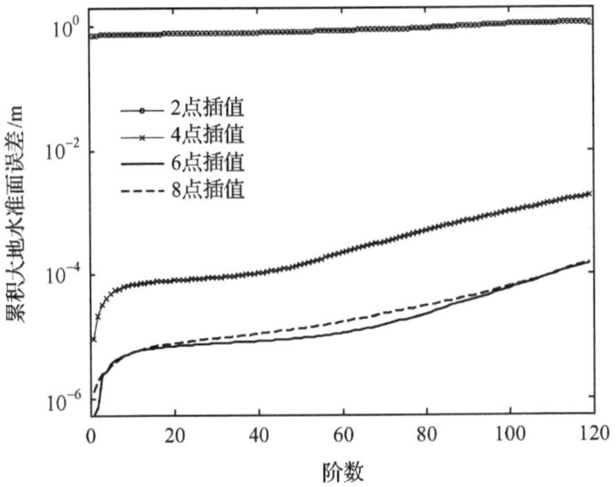

图 7.12　基于不同的星间速度插值点数反演累计大地水准面精度(彩图附后)

表 7.8　基于不同星间速度插值点数的累计大地水准面精度统计结果

插值公式	累计大地水准面精度/m				
	20 阶	60 阶	80 阶	100 阶	120 阶
2 点插值	7.619×10^{-1}	8.464×10^{-1}	9.069×10^{-1}	1.063×10^{0}	1.146×10^{0}
4 点插值	8.100×10^{-5}	2.169×10^{-4}	4.768×10^{-4}	9.786×10^{-4}	1.822×10^{-3}
6 点插值	6.938×10^{-6}	1.114×10^{-5}	2.194×10^{-5}	5.739×10^{-5}	1.475×10^{-4}
8 点插值	7.634×10^{-6}	1.673×10^{-5}	3.027×10^{-5}	6.118×10^{-5}	1.551×10^{-4}

2) 相关系数的影响

图 7.13(a)表示基于卫星观测时间 30 天和采样间隔 5s，通过 6 点星间速度插值公式，利用相关系数(轨道位置和轨道速度 0.95，非保守力 0.90，星间速度 0.80、0.85 和 0.90)反演地球引力位系数的精度；图 7.13(b)表示利用相关系数(星间速度 0.85，非保守力 0.90，轨道位置和轨道速度 0.90、0.95 和 0.99)反演地球引力位系数的精度；图 7.13(c)表示利用相关系数(星间速度 0.85，轨道位置和轨道速度 0.95，非保守力 0.85、0.90 和 0.95)反演地球引力位系数的精度；统计结果如表 7.9 所示。研究结果表明，相关系数对

地球重力场精度的影响在不同频段具有不同的特性：①在地球重力场长波段，随着相关系数减小，地球重力场精度逐渐提高。基于高相关性的卫星观测值，地球重力场长波段信号强度将被降低，因此在一定程度上将损失地球重力场低频信号精度。②在地球重力场中

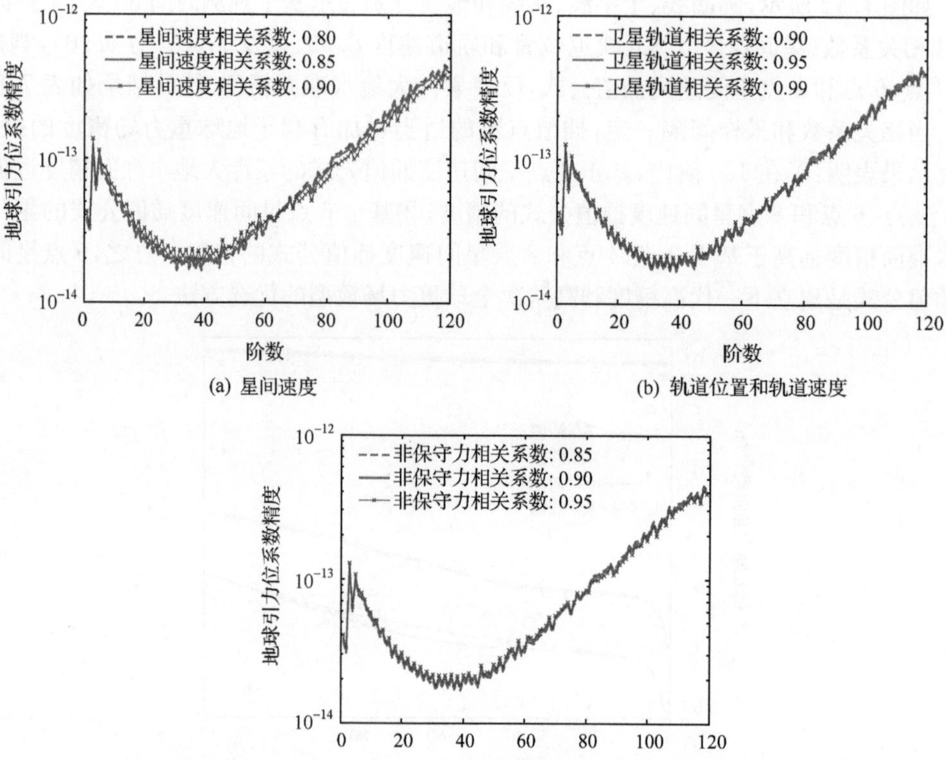

(a) 星间速度　(b) 轨道位置和轨道速度　(c) 非保守力

图 7.13　基于不同的相关系数和相同的采样间隔 5s 反演地球引力位系数精度(彩图附后)

表 7.9　基于不同的相关系数和相同的采样间隔 5s 反演地球引力位系数精度统计结果

卫星观测值	相关系数	地球引力位系数精度				
		20 阶	60 阶	80 阶	100 阶	120 阶
星间速度	0.80	2.694×10^{-14}	3.028×10^{-14}	7.704×10^{-14}	2.050×10^{-13}	4.057×10^{-13}
	0.85	2.696×10^{-14}	3.039×10^{-14}	7.719×10^{-14}	2.049×10^{-13}	4.056×10^{-13}
	0.90	2.698×10^{-14}	3.046×10^{-14}	7.733×10^{-14}	2.048×10^{-13}	4.055×10^{-13}
轨道位置和轨道速度	0.90	2.695×10^{-14}	3.038×10^{-14}	7.718×10^{-14}	2.050×10^{-13}	4.057×10^{-13}
	0.95	2.696×10^{-14}	3.039×10^{-14}	7.719×10^{-14}	2.049×10^{-13}	4.056×10^{-13}
	0.99	2.699×10^{-14}	3.042×10^{-14}	7.720×10^{-14}	2.048×10^{-13}	4.055×10^{-13}
非保守力	0.85	2.695×10^{-14}	3.038×10^{-14}	7.718×10^{-14}	2.050×10^{-13}	4.057×10^{-13}
	0.90	2.696×10^{-14}	3.039×10^{-14}	7.719×10^{-14}	2.049×10^{-13}	4.056×10^{-13}
	0.95	2.698×10^{-14}	3.040×10^{-14}	7.721×10^{-14}	2.047×10^{-13}	4.053×10^{-13}

长波段，随着相关系数的增加，由于卫星观测值的误差逐步减小，因此地球重力场精度逐渐提高。总而言之，相关系数的优化设计是进一步提高地球重力场精度的关键因素。

3）地球重力场反演

如图 7.14 所示，实线、虚线、十字线和圆圈线分别表示基于关键载荷误差（激光干涉测距系统的星间速度 1×10^{-9} m/s、GPS 接收机的轨道位置 3×10^{-5} m 和轨道速度 1×10^{-7} m/s、加速度计的非保守力 3×10^{-13} m/s^2），通过 6 点星间速度插值公式，利用卫星观测时间 30 天、采样间隔 5s 和相关系数（星间速度 0.85、轨道位置和轨道速度 0.95、非保守力 0.90）反演地球引力位系数的精度，统计结果如表 7.10 所示。以基于星间速度误差 1×10^{-9} m/s 反演地球重力场精度为标准，本章分别基于轨道位置误差 $10^{-6}\sim10^{-4}$ m、轨道速度误差 $10^{-8}\sim10^{-6}$ m/s 和非保守力误差 $10^{-14}\sim10^{-12}$ m/s^2 反演了地球重力场。研究结果表明，星间速度误差 1×10^{-9} m/s 对地球重力场精度的影响与轨道位置误差 $(2\sim3)\times10^{-5}$ m、轨道速度误差 $(0.5\sim1)\times10^{-7}$ m/s 和非保守力误差 $(2\sim3)\times10^{-13}$ m/s^2 相匹配。因此，星间速度插值法是获得下一代重力卫星系统的关键载荷匹配精度指标的有效方法。

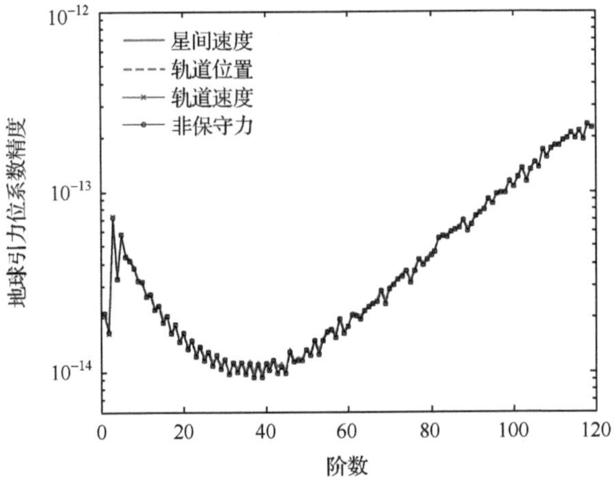

图 7.14 基于不同关键载荷精度指标反演地球引力位系数精度（彩图附后）

表 7.10 基于不同关键载荷精度指标的地球引力位系数精度统计结果

卫星观测值	地球引力位系数精度				
	20 阶	60 阶	80 阶	100 阶	120 阶
星间速度/(m/s)	2.693×10^{-14}	3.039×10^{-14}	7.715×10^{-14}	2.049×10^{-13}	4.057×10^{-13}
轨道位置/m	2.643×10^{-14}	2.949×10^{-14}	7.553×10^{-14}	2.037×10^{-13}	4.040×10^{-13}
轨道速度/(m/s)	2.640×10^{-14}	2.948×10^{-14}	7.549×10^{-14}	2.038×10^{-13}	4.041×10^{-13}
非保守力/(m/s^2)	2.639×10^{-14}	2.947×10^{-14}	7.548×10^{-14}	2.036×10^{-13}	4.039×10^{-13}

如图 7.15 所示，虚线和实线分别表示通过 6 点星间速度插值公式，利用卫星观测时间 30 天、采样间隔 5s 和相关系数（星间速度 0.85、轨道位置和轨道速度 0.95、非保守力 0.90），基于关键载荷匹配精度指标（GRACE：K 波段测距系统的星间速度 1×10^{-6} m/s、GPS 接收机的轨道位置 3×10^{-2} m 和轨道速度 1×10^{-4} m/s、加速度计的非保守力 $3\times$

10^{-10} m/s²;GRACE Follow-On:激光干涉测距系统的星间速度 1×10^{-9} m/s、GPS 接收机的轨道位置 3×10^{-5} m 和轨道速度 1×10^{-7} m/s、加速度计的非保守力 3×10^{-13} m/s²)反演 GRACE 和 GRACE Follow-On 地球重力场精度,统计结果如表 7.11 所示。在 120 阶处,GRACE 和 GRACE Follow-On 累计大地水准面精度分别为 1.893×10^{-1} m 和 1.475×10^{-4} m。研究结果表明:①GRACE Follow-On 地球重力场精度较 GRACE 至少高一个数量级;②星间距离插值法是有效抑制地球重力场高频噪声,进而精确和快速建立下一代高阶次地球重力场模型的有效方法。

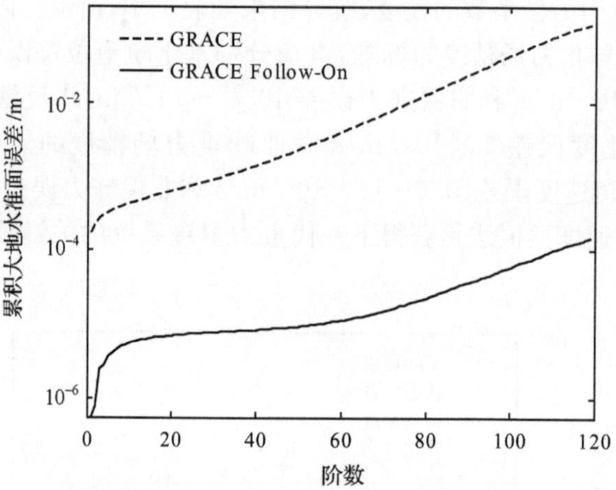

图 7.15　基于星间速度插值法反演 GRACE 和 GRACE Follow-On 累计大地水准面精度对比(彩图附后)

表 7.11　基于星间速度插值法反演累计大地水准面精度统计结果

重力卫星	累计大地水准面精度/m				
	20 阶	60 阶	80 阶	100 阶	120 阶
GRACE	7.606×10^{-4}	4.241×10^{-3}	1.566×10^{-2}	5.756×10^{-2}	1.893×10^{-1}
GRACE Follow-On	6.938×10^{-6}	1.113×10^{-5}	2.193×10^{-5}	5.739×10^{-5}	1.475×10^{-4}

7.3　本章小结

本章构建了新型星间距离插值法和星间速度插值法,建立了 120 阶 GRACE-only 地球重力场模型,反演了 360 阶 GRACE Follow-On 地球重力场。具体结论如下。

1) 星间距离插值卫星重力反演法

(1) 通过将精确的星间距离观测值引入相对卫星轨道位置矢量的视线方向,进而建立了新型星间距离插值观测方程。优点如下:卫星观测方程形式较简单;物理含义较明确(基于高精度星间距离观测值的引入有效提高了卫星重力反演精度);易于卫星重力反演敏感度分析(如轨道高度、星间距离、轨道倾角、轨道离心率等轨道参数;K 波段测距系统的星间距离、GPS 接收机的轨道位置、加速度计的非保守力、恒星敏感器的三维姿态等关键载荷匹配精度指标);对计算机的性能要求相对较低(星间距离插值法仅需要 PC 计算机,而动力学法通常需要并行计算机);地球重力场解算速度较快(星间距离插值法的计算速度较动力学法至少快 5 倍)。缺点如下：由于采用差分原理，因此在一定程度上损失了地球重力场长波信号的精度，但可有效提高地球重力场中短波信号的精度。

(2) 分别对比了 3 点、5 点、7 点和 9 点星间距离插值公式对地球重力场反演精度的影响，结果表明，9 点星间距离插值公式可有效提高 120 阶地球重力场的精度。

(3) 基于 1 年的 GRACE-Level-1B 实测数据建立了 120 阶地球重力场模型 WHIGG-GEGM01S，在 120 阶处累计大地水准面精度和累计重力异常精度分别为 1.098×10^{-1} m 和 1.741×10^{-6} m/s^2；同时，基于美国、欧洲和澳大利亚的 GPS/水准数据有效标定了 WHIGG-GEGM01S 模型的可靠性。

2) 星间速度插值卫星重力反演法

(1) 通过将高精度的星间速度观测值(1μm/s)引入相对轨道速度的视线分量，进而建立了新型星间速度插值法。同时，对比论证了 6 点星间速度插值公式分别优于 2 点、4 点和 8 点星间速度插值公式。

(2) 基于 1 年的 GRACE-Level-1B 实测数据建立了新型 WHIGG-GEGM02S 模型，并基于 GPS/水准观测值和 GRACE 全球重力场模型的大地水准面高度差的标准差精确标定了 WHIGG-GEGM02S 模型。

(3) 基于已有 GRACE 地球重力场模型在科学应用领域的杰出贡献，作者下一步计划基于 WHIGG-GEGM01/02S 静态地球重力场模型开展大地测量学、地球物理学、地球动力学、海洋学等领域的科学应用研究，以及基于时变重力场模型开展地震学、水文学、冰川学等领域的科学应用研究。

3) GRACE Follow-On 地球重力场反演

(1) 基于 Gauss-Markov 模型数值模拟了卫星观测值(星间速度、轨道位置、轨道速度和非保守力)的色噪声；基于 6 点 Newton 插值公式，星间速度和轨道速度色噪声分别通过星间距离和轨道位置差分获得。

(2) 分别基于 2 点、4 点、6 点和 8 点星间速度插值公式反演了 120 阶地球重力场精度，结果表明，6 点星间速度插值公式有利于 120 阶 GRACE Follow-On 地球重力场精度的提高；论证了不同卫星观测值相关系数对地球重力场精度的影响，结果表明，随着相关系数的逐渐减小，地球重力场长波信号精度逐渐提高，但中长波信号精度逐渐降低。

(3) 星间速度插值法是反演下一代高精度和高空间分辨率 GRACE Follow-On 地球重力场的有效方法。在 GRACE Follow-On 重力卫星成功发射之后，预期基于星间速度插值法建立高精度和高空间分辨率的 360 阶 GRACE Follow-On 全球重力场模型。

第 8 章　下一代地球卫星重力测量计划需求分析

下一代 Post-GRACE 卫星重力测量计划是国家需求，同时具有重要的科学意义和应用前景。Post-GRACE 以全球重力场的科学应用、航空航天和国防建设需求，以及星载激光干涉测距、非保守力补偿、空间加速度计等关键技术需求为牵引，独立自主构建基于卫星跟踪卫星观测模式的重力双星系统，实现高精度和高空间分辨率的卫星重力测量，并开展基于精确地球时变重力场信号的全球变化科学研究。Post-GRACE 旨在最大程度地提高重力卫星的观测精度和时空分辨率，以及有效拓展和提升重力卫星在全球变化及区域响应科学研究中的应用范畴和能力；解决当前 GRACE 全球重力场模型与现有地球重力场观测结果之间的差异问题，为近地卫星定轨和远程武器命中提供精确的重力信息；建立高精度的陆地和海洋统一垂直基准面，支持新一轮的岛礁调查测绘工程建设。Post-GRACE 预期科学目标如下，基于 SST-HL/LL 跟踪观测模式、采用激光干涉测距系统（星间速度精度 $10^{-7}\sim10^{-9}$m/s）和非保守力补偿系统（非保守力精度 $10^{-11}\sim10^{-13}$m/s^2）等新技术，以及利用优选的卫星轨道高度（300～400km）和星间距离（100±50km）建立 300 阶次（空间分辨率 66km）的下一代 Post-GRACE 全球重力场模型。在 300 阶处，预期累计大地水准面的精度为(1～5)×10^{-2}m，累计重力异常的精度达到 1～5mGal，以期满足本世纪相关学科和国防建设对地球重力场精度进一步提高的迫切需求（郑伟等，2010c、2010e、2011g）。

8.1　现有国际卫星重力测量计划对比

8.1.1　三期重力卫星测量精度对比

图 8.1 表示基于 CHAMP、GRACE 和 GOCE 重力卫星反演累计大地水准面精度对比曲线，统计结果如表 8.1 所示。图 8.1 中虚线表示 70 阶 CHAMP 累计大地水准面的实测精度（EIGEN-CHAMP03S 模型），实线表示 120 阶 GRACE 累计大地水准面的实测精度（EIGEN-GRACE02S 模型），星号线表示 240 阶 GOCE 累计大地水准面的实测精度（GO-CONS-GCF-2-DIR-R1 模型）。据图 8.1 和表 8.1 可得如下结论（郑伟等，2008b、2008c、2010a）。

(1) CHAMP 卫星采用卫星跟踪卫星高低模式探测地球重力场的最高能力约 70 阶（空间分辨率 286km），在 70 阶处反演累计大地水准面精度为 18.419×10^{-2}m。CHAMP 作为首颗专用于地球重力场探测的重力卫星，由于轨道高度（454km）、关键载荷精度和测量模式的制约仅适于探测地球重力场的长波信号，因此，CHAMP 仅是人类利用专用重力卫星高精度探测地球重力场的探索性试验，对提高现有地球重力场模型的精度和空间分辨率的贡献有限，但将大大提高地球引力位球谐系数的精度，并使目前的地球重力场模型更加可靠。

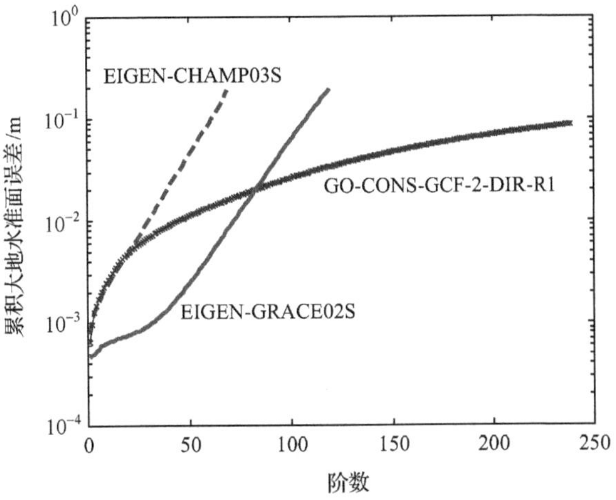

图 8.1　CHAMP、GRACE 和 GOCE 累计大地水准面精度对比(彩图附后)

表 8.1　CHAMP、GRACE 和 GOCE 累计大地水准面精度统计结果

重力卫星	累计大地水准面精度/10^{-2}m						
	20 阶	50 阶	70 阶	100 阶	120 阶	180 阶	240 阶
CHAMP	0.456	4.085	18.419	—	—	—	—
GRACE	0.076	0.228	0.813	5.756	18.938	—	—
GOCE	0.473	1.076	1.579	2.570	3.335	5.867	8.523

(2) GRACE 卫星采用卫星跟踪卫星高低/低低模式的组合探测地球重力场的最高能力约 120 阶(空间分辨率 167km),在 120 阶处反演累计大地水准面精度为 18.938×10^{-2}m。GRACE 计划的成功实施使人类对地球重力场的认识提升到前所未有的高度,GRACE 双星每隔 15～30 天产生一个地球重力场新模型,但其对探测高精度地球重力场的贡献甚至超越过去 30 年地球重力场探测信息量的总和。GRACE 卫星既包含两组 SST-HL,同时以差分原理测定两个低轨卫星之间的相互运动,因此所得到的静态和动态地球重力场的精度比 CHAMP 至少高一个数量级。

(3) GOCE 卫星采用卫星跟踪卫星高低和卫星重力梯度模式的组合(SST-HL/SGG)探测地球重力场的最高能力约 240 阶(空间分辨率 80km),在 240 阶处反演累计大地水准面精度为 8.523×10^{-2}m。由于地球重力场随卫星轨道高度的增加而急剧衰减,因此,以分析卫星轨道运动确定重力场的方法只能精确探测中长波地球重力场。GOCE 卫星利用低轨卫星上所携带的重力梯度仪直接测定卫星轨道高度处重力梯度的二阶导数(重力梯度张量),相应于地球重力场球谐级数的二次微分,其结果是将球谐系数放大了 l^2 倍,因此,卫星重力梯度测量技术可以克服卫星轨道衰减效应,进而反演高精度和高空间分辨率的中短波地球重力场。

(4) CHAMP、GRACE 和 GOCE 卫星工作在不同的地球重力场波谱内,且各自具有不同的科学应用。它们各有所长,相继发射不是相互竞争而是互补的。CHAMP 是卫星重力测量计划成功实施的先行者,GRACE 的优越性体现于可高精度探测地球重力场的中长波信号及时变($2\leqslant L<100$ 阶),而 GOCE 擅长于感测中短波地球静态重力

场（$100 \leqslant L \leqslant 250$ 阶）。因此，联合求解 CHAMP、GRACE 和 GOCE 卫星的观测数据有利于反演高精度、高空间分辨率和全频段的地球重力场。

8.1.2 GRACE 卫星重力测量计划的局限性

1）无法实质性降低轨道高度

卫星轨道高度每降低 100km，作用于卫星体的大气阻力约增加 10 倍。由于 GRACE 双星系统未携带非保守力补偿系统，因此为了给全体载荷提供超静和超稳的卫星平台工作环境和有效延长卫星的工作寿命，美国 NASA 将 GRACE 卫星轨道高度设计为 500km。因为地球重力场信号强度随卫星轨道高度呈指数衰减，所以基于 GRACE 卫星重力测量计划无法获得高精度和高空间分辨率的中短波重力场。因此，GRACE Follow-On 重力卫星系统搭载非保守力补偿系统进而有效降低卫星轨道高度是建立下一代高精度、高空间分辨率和全频段地球重力场模型的根本途径。

2）无法测量垂向重力梯度值

GRACE 系统采用卫星跟踪卫星高低/低低模式，除利用高轨道的 GPS 卫星系统对低轨双星精密跟踪定位，位于同一轨道平面的低轨双星相互跟踪。因此，GRACE 双星系统相当于基线长为星间距离 220km 的水平重力梯度仪。由于 GRACE 无法测量垂向重力梯度，因此在一定程度上必将损失地球重力场的反演精度。另外，由于垂向重力梯度信号的缺失，将导致地球时变重力场南北向的条带误差淹没信号。所以，下一代重力卫星系统能同时精确获得三维重力梯度（水平和垂向）观测值是进一步提高地球重力场反演精度的重要保证。

3）无法消除高频信号混叠效应

大气和海洋潮汐变化等高频误差的混叠效应是制约 GRACE 地球重力场精度进一步提高的重要因素（Han et al.，2004；Schrama，2004；Seo et al.，2008a、2008b；Visser et al.，2010；Zenner et al.，2010）。由于大气和海洋潮汐变化等高频误差与大气和海洋潮汐模型误差几乎等量级，因此大气和海洋潮汐变化等高频误差无法从 GRACE 地球重力场模型中精确扣除。在下一代卫星重力测量计划中，有效减弱高频混叠误差的途径如下：①采用激光干涉星间测距系统和非保守力补偿系统进一步提高星间速度和非保守力的测量精度，使高频混叠误差大于卫星观测值误差，进而削弱地球重力场模型中的高频混叠效应（Loomis，2005、2009；Loomis et al.，2006、2012；Stephens et al.，2006a；Flechtner et al.，2009；Zheng et al.，2009b、2010a、2012a）。②采用车轮式卫星重力编队模式，除了利用 GRACE 双星系统测量视线方向的卫星重力观测值，同时增加测量垂直于视线方向的卫星重力观测值，进而减弱高频混叠效应对地球重力场精度的负面影响（Wiese et al.，2009、2012；Zheng et al.，2013b）。③由于增大卫星轨道倾角有利于提高带谐项引力位系数精度，减小轨道倾角有利于提高田谐项引力位系数精度，因此，采用两组不同轨道倾角 GRACE 卫星联合模式，不仅可有效提高地球重力场反演精度，而且有利于减弱高频混叠效应（Bender et al.，2008；Zheng et al.，2008a）。

4）无法精确测量时变重力信号

由于 GRACE 关键载荷测量精度的限制，而且地球重力场时变信号相对静态信号较弱，因此 GRACE 卫星仅能测量长波时变地球重力场（空间分辨率 400km），无法高精度和高空间分辨率地感测中长波段时变地球重力场信号(空间分辨率优于200km)。采用更高精度的激光干涉星间测距系统和非保守力补偿系统的下一代卫星重力测量计划有利于进一步提高中长波段地球重力场时变信号的探测精度和空间分辨率，进而为地震学、海洋学、冰川学、水文学等研究领域提供精确的地球重力场信息(Stephens et al.，2006b)。

8.2 下一代卫星重力计划的需求分析

虽然联合CHAMP、GRACE和GOCE卫星重力测量计划可以精确测量地球重力场，从而获得地球总体形状随时间变化、地球各圈层物质的分布和变化、全球海洋质量的分布和变化、极地冰川的增大和缩小，以及地下蓄水总量信息的特性，但仍无法满足21世纪相关学科对全频段地球重力场精度进一步提高的迫切需求。因此，当前国际众多科研机构(美国NASA、德国DLR、欧洲ESA、中国CAS等)正积极寻求新型、高精度、高空间分辨率和全频段的下一代卫星重力测量计划(Aguirre-Martinez and Sneeuw，2003；Bender et al.，2003a、2003b；Rummel，2003；Sneeuw and Schaub，2004；Sneeuw，2005；Flury and Rummel，2006；Dehne et al.，2009；Folkner et al.，2010；郑伟等，2010c、2010e、2011g、2012a；赵倩，2012；刘红卫等，2013)。

(1) 双星重力计划：串行编队(如GRACE Follow-On计划(Loomis，2005、2009；Loomis et al.，2006、2012；Nerem et al.，2006；Stephens et al.，2006a；Flechtner et al.，2009；Zheng et al.，2009b、2010a、2012a、2014b；Sheard et al.，2012)、NGGM (Next-Generation Gravimetry Mission)计划(Anselmi et al.，2010；Cesare et al.，2010；Silvestrin et al.，2012；Cesare and Sechi，2013)、Improved-GRACE计划(郑伟等，2010c；Zheng et al.，2015b)等)、钟摆编队(如E. MOTION(Earth System Mass Transport Mission)计划(Sneeuw et al.，2008；Gruber，2010；Gruber et al.，2012；Panet et al.，2013；Zheng et al.，2014c)等)和车轮编队(Elsaka，2010；Zheng et al.，2015c)。

(2) 三星重力计划：串行编队(如GRACE-3S计划(Zheng et al.，2009a)等)和串行-钟摆组合编队(如GRACE-Pendulum-3S计划(Elsaka et al.，2009)等)。

(3) 四星重力计划：车轮编队(如FSCF (Four-Satellite Cartwheel Formation)计划(Wiese et al.，2009；Zheng et al.，2013b)等)和不同倾角组合编队(Bender et al.，2008；Zheng et al.，2008a；Wiese et al.，2012)。

8.2.1 卫星跟踪模式的优化选取

地球重力场的传统测量方法主要包括三种：①地面重力观测技术；②海洋卫星测高技术；③卫星轨道摄动技术。由于传统重力测量技术的固有局限性导致地球重力场在100～5000km空间分辨率范围内的测量精度较差，因此无论是由三种传统重力测量技术单独或联合测量建立的地球重力场模型都难以满足21世纪相关地学学科发展的需求。卫星重力测量技术的实现是继美国GPS星座成功构建之后在大地测量领域的又一项创新和突破，它之所以被国际大地测量学界公认为是当前地球重力场探测研究中最高效、最经济和最有发展潜力的方法之一，是因为它既不同于传统的车载、船载和机载测量，也不同于卫星测高和轨道摄动分析，而是通过卫星跟踪卫星高低/低低模式和卫星重力梯度技术反演高精度和高空间分辨率的地球重力场。

1. 卫星跟踪卫星高低模式

SST-HL 测量原理如下：①通过高轨 GPS 卫星实时跟踪低轨重力卫星（如 CHAMP），从而得到卫星轨道位置 $\boldsymbol{r}$（基于微分原理可得到轨道速度和轨道加速度）；②基于星载加速度计测量卫星受到的非保守力 $\boldsymbol{f}$（如大气阻力、太阳光压、地球辐射压、轨道高度和姿态控制力等）；③建立保守力模型 $\boldsymbol{F}$（如日月引力，地球固体、海洋和大气潮汐力，极潮汐力等）；④基于 $\boldsymbol{g}=\ddot{\boldsymbol{r}}-\boldsymbol{f}-\boldsymbol{F}$ 确定地球重力场。在 SST-HL 跟踪模式中，轨道位置 $\boldsymbol{r}$ 和非保守力 $\boldsymbol{f}$ 是卫星的原始观测量。目前随着星载加速度计研制精度的不断提高（如法国国家航天空间研究局研制的静电悬浮加速度计 $10^{-13}\mathrm{m}/(\mathrm{s}^2\cdot\mathrm{Hz}^{1/2})$，非保守力的感测精度可满足高精度和高空间分辨率地球重力场反演的需求，但由于 GPS 卫星轨道位置精度（厘米级）的限制，因此基于 SST-HL 测量模式无法实质性提高地球重力场的精度。另外，基于 SST-HL 模式反演地球重力场的空间分辨率依赖于卫星的轨道高度，因此仅能感测长波地球重力场的信号（低通滤波），对中波和短波信号敏感性较弱。据德国 GFZ 公布的 2000 年至 2010 年的 CHAMP 地球重力场实测数据可知，CHAMP 任务反演地球重力场的有效引力位系数的最大阶数约为 70 阶（空间分辨率 285km），大地水准面精度约为 $18\times10^{-2}\mathrm{m}$（郑伟等，2008a）。因此，SST-HL 测量模式仅是地球重力场精密测量的概念性证明和技术性试验，但在精度和空间分辨率上不会对现有地球重力场模型有较大贡献。

2. 卫星跟踪卫星高低/卫星重力梯度模式

SST-HL/SGG 测量原理如下：①基于高轨 GPS 卫星对低轨重力卫星（如 GOCE）实时定轨；②通过星载重力梯度仪直接测定卫星轨道高度处引力位的二阶微分；③利用非保守力补偿系统（drag-free）屏蔽重力卫星受到的非保守力；④联合上述卫星观测值基于卫星重力梯度原理感测地球重力场。重力梯度卫星 GOCE 原计划于 2004 年发射升空，但由于星载三维静电悬浮重力梯度仪（分辨率 $3\times10^{-12}/\mathrm{s}^2$）和卫星整体系统研制的困难性，因此至 2009 年成功发射为止已推迟发射多次。由于 GOCE 卫星对重力梯度仪的研制精度要求较高而且我国目前对重力梯度仪的研究水平尚处于跟踪阶段，因此 SST-HL/SGG 跟踪模式在现阶段暂时不符合国情。但是，SGG 是国际大地测量学界创新提出的又一项探测地球重力场特性特征、精细结构和演变过程的新技术和新领域，目前已逐渐发展成为专门研究空间重力梯度测量的理论、方法、载荷和应用的新兴科学，而且星载重力梯度仪可直接测定卫星轨道高度处引力位的二阶导数进而有效抑制地球重力场中高频信号的衰减效应，因此 SST-HL/SGG 模式有望成为将来优选和具有发展潜力的卫星重力测量模式之一（郑伟等，2009c、2014b）。

3. 卫星跟踪卫星高低/低低模式

SST-HL/LL 测量原理如下：①利用高轨 GPS 卫星对低轨双星（如 GRACE）精密跟踪定位；②基于高精度静电悬浮加速度计测量作用于卫星的非保守力；③通过姿态和轨道

控制系统测量卫星和载荷的空间三维姿态；④两颗低轨卫星在同一轨道平面内前后相互跟踪编队飞行，利用星间测距系统高精度测量星间距离(共轨双星轨道摄动之差)，进而高精度和高空间分辨率反演地球重力场。在 SST-HL/LL 测量模式中，由于地球重力场反演精度主要敏感于高精度的星间距离 ρ 或星间速度 $\dot{\rho}$ ，而且高精度星间测距系统数据的后处理可进一步改善卫星的定轨精度，因此对 GPS 定轨精度的要求可适当放宽。据德国 GFZ 公布的自 2002 年至今约 13 年的 GRACE 地球重力场实测数据可知，GRACE 双星计划反演地球重力场的有效引力位系数的最大阶数约为 120 阶(空间分辨率 166km)，大地水准面精度约为 18×10^{-2}m(Zheng et al.，2009d)。SST-HL/LL 跟踪模式既包含两组 SST-HL，同时以差分原理测定两个低轨卫星之间的相互运动，因此得到的静态和动态重力场的精度比 SST-HL 模式至少高一个数量级。由于 SST-HL/LL 跟踪模式对中长波静态及时变地球重力场的探测精度较高，技术含量相对较低且容易实现，全球重力场测定速度快、代价低和效益高，可满足相关学科领域对地球重力场精度进一步提高的迫切需求，而且可借鉴 GRACE 卫星整体系统的成功经验，因此下一代 Post-GRACE 卫星重力测量计划采用 SST-HL/LL 跟踪模式较符合国情。

8.2.2 卫星关键载荷的优化组合

鉴于在激光干涉测距系统、GPS 接收机、非保守力补偿系统、卫星体和加速度计质心调节装置等关键载荷研制方面距世界先进水平还有一定差距，而且这些技术不可能通过从国外引进获得，必须依靠独立自主解决，同时上述技术的实现直接决定了能否成功实现下一代 Post-GRACE 卫星重力测量计划，因此应先期开展重力卫星高精度关键载荷的研制工作(郑伟等，2014c)。

1. 激光干涉测距系统

在 SST-HL/LL 跟踪模式中，目前国际上通常采用微波测距或激光测距两种模式。GRACE 卫星 K 波段测距系统采用微波测距方式，优点是微波束宽角可在设计时进行调整，并且对卫星姿态实时控制技术和指向精度要求较低；缺点是对星间距离和星间速度(10^{-6}m/s)的测量精度较低；激光干涉测距系统采用的激光束方向性强，虽然对重力卫星整体系统姿态控制的要求较高，但能大幅度提高星间距离和星间速度(10^{-9}m/s)的感测精度。激光干涉星间测距系统是下一代 Post-GRACE 重力卫星的最重要关键载荷，测量原理如下，为了提高星间距离的测量精度以及消除电离层对信号的延迟效应，激光干涉测距系统采用双单向和双频段测量模式：①Post-GRACE 双星的激光干涉测距系统分别向对方发送两种不同频率的激光信号；②双星各自接收的激光信号与本地超稳定振荡器产生的相应参考频率信号混频处理(信号相乘)，通过低通滤波保留差频信号，并送到数据处理器；③利用数字锁相环路跟踪差频信号得到相位变化解，并将测量结果传回地面跟踪站综合处理。Post-GRACE 双星的轨道除受到非保守力摄动外，主要受到地球静态和时变引力场的综合影响。由于 Post-GRACE 共轨双星以不同的轨道相位敏感地球质量系统的影响，因此双星间将产生微小的轨道摄动差。此轨道摄动差使 Post-GRACE 共轨双星连线方向的星间距离 ρ_{12}、星间速度 $\dot{\rho}_{12}$ 和星间加速度 $\ddot{\rho}_{12}$ 实时变化，而 Post-GRACE 星载激光干涉测距系统可高精度测量此星间距离变化 $\Delta\rho_{12}$、星间速度变化 $\Delta\dot{\rho}_{12}$ 和星间加速度变化 $\Delta\ddot{\rho}_{12}$。通过对星间距离差、星间速度差和星间加速度差的精密测量，地球重力场的高频信号被放大，因此有效提高了地球重力场高阶谐波分量的测量精度。激光干涉测距系统的研制和应用是今后国际上 SST-HL/LL 跟踪模式发展的主流方向，是建立下一代高精度、高空间分辨率和全频段地球重力场模型的重要保证。

2. 复合全球定位接收机

目前获得全球、规则、密集、全频段、高精度和高空间分辨率的地球重力场数据必须满足三个基本准则：①连续高精度跟踪卫星的三维空间分量（位置和速度）；②精密测量作用于卫星的非保守力和精确模型化作用于卫星的保守力；③尽可能降低卫星的轨道高度（200～500km）。在三个基本准则之中，连续高精度跟踪卫星的三维空间分量是反演高精度和高空间分辨率地球重力场的必要前提和重要基础，需通过星载全球定位接收机实现。在卫星重力反演中，激光干涉测距系统、GPS 接收机、加速度计等关键载荷的精度指标应严格匹配。如果某个载荷的精度指标高于其他载荷，据误差原理可知，高精度指标的载荷无法发挥自身高精度的优势，只有与其他载荷相匹配的精度部分对地球重力场反演精度才有贡献。目前激光干涉测距系统（星间速度 10^{-9} m/s）和加速度计（非保守力 10^{-13} m/s^2）等关键载荷的精度指标均可满足下一代 Post-GRACE 卫星重力测量计划中各关键载荷精度指标匹配的要求。虽然高精度的激光干涉测距系统可辅助定轨，但由于 GPS 接收机本身动态定轨的精度指标（轨道位置 10^{-2}m）无法进一步提高，因此轨道位置测量将是影响下一代高精度和高空间分辨率地球重力场模型建立的关键误差源。当前 CHAMP 和 GRACE 卫星采用 GPS 接收机实现精密定轨，GOCE 卫星采用双频 GPS/GLONASS 接收机实现 GPS 和 GLONASS 卫星星座同时对低轨卫星联合跟踪定位。对于下一代 Post-GRACE 重力卫星，应致力于研制能同时接收和处理 GPS、GLONASS、Galileo 和北斗导航定位系统（程鹏飞等，2007）信号的复合全球定位接收机，以期进一步提高重力卫星的定轨精度。

3. 非保守力补偿系统

在卫星重力测量中，利用重力卫星作为传感器高精度测量地球重力场的最大弱点是卫星高度处的重力场呈现指数衰减 $[R_e/(R_e+H)]^{l+1}$。为了克服上述缺点进而反演高精度地球重力场，目前最有效的办法是采用低轨重力卫星。因此，如果重力卫星受到的非保守力能被高精度扣除，在保证地球重力场反演精度和空间分辨率的前提下，可以适当降低各关键载荷（星间测距系统、GPS 接收机、星载加速度计等）研制的难度，以及避免不必要的人力、物力和财力的浪费。重力卫星非保守力的有效扣除通常包括两种方式：非保守力后期改正技术和非保守力实时补偿技术。

非保守力后期改正技术的原理如下：首先，在前期重力卫星测量地球重力场过程中，通过星载加速度计获得卫星受到的非保守力数据；其次，在后期反演地球重力场的观测方程中，将卫星受到的非保守力 f 效应从合外力 $\ddot{r}$ 中扣除。优点是非保守力效应的扣除分前期测量和后期改正两步完成，重力卫星在飞行过程中通过加速度计仅对卫星受到的非保守力进行测量，不需要实时补偿，因此在一定程度上降低了载荷研制的难度。缺点是随着卫星轨道高度逐渐降低，作用于卫星的非保守力(以大气阻力为主)将急剧增大，重力卫星轨道高度每降低 100km，大气阻力提高约 10 倍：①为调整卫星轨道高度和姿态需频繁进行轨道机动，不稳定的卫星平台工作环境将影响各关键载荷的测量精度；②由于卫星频繁喷气引起喷气燃料消耗，将导致星体质心和加速度计检验质量质心存在实时偏差；③卫星使用寿命极大地缩减，将影响地球静态和时变重力场的反演精度和空间分辨率。CHAMP 和 GRACE 卫星重力测量计划的缺点是未采用非保守力实时补偿技术，因此卫星轨道高度无法实质性降低(400～500km)，从而较大程度地影响了地球重力场中高频信号的感测精度。

非保守力补偿系统通常由星载加速度计、轨道和姿态微推进器以及实时控制微处理系统组合而成。基本原理如下：①通过星载加速度计感测卫星体受到的非保守力；②实时控制微处理系统将星载加速度计测得的非保守力转换为轨道和姿态微推进器的期望推进力和力矩；③利用轨道和姿态微推进器实时补偿卫星体受到的非保守力。优点是影响卫星平台系统和载荷的非保守力效应被非保守力补偿系统有效屏蔽，不仅为卫星平台系统和载荷提供了安静的工作环境进而保证了测量精度，同时可有效降低重力卫星的轨道高度，有效抑制了中短波地球重力场信号的衰减；缺点是在重力卫星载荷中新增加了非保守力补偿系统，适当增加了重力卫星研制的难度。GOCE 卫星的优点是采用非保守力补偿系统实时消除了作用于卫星的非保守力效应，进而有效降低了卫星轨道高度(200～300km)，提高了短波地球重力场信号的感测精度。

下一代 Post-GRACE 卫星重力测量计划可在 GRACE 卫星计划的基础上增加非保守力补偿系统进而弥补其缺点，优点是有效降低了卫星各关键载荷的研制难度(适当缩短测量动态范围以保证测量精度)和卫星的轨道高度，有望进一步提高中高频地球重力场的测量精度。

4. 卫星体和加速度计质心调节装置

在地心惯性系中研究卫星绕地球运动的规律，通常将卫星视为质点。因此，在卫星飞行中作用于卫星的非保守力可等效为作用于卫星的质点处。在卫星重力测量中，为了将地球引力从卫星受到的合外力中有效分离，作用于卫星非保守力的实时精确扣除是能否反演高精度和高空间分辨率地球重力场的重要保证，因此 Post-GRACE 星载加速度计检验质量的质心要求精确定位于卫星体的质心处。由于卫星在实际飞行中，卫星体的质心和星载加速度计检验质量的质心实时存在偏移，因此卫星体和加速度计质心调节装置的研制是加速度计能否将作用于卫星体的非保守力精确扣除的关键技术。Post-GRACE 卫星体和星载加速度计检验质量的质心偏差源主要来自于两个方面：①地面安装误差源。由于在地面安装时卫星体质心和加速度计检验质量质心存在偏移，导致了 Post-GRACE 卫星加速度计的静电力和作用于卫星的非保守力存在固有偏差。②在轨飞行误差源。由于空间环境(温度、压力等)的复杂性导致在轨飞行的卫星发生形变以及对卫星进行实时轨道和姿态控制引起喷气燃料消耗(每 2～3min 喷气 1 次，每次喷气时间 200～300ms)，将会导致 Post-GRACE 卫星体和星载加速度计检验质量的质心存在实时偏差。由于 Post-GRACE 卫星体和星载加速度计检验质量的质心偏差与卫星姿态测量具有耦合效应，因此在反演地球重力场时会同时将卫星姿态测量误差引入卫星观测方程。Post-

GRACE 星体和加速度计检验质量的质心偏差以及卫星姿态测量误差的引入必将会在加速度计的三轴测量中附加扰动误差，从而影响地球重力场反演的精度。因此，Post-GRACE 星体和星载加速度计检验质量质心调节装置的研制和应用是提高地球重力场反演精度的重要保证。

8.2.3 重力卫星关键载荷的误差分析

（1）激光干涉测距系统误差分析。分析超稳定振荡器稳定性、激光频率和功率稳定性、光学平台的温度涨落和控制、双星对准精度、电离层大气密度等误差源对激光干涉测距系统精度的影响和贡献。激光稳频技术主要包括搭建精密的光学系统和组装调试电子控制系统，旨在研究锁定系统中的误差、起伏和漂移的影响和抑制。激光频率在高精细度光学谐振腔上的锁定技术是保证激光稳频实验成功实施的重要因素。

（2）非保守力补偿系统误差分析。仿真模拟重力卫星系统内部（热和电磁效应）和外部（空间辐射和磁场）的环境，基于理论计算和数值模拟论证各种误差源对重力卫星非保守力补偿系统的影响。非保守力补偿系统的测量原理如下：①利用传感器确定检验质量和重力卫星的相对位移；②不仅采用反馈系统控制检验质量跟踪重力卫星运动，同时利用非保守力补偿控制器和轨道微推进器控制重力卫星跟踪检验质量。对高敏感轴观测方向，采用非保守力补偿控制；对低敏感轴观测方向，通过控制检验质量跟踪重力卫星运动。

8.2.4 卫星轨道参数的优化设计

卫星轨道参数（如轨道高度、星间距离等）的优化设计是成功实施下一代 Post-GRACE 卫星重力测量计划的关键因素和重要保证。

1. 轨道高度

由于不同卫星轨道高度敏感于不同阶次的地球引力位系数，因此 CHAMP（400～500km）、GRACE（400～500km）和 GOCE（200～300km）仅在特定轨道高度区间能发挥优越性，而在轨道空间范围之外基本无能为力。如果下一代 Post-GRACE 重力卫星也设计在上述三期重力卫星的轨道高度空间范围，除非反演重力场的精度高于它们，否则效果仅相当于其测量的简单重复，对于重力场精度的进一步提高没有实质性贡献。因此，下一代 Post-GRACE 重力卫星的轨道高度应尽可能选择在它们的测量盲区 300～400km，进而形成互补的态势。

GRACE 为了尽可能降低非保守力的干扰进而延长卫星的使用寿命（约 10～15 年），将轨道高度设计为 400～500km 的空间范围。下一代 Post-GRACE 卫星重力测量计划虽然增加了非保守力补偿系统，但由于具有一定测量精度的非保守力补偿系统不可能将作用于卫星体的非保守力完全平衡，同时轨道和姿态微推进器的频繁喷气将导致卫星携带燃料的大量损耗。因此，适当降低卫星轨道高度有利于提高地球重力场的反演精度，代价是在一定程度上牺牲了卫星的使用寿命。据误差理论可知，如果观测数据增加了 n 倍，那么地球重力场的测量精度仅提高约 $\sqrt{n}$，因此由于适当降低卫星轨道高度而导致卫星使用寿命缩短不会对重力场反演精度产生本质的影响。作者基于功率谱原理的半解析法

(Zheng et al.，2009b)和基于解析法(Zheng et al.，2010a)开展了下一代 Post-GRACE 卫星轨道高度的需求分析。在 120 阶处，利用功率谱原理的半解析法和基于平均轨道高度 350km 估计 Post-GRACE 地球重力场的精度为 3.725×10^{-5} m，其较 EIGEN-GRACE02S 地球重力场模型(轨道高度 500km)精度提高了 5.082×10^{3} 倍，卫星关键载荷精度指标的匹配关系和相关参数请见 Zheng 等(2009b)。综上所述，下一代 Post-GRACE 卫星轨道高度设计为 300～400km，进而填补已有重力卫星轨道高度的测量盲区是可行的。

2. 星间距离

在 SST-HL/LL 跟踪模式中，适当缩短星间距离有利于高频地球重力场的反演，但如果星间距离设计太小，在抵消掉双星共同误差的同时，重力场信号也将被部分地差分掉，将导致信噪比较低，因此星间距离设计太小不利于低频地球重力场的确定；适当增加星间距离有助于提高低频地球重力场的信噪比，但星间距离设计太大将导致测量噪声急剧增加以及对卫星轨道和姿态测量精度的要求提高，不利于高频地球重力场的测量。因此，星间距离的优化设计是建立将来高精度和高空间分辨率地球重力场模型的关键因素。

GRACE 采用 K 波段测距系统感测星间距离，由于卫星轨道高度(400～500km)的限制，GRACE 仅对中长波地球重力场信号较敏感，而对中短波信号趋于滤波。因此，GRACE 将星间距离设计为 220±50km 有利于提高中低频地球重力场的反演精度。由于非保守力补偿系统和激光干涉测距系统的成功应用，Post-GRACE 的轨道高度得以有效降低(300～400km)，因此 Post-GRACE 将致力于反演中短波地球重力场。作者基于运动学原理的半解析法开展了下一代 Post-GRACE 星间距离的论证研究(郑伟等，2010c)。在 300 阶处，当星间距离设计为 50km 时，累计大地水准面的精度为 3.993×10^{-1}m；当星间距离分别设计为 110km 和 220km 时，累计大地水准面的精度降低了 1.259 倍和 1.395 倍。因此，下一代 Post-GRACE 重力卫星的星间距离设计为 100±50km 较优。

8.2.5 重力反演方法的优化改进

至今为止，国际众多科研机构基于车载、船载、机载和星载重力观测数据利用空域法和时域法已建立了不同精度和阶次的全球重力场模型，但由于目前地球重力场反演方法自身的不足和局限性，无论是各种方法单独还是联合均无法满足将来国际卫星重力测量计划中精确和快速反演全频段地球重力场的需求，而且仅仅依靠各种方法的自我完善也无法满足 21 世纪相关学科对地球重力场精度进一步提高的迫切要求，因此寻求新型、高精度、高空间分辨率、全频段和快速的卫星重力反演方法是本世纪国际大地测量等交叉研究领域正面临的挑战和亟待解决的难题之一。此科学难题的研究和解决将为下一代 Post-GRACE 地球重力卫星计划(图 8.2)、下一代月球卫星重力探测计划(郑伟等，2011b、2012b、2012c、2012e；Zheng et al.，2015d、2015e)，以及太阳系火星(郑伟等，2011f、2012d、2013b；Zheng et al.，2013c)、金星(郑伟等，2014d)和水星等其他行星重力探测计划中高精度和高阶次全球重力场模型的有效和快速确定提供理论依据和计算保证。目前国内外大地测量和地球物理学界紧跟国际卫星重力测量的热点和动态，正积极投身于利用卫星重力测量技术建立下一代高精度和高阶次全球重力场模型的研究当中。

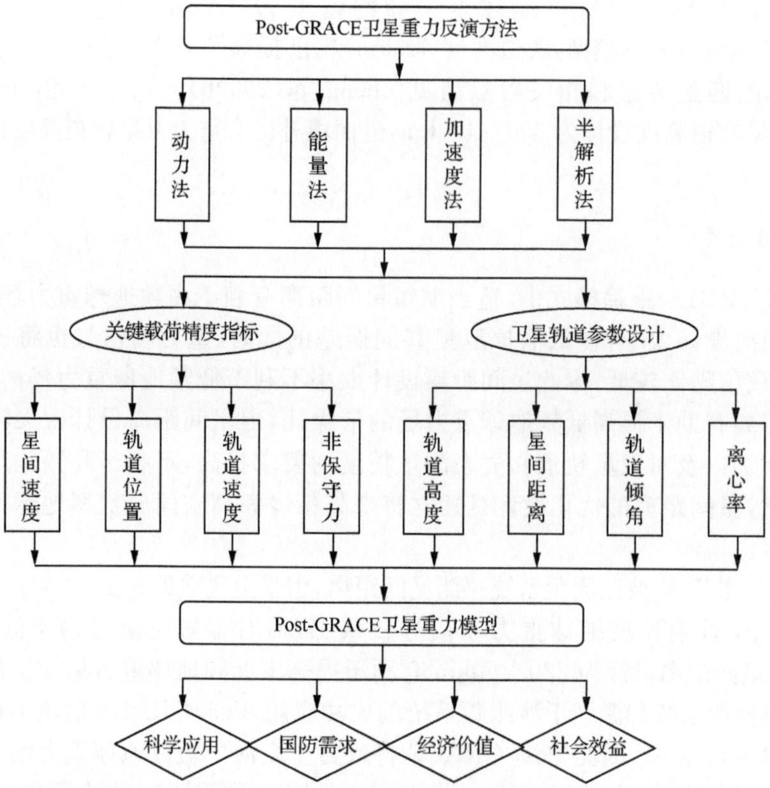

图 8.2 下一代卫星重力反演流程图

8.2.6 卫星精密定轨和重力反演软件平台的构建

(1) 卫星精密定轨软件平台。基于动力法、几何法等卫星精密定轨方法，建立一套高精度的自主重力卫星定轨软件平台系统；利用 GRACE 星载 GPS 接收机的伪距和相位观测值精密定轨，并通过与美国 JPL 和德国 GFZ 公布的精密轨道进行对比，进而检验自主卫星精密定轨软件系统的正确性和可靠性。

(2) 卫星重力反演软件平台。构建和编制基于动力学法、能量守恒法、星间距离和星间速度插值法，利用重力卫星观测数据(轨道位置和轨道速度、星间距离和星间速度、非保守力、三维姿态等)，反演地球重力场的数学和物理模型以及理论和仿真算法软件系统；通过对比卫星跟踪卫星高低、卫星跟踪卫星高低/低低、卫星重力梯度等观测模式的优缺点，提出下一代卫星重力测量计划的最佳跟踪模式；基于仿真模拟和需求论证，提出卫星关键载荷(激光干涉测距系统、GPS 接收机、非保守力补偿系统、恒星敏感器等)和轨道参数(轨道高度、星间距离、轨道倾角、轨道离心率等)的最优设计，进而为下一代重力卫星系统的顶层设计提供合理方案。

8.2.7 仿真模拟研究的先期启动

随着计算机、微电子学和各种运动模拟器的迅速发展，使卫星系统仿真日趋完善。建议将仿真技术应用于 Post-GRACE 重力卫星的研制和运行的全过程。从方案论证、系统设计、部件研制、产品检验、空中使用，以及故障分析等各个阶段，都进行不同类型的仿真实验，从而达到提高研制质量、缩短研制周期和有效降低成本的目的。

(1) 必要性。在接近真空环境条件下以整星方式演示各分系统的技术性能和任务功能的有效性，能够在 Post-GRACE 重力卫星发射之前对整体系统设计及性能上的缺陷进行检查和修改，有效降低研制过程中整星的风险性，确保在飞行前各分系统与整体的相容性以及系统参数和结构的最优化，提供有效手段进行故障分析以及研究故障对策。

(2) 可行性。现代计算机技术、高水平的仿真软件(如 MATLAB 等)，以及各种高精度和高可靠性的环境模拟设备可提供充足的物质条件，同时我国已具有一支从事卫星硬件研制和仿真实验模拟的科研团队。

8.2.8 卫星重力测量任务需求

(1) 对下一代卫星重力测量计划的科学目标与应用需求进行优化论证，并对顶层设计方案进行可行性分析。

(2) 对重力卫星系统的关键载荷进行特性特征和精度指标论证，分析关键载荷观测精度对卫星整体系统的影响和对重力场反演精度的贡献。

(3) 构建重力卫星系统模块(空间平台、地面测控、运载发射等)，开展卫星系统需求分析(观测功能、精度指标、方案验证等)。

(4) 按照美国 NASA 和欧洲 ESA 航天项目标准定义的研究内容和思路对下一代卫星重力测量计划进行逐级任务分解和需求分析，进而获得预期成果。

8.3 本章小结

本章围绕卫星跟踪模式的优化选取、卫星关键载荷的优化组合、重力卫星关键载荷的误差分析、卫星轨道参数的优化设计、重力反演方法的优化改进、卫星精密定轨和重力反演软件平台的构建、仿真模拟研究的先期启动、卫星重力测量任务需求等方面开展了下一代卫星重力计划的需求分析。具体结论如下：

(1) 归纳总结了 GRACE 卫星重力测量计划的局限性：无法实质性降低轨道高度，无法测量垂向重力梯度值，无法消除高频信号混叠效应，无法精确测量时变重力信号。

(2) 由于 SST-HL/LL 模式对中长波地球重力场的探测精度较高、技术含量相对较低，而且可借鉴 GRACE 卫星的成功经验，因此建议下一代 Post-GRACE 卫星重力测量计划采用 SST-HL/LL。

(3) 建议开展激光干涉测距系统、复合 GPS 接收机、非保守力补偿系统、卫星体和加速度计质心调节装置等关键载荷的先期研制和误差分析。

(4) 建议下一代 Post-GRACE 卫星的轨道高度(300～400km)和星间距离(100±

50km)选择在已有重力卫星 CHAMP、GRACE 和 GOCE 的测量盲区。

(5) 分析了已有卫星重力反演方法的不足之处，建议寻求新型、高精度、高空间分辨率、全频段和快速的卫星重力反演方法。

(6) 建议构建卫星精密定轨和重力反演软件平台，并将仿真技术应用于 Post-GRACE 卫星的方案论证、系统设计、部件研制、产品检验、空中使用，以及故障分析等研制和运行的全过程。

(7) 提出下一代 Post-GRACE 卫星重力测量计划的预期科学目标：在 300 阶处，累计大地水准面和累计重力异常的精度分别为$(1\sim5)\times10^{-2}$m 和 1～5mGal。

第9章　总结与展望

9.1　全文总结

21世纪是利用SST和SGG技术提升对“数字地球”认知能力的新纪元。重力卫星CHAMP、GRACE和GOCE的成功升空以及GRACE Follow-On的即将发射昭示着人类将迎来一个前所未有的卫星重力探测时代。CHAMP、GRACE和GOCE卫星各有所长，它们的相继发射不是相互竞争而是互相补充。CHAMP是卫星重力测量计划成功实施的先行者，GRACE的优越性体现于可高精度探测地球重力场的中长波信号及时变（$2\leqslant L<100$阶），而GOCE擅长于感测中短波静态地球重力场（$100\leqslant L\leqslant 250$阶），因此联合求解GRACE和GOCE卫星的观测数据可反演高精度、高空间分辨率和全频段的地球重力场。本书紧跟国际卫星重力测量的热点和动态，开展了“基于能量守恒原理的卫星重力反演理论与方法”研究论证，目前已取得的阶段性研究成果如下。

9.1.1　能量守恒卫星重力反演法

1. CHAMP地球重力场反演

1）CHAMP地球重力场的精确反演

基于能量守恒法和预处理共轭梯度迭代法反演了70阶CHAMP单星地球重力场。在70阶处，引力位系数精度和累计大地水准面精度分别为1×10^{-9}和18×10^{-2}m，其结果和德国GFZ公布的EIGEN-CHAMP03S地球重力场模型精度符合较好。

2）CHAMP关键载荷精度指标匹配关系论证

基于9阶Runge-Kutta线性单步法结合12阶Adams-Cowell线性多步法数值积分公式模拟了CHAMP单星的轨道。以CHAMP卫星位置精度1×10^{-1}m为标准，通过误差分析提出了卫星速度1×10^{-4}m/s和加速度计非保守力3×10^{-9}m/s^{2}精度指标的匹配关系。

3）能量守恒法敏感度分析和解算方法优选

基于卫星能量观测方程中动能E_k和中心引力位V_0是主要误差项论证了利用能量守恒法反演地球重力场对卫星轨道测量精度要求较高。分别利用直接最小二乘法和预处理共轭梯度迭代法求解大型线性超定方程组，模拟结果表明，适当选取预处理阵可以极大地减少基于预处理共轭梯度迭代法求解引力位系数中循环迭代的次数，其速度较直接最小二乘法至少可提高1000倍。

2. GRACE 地球重力场反演

1) GRACE 地球重力场的精确反演和方法检验

在 120 阶处,反演引力位系数精度和累计大地水准面精度分别为 6×10^{-10} 和 18×10^{-2} m,其结果和德国 GFZ 公布的 EIGEN-GRACE02S 地球重力场模型精度符合较好。通过分别利用先验地球重力场模型法和最小二乘协方差阵法反演 120 阶地球引力位系数的模拟精度在各阶处的符合性,充分验证了基于能量守恒法结合预处理共轭梯度迭代法反演 120 阶 GRACE 地球重力场算法的可靠性。

2) GRACE 关键载荷精度指标匹配关系论证

(1) 各关键载荷精度指标呈线性匹配关系。

(2) 由于耗散能表现为累积变化特性,加速度计误差对反演重力场的贡献不同于其他载荷。

(3) 以 K 波段系统的星间速度精度指标 1～10μm/s 为标准并结合其他载荷匹配指标,在 120 阶处大地水准面累积误差为(17.316～173.441)$\times10^{-2}$ m,1.5°×1.5°重力异常累积误差为(27.888～279.348)$\times10^{-2}$ mGal,其中,K 波段测距系统的星间速度精度指标取 1μm/s 时,结果与德国 GFZ 公布的 EIGEN-GRACE02S 地球重力场模型符合较好。

建议我国将来采用的卫星跟踪卫星测量模式中关键载荷精度指标设计为星间速度 1～3μm/s、轨道位置(3～10)$\times10^{-2}$ m、轨道速度 0.03～0.10mm/s 和非保守力 0.3～1.0nm/s^2 较优。

3) GRACE 卫星轨道高度指标论证

(1) 卫星轨道高度每降低 100km,大气阻力提高约 10 倍,不稳定的卫星平台工作环境将影响 GRACE 关键载荷的测量精度。

(2) 地球重力场高频信号衰减较快,基于轨道高度 500km,在 20 阶处重力场衰减因子为 0.221,衰减效应分别在 50 阶、80 阶、100 阶和 120 阶处增大了 9.621 倍、92.857 倍、418.957 倍和 1895.369 倍。

(3) 降低卫星轨道高度有利于提高地球重力场反演精度,采用美国 JPL 公布的 GRACE 其他指标,在 120 阶处基于轨道高度 500km 反演累计大地水准面精度为 17.316×10^{-2} m,分别基于轨道高度 450km、400km 和 350km 反演精度提高了 1.566 倍、4.502 倍和 10.871 倍。

如果卫星跟踪卫星测量模式中轨道高度设计为 350～400km,有利于 120 阶地球重力场的精确反演。

4) GRACE 星间距离指标论证

(1) 基于相同的 GRACE 关键载荷精度指标反演长波($L\leqslant 20$ 阶)地球重力场时,随着星间距离逐渐增大(110～330km),累计大地水准面精度依次提高。在 20 阶处,基于星间距离 110km 反演精度为 0.052×10^{-2} m,基于星间距离 220km 和 330km 反演精度分别提高了 1.156 倍和 1.209 倍。

(2) 当反演中长波($100\leqslant L\leqslant 120$ 阶)地球重力场时,在 120 阶处,基于星间距离 110km 反演精度为 13.052×10^{-2} m,基于星间距离 220km 和 330km 反演精度分别降低了 1.327 倍和 1.970 倍。

星间距离设计为 220±50km 可有效抑制由于星间距离选取不当而导致的长波和中长波地球重力场精度的降低。

5）GRACE 不同轨道倾角卫星的最优组合

（1）由于不同卫星轨道倾角敏感于不同阶 l 和次 m 的引力位系数，GRACE 采用 89° 轨道倾角可有效提高地球引力位带谐项系数的精度，但对地球引力位田谐项系数的敏感度较低，因此可采用第二组较低轨道倾角的卫星高精度测量地球引力位田谐项系数，以弥补单组 89°轨道倾角卫星的不足。

（2）在 120 阶内，两组 GRACE 双星分别采用 89°和 83°轨道倾角联合反演累计大地水准面精度较单组 89°轨道倾角的反演精度平均提高约 2 倍。

两组 GRACE 双星采用 89°+(82°～84°)轨道倾角是反演 120 阶地球重力场的较优组合。

6）GRACE 星体和加速度计的质心调整精度论证

（1）在 120 阶处，当质心调整精度设计为 0m，反演累计大地水准面精度为 17.616×10^{-2}m；当质心调整精度分别设计为 5×10^{-5}m、1×10^{-4}m 和 5×10^{-4}m 时，反演精度各自降低至 18.106×10^{-2}m、19.033×10^{-2}m 和 27.329×10^{-2}m。

（2）以德国 GFZ 公布的 EIGEN-GRACE02S 地球重力场模型的实测累计大地水准面精度为标准，当质心调整精度设计为 $(5\sim10)\times10^{-5}$m 时，其与 K 波段测距系统、GPS 接收机、SuperSTAR 加速度计、恒星敏感器等 GRACE 关键载荷的精度指标相匹配，对地球重力场反演精度的影响较小。

建议我国将来研制的首颗重力卫星的星体和星载加速度计检验质量的质心调整精度设计为 $(5\sim10)\times10^{-5}$m 较优。

7）GRACE 加速度计高低灵敏轴分辨率指标论证

（1）采用 GRACE 公布的其他关键载荷精度指标，当加速度计分辨率指标设计为 $ACC_X=(1\sim10)\times10^{-9}m/s^2$，$ACC_{Y,Z}=(1\sim10)\times10^{-10}m/s^2$ 时，在 120 阶处反演累计大地水准面的精度为 $(19\sim80)\times10^{-2}$m，反演 1.5°×1.5°累计重力异常的精度为 0.3～1.3mGal。

（2）GRACE 星载加速度计 $X_{A1(2)}$ 轴的分辨率较 $Y_{A1(2)}$ 轴和 $Z_{A1(2)}$ 轴低一个数量级的物理解释如下：由于 GRACE-A/B 各自的星载加速度计坐标系 $O_{A1(2)}$-$X_{A1(2)}Y_{A1(2)}Z_{A1(2)}$ 的 $Y_{A1(2)}$ 轴和 $Z_{A1(2)}$ 轴分别平行于位于轨道平面内的星体坐标系 $O_{S1(2)}$-$X_{S1(2)}Y_{S1(2)}Z_{S1(2)}$ 的 $Z_{S1(2)}$ 轴和 $X_{S1(2)}$ 轴，因此 GRACE 双星在轨道处受到的非保守力（以大气阻力为主）主要是在位于轨道平面内的加速度计的 $Y_{A1(2)}$ 轴和 $Z_{A1(2)}$ 轴上进行分解。假如加速度计的 $X_{A1(2)}$ 轴严格垂直于轨道平面内的 $Y_{A1(2)}$ 轴和 $Z_{A1(2)}$ 轴，那么作用于 GRACE 卫星的非保守力在加速度计 $X_{A1(2)}$ 轴上的投影应严格为 0，即可以完全放弃加速度计 $X_{A1(2)}$ 轴的测量。但在加速度计的实际研制中，由于 $X_{A1(2)}$ 轴不能严格垂直于由 $Y_{A1(2)}$ 轴和 $Z_{A1(2)}$ 轴构成的轨道平面，因此作用于卫星的非保守力在加速度计 $X_{A1(2)}$ 轴上必有分量，即加速度计 $X_{A1(2)}$ 轴的测量不能完全放弃，只能将分辨率适当降低。

建议我国将来卫星重力测量计划中星载加速度计三轴分辨率指标设计为 $ACC_X=(1\sim5)\times10^{-9}m/s^2$，$ACC_{Y,Z}=(1\sim5)\times10^{-10}m/s^2$ 较合适，与 GRACE 其他关键载荷精度指标基本匹配。

8）双星和三星编队模式影响重力场精度论证

基于双星和三星跟踪模式分别反演 GRACE 累计大地水准面的模拟精度为 17.616×10^{-2}m和 10.158×10^{-2}m，基于三星跟踪模式反演 GRACE 地球重力场的模拟精度较双星提高 30%～40%。物理解释如下：GRACE 双星系统测量地球重力场的精度之所以较 CHAMP 单星至少提高 1 个数量级的原因是近共轨相互跟踪编队飞行的 GRACE 双星采用差分模式较大程度消除了双星间共同的误差以及 GRACE 采用 K 波段测距系统（1μm/s）高精度感知地球重力场的中低频信号。采用三星编队模式反演地球重力场的效果较双星系统仅相当于卫星的有效观测信息量增加了 1 倍，据误差原理可知，基于三星跟踪模式反演地球重力场的精度较双星提高约 $\sqrt{2}$ 倍。因此，仅凭简单的再次差分不足以使地球重力场的测量精度达到数量级的提高。

9）星载加速度计非保守力实测数据的精确标校

不同于以前的动力学标定法，基于先验地球重力场模型，利用无参考扰动位能量守恒法，对美国 JPL 公布的 2007-08-01～10-31 期间的 GRACE-Level-1B 星载加速度计非保守力实测数据进行了精确标定：①加速度计非保守力数据和姿态数据的实测精度均基本达到了预期精度的要求；②标校前加速度计非保守力数据的系统误差会引起每天 $0.4\text{m}^2/\text{s}^2$ 的地球扰动位误差线性漂移，而标校后的地球扰动位误差仅为 $0.01\text{m}^2/\text{s}^2$；③详细对比了分别基于能量守恒法和动力学法标定非保守力数据的优缺点；④基于能量法反演地球重力场敏感于非保守力数据的系统误差，因此对星载加速度计实测非保守力数据的精确标校是反演高精度和高空间分辨率地球重力场的关键。

10）全球重力场模型 IGG-GRACE 的精确建立

（1）对美国 JPL 公布的 2007-06-01～2007-12-31 时间段内的 GRACE-Level-1B 的 GPS 接收机的轨道位置和轨道速度、K 波段测距系统的星间速度、加速度计的非保守力，以及恒星敏感器的姿态实测数据对应进行了轨道拼接、粗差探测、线性内插、重新标定、坐标转换、误差分析等有效处理。

（2）基于无参考扰动位能量守恒法反演了 120 阶 GRACE 地球重力场，在 120 阶处累计大地水准面精度为 25.313×10^{-2}m。

（3）检验了新构建地球重力场模型 IGG-GRACE 的可靠性，同时分析了 IGG-GRACE 解算精度在低频部分略优于德国 GFZ 公布的 EIGEN-GRACE02S 地球重力场模型，而在中高频部分略低的原因。

9.1.2 星间加速度卫星重力反演法

1）基于星间加速度法的 GRACE 重力场反演研究

（1）通过 9 点 Newton 插值法得到星间加速度，并联合星间距离、星间速度和星间加速度建立了卫星观测方程。

（2）在 120 阶处，反演 GRACE-IRAM 累计大地水准面的精度为 7.215×10^{-2}m。

（3）分析了在地球重力场长波部分，GRACE-IRAM 模型的精度略低于 EIGEN-GRACE02S，而在重力场中长波部分，其精度略优于 EIGEN-GRACE02S 的原因。

(4) 基于敏感于中高频重力场信号的优点，星间加速度法有望成为精确建立下一代高阶次地球重力场模型(如 GRACE Follow-On)的有效方法。

2) 插值公式、相关系数和采样间隔对 GRACE Follow-On 星间加速度精度的影响

(1) 适当增加数值微分公式的插值点数可有效提高插值精度。基于 9 点 Newton 插值公式，星间加速度的插值误差为 4.401×10^{-13} m/s^2，分别基于 7 点、5 点和 3 点插值公式，插值误差增加了 1.192 倍、6.912 倍和 274.029 倍。

(2) 适当增大相关系数可有效降低星间加速度的误差。基于相关系数 0.99，星间加速度方差为 3.777×10^{-24} m^2/s^4，分别基于相关系数 0.90、0.70、0.50 和 0.00，方差增加了 9.780 倍、22.404 倍、26.217 倍和 26.820 倍。

(3) 随着采样间隔增大，星间加速度方差逐渐降低，但卫星观测值的空间分辨率也同时降低，因此合理选取采样间隔有利于地球重力场精度的提高。

(4) 基于 9 点 Newton 插值公式、相关系数(K 波段测距系统的星间距离和星间速度 0.85、GPS 接收机的轨道位置和轨道速度 0.95、星载加速度计的非保守力 0.90)和采样间隔 10s，利用预处理共轭梯度迭代法，精确和快速反演了 120 阶 GRACE Follow-On 地球重力场，在 120 阶处累计大地水准面精度为 4.602×10^{-4} m。

9.1.3 半解析卫星重力反演法

1) 运动学原理的半解析反演法

(1) 基于半解析法建立了新的 GRACE 卫星 K 波段测距系统的星间速度、GPS 接收机的轨道位置和轨道速度，以及加速度计的非保守力误差联合影响累计大地水准面的误差模型。

(2) 基于各关键载荷精度指标的匹配关系，论证了误差模型的可靠性。

(3) 基于美国 JPL 公布的 2006 年的 GRACE-Level-1B 实测误差数据，有效和快速地估计了 120 阶全球重力场精度，在 120 阶处累计大地水准面的精度为 18.368×10^{-2} m，其结果和德国 GFZ 公布的 EIGEN-GRACE02S 全球重力场模型精度符合较好。

2) 功率谱原理的半解析反演法

(1) 利用半解析法基于功率谱原理建立了新的激光干涉(K 波段)测距系统的星间速度、GPS 接收机的轨道位置和轨道速度，以及加速度计的非保守力误差影响累计大地水准面的联合误差模型。

(2) 利用联合误差模型精确和快速地估计了全球重力场精度，基于 2007 年美国 JPL 公布的 GRACE-Level-1B 实测误差数据，在 120 阶处估计 GRACE 累计大地水准面的精度为 1.985×10^{-1} m；基于轨道高度 250km 和星间距离 50km，在 360 阶处估计 GRACE Follow-On 累计大地水准面的精度为 5.825×10^{-2} m。

(3) 提出了 GRACE Follow-On 卫星各关键载荷精度指标的匹配关系，并检验了联合误差模型的可靠性。

(4) 基于不同卫星轨道高度，论证了估计高精度和高空间分辨率 GRACE Follow-On 全球重力场的可行性。

9.1.4 解析卫星重力反演法

利用解析法有效和快速估计了将来 GRACE Follow-On 地球重力场精度。

(1) 基于功率谱原理分别建立了新的 GRACE Follow-On 卫星激光干涉测距系统的星间速度、GPS 接收机的轨道位置和轨道速度，以及加速度计的非保守力误差影响累计大地水准面的单独和联合解析误差模型。

(2) 利用提出的 GRACE 卫星关键载荷匹配精度指标和美国 JPL 公布的 GRACE-Level-1B 实测精度指标的一致性，以及估计的 GRACE 累计大地水准面精度与德国 GFZ 公布的 EIGEN-GRACE02S 地球重力场模型实测精度的符合性，验证了建立的解析误差模型是可靠的。

(3) 论证了 GRACE Follow-On 卫星不同关键载荷匹配精度指标和轨道高度对地球重力场精度的影响。在 360 阶处，利用轨道高度 250km、星间距离 50km、星间速度误差 1×10^{-9}m/s、轨道位置误差 3×10^{-5}m、轨道速度误差 3×10^{-8}m/s 和非保守力误差 3×10^{-13}m/s^2，基于联合解析误差模型估计累计大地水准面的精度为 1.231×10^{-1}m。

9.1.5 星间距离插值和星间速度插值卫星重力反演法

1) 星间距离插值卫星重力反演法

基于新型星间距离插值法开展了 K 波段星间测距系统的星间距离影响地球重力场精度的论证研究。

(1) 基于 GPS 接收机的轨道位置、K 波段测距系统的星间距离，以及加速度计的非保守力等原始卫星观测数据，首次通过将高精度的星间距离引入相对轨道位置矢量的星星连线方向，建立了星间距离插值观测方程。

(2) 通过不同点数插值公式的相互对比，9 点星间距离插值公式可有效提高地球重力场的反演精度。

(3) 基于美国 JPL 公布的 2008 年的 GRACE-Level-1B 实测数据，建立了 120 阶全球重力场模型 WHIGG-GEGM01S，在 120 阶处累计大地水准面精度和累计重力场异常精度分别为 1.098×10^{-1}m 和 1.741×10^{-6}m/s^2。

(4) 基于美国、欧洲和澳大利亚的 GPS/水准数据检验了 WHIGG-GEGM01S 模型的可靠性。

2) 星间速度插值卫星重力反演法

(1) 通过将高精度的星间速度观测值(1μm/s)引入相对轨道速度矢量的视线分量，进而建立了新型星间速度插值法。

(2) 详细对比论证了 6 点星间速度插值公式分别优于 2 点、4 点和 8 点星间速度插值公式。

(3) 基于美国 JPL 公布的 2009 年 GRACE-Level-1B 实测数据，建立了 120 阶全球重力场模型 WHIGG-GEGM02S，在 120 阶处累计大地水准面精度和累计重力场异常精度分别为 1.140×10^{-1}m 和 1.807×10^{-6}m/s^2。

(4) 基于 GPS/水准数据（美国、德国和澳大利亚）以及 GRACE 全球重力场模型（EIGEN-GRACE01S/02S、EIGEN-GL04S1、EIGEN-5C、GGM01S/02S 和 WHIGG-GEGM02S）之间的大地水准面高差对比可知，新型 WHIGG-GEGM02S 模型较靠近于已有 GGM02S 模型，从而检验了 WHIGG-GEGM02S 模型的正确性。

9.1.6 下一代地球卫星重力测量计划需求分析

下一代 Post-GRACE 卫星重力测量计划的预期科学目标如下，基于 SST-HL/LL 跟踪观测模式、采用激光干涉测距系统（星间速度测量精度 $10^{-7} \sim 10^{-9}$ m/s）和非保守力补偿系统（非保守力测量精度 $10^{-11} \sim 10^{-13}$ m/s^2）等新技术，以及利用优选的卫星轨道高度（300～400km）和星间距离（100±50km）建立 300 阶次（空间分辨率 66km）的下一代高精度和高空间分辨率全球重力场模型。在 300 阶处，预期累计大地水准面精度为 $(1 \sim 5) \times 10^{-2}$ m，累计重力异常精度达到 1～5mGal，以期满足 21 世纪相关学科和国防建设对地球重力场精度进一步提高的迫切需求。

9.2 未来展望

CHAMP 作为首颗专用于地球重力场探测的重力卫星，由于轨道高度（454km）、关键载荷精度和测量模式的制约仅适于探测地球重力场的长波信号，因此 CHAMP 仅是人类利用专用重力卫星高精度探测地球重力场的探索性试验，对提高现有地球重力场模型的精度和空间分辨率的贡献有限，但将使目前的地球重力场模型更加可靠。GRACE 计划的成功实施使人类对地球重力场的认识提升到前所未有的高度，对高精度探测中长波地球重力场的贡献甚至超越过去 30 年地球重力场探测信息量的总和，得到的地球静态和动态重力场的精度比 CHAMP 至少高一个数量级。为了反演高精度、高空间分辨率和全频段的地球重力场以进一步提高人类对赖以生存地球的理解和认知，美国 NASA、欧洲 ESA、中国 CAS 等国际众多研究机构已竞相提出了下一代卫星重力测量计划和将高精度探测地球重力场的 SST 技术应用于月球、火星及太阳系其他行星的重力场探测之中。国际大地测量学等交叉研究领域的众多学者经过 40 多年的探索终将 SST 和 SGG 计划推向实际操作阶段。国外卫星重力测量计划的成功实施对我国既存在机遇又不乏挑战，机遇是指我国应尽快汲取国外长期积累的卫星重力测量的成功经验，积极推动我国下一代卫星重力计划的实施，加快我国研制重力卫星的步伐，通过卫星重力计划的实现带动相关领域（地学、航天、电子、通信、材料等）的发展；挑战是指我国对星载仪器的研制、观测手段的研究和观测数据的处理尚处于跟踪阶段，而且对于卫星重力反演方法以及观测结果地球物理解释的基础相对薄弱。作者抓住机遇迎接挑战，在“基于能量守恒原理的卫星重力反演理论与方法”方面开展了较深入的研究，并为将来的研究工作搭建了桥梁和纽带。作者的后续工作安排如下。

1）一步动力学卫星重力反演法

基于“一步法”理论框架严密和地球重力场解算精度较高的特性，利用美国 JPL 公布的 GRACE-Level-1B 实测数据高精度和高空间分辨率地反演 120 阶 GRACE 双星地球重力场，并将结果和国外现有地球重力场模型（如 EIGEN-GRACE02S、GGM02S 等）进行比对。在卫星重力测量中，目前国际大地测量学界基于SST观测数据反演地球重力场通常采用两种方法：两步法和一步法。所谓“两步法”（分步法）是指首先利用高轨GPS卫星对低轨重力卫星精密跟踪定轨（位置、速度和加速度）；其次，将精确解算得到的卫星轨道数据作为观测值并联合K波段测距系统的星间距离、星间速度和星间加速度，星载加速度计的非保守力，以及恒星敏感器的姿态等观测值共同解算地球重力场。优点是将一个复杂的地球重力场反演问题分步解算，不仅降低了在处理整体问题时遇到的各种困难，而且可采用各种具体有效的方法有针对性地解决每步中存在的实际问题；缺点是由于精密定轨依赖于先验地球重力场模型，因此将不同程度地损失地球重力场解算的精度。所谓“一步法”（整体法）是指将卫星精密定轨和地球重力场反演合二为一，基于各种卫星观测值同时求解卫星轨道、地面站坐标、地球自转参数、海潮模型和地球重力场模型，以及其他动力学和非动力学参数，通过综合卫星运动学、卫星动力学、大地测量学、地球物理学等多学科的知识建立的一种合乎自然规律的解算方法。优点是不依赖于任何先验地球重力场模型，理论框架严密，各种地球重力场参数求解精度较高；缺点是整体解算过程较复杂，需要高性能的并行计算机支持。

2）Mascon点质量卫星重力反演法

基于可高精度反演局部地球重力场的点质量法（Mascon solution），综合利用美国JPL公布的13年GRACE卫星实际观测资料以及ICESat激光测高卫星、GPS卫星、验潮站洋底压力等多种观测数据，联合监测研究南极和青藏高原现今冰川质量季节变化和长期趋势以及冰后回升效应，提高其长期变化的信噪比，并给出其冰盖变化的时空特性，深入理解人类活动与全球环境变化的内在关系。目前国内外研究机构在基于卫星重力测量反演全球重力场中普遍采用地球引力位按球谐级数展开法（harmonic solution）。但在反演局部地球重力场时，地球引力位按球谐级数展开难以保证其在地球表面及其附近空间的有效性。点质量法是当前国际大地测量学界高精度和高空间分辨率解算南极和青藏高原等区域局部地球重力场的有效途径，可有效提高冰川质量长期变化的信噪比，并给出其冰盖变化的时空特性。该方法的基本原理阐述为结合地球自身的质量分布规律，给出先验的地球异常质量分布信息，以异常质量作为求解参数，建立点质量模型。优点：①可有效抑制局部地球重力场信号的“泄漏”，较好地消除长周期误差的传递；②可实质性提高局部地球重力场反演的时间和空间分辨率；③计算过程简单，计算速度较快，计算结果可靠。

3）球面小波函数卫星重力反演法

基于球面小波函数的局部特性和快速算法，将地球重力场球谐函数和球面小波函数相结合共同反演高精度和高空间分辨率的地球重力场。目前地球重力场模型通常按球谐函数展开，由于球谐函数擅于描述全球重力场而缺乏刻画局部地球重力场的特性，同时任何局部地球重力场的变化都会导致所有球谐系数随之变化，因此国际大地测量联合会成立了小波函数研究组，旨在基于球面小波函数精细刻画局部地球重力场。

4）基于动力插值法建立时变重力场模型

紧跟国际卫星重力测量的最新热点和动态，面向满足我国日益增长和迫切提出的科学和国防需求，结合动力学法的精确性和空间三维插值法的快速性的优点，构建新型动力插值卫星重力反演观测方程；基于GRACE重力卫星实测数据GRACE-Level-1B的有效预处理和新型地球静态重力场模型 WHIGG-GRACE-S 的精确建立，检验新型动力插值法的有效性；利用精确和快速的动力插值法建立新型地球时变重力场模型 WHIGG-GRACE-T，并通过与美国 CSR 公布的地球时变重力场模型 CSR-RL05 的符合性，检验新型时变模型 WHIGG-GRACE-T 的可靠性；采用新型动力插值法，论证我国下一代激光干涉测距型 Post-GRACE 重力卫星系统的关键载荷匹配精度指标和轨道参数的优化设计。

参考文献

边少锋. 1992. 大地测量边值问题数值解法与地球重力场逼近. 武汉：武汉测绘科技大学博士学位论文，1～150

蔡林. 2013. 卫星重力测量解析误差分析法. 武汉：华中科技大学博士学位论文，1～99

陈俊勇. 2006. 重力卫星五年运行对求定地球重力场模型的进展和展望. 地球科学进展，21(7)：661～666

程芦颖，许厚泽. 2006. 地球重力场反演中的位旋转效应. 地球物理学报，49(1)：93～98

程鹏飞，杨元喜，李建成，等. 2007. 我国大地测量及卫星导航定位技术的新进展. 测绘通报，2：1～4

方俊. 1975. 重力测量与地球形状学(上、下). 北京：科学出版社，1～250

费业泰. 2005. 误差理论与数据处理. 北京：机械工业出版社，1～204

冯伟. 2013. 区域陆地水与海平面变化的卫星重力监测研究. 武汉：中国科学院测量与地球物理研究所博士学位论文，1～106

管泽霖，宁津生. 1981. 地球形状及外部重力场(上、下). 北京：测绘出版社，1～428

郭俊义. 2001. 地球物理学基础. 北京：测绘出版社，1～340

胡明城. 2003. 现代大地测量学的理论及其应用. 北京：测绘出版社，1～476

胡小工，陈剑利，周永宏，等. 2006. 利用GRACE空间重力测量监测长江流域水储量的季节性变化. 中国科学(地球科学)，36(3)：225～232

黄珹，胡小工. 2004. GRACE重力计划在揭示地球系统质量重新分布中的应用. 天文学进展，22(1)：35～44

江敏. 2013. 海平面变化及其成因的空间大地测量监测与分析. 武汉：中国科学院测量与地球物理研究所博士学位论文，1～125

姜卫平，张传银，李建成. 2003. 重力卫星主要有效载荷指标分析与确定. 武汉大学学报(信息科学版)，28：104～109

康开轩，李辉，吴云龙，等. 2012. 重力卫星精密星间测距系统滤波器技术指标论证. 地球物理学报，55(10)：3240～3247

李斐，岳建利，张利明. 2005. 应用GPS/重力数据确定(似)大地水准面. 地球物理学报，48(2)：294～298

李厚朴. 2010. 基于计算机代数系统的大地坐标系精密计算理论及其应用研究. 武汉：海军工程大学博士学位论文，1～221

李济生. 1995. 人造卫星精密轨道确定. 北京：解放军出版社，1～253

李建成，陈俊勇，宁津生，等. 2003. 地球重力场逼近理论与中国2000似大地水准面的确定. 武汉：武汉大学出版社，1～293

刘红卫，王兆魁，张育林. 2013. 内编队重力场测量系统轨道参数与载荷指标设计方法. 地球物理学进展，28(4)：1707～1713

刘经南，赵齐乐，张小红. 2004. CHAMP卫星的纯几何定轨及动力平滑中的动力模型补偿研究. 武汉大学学报(信息科学版)，29(1)：1～6

刘林. 1992. 人造地球卫星轨道力学. 北京：高等教育出版社，1～619

刘晓刚. 2011. GOCE卫星测量恢复地球重力场模型的理论与方法. 郑州：解放军信息工程大学博士学位论文，1～236

鲁晓磊. 2005. 利用卫卫跟踪数据恢复重力场的方法与数值模拟. 武汉：华中科技大学硕士学位论文，1～58
陆洋，许厚泽. 1998. 720 阶高分辨率重力场模型 IGG97L 研究. 地壳形变与地震，18：1～7
陆仲连，吴晓平. 1994. 人造地球卫星与地球重力场. 北京：测绘出版社，1～193
罗佳. 2003. 利用卫星跟踪卫星确定地球重力场的理论和方法. 武汉：武汉大学博士学位论文，1～148
罗志才. 1996. 利用卫星重力梯度数据确定地球重力场的理论和方法. 武汉：武汉测绘科技大学博士学位论文，1～158
宁津生，李建成，罗志才，等. 2002. 我国地球重力场研究的进展. 东北测绘，25(4)：6～9
庞振兴，肖云，赵润. 2010. 基于轨道扰动引力谱分析的方法确定低低观测重力卫星反演重力场的空间分辨率. 地球物理学进展，25(6)：1935～1940
彭鹏. 2013. 基于现代大地测量方法监测近地表流体质量变化. 武汉：中国科学院测量与地球物理研究所博士学位论文，1～169
冉将军. 2013. 低低跟踪模式重力卫星反演理论、方法及应用. 武汉：中国科学院测量与地球物理研究所博士学位论文，1～100
佘世刚. 2008. 高精度 K 频段星间微波测距技术研究. 兰州：兰州大学博士学位论文，1～150
沈云中. 2000. 应用 CHAMP 卫星星历精化地球重力场模型的研究. 武汉：中国科学院测量与地球物理研究所博士学位论文，1～111
沈云中，许厚泽，吴斌. 2005. 星间加速度解算模式的模拟与分析. 地球物理学报，48(4)：807～811
石磐，夏哲仁，孙中苗，等. 1999. 高分辨率地球重力场模型 DQM99. 中国工程科学，1(3)：51～55
孙文科. 2002. 低轨道人造卫星(CHAMP、GRACE、GOCE)与高精度地球重力场——卫星重力大地测量的最新发展及其对地球科学的重大影响. 大地测量与地球动力学，22(1)：92～100
孙中苗. 2004. 航空重力测量理论、方法及其应用研究. 郑州：解放军信息工程大学博士学位论文，1～205
万晓云. 2013. 基于 GOCE 引力梯度数据的引力场反演及应用. 北京：中国科学院大学博士学位论文，1～156
汪汉胜，王志勇，袁旭东，等. 2007. 基于 GRACE 时变重力场的三峡水库补给水系水储量变化. 地球物理学报，50(3)：730～736
王庆宾. 2009. 动力法反演地球重力场模型研究. 郑州：解放军信息工程大学博士学位论文，1～147
王兴涛，李晓燕. 2009. 低低卫卫跟踪恢复地球重力场的误差分析. 武汉大学学报(信息科学版)，34(7)：770～773
王正涛. 2005. 卫星跟踪卫星测量确定地球重力场的理论和方法. 武汉：武汉大学博士学位论文，1～233
魏子卿，葛茂荣. 1998. GPS 相对定位的数学模型. 北京：测绘出版社，1～182
吴晓平. 2001. 地球外部扰动引力场确定的数据空间分布结构. 测绘工程. 10(3)：1～8
吴星. 2009. 卫星重力梯度数据处理理论与方法. 郑州：解放军信息工程大学博士学位论文，1～173
吴云龙. 2010. GOCE 卫星重力梯度测量数据的预处理研究. 武汉：武汉大学博士学位论文，1～147
夏哲仁，石磐，李迎春. 2003. 高分辨率区域重力场模型 DQM2000. 武汉大学学报(信息科学版)，28：124～128
肖峰. 1997. 人造地球卫星轨道摄动理论. 长沙：国防科技大学出版社，1～294
肖云. 2006. 基于卫星跟踪卫星数据恢复地球重力场的研究. 郑州：解放军信息工程大学博士学位论文，1～151
徐天河. 2004. 利用 CHAMP 卫星轨道和加速度计数据推求地球重力场模型. 郑州：解放军信息工程大学博士学位论文，1～172

徐新禹. 2008. 卫星重力梯度及卫星跟踪卫星数据确定地球重力场的研究. 武汉：武汉大学博士学位论文，1～174
许厚泽. 2001. 卫星重力研究：21世纪大地测量研究的新热点. 测绘科学，26(3)：1～3
许厚泽. 2003. 重力测量技术及重力学研究进展. 地理空间信息，1(3)：3～4
许厚泽. 2006. 我国精化大地水准面工作中若干问题的讨论. 地理空间信息，4(5)：1～4
许厚泽，陆洋，钟敏，等. 2012. 卫星重力测量及其在地球物理环境变化监测中的应用. 中国科学(地球科学)，42(6)：843～853
许厚泽，沈云中. 2001. 利用CHAMP卫星星历反演引力位模型的模拟研究. 武汉大学学报(信息科学版)，26(6)：483～486
许厚泽，王谦身，陈益惠. 1994. 中国重力测量与研究的进展. 地球物理学报，37(1)：339～352
许厚泽，张赤军. 1997. 我国大地重力学和固体潮研究进展. 地球物理学报，40(S1)：192～205
许厚泽，周旭华，彭碧波. 2005. 卫星重力测量. 地理空间信息，3(1)：1～3
薛大同. 2011. 静电悬浮加速度计的地面测试与评定方法综述. 宇航学报，32(8)：1655～1662
杨元喜，文援兰. 2003. 卫星精密轨道综合自适应抗差滤波技术. 中国科学(地球科学)，33(11)：1112～1119
叶叔华，苏晓莉，平劲松，等. 2011. 基于GRACE卫星测量得到的中国及其周边地区陆地水量变化. 吉林大学学报(地球科学版)，41(5)：1580～1586
游为. 2011. 应用低轨卫星数据反演地球重力场模型的理论和方法. 重庆：西南交通大学博士学位论文，1～161
于锦海. 1992. 物理大地测量边值问题的理论. 武汉：中国科学院测量与地球物理研究所博士学位论文，1～126
于晟. 2002. 卫星重力学基础研究前瞻. 中国科学基金，16(1)：20～22
张传定. 2000. 卫星重力测量——基础、模型化方法与数据处理算法. 郑州：解放军信息工程大学博士学位论文，1～141
张捍卫，许厚泽，王爱生. 2004. 固体潮对地球重力场时变特征影响的潮波公式. 测绘学报，33(4)：299～302
张守信. 1996. GPS卫星测量定位理论与应用. 长沙：国防科技大学出版社，1～370
张兴福. 2007. 应用低轨卫星跟踪数据反演地球重力场模型. 上海：同济大学博士学位论文，1～120
张子占. 2008. 卫星测高/重力数据同化理论、方法及应用. 武汉：中国科学院测量与地球物理研究所博士学位论文，1～181
章传银，胡建国，党亚民，等. 2003. 多种跟踪组合卫星重力场恢复方法初探. 武汉大学学报(信息科学版)，28：137～141
赵东明. 2004. 卫星跟踪卫星任务的引力谱分析和状态估计方法. 郑州：解放军信息工程大学博士学位论文，1～177
赵齐乐，施闯，刘响林，等. 2008. 重力卫星的星载GPS精密定轨. 武汉大学学报(信息科学版)，33(8)：810～814
赵倩. 2012. 利用卫星编队探测地球重力场的方法研究与仿真分析. 武汉：武汉大学博士学位论文，1～141
郑伟. 2007. 基于卫星重力测量恢复地球重力场的理论和方法. 武汉：华中科技大学博士学位论文，1～135
郑伟，邵成刚，罗俊. 2004. 近地极轨卫星恢复地球重力场的研究. 见：朱耀仲主编. 大地测量与地球动力学进展. 武汉：湖北科学技术出版社，328～333
郑伟，许厚泽，钟敏，等. 2008a. 利用国际卫星跟踪卫星高低测量模式恢复CHAMP地球重力场. 中

国测绘学会九届四次理事会暨2008学术年会论文集，桂林，372～380
郑伟，许厚泽，钟敏，等. 2008b. 基于国际卫星跟踪卫星和卫星重力梯度计划联合提升对“数字地球”的认知. 中国测绘学会九届四次理事会暨2008学术年会论文集，桂林，666～678
郑伟，许厚泽，钟敏，等. 2008c. 国际卫星重力测量研究进展. 中国地球物理2008年刊，北京：中国大地出版社，346～347
郑伟，许厚泽，钟敏，等. 2009a. 卫-卫跟踪测量模式中轨道高度的优化选取. 大地测量与地球动力学，29(2)：100～105
郑伟，许厚泽，钟敏，等. 2009b. 两种GRACE地球重力场精度评定方法的相互检验. 大地测量与地球动力学，29(5)：89～93
郑伟，许厚泽，钟敏，等. 2009c. 我国将来卫星重力梯度计划的实施. 中国地球物理2009年刊，709～710
郑伟，许厚泽，钟敏，等. 2010a. 国际重力卫星研究进展和我国将来卫星重力测量计划. 测绘科学，35(1)：5～9
郑伟，许厚泽，钟敏，等. 2010b. 国际卫星重力梯度测量计划研究进展. 测绘科学，35(2)：57～61
郑伟，许厚泽，钟敏，等. 2010c. Improved-GRACE卫星重力轨道参数优化研究. 大地测量与地球动力学，30(2)：43～48
郑伟，许厚泽，钟敏，等. 2010d. 地球重力场模型研究进展和现状. 大地测量与地球动力学，30(4)：83～91
郑伟，许厚泽，钟敏，等. 2010e. 我国将来基于激光星间测距原理的卫星重力测量计划研究. 中国地球物理2010年刊，750～751
郑伟，许厚泽，钟敏，等. 2011a. 卫星跟踪卫星测量模式中关键载荷精度指标不同匹配关系论证. 宇航学报，32(3)：697～706
郑伟，许厚泽，钟敏，等. 2011b. 基于激光干涉星间测距原理的下一代月球卫星重力测量计划需求论证. 宇航学报，32(4)：922～932
郑伟，许厚泽，钟敏，等. 2011c. 基于星间加速度法精确和快速确定GRACE地球重力场. 地球物理学进展，26(2)：416～423
郑伟，许厚泽，钟敏，等. 2011d. 利用改进的预处理共轭梯度法和三维插值法精确和快速解算GRACE地球重力场. 地球物理学进展，26(3)：805～812
郑伟，许厚泽，钟敏，等. 2011e. 星间距离影响GRACE地球重力场精度研究. 大地测量与地球动力学，31(2)：60～65
郑伟，许厚泽，钟敏，等. 2011f. 国际火星探测计划进展和我国将来火星卫星重力测量计划研究. 大地测量与地球动力学，31(3)：51～57
郑伟，许厚泽，钟敏，等. 2011g. 我国下一代重力卫星系统需求分析. 中国地球物理2011年刊，833～834
郑伟，许厚泽，钟敏，等. 2012a. 国际下一代卫星重力测量计划研究进展. 大地测量与地球动力学，32(3)：152～159
郑伟，许厚泽，钟敏，等. 2012b. 月球重力场模型研究进展和我国将来月球卫星重力梯度计划实施. 测绘科学，37(2)：5～9
郑伟，许厚泽，钟敏，等. 2012c. 月球探测计划研究进展. 地球物理学进展，27(6)：2296～2307
郑伟，许厚泽，钟敏，等. 2012d. “萤火一号”火星探测计划进展和Mars-SST火星卫星重力测量计划研究. 测绘科学，37(2)：44～48
郑伟，许厚泽，钟敏，等. 2012e. 我国下一代月球卫星重力工程. 中国地球物理2012年刊，642～643
郑伟，许厚泽，钟敏，等. 2013a. 基于新型能量插值法精确建立GRACE-only地球重力场模型. 地球物理学进展，28(3)：1269～1279

郑伟，许厚泽，钟敏，等. 2013b. 下一代火星重力测量计划. 中国地球物理2013年刊，1167～1169
郑伟，许厚泽，钟敏，等. 2014a. 不同插值法对下一代卫星重力反演精度的影响. 宇航学报，35(3)：269～276
郑伟，许厚泽，钟敏，等. 2014b. 卫星重力梯度反演研究进展. 大地测量与地球动力学，34(4)：1～8
郑伟，许厚泽，钟敏，等. 2014c. 我国将来更高精度CSGM卫星重力测量计划研究. 国防科技大学学报，36(4)：102～111
郑伟，许厚泽，钟敏，等. 2014d. 国际金星探测计划进展和我国下一代金星重力梯度计划实施. 大地测量与地球动力学，34(1)：8～14
郑伟，许厚泽，钟敏，等. 2014e. 卫星跟踪卫星模式中星间速度对地球重力场精度的影响. 见：孙和平等主编. 大地测量与地球动力学进展. 武汉：湖北科学技术出版社，267～281
钟波. 2010. 基于GOCE卫星重力测量技术确定地球重力场的研究. 武汉：武汉大学博士学位论文，1～222
钟敏，段建宾，许厚泽，等. 2009. 利用卫星重力观测研究近5年中国陆地水量中长空间尺度的变化趋势. 科学通报，54(9)：1290～1294
周旭华. 2005. 卫星重力及其应用研究. 武汉：中国科学院测量与地球物理研究所博士学位论文，1～138
朱广彬. 2007. 利用GRACE位模型研究陆地水储量的时变特征. 北京：中国测绘科学研究院硕士学位论文，1～80
邹贤才. 2007. 卫星轨道理论与地球重力场模型的确定. 武汉：武汉大学博士学位论文，1～132
Aguirre-Martinez M，Sneeuw N. 2003. Needs and tools for future gravity measuring missions. Space Science Reviews，108(1)：409～416
Albertella A，Migliaccio F，Sanso F. 2002. GOCE：The Earth gravity field by space gradiometry. Celestial Mechanics and Dynamical Astronomy，83(1)：1～15
Andreis D，Canuto E S. 2005. Drag-free and attitude control for the GOCE satellite. In：Proceedings of the 44th IEEE Conference on Decision and Control，and the European Control Conference，Spain，4041～4046
Anselmi A，Cesare S，Cavaglia R. 2010. Assessment of a next generation mission for monitoring the variations of Earth's gravity. ESA Contract 22643/09/NL/AF，Final Report，Issue 2，22 Dec
Arabelos D，Tscherning C C. 2001. Improvements in height datum transfer expected from the GOCE mission. Journal of Geodesy，75(5)：308～312
Arsov K，Pail R. 2003. Assessment of two methods for gravity field recovery from GOCE GPS-SST orbit solutions. Advances in Geosciences，1：121～126
Austen G，Grafarend E W，Reubelt T. 2001. Analysis of the Earth's gravitational field from semi-continuous ephemeris of low Earth orbiting GPS-tracked satellite of type CHAMP，GRACE or GOCE. IAG2001 Scientific Assembly，Budapest，Hungary
Badura T，Sakulin C，Gruber C，et al. 2006. Derivation of the CHAMP-only global gravity field model TUG-CHAMP04 applying the energy integral approach. Studia Geophysica et Geodaetica，50(1)：59～74
Baker R M L. 1960. Orbit determination from range and range-rate data. The Semi-Annual Meeting of the American Rocket Society，Los Angeles
Balmino G. 2003. Gravity field recovery from GRACE：Unique aspects of the high precision inter-satellite data and analysis methods. Space Science Reviews，108(1)：47～54
Balmino G，Reigber C，Moynot B. 1976. A geopotential model determined from recent satellite observa-

tion campaigns (GRIM1). Manuscripta Geodaetica, 1: 41～69
Bender P L, Hall J L, Ye J, et al. 2003a. Satellite-satellite laser links for future gravity missions. Space Science Reviews, 108(1): 377～384
Bender P L, Nerem R S, Wahr J M. 2003b. Possible future use of laser gravity gradiometers. Space Science Reviews, 108(1): 385～392
Bender P L, Wiese D N, Nerem R S. 2008. A possible dual-GRACE mission with 90 degree and 63 degree inclination orbits. In: Proceedings of the third international symposium on formation flying, missions and technologies. ESA/ESTEC, Noordwijk, 1～6
Berger C, Biancale R, Ill M, et al. 1998. Improvement of the empirical thermospheric model DTM: DTM94-a comparative review of various temporal variations and prospects in space geodesy applications. Journal of Geodesy, 72(3): 161～178
Bergmann I, Dobslaw H. 2012. Short-term transport variability of the Antarctic circumpolar current from satellite gravity observations. Journal of Geophysical Research, 117, C05044, DOI: 10.1029/2012JC007872
Betiger W, Bar-Seber Y, Desai S. 2004. GRACE轨道上毫米和微米级测量. 控制工程, 3: 32～37
Beutler G, Jäggi A, Hugentobler U, et al. 2006. Efficient satellite orbit modelling using pseudo-stochastic parameters. Journal of Geodesy, 80(7): 353～372
Bobojc A, Drozyner A. 2003. Satellite orbit determination using satellite gravity gradiometry observations in GOCE mission perspective. Advances in Geosciences, 1: 109～112
Bouman J, Koop R. 2003. Geodetic methods for calibration of GRACE and GOCE. Space Science Reviews, 108(1): 409～416
Bouman J, Koop R, Tscherning C C, et al. 2004. Calibration of GOCE SGG data using high-low SST, terrestrial gravity data and global gravity field models. Journal of Geodesy, 78(1): 124～137
Bruinsma S, Loyer S, Lemoine J M, et al. 2003a. The impact of accelerometry on CHAMP orbit determination. Journal of Geodesy, 77(1): 86～93
Bruinsma S, Tamagnan D, Biancale R. 2004. Atmospheric densities derived from CHAMP/STAR accelerometer observations. Planetary and Space Science, 52(4): 297～312
Bruinsma S, Thuillier G, Barlier F. 2003b. The DTM-2000 empirical thermosphere model with new data assimilation and constraints at lower boundary: Accuracy and properties. Journal of Atmospheric and Solar-Terrestrial Physics, 65(9): 1053～1070
Canuto E, Martella P. 2003. Attitude and drag control: An application to GOCE satellite. Space Science Reviews, 108(1): 357～366
Cesare S, Mottini S, Musso F, et al. 2010. Satellite formation for a next generation gravimetry mission. Small Satellite Missions for Earth Observation, 125～133
Cesare S, Sechi G. 2013. Next generation gravity mission. In: D'Errico M. Distributed Space Missions for Earth System Monitoring. Space Technology Library, 31: 575～598
Chen J L, Wilson C R, Blankenship D, et al. 2009. Accelerated Antarctic ice loss from satellite gravity measurements. Nature Geoscience, 2: 859～862
Cheng M K. 2002. Gravitational perturbation theory for intersatellite tracking. Journal of Geodesy, 76(3): 169～185
Cheng M K, Tapley B D. 1999. Seasonal variations in low degree zonal harmonics of the Earth's gravity field from satellite laser ranging observations. Journal of Geophysical Research, 104(B2): 2667～2681
Colombo O L. 1989. Advanced techniques for high-resolution mapping of the gravitational field. Lecture

Notes in Earth Sciences, 25: 335～369

Crowley J W, Mitrovica J X, Bailey R C, et al. 2006. Land water storage within the Congo Basin inferred from GRACE satellite gravity data. Geophysical Research Letters, 33, L19402, DOI:10.1029/2006GL027070

Cui C, Lelgemann D. 2000. On non-linear low-low SST observation equations for the determination of geopotential based on an analytical solution. Journal of Geodesy, 74(5): 431～440

David A. 2002. Gravity measurement: Amazing GRACE. Nature, 416(6876): 10～11

Dawod G M, Mohamed H F, Ismail S S. 2010. Evaluation and adaptation of the EGM2008 geopotential model along the Northern Nile valley, Egypt: Case study. Journal of Surveying Engineering, 136: 36～40

Dehne M, Cervantes F G, Sheard B, et al. 2009. Laser interferometer for spaceborne mapping of the Earth's gravity field. Journal of Physics: Conference Series, 154: 012023

Deleflie F, Exertier P, Berio P, et al. 2003. A first analysis of the mean motion of CHAMP. Advances in Geosciences, 1: 95～101

Ditmar P, Klees R, Kostenko F. 2003a. Fast and accurate computation of spherical harmonic coefficients from satellite gravity gradiometry data. Journal of Geodesy, 76(11): 690～705

Ditmar P, Kusche J, Klees R. 2003b. Computation of spherical harmonic coefficients from satellite gravity gradiometry data to be acquired by the GOCE satellite: Regularization issues. Journal of Geodesy, 77(7): 465～477

Ditmar P, Kuznetsov V, van Eck van der Sluijs A A, et al. 2006. DEOS CHAMP-01C 70: A model of the Earth's gravity field computed from accelerations of the CHAMP satellite. Journal of Geodesy, 79(10): 586～601

Ditmar P, van Eck van der Sluijs A A. 2004. A technique for modeling the Earth's gravity field on the basis of satellite accelerations. Journal of Geodesy, 78(1): 12～33

Douglas B C, Goad C C, Morrison F F. 1980. Determination of the geopotential from satellite-to-satellite tracking data. Journal of Geophysical Research, 85(22): 5471～5480

Drinkwater M R, Floberghagen R, Haagmans R, et al. 2003. GOCE: ESA's first Earth explorer core mission. Space Science Reviews, 108(1): 419～432

Elsaka B. 2010. Simulated satellite formation flights for detecting the temporal variations of the Earth's gravity field. Doctoral Dissertation at University of Bonn, 1～168

Elsaka B, Ilk K H, Kusche J. 2009. Simulated multiple formation flights for future gravity field recovery. Poster in European Geosciences Union (EGU), General Assembly, 19-24/04/2009 Vienna, Austria

Emeljanov N V, Kanter A A. 1989. A method to compute inclination functions and their derivatives. Manuscripta Geodaetica, 14: 77～83

Engeln-Mullges G, Reutter F. 1988. Numerik-Algorithmen mit ANSI C-Programmen, BI-Wiss, Verlag, Mannheim

Fischell R E, Pisacane V L. 1978. A drag-free low-low satellite system for improved gravity field measurement. Applications of Geodesy to Geodynamics, 280: 213～219

Flechtner F, Dahle Ch, Neumayer K H, et al. 2010. The Release 04 CHAMP and GRACE EIGEN gravity field models. In: Flechtner F, Gruber T, Güntner A, Mandea M, Rothacher M, Schöne T, Wickert J. System Earth via Geodetic-Geophysical Space Techniques. Springer, ISBN 978-3-642-10227-1, DOI 978-3-642-10228-8, 41～58

Flechtner F, Neumayer K H, Doll B, et al. 2009. GRAF-A GRACE follow-on mission feasibility study.

Geophysical Research Abstracts, 11, EGU2009-8516
Flury J, Rummel R. 2006. Future satellite gravimetry and Earth dynamics. In: Flury J, Rummel R. Earth, Moon, and Planets, 94(1). Springer, ISBN (Print) 978-0387-29796-5
Foldvary L, Svehla D, Gerlach C, et al. 2003. Gravity model TUM-2Sp based on the energy balance approach and kinematic CHAMP orbits. 2th CHAMP science Meeting, Sep, 1-4, GFZ Potsdam
Folkner W M, de Vine G, Klipstein W M, et al. 2010. Laser frequency stabilization for GRACE-II. In: Proceedings of the 2010 Earth Science Technology Forum
Frommknecht B, Oberndorfer H, Flechtner F, et al. 2003. Integrated sensor analysis for GRACE—Development and validation. Advances in Geosciences, 1: 57～63
Förste C, Bruinsma S, Shako R, et al. 2011. EIGEN-6 A new combined global gravity field model including GOCE data from the collaboration of GFZ-Potsdam and GRGS-Toulouse. EGU General Assembly 2011, 3rd-8th April 2011, Vienna, Austria
Förste C, Flechtner F, Schmidt R, et al. 2005. A new high resolution global gravity field model derived from combination of GRACE and CHAMP mission and altimetry/gravimetry surface gravity data. Presented at EGU General Assembly 2005, Vienna, Austria, 24-29, April
Förste C, Flechtner F, Schmidt R, et al. 2008b. EIGEN-GL05C-A new global combined high-resolution GRACE-based gravity field model of the GFZ-GRGS cooperation. In: General Assembly European Geosciences Union (Vienna, Austria 2008). Geophysical Research Abstracts, 10, Abstract No. EGU2008-A-06944
Förste C, Schmidt R, Stubenvoll R, et al. 2008a. The GeoForschungsZentrum Potsdam/Groupe de Recherche de Geodesie Spatiale satellite-only and combined gravity field models: EIGEN-GL04S1 and EIGEN-GL04C. Journal of Geodesy, 82(6): 331～346
Gerlach C, Foldvary L, Svehla D, et al. 2003a. A CHAMP—Only gravity field model from kinematic orbit using the energy integral. Geophysical Research Letters, 30(20): 2037～2041
Gerlach C, Sneeuw N, Visser P, et al. 2003b. CHAMP gravity field recovery using the energy balance approach. Advances in Geosciences, 1: 73～80
Gonzalez A B, Martin P, Lopez D J. 1999. Behaviour of a new type of Runge-Kutta methods when integrating satellite orbits. Celestial Mechanics and Dynamical Astronomy, 75(1): 29～38
Grafarend E W, Vanicek P. 1980. On the weight estimation in leveling. NOAA Technical Report NOS 86, NGS 17
Gruber T. 2010. E. motion—A proposal for a future satellite mission for the determination of the time-variable Earth gravity field. GRACE Science Team Meeting, Potsdam, 11. Dec
Gruber T, Panet I, Johannessen J, et al. 2012. Earth system mass transport mission (e. motion): Technological and mission configuration challenges. International Symposium on Gravity, Geoid and Height Systems, GGHS2012, Venice, 9-12. Oct
Gunter B C. 2004. Computational methods and processing strategies for estimating Earth's gravity field. Doctoral Dissertation at University of Texas at Austin, 1～154
Han S C. 2003. Efficient determination of global gravity field from satellite-to-satellite tracking mission. Doctoral Dissertation at Ohio State University, 1～198
Han S C. 2004. Efficient determination of global gravity field from satellite-to-satellite tracking mission. Celestial Mechanics and Dynamical Astronomy, 88(1): 69～102
Han S C, Jekeli C, Shum C K. 2002. Efficient gravity field recovery using in situ disturbing potential observables from CHAMP. Geophysical Research Letters, 29(16): 36-1～36-4

Han S C, Jekeli C, Shum C K. 2004. Time-variable aliasing effects of ocean tides, atmosphere, and continental water mass on monthly mean GRACE gravity field. Journal of Geophysical Research, 109: B04403

Han S C, Shum C K, Bevis M, et al. 2006. Crustal dilatation observed by GRACE after the 2004 Sumatra-Andaman earthquake. Science, 313(5787): 658～662

Han S C, Shum C K, Jekeli C, et al. 2003. CHAMP gravity field solutions and geophysical constraint studies. 2th CHAMP science Meeting, Sep, 1-4, GFZ Potsdam

Heki K, Matsuo K. 2010. Coseismic gravity changes of the 2010 earthquake in central Chile from satellite gravimetry. Geophysical Research Letters, 37, L24306, DOI: 10.1029/2010GL045335

Holmes S A, Featherstone W E. 2002. A unified approach to the Clenshaw summation and the recursive computation of very high degree and order normalised associated Legendre functions. Journal of Geodesy, 76(5): 279～299

Horwath M, Lemoine J M, Biancale R, et al. 2011. Improved GRACE science results after adjustment of geometric biases in the Level-1B K-band ranging data. Journal of Geodesy, 85: 23～38

Howe E, Stenseng L, Tscherning C C. 2003. Analysis of one month of CHAMP state vector and accelerometer data for the recovery of the gravity potential. Advances in Geosciences, 1: 1～4

Howe E, Tscherning C C. 2004. Gravity field model UCPH2004 from one year of CHAMP data using energy conservation. Presented at the IAG GGSM2004 conference, August 30- September 3, Porto, Portugal

Hwang C. 2001. Gravity recovery using COSMIC GPS data: Application of orbital perturbation theory. Journal of Geodesy, 75(2): 117～136

Ilk K H. 1984. On the analysis of satellite-to-satellite tracking data. In: Somogyi J, Reigber, C. In: Proceedings of the International Symposium on Space Techniques for Geodesy, Sopron, 59～74

Ilk K H, Feuchtinger M, Mayer-Gürr T. 2003. Gravity field recovery and validation by analysis of short arcs of a satellite-to-satellite tracking experiment as CHAMP and GRACE. IUGG general assembly 2003, Sapporo, Japan

Jekeli C. 1990. Gravity estimation from STAGE, a satellite-to-satelite tracking mission. Journal of Geophysical Research, 95(B7): 10973～10985

Jekeli C. 1999. The determination of gravitational potential differences from SST tracking. Celestial Mechanics and Dynamical Astronomy, 75(2): 85～101

Jekeli C, Rapp R H. 1980. Accuracy of the determination of mean anomalies and mean geoid undulations from a satellite gravity field mapping mission. Department of Geodetic Science, Report No. 307, Ohio State University

Jäggi A, Beutler G, Mervart L. 2008. GRACE gravity field determination using the celestial mechanics approach-first results. Presented at the IAG Symposium on "Gravity, Geoid, and Earth Observation 2008", June 23-27 2008, Chania/Greece

Jäggi A, Beutler G, Meyer U, et al. 2009. AIUB-GRACE02S-status of GRACE gravity field recovery using the celestial mechanics approach. Presented at the IAG Scientific Assembly 2009, August 31-September 4 2009, Buenos Aires, Argentina

Jäggi A, Beutler G, Meyer U, et al. 2011. Gravity field determination at AIUB: From CHAMP and GRACE to GOCE. Geophysical Research Abstracts, EGU General Assembly 2011, April 3-8, Vienna, Austria

Jäggi A, Hugentobler U, Beutler G. 2006. Pseudo-stochastic orbit modeling techniques for low-Earth orbiters. Journal of Geodesy, 80(1): 47～60

Jin S G, Hassan A A, Feng G P. 2012. Assessment of terrestrial water contributions to polar motion from GRACE and hydrological models. Jounal of Geodynamics, 62: 40～48

Johannessen J A, Balmino G, Le Provost C, et al. 2003. The European gravity field and steady-state ocean circulation explorer satellite mission: Its impact on geophysics. Surveys in Geophysics, 24(4): 339～386

Johnston G, Manning J. 2003. Personal Communication

Kang Z G, Nagel P, Pastor R. 2003. Precise orbit determination for GRACE. Advances in Space Research, 31(8): 1875～1881

Kang Z G, Schwintzer P, Reigber Ch, et al. 1997. Precise orbit determination of low-earth satellites using SST data. Advances in Space Research, 19(11): 1667～1670

Kang Z G, Tapley B, Bettadpur S, et al. 2006a. Precise orbit determination for the GRACE mission using only GPS data. Journal of Geodesy, 80(2): 322～331

Kang Z G, Tapley B, Bettadpur S, et al. 2006b. Precise orbit determination for GRACE using accelerometer data. Advances in Space Research, 38: 2131～2136

Kaula W M. 1966. Theory of satellite geodesy. Blaisdell Publishing Company, Massachusetts, USA, 1～124

Keller W, Sharifi M A. 2005. Satellite gradiometry using a satellite pair. Journal of Geodesy, 78(9): 544～557

Kenyeres A, Sacher M, Ihde J, et al. 2006. EUVN_DA: Establishment of a European continental GPS/levelling network. In: 1st International Symposium of the International Gravity Field Service (IGFS), "Gravity Field of the Earth", Istanbul, Turkey

Kern M, Preimesberger T, Allesch M, et al. 2005. Outlier detection algorithms and their performance in GOCE gravity field processing. Journal of Geodesy, 78(9): 509～519

Kim J. 2000. Simulation study of a low-low satellite-to-satellite tracking mission. Doctoral Dissertation at University of Texas at Austin, 1～276

Kim J, Lee S W. 2009. Flight performance analysis of GRACE K-band ranging instrument with simulation data. Acta Astronautica, 65: 1571～1581

Kless R, Ditmar P, Broersen P. 2003. How to handle colored observation noise in large least-squares problems. Journal of Geodesy, 76(11): 629～640

Kless R, Koop R, Visser P N A M, et al. 2000. Efficient gravity field recovery from GOCE gravity gradient observations. Journal of Geodesy, 74(7): 561～571

Klokocnik J, Kostelecky J, Wagner C A, et al. 2005. Evaluation of the accuracy of the EIGEN-1S and-2 CHAMP-derived gravity field models by satellite crossover altimetry. Journal of Geodesy, 78(7): 405～417

König R, Reigber Ch, Neumayer K H, et al. 2003. Satellite dynamics of the CHAMP and GRACE LEOs as revealed from space- and ground-based tracking. Advances in Space Research, 31(8): 1869～1874

Knudsen P. 2003. Ocean tides in GRACE monthly averaged gravity fields. Space Science Reviews, 108 (1): 261～270

Kohlhase A O, Kroes R, D'Amico S. 2006. Interferometric baseline performance estimations for multistatic synthetic aperture radar configurations derived from GRACE GPS observations. Journal of Geodesy, 80(1): 28～39

Koop P. 1993. Global gravity field modeling using satellite gravity gradiometry. Netherlands Geodetic Commission, Publications on Geodesy New Series No. 38, Delft

Kusche J. 2002. On fast multigrid iteration techniques for the solution of normal equations in satellite gravity recovery. Journal of Geodynamics, 33(1): 173～186

LeGrand P. 2005. Future gravity missions and quasi-steady ocean circulation. Earth, Moon, and Planets, 94: 57～71

Leitch J, Craig R, Delke T, et al. 2005. Laboratory demonstration of low Earth orbit inter-satellite interferometric ranging. In: Conference on lasers and electro-optics, Optical Society of America, 1754～1756

Liu X L. 2008. Global gravity field recovery from satellite-to-satellite tracking data with the acceleration approach. Doctoral Dissertation at Delft University of Technology, 1～226

Loomis B. 2005. Simulation study of a follow-on gravity mission to GRACE. Master's Dissertation at University of Colorado, 1～43

Loomis B. 2009. Simulation study of a follow-on gravity mission to GRACE. Doctoral Dissertation at University of Colorado, 1～193

Loomis B D, Nerem R S, Luthcke S B. 2012. Simulation study of a follow-on gravity mission to GRACE. Journal of Geodesy, 86(5): 319～335

Loomis B, Nerem R S, Rowlands D, et al. 2006. Performance simulations for a GRACE Follow-On mission using a masscon approach. American Geophysical Union, Fall Meeting abstract #G13A-0024

Luthcke S B, Zwally H J, Abdalati W, et al. 2006. Recent Greenland ice mass loss by drainage system from satellite gravity observations. Science, 314(5803): 1286～1289

Mackenzie R, Moore P. 1997. A geopotential error analysis for a non planar satellite to satellite tracking mission. Journal of Geodesy, 71(5): 262～272

Marchetti P, Blandino J J, Demetriou M A. 2008. Electric propulsion and controller design for drag-free spacecraft operation. Journal of Spacecraft and Rockets, 45(6): 1303～1315

Marotta A M. 2003. Benefits from GOCE within solid Earth geophysics. Space Science Reviews, 108(1): 95～104

Mayer-Gürr T. 2007. ITG-Grace03s: The latest GRACE gravity field solution computed in Bonn Joint Int. GSTM and DFG SPP Symp, Potsdam, D, 15-17 October 2007

Mayer-Gürr T, Eicker A, Ilk K-H. 2006. ITG-GRACE02s: A GRACE gravity field derived from short arcs of the satellite's orbit. In: Proceedings of the 1st International Gravity Field Service "Gravity field of the Earth", Istanbul, TR, 28 August-1 September 2006

Mayer-Gürr T, Ilk K H, Eicker A, et al. 2005. ITG-CHAMP01: A CHAMP gravity field model from short kinematic arcs over a one-year observation period. Journal of Geodesy, 78(7): 462～480

Mayer-Gürr T, Kurtenbach E, Eicker A. 2010. The satellite-only gravity field model ITG-Grace2010s. http://www.igg.uni-bonn.de/apmg/index.php? id=itg-grace2010. 2010-03-20

Migliaccio F, Reguzzoni M, Sanso F. 2004. Space-wise approach to satellite gravity field determination in the presence of coloured noise. Journal of Geodesy, 78(4): 304～313

Moore P, Turner J F, Oiang Z. 2003a. CHAMP orbit determination and gravity field recovery. Advanced Space Reviews, 31(8): 1897～1903

Moore P, Turner J F, Qiang Z. 2003b. Error analyses of CHAMP data for recovery of the Earth's gravity field. Journal of Geodesy, 77(7): 369～380

Muller J, Wermut M. 2003. GOCE gradients in various reference frames and their accuracies. Advances in Geosciences, 1: 33～38

Muzi D, Allasio A. 2003. GOCE: The first core Earth explorer of ESA's Earth observation programme. Acta Astronautica, 54(3): 167～175

Nerem R S, Bender P, Loomis B, et al. 2006. Development of an interferometric laser ranging system for a follow-on gravity mission to GRACE. Eos Trans AGU 87(52), Fall Meeting Supplement Abstract G11B-02

NGS. 1999. http://www.ngs.noaa.gov/GEOID/GPSonBM99/gpsbm99.html

Oberndorfer H, Müller J. 2002. GOCE closed-loop simulation. Journal of Geodynamics, 33(1): 53～63

Oberndorfer H, Müller J, Rummel R, et al. 2002. A simulation tool for the new Gravity field satellite missions. Advanced Space Reviews, 30(2): 227～232

O'Keefe J A. 1957. An application of Jacobi's integral to the motion of an Earth satellite. The Astronomical Journal, 62(1252): 265～266

Pail R. 2005. A parametric study on the impact of satellite attitude errors on GOCE gravity field recovery. Journal of Geodesy, 79(4): 231～241

Pail R, Plank G. 2002. Assessment of three numerical solution strategies for gravity field recovery from GOCE satellite gravity gradiometry implemented on a parallel platform. Journal of Geodesy, 76(8): 462～474

Pail R, Plank G. 2004. GOCE gravity field processing strategy. Studia Geophysica et Geodaetica, 48(2): 289～309

Pail R, Wermuth M. 2003. GOCE SGG and SST quick-look gravity field analysis. Advances in Geosciences, 1: 5～9

Panet I, Flury J, Biancale R, et al. 2013. Earth System Mass Transport Mission (e. motion): A concept for future earth gravity field measurements from space. Survey in Geophysics, 34: 141～163

Petrovskaya M S, Vershkov A N. 2006. Non-singular expressions for the gravity gradients in the local north-oriented and orbital reference frames. Journal of Geodesy, 80(3): 117～127

Pierce R, Leitch J, Stephens M, et al. 2008. Intersatellite range monitoring using optical interferometry. Applied Optics, 47(27): 5007～5018

Planetary Data System Geosciences Node. 2002. http://wwwpds.wustl.edu

Pollitz F F. 2006. A new class of earthquake observations. Science, 313(5787): 619～620

Prange L. 2010. Global gravity field determination using the GPS measurements made on board the low Earth orbiting satellite CHAMP. Doctoral Dissertation at University of Berne, 1～213

Prange L, Jäggi A, Beutler G, et al. 2009. Gravity field determination at the AIUB—the celestial mechanics approach. In Sideris M Observing our changing Earth. 133: 353～362

Preimesberger T, Pail R. 2003. GOCE quick-look gravity solution: Application of the semianalytic approach in the case of data gaps and non-repeat orbits. Studia Geophysica et Geodaetica, 47(3): 435～453

Prieto D, Ahmad Z. 2005. A drag free control based on model predictive techniques. American Control Conference, USA, 1527～1532

Ramillien G, Frappart F, Cazenave A, et al. 2005. Time variations of land water storage from an inversion of 2 years of GRACE geoids. Earth and Planetary Science Letters, 235: 283～301

Ray R D, Rowlands D D, Egbert G D. 2003. Tidal models in a new era of satellite gravimetry. Space Science Reviews, 108(1): 271～282

Reguzzoni M. 2003. From the time-wise to space-wise GOCE observables. Advances in Geosciences, 1: 137～142

Reigber C. 2004. First GFZ GRACE gravity field model EIGEN-GRACE01S. http://op.gfzpotsdam.

de/grace/results

Reigber C, Balmino G, Schwintzer P, et al. 2002. A high-quality global gravity field model from CHAMP GPS tracking data and accelerometry (EIGEN-1S). Geophysical Research Letters, 29(14): 371～374

Reigber C, Balmino G, Schwintzer P, et al. 2003a. Global gravity field recovery using solely GPS tracking and accelerometer data from CHAMP. Space Science Reviews, 108(1): 55～66

Reigber C, Jochmann H, Wünsch J, et al. 2005. Earth gravity field and seasonal variability from CHAMP. In: Reigber Ch, et al. Earth Observation with CHAMP- Results from Three Years in Orbit, Springer, Berlin, 25～30

Reigber C, Schmidt R, Flechtner F. 2004a. An Earth gravity field model complete to degree and order 150 from GRACE: EIGEN-GRACE02S. Journal of Geodynamics, 39(1): 1～10

Reigber C, Schwintzer P, Neumayer K H, et al. 2003b. The CHAMP—only Earth gravity field model EIGEN-2. Advanced Space Reviews, 31(8): 1883～1888

Reigber C, Schwintzer P, Stubenvoll R, et al. 2004b. A high-resolution global gravity field model combining CHAMP and GRACE satellite mission and surface gravity data: EIGEN-CG01C. Joint CHAMP/GRACE Science Meeting, GFZ, July 5～7

Reubelt T, Austen G, Grafarend E W. 2003. Harmonic analysis of the Earth's gravitational field by means of semi-continuous ephemeris of a low Earth orbiting GPS-tracked satellite, Case study: CHAMP. Journal of Geodesy, 77(5): 257～278

Rignot E, Velicogna I, van den Broeke M R, et al. 2011. Acceleration of the contribution of the Greenland and Antarctic ice sheets to sea level rise. Geophysical Research Letters, 38, L05503, DOI: 10.1029/2011GL046583

Rodrigues M, Foulon B, Liorzou F, et al. 2003. Flight experience on CHAMP and GRACE with ultrasensitive accelerometers and return for LISA. Classical and Quantum Gravity, 20(10): S291～S300

Roesset P J. 2003. A simulation study of the use of accelerometer data in the GRACE mission. Doctoral Dissertation at University of Texas at Austin, 1～253

Rowlands D D, Ray R D, Chinn D S, et al. 2002. Short-arc analysis of intersatellite tracking data in a gravity mapping mission. Journal of Geodesy, 76(6): 307～316

Rummel R. 2003. How to climb the gravity wall. Space Science Reviews, 108(1): 1～14

Rummel R, Balmino G, Johannessen J, et al. 2002. Dedicated gravity field missions—principles and aims. Journal of Geodynamics, 33(1): 3～20

Rummel R, van Gelderen M, Koop R, et al. 1993. Spherical harmonic analysis of satellite gradiometry. Netherlands Geodetic Commission, Publications in Geodesy, New Series, Delft, Netherlands, No. 39

Runcorn S K. 1964. Satellite gravity measurements and a laminar viscous flow model of the Earth's mantle. Journal of Geophysical Research, 69(20): 4389～4394

Sanso F. 1995. The long road from measurements to boundary value problems in physical geodesy. Manuscripta Geodaetica, 20(5): 326～344

Schmitt C, Bauer H. 2000. CHAMP attitude and orbit control system. Acta Astronautica, 46(2): 327～333

Schneider M. 1968. A General Method of Orbit Determination. Royal Aircraft Translation No. 1279, Ministry of Technology, Farnborough, UK

Schrama E J O. 1990. Gravity field error analysis: Applications of GPS receivers and gradiometers on low orbiting platforms. NASA Technical Memorandum 100769, GSFC Greenbelt Md. 20771, 1～55

Schrama E J O. 2003. Error characteristics estimated from CHAMP, GRACE and GOCE derived geoids and from satellite altimetry derived mean dynamic topography. Space Science Reviews, 108(1): 179～193

Schrama E J O. 2004. Impact of limitations in geophysical background models on follow-on gravity missions. Earth Moon and Planets, 94: 143～163

Schwintzer P, Reigber Ch. 2002. The contribution of GPS flight receivers to global gravity field recovery. Journal of Global Positioning Systems, 1(1): 61～63

Seo K W, Wilson C R, Chen J L, et al. 2008a. GRACE's spatial aliasing error. Geophysical Journal International, 172: 41～48

Seo K W, Wilson C R, Han S C, et al. 2008b. Gravity Recovery and Climate Experiment (GRACE) alias error from ocean tides. Journal of Geophysical Research, 113: B03405

Sharifi M A. 2006. Satellite to satellite tracking in the space-wise approach. Doctoral Dissertation at University of Stuttgart, 1～162

Sharma J. 1995. Precise determination of the geopotential with a low-low satellite-to-satellite tracking mission. Doctoral Dissertation at University of Texas at Austin, 1～141

Sheard B S, Heinzel G, Danzmann K, et al. 2012. Intersatellite laser ranging instrument for the GRACE follow-on mission. Journal of Geodesy, 86: 1083-1095

Shen Y Z, Xu H Z, Wu B. 2005. Simulation of recovery of the geopotential model based on intersatellite acceleration data in the low-low satellite to satellite tracking gravity mission. Chinese Journal of Geophysics, 48(4): 807～811

Silvestrin P, Aguirre M, Massotti L, et al. 2012. The future of the satellite gravimetry after the GOCE mission. In: Kenyon S, et al. Geodesy for Planet Earth. International Association of Geodesy Symposia, 136: 223～230

Sneeuw N. 1992. Representation coefficients and their use in satellite geodesy. Manuscripta Geodaetica, 17: 117～123

Sneeuw N. 2000. A semi-analytical approach to gravity field analysis from satellite observations. Doctoral Dissertation at Technical University of Munich, 1～112

Sneeuw N. 2003. Space-wise, time-wise, torus and rosborough representations in gravity field modelling. Space Science Reviews, 108(1): 37～46

Sneeuw N. 2005. Science requirements on future missions and simulated mission scenarios. Earth, Moon, and Planets, 94(1): 113～142

Sneeuw N, Schaub H. 2004. Satellite clusters for future gravity field missions. IAG International Symposium, Gravity, Geoid, and Space Missions, Porto, Portugal, Aug 30- Sept 24

Sneeuw N, Sharifi M, Keller M. 2008. Gravity recovery from formation flight missions. In: Xu P L, Liu J N, Dermanis A. VI Hotine-Marussi Symposium on Theoretical and Computational Geodesy. Springer, Berlin, Heidelberg, 132: 29～34

Sneeuw N, van den IJssel J, Koop R, et al. 2002. Validation of fast pre-mission error analysis of the GOCE gradiometry mission by a full gravity field recovery simulation. Journal of Goedynamics, 33(1): 43～52

Steichen D. 1993. Study of a Moon's artificial satellite dynamics valid for all eccentricities and inclinations. Celestial Mechanics and Dynamical Astronomy, 57: 245～246

Stephens M, Craig R, Leitch J, et al. 2006a. Demonstration of an interferometric laser ranging system for a Follow-On gravity mission to GRACE. In: Proceedings of the IEEE International Conference on Geoscience and Remote Sensing Symposium, 1115～1118

Stephens M, Craig R, Leitch J, et al. 2006b. Interferometric range transceiver for measuring temporal gravity variations. In: Proceedings of the 2006 Earth Science Technology Conference, College Park, MD

Tapley B D, Bettadpur S V, Ries J C, et al. 2004a. GRACE measurements of mass variability in the Earth system. Science, 305(5683): 503～505

Tapley B D, Bettadpur S V, Ries J C, et al. 2004b. The gravity recovery and climate experiment: Mission overview and early results. Geophysical Research Letters, 31, L09607, DOI:10.1029/2004GL019920

Tapley B, Flechtner S, Bettadpur S, et al. 2013. The status and future prospect for GRACE after the first decade. Eos Transactions, Fall Meeting Supplement, Abstract G22A-01

Tapley B, Ries J, Bettadpur S, et al. 2005. GGM02—An improved Earth gravity field model from GRACE. Journal of Geodesy, 79(8): 467～478

Tapley B, Ries J, Bettadpur S, et al. 2007. The GGM03 mean Earth gravity model from GRACE. Eos Transactions. AGU, 88(52), Fall Meeting Supplement, Abstract G42A-03

Thompson B F. 2005. Spaceborne accelerometry and temporal gravity analysis from the CHAMP satellite mission. Doctoral Dissertation at University of Colorado, 1～163

Tiwari V M, Wahr J, Swenson S. 2009. Dwindling groundwater resources in northern India, from satellite gravity observations. Geophysical Research Letters, 36, L18401, DOI: 10.1029/2009GL039401

Touboul P. 2003. Microscope instrument development, lessons for GOCE. Space Science Reviews, 108(1): 393～408

Touboul P, Willemenot E, Foulon B, et al. 1999. Accelerometers for CHAMP, GRACE and GOCE space missions: Synergy and evolution. Bollettino Di Geofisica Teorica Ed Applicata, 40: 321～327

Tscherning C C, Howe E, Stenseng L. 2003. CHAMP gravity field models using precise orbits. Presented at the 2003 IUGG General Assembly, Meeting of IAG Section III, Symposium G03 "Determination of the Gravity Field", Sapporo, Japan

van den Broeke M, Bamber J, Ettema J, et al. 2009. Partitioning recent Greenland mass loss. Science, 326: 984～986

van den IJssel J, Visser P N A M. 2005. Determination of non-gravitational accelerations from GPS satellite-to-satellite tracking of CHAMP. Advances in Space Research, 36(3): 418～423

van Gelderen M, Koop R. 1997. The use of degree variances in satellite gradiometry. Journal of Geodesy, 71(4): 337～343

Velicogna I, Wahr J. 2006. Acceleration of Greenland ice mass loss in spring 2004. Nature, 443(7109): 329～331

Visser P N A M. 2005. Low-low satellite-to-satellite tracking: A comparison between analytical linear orbit perturbation theory and numerical integration. Journal of Geodesy, 79(1): 160～166

Visser P N A M, Sneeuw N, Gerlach C. 2003. Energy integral method for gravity field determination from satellite orbit coordinates. Journal of Geodesy, 77(3): 207～216

Visser P N A M, Sneeuw N, Reubelt T, et al. 2010. Space-borne gravimetric satellite constellations and ocean tides: Aliasing effects. Geophysical Journal International, 181: 789～805

Visser P N A M, van den IJssel J. 2000. GPS-based precise orbit determination of the very low Earth-orbiting gravity mission GOCE. Journal of Geodesy, 74(7): 590～602

Visser P N A M, van den IJssel J. 2003a. Verification of CHAMP accelerometer observations. Advanced Space Reviews, 31(8): 1905～1910

Visser P N A M, van den IJssel J. 2003b. Aiming at a 1-cm orbit for low earth orbiters: Reduced-dynamic and kinematic precise orbit determination. Space Science Reviews, 108(1): 27～36

Visser P N A M, van den IJssel J, Koop R, et al. 2001. Exploring gravity field determination from orbit perturbations of the European gravity mission GOCE. Journal of Geodesy, 75(2): 89～98

Wagner C A. 1987. Improved gravitation recovery from a geopotential research mission satellite pair flying en echelon. Journal of Geophysical Research, 92(B8): 8147～8155

Wagner C, McAdoo D, Klokocnik J, et al. 2006. Degradation of geopotential recovery from short repeat-cycle orbits: Application to GRACE monthly fields. Journal of Geodesy, 80(2): 94～103

Wahr J, Wingham D, Bentley C. 2000. A method of combining ICESat and GRACE satellite data to constrain Antarctic mass balance. Journal of Geophysical Research, 105(B7): 16279～16294

Wang F R. 2003. Study on center of mass calibration and K-band ranging system calibration of the GRACE mission. Doctoral Dissertation at University of Texas at Austin, 1～244

Wiese D N, Folkner W M, Nerem R S. 2009. Alternative mission architectures for a gravity recovery satellite Mission. Journal of Geodesy, 83(6): 569～581

Wiese D N, Nerem R S, Lemoine F G. 2012. Design considerations for a dedicated gravity recovery satellite mission consisting of two pairs of satellites. Journal of Geodesy, 86(2): 81～98

Wolff M. 1969. Direct measurement of the Earth's gravitational potential using a satellite pair. Journal of Geophysical Research, 74(22): 5295～5300

Woodworth P L, Grerory J M. 2003. Benefits of GRACE and GOCE to sea level studies. Space Science Reviews, 108(1): 307～317

Xu P L. 2008. Position and velocity perturbations for the determination of geopotential from space geodetic measurements. Celestial Mechanics and Dynamical Astronomy, 100(3): 231～249

Xu P L, Fukuda Y, Liu Y M. 2006. Multiple parameter regularization: Numerical solutions and applications to the determination of geopotential from precise satellite orbits. Journal of Geodesy, 80(1): 17～27

Yi W Y. 2011. The Earth's gravity field from GOCE. Doctoral Dissertation at Technical University of Munich, 1～142

Zenner L, Gruber T, Jäggi A, et al. 2010. Propagation of atmospheric model errors to gravity potential harmonics-impact on GRACE de-aliasing. Geophysical Journal International, 182: 797～807

Zheng W, Lu X L, Xu H Z, et al. 2005. Simulation of Earth's gravitational field recovery from GRACE using the energy balance approach. Progress in Natural Science, 15(7): 596～601

Zheng W, Shao C G, Luo J, et al. 2006. Numerical simulation of Earth's gravitational field recovery from SST based on the energy conservation principle. Chinese Journal of Geophysics, 49(3): 712～717

Zheng W, Shao C G, Luo J, et al. 2008a. Improving the accuracy of GRACE Earth's gravitational field using the combination of different inclinations. Progress in Natural Science, 18(5): 555～561

Zheng W, Xu H Z, Zhong M, et al. 2008b. Efficient and rapid estimation of the accuracy of GRACE global gravitational field using the semi-analytical method. Chinese Journal of Geophysics, 51(6): 1704～1710

Zheng W, Xu H Z, Zhong M, et al. 2008c. Physical explanation on designing three axes as different resolution indexes from GRACE satellite-borne accelerometer. Chinese Physics Letters, 25(12): 4482～4485

Zheng W, Xu H Z, Zhong M, et al. 2009a. Physical explanation of influence of twin and three satellites formation mode on the accuracy of Earth's gravitational field. Chinese Physics Letters, 26(2): 029101-1～029101-4

Zheng W, Xu H Z, Zhong M, et al. 2009b. Accurate and rapid error estimation on global gravitational field from current GRACE and future GRACE Follow-On missions. Chinese Physics B, 18(8): 3597～3604

Zheng W, Xu H Z, Zhong M, et al. 2009c. Influence of the adjusted accuracy of center of mass between GRACE satellite and SuperSTAR accelerometer on the accuracy of Earth's gravitational field. Chinese Journal of Geophysics, 52(6): 1465~1473

Zheng W, Xu H Z, Zhong M, et al. 2009d. Effective processing of measured data from GRACE key payloads and accurate determination of Earth's gravitational field. Chinese Journal of Geophysics, 52(8): 1966~1975

Zheng W, Xu H Z, Zhong M, et al. 2009e. Demonstration on the optimal design of resolution indexes of high and low sensitive axes from space-borne accelerometer in the satellite-to-satellite tracking model. Chinese Journal of Geophysics, 52(11): 2712~2720

Zheng W, Xu H Z, Zhong M, et al. 2010a. Efficient and rapid estimation of the accuracy of future GRACE Follow-On Earth's gravitational field using the analytic method. Chinese Journal of Geophysics, 53(4): 796~806

Zheng W, Xu H Z, Zhong M, et al. 2010b. An analysis on requirements of orbital parameters in satellite-to-satellite tracking mode. Chinese Astronomy and Astrophysics, 34: 413~423

Zheng W, Xu H Z, Zhong M, et al. 2011a. Accurate and rapid determination of GOCE Earth's gravitational field using time-space-wise approach associated with Kaula regularization. Chinese Journal of Geophysics, 54(1): 1~10

Zheng W, Xu H Z, Zhong M, et al. 2011b. Efficient calibration of the non-conservative force data from the space-borne accelerometers of the twin GRACE satellites. Transactions of the Japan Society for Aeronautical and Space Sciences, 54(184): 106~110

Zheng W, Xu H Z, Zhong M, et al. 2012a. Impacts of interpolation formula, correlation coefficient and sampling interval on the accuracy of GRACE Follow-On intersatellite range-acceleration. Chinese Journal of Geophysics, 55(3): 822~832

Zheng W, Xu H Z, Zhong M, et al. 2012b. Efficient accuracy improvement of GRACE global gravitational field recovery using a new inter-satellite range interpolation method. Journal of Geodynamics, 53: 1~7

Zheng W, Xu H Z, Zhong M, et al. 2012c. Precise recovery of the Earth's gravitational field with GRACE: Intersatellite Range-Rate Interpolation Approach. IEEE Geoscience and Remote Sensing Letters, 9(3): 422~426

Zheng W, Xu H Z, Zhong M, et al. 2012d. A contrastive study on the impacts of the radial and three-dimensional satellite gravity gradiometry on the accuracy of the Earth's gravitational field recovery. Chinese Physics B, 21(10): 109101-1~109101-8

Zheng W, Xu H Z, Zhong M, et al. 2013a. Efficient and rapid accuracy estimation of the Earth's gravitational field from next-generation GOCE Follow-On by the analytical method. Chinese Physics B, 22(4): 049101-1~049101-8

Zheng W, Xu H Z, Zhong M, et al. 2013b. Precise and rapid recovery of the Earth's gravitational field by the next-generation four-satellite cartwheel formation system. Chinese Journal of Geophysics, 56(5): 2928~2935

Zheng W, Xu H Z, Zhong M, et al. 2013c. China's first-phase Mars Exploration Program: Yinghuo-1 orbiter. Planetary and Space Science, 86: 155~159

Zheng W, Xu H Z, Zhong M, et al. 2014a. A precise and rapid residual intersatellite range-rate method for satellite gravity recovery from next-generation GRACE Follow-On mission. Chinese Journal of Geophysics, 57(1): 31~41

Zheng W, Xu H Z, Zhong M, et al. 2014b. Precise recovery of the Earth's gravitational field by GRACE Follow-On satellite gravity gradiometer. Chinese Journal of Geophysics, 57(5): 1415~1423

Zheng W, Xu H Z, Zhong M, et al. 2014c. Physical analysis on improving the recovery accuracy of the Earth's gravity field by a combination of satellite observations in along-track and cross-track directions. Chinese Physics B, 23(10): 109101-1~109101-8

Zheng W, Xu H Z, Zhong M, et al. 2015a. Accurate establishment of error models for satellite gravity gradiometry recovery and requirements analysis for the future GOCE Follow-On mission. Acta Geophysica, 63

Zheng W, Xu H Z, Zhong M, et al. 2015b. Requirements analysis for future satellite gravity mission Improved-GRACE. Surveys in Geophysics, 36(1): 87~109

Zheng W, Xu H Z, Zhong M, et al. 2015c. A study on the improvement in spatial resolution of the Earth's gravitational field by the next-generation ACR-Cartwheel-A/B twin-satellite formation. Chinese Journal of Geophysics, 58(3):767~779

Zheng W, Xu H Z, Zhong M, et al. 2015d. Sensitivity analysis for key payloads and orbital parameters from the next-generation Moon-Gradiometer satellite gravity program. Surveys in Geophysics, 36(1): 111~137

Zheng W, Xu H Z, Zhong M, et al. 2015e. Improvement in the recovery accuracy of the Lunar gravity field based on the future Moon-ILRS spacecraft gravity mission. Surveys in Geophysics, 36, DOI: 10.1007/S10712-015-9324-4

Zhu S Y, Reigber Ch, König R. 2004. Integrated adjustment of CHAMP, GRACE, and GPS data. Journal of Geodesy, 78(1): 103~108

索　引

H

J

K

L

M

N

O

P

Q

R

S

T

W

X

Y

Z

彩　　图

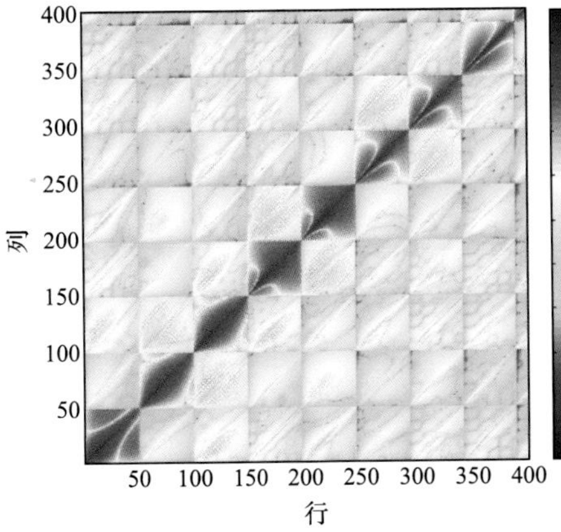

(a) 转换方阵$N_{n\times n}$的块对角占优特性

图 3.2　正规阵的块对角占优特性

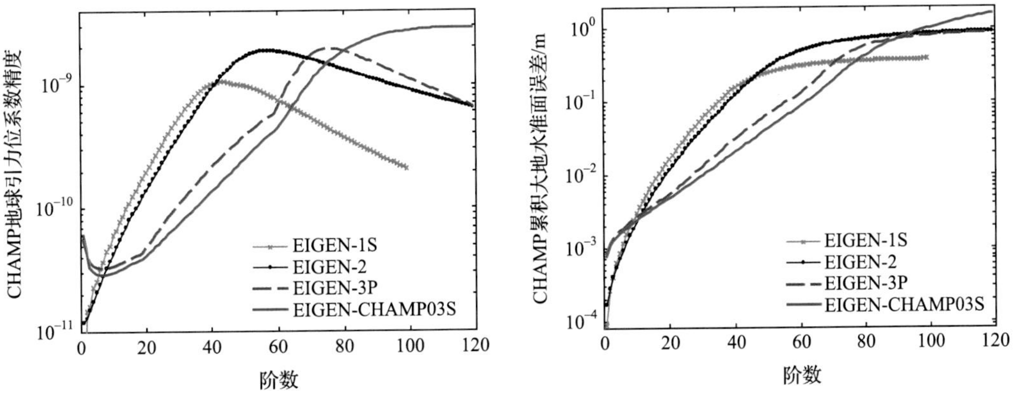

(a) 引力位系数精度　　(b) 累计大地水准面精度

图 3.5　CHAMP 地球重力场模型精度对比

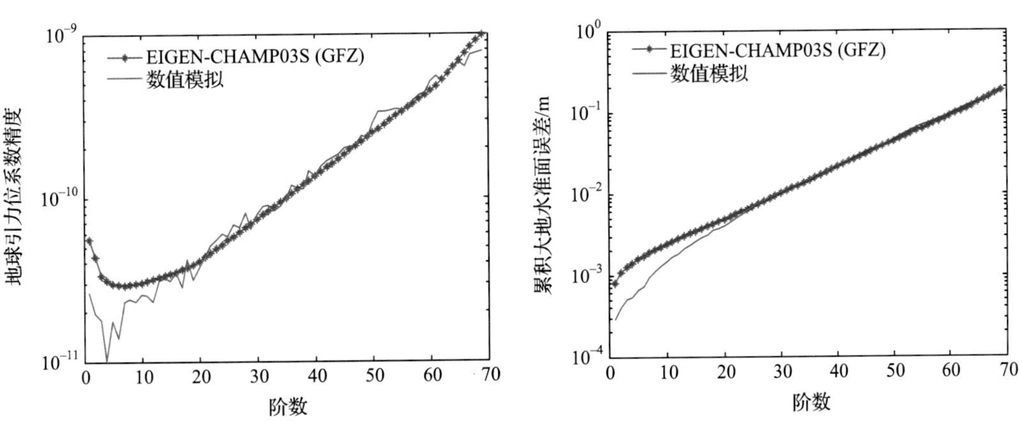

(a) 引力位系数精度对比　　(b) 累计大地水准面精度对比

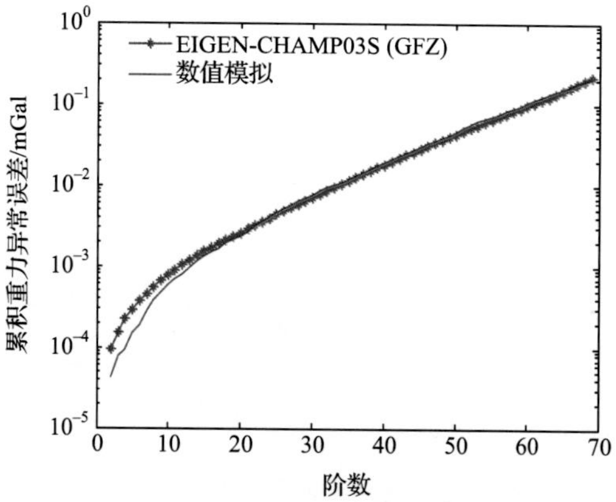

(c) 累计重力异常精度对比

图 3.11　CHAMP 地球重力场的模拟和实测反演精度对比

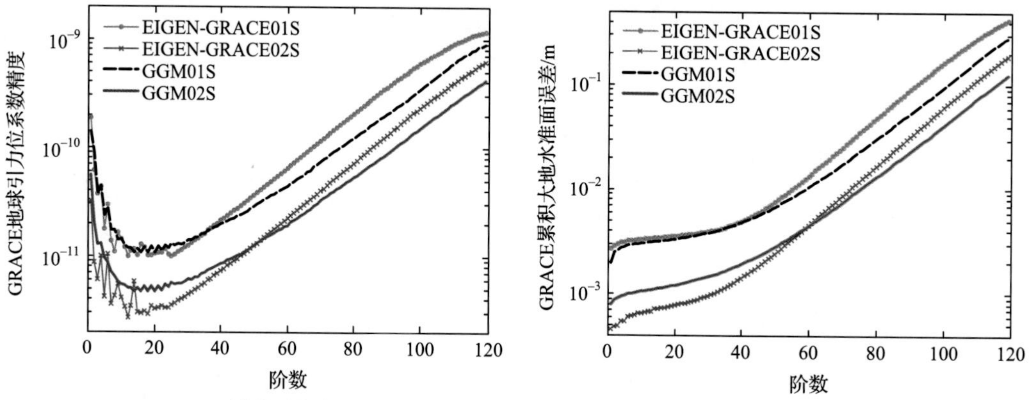

(a) 引力位系数精度对比　　(b) 累计大地水准面精度对比

图 3.12　GRACE 地球重力场模型精度对比

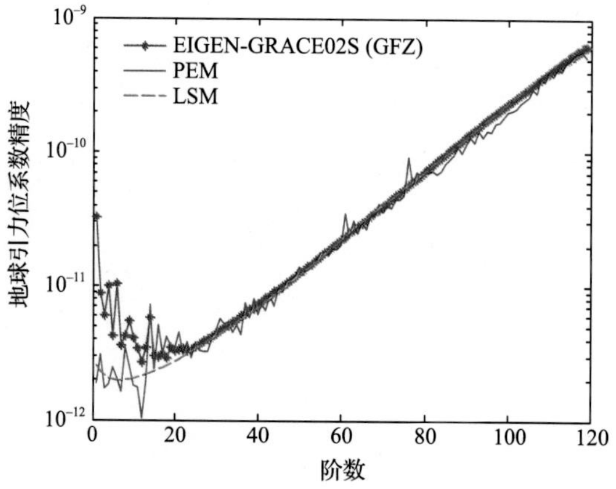

图 3.16　基于 PEM 和 LSM 反演地球引力位系数精度对比

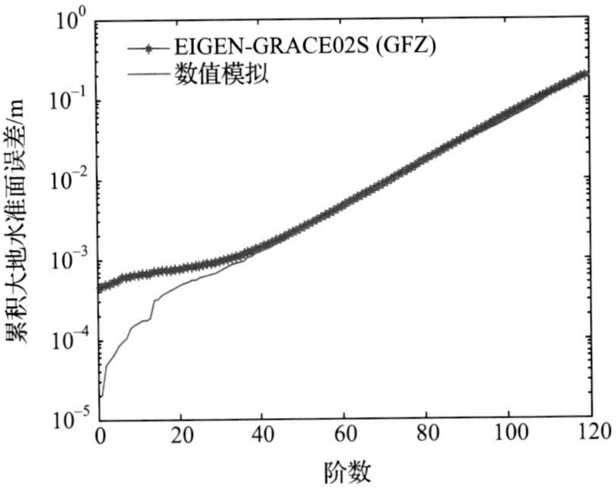

(a) 累计大地水准面精度对比

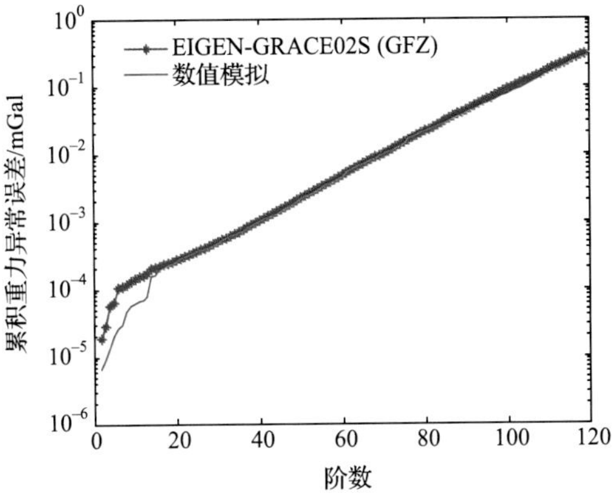

(b) 累计重力异常精度对比

图 3.17 基于无参考扰动位方程反演 GRACE 重力场的模拟和实测精度对比

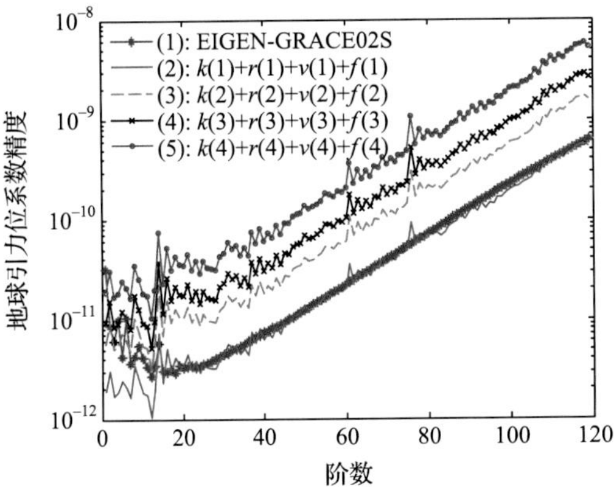

(a) 引力位系数精度对比

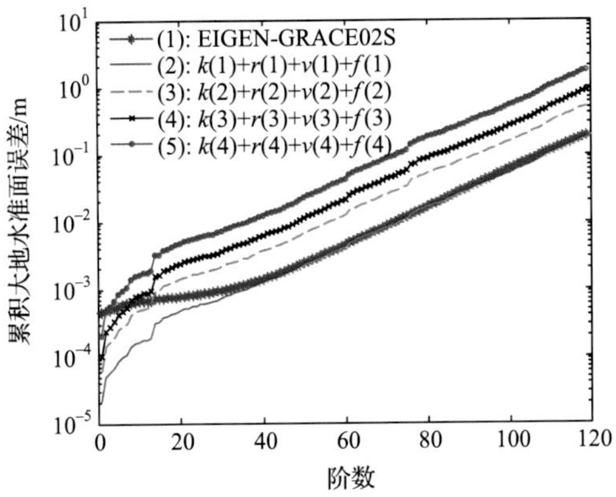

(b) 累计大地水准面精度对比

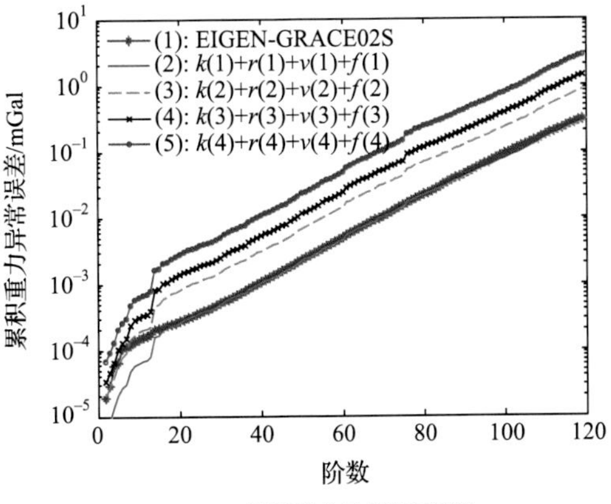

(c) 累计重力异常精度对比

图 3.18 基于不同载荷匹配精度指标反演 GRACE 地球重力场精度对比

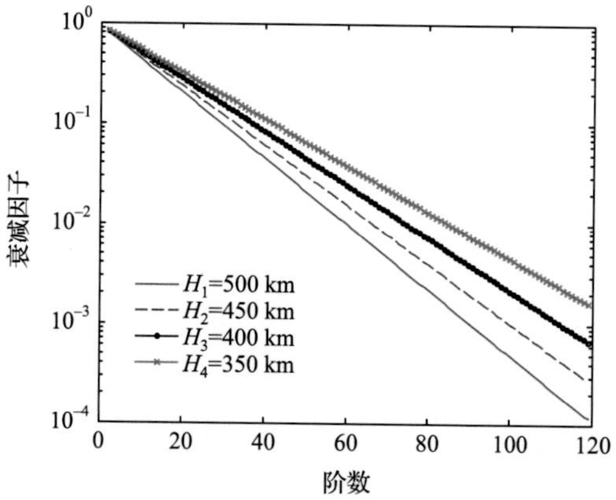

图 3.19　基于不同轨道高度的地球重力场衰减因子

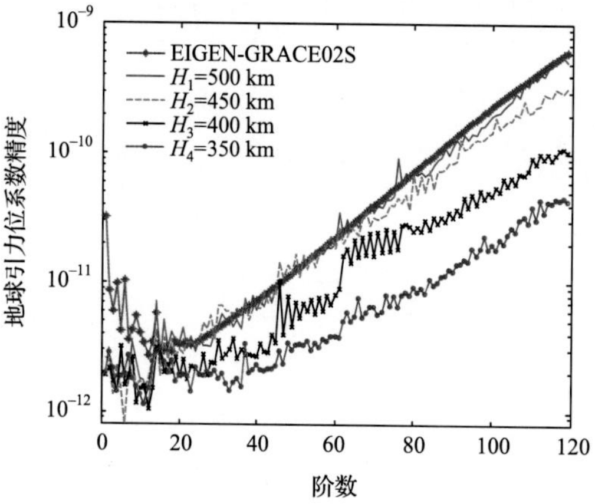

(a) 引力位系数精度对比

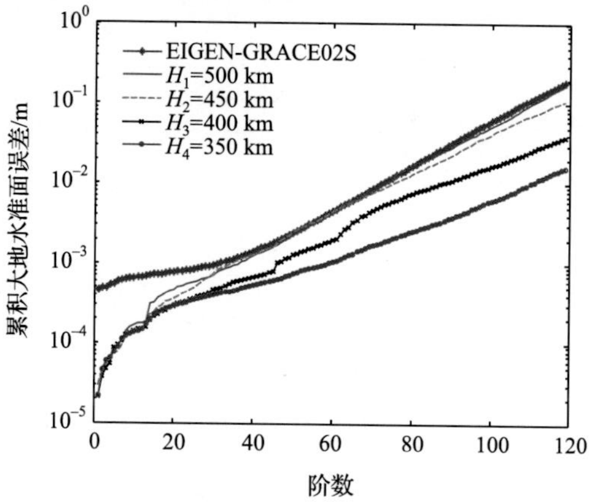

(b) 累计大地水准面精度对比

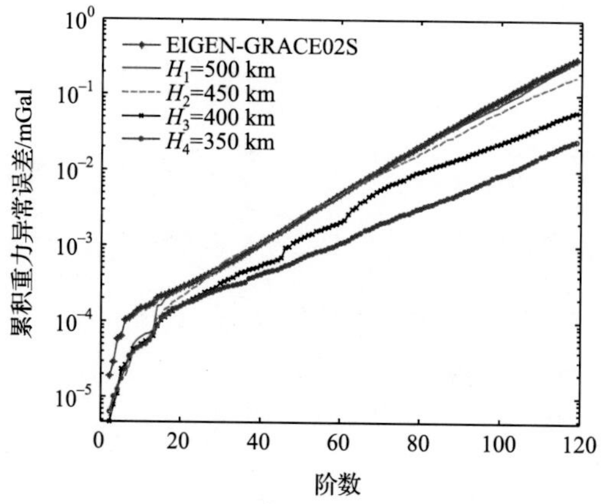

(c) 累计重力异常精度对比

图 3.22　基于不同轨道高度反演 GRACE 地球重力场精度对比

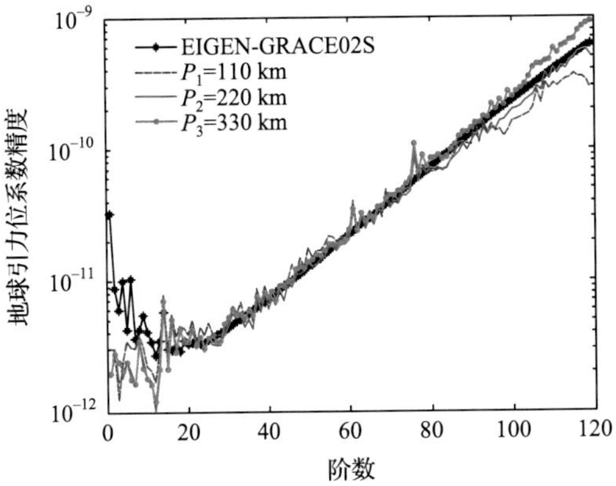

(a) 引力位系数精度对比

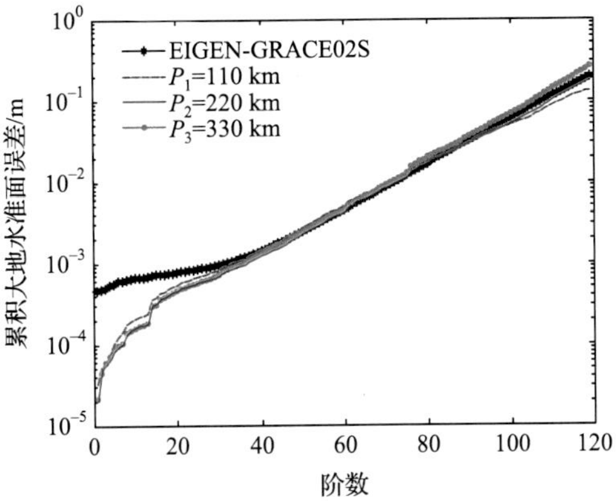

(b) 累计大地水准面精度对比

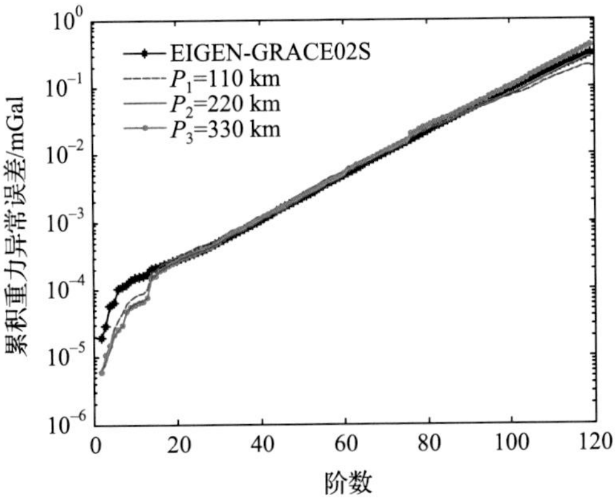

(c) 累计重力异常精度对比

图 3.23 基于不同星间距离反演 GRACE 地球重力场精度对比

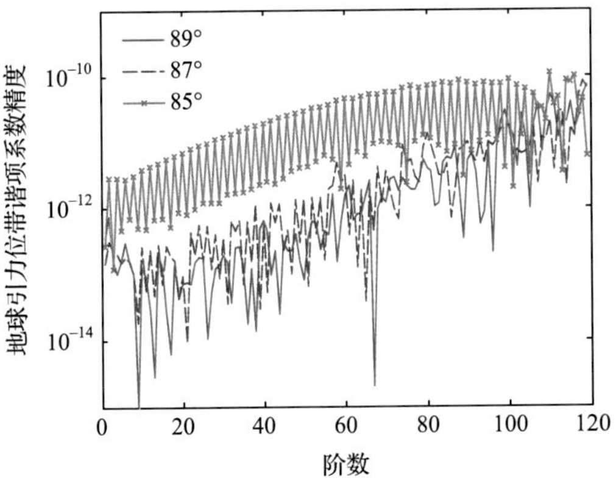

(a) 引力位带谐项系数精度

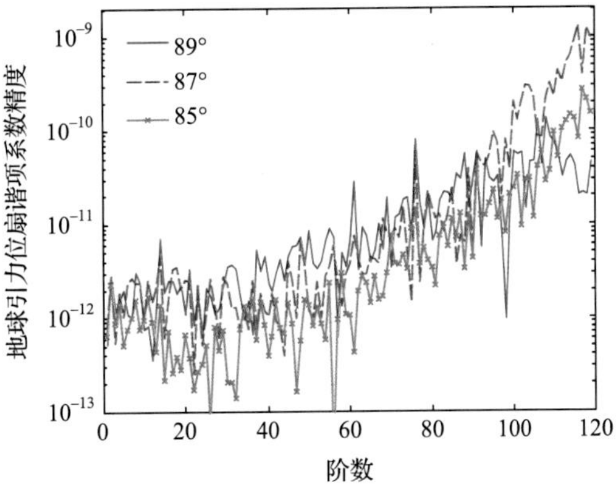

(b) 引力位扇谐项系数精度

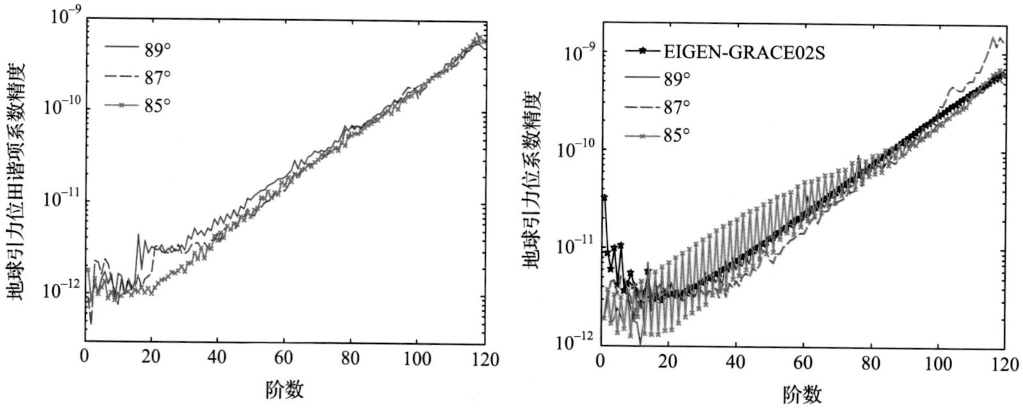

(c) 引力位田谐项系数精度

(d) 引力位系数精度

图 3.24　基于不同轨道倾角反演 GRACE 引力位系数精度对比

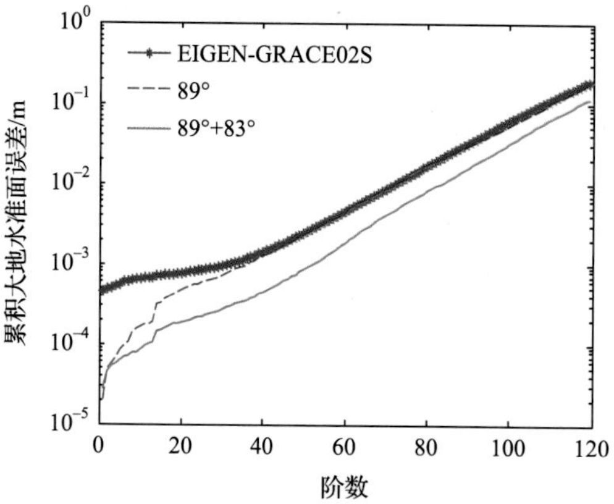

图 3.26　基于不同轨道倾角反演 GRACE 累计大地水准面精度对比

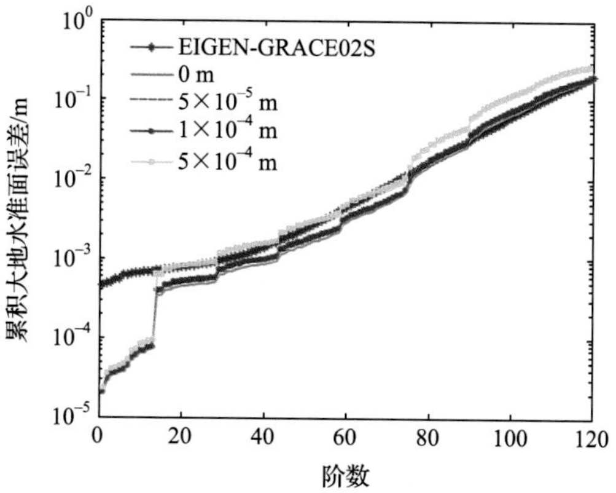

图 3.29　基于不同质心调整精度反演累计大地水准面精度对比

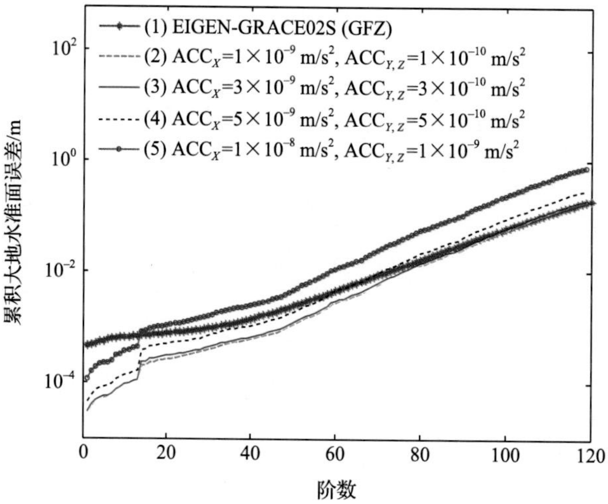

图 3.31　采用不同匹配关系的星载加速度计三轴分辨率指标反演累计大地水准面精度对比

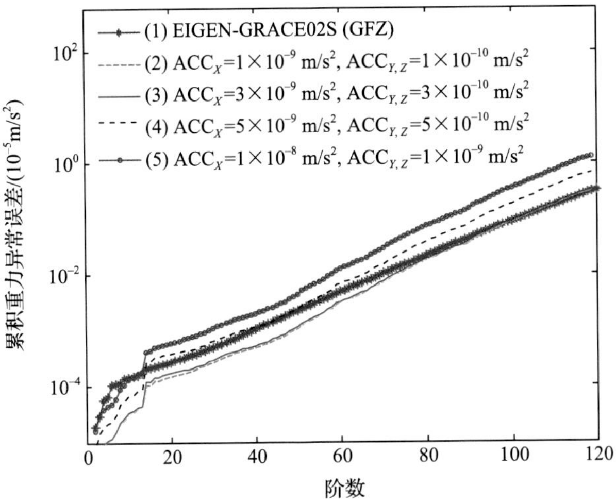

图 3.32　采用不同匹配关系的星载加速度计三轴分辨率指标反演累计重力异常精度对比

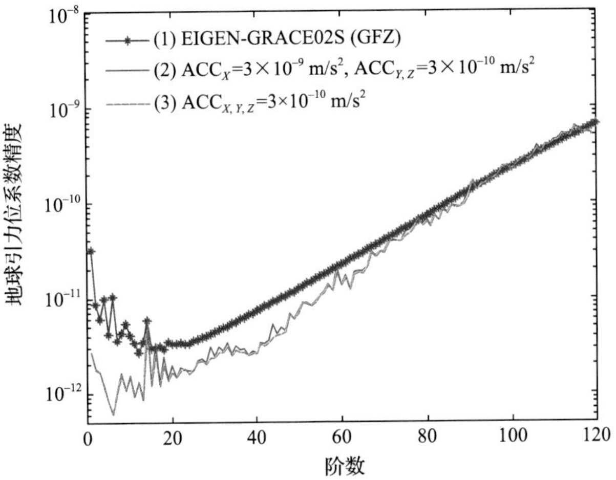

图 3.33　采用不同匹配关系的星载加速度计三轴分辨率指标反演引力位系数精度对比

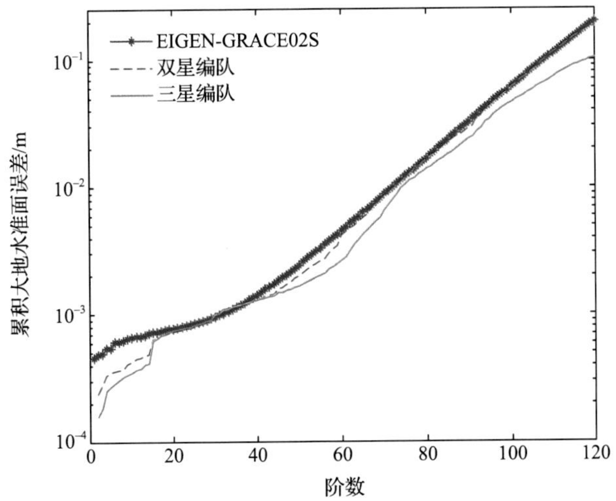

图 3.34　基于双星和三星编队分别反演 GRACE 累计大地水准面精度对比

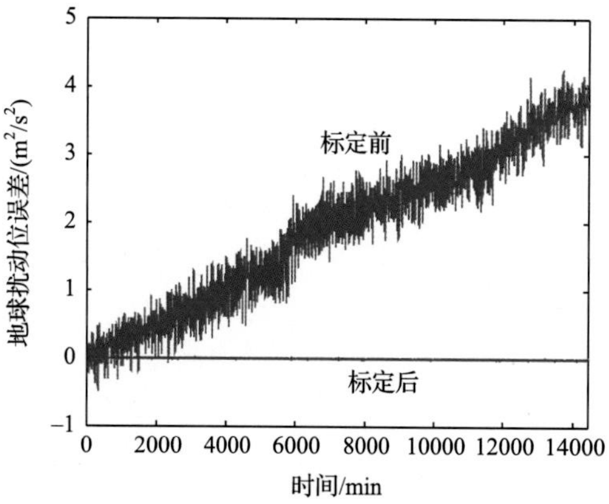

图 3.37　原始和标校的加速度计非保守力对地球扰动位误差影响

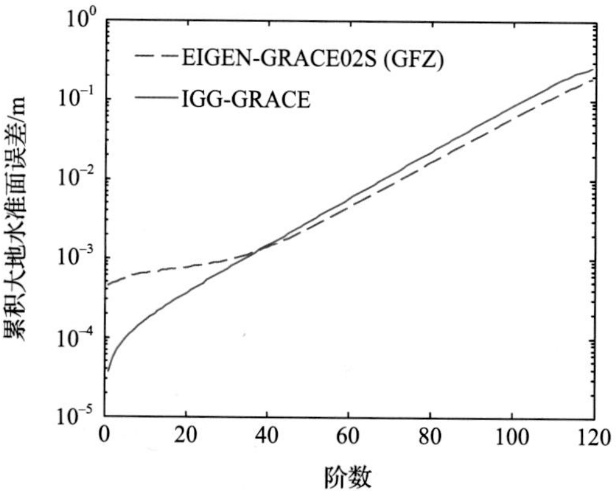

图 3.40　IGG-GRACE 累计大地水准面精度对比

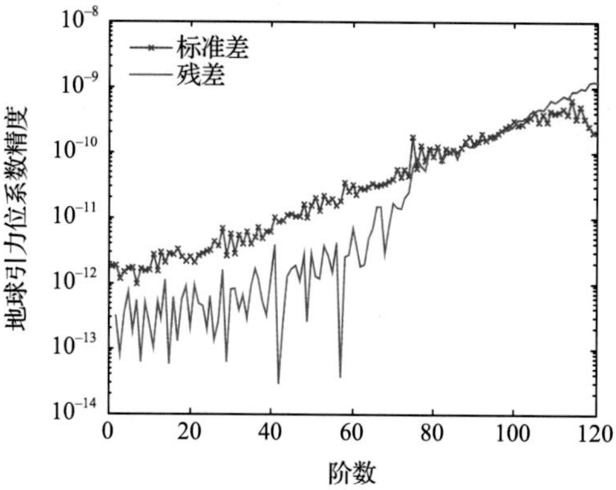

图 3.41　EIGEN-GRACE02S 和 IGG-GRACE 地球引力位系数的标准差和残差

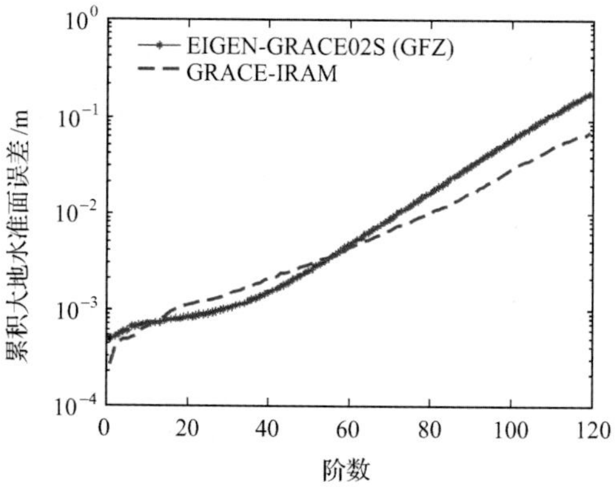

图 4.1　基于星间加速度法反演累计大地水准面精度

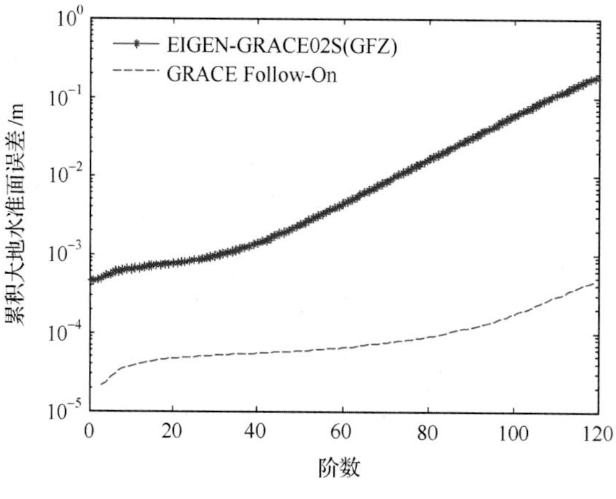

图 4.6　基于星间加速度法反演 GRACE Follow-On 累计大地水准面精度

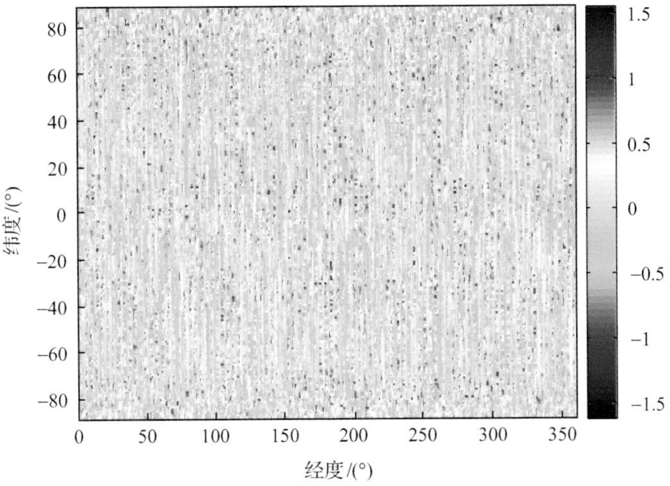

图 5.3　GRACE 卫星 $\delta\eta$ 在地表的分布(单位：μm/s)

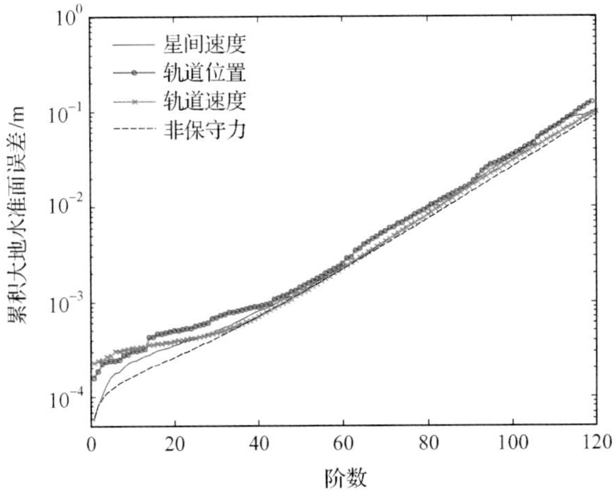

图 5.4　基于 GRACE 关键载荷实测误差估计累计大地水准面精度对比

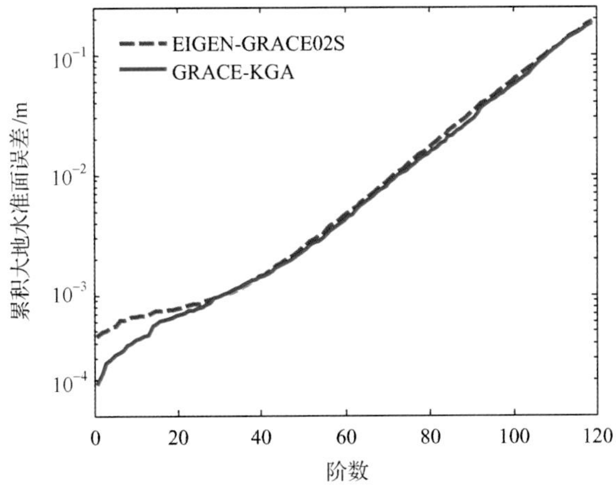

图 5.5　基于半解析法估计累计大地水准面精度

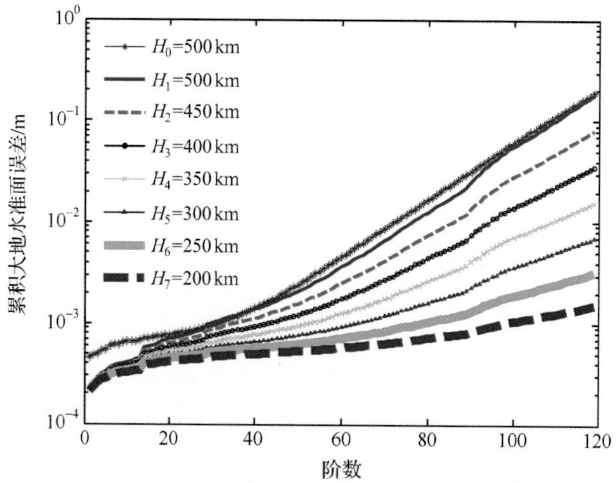

图 5.6　基于相同的平均星间距离 220km 和不同的平均轨道高度估计 GRACE 累计大地水准面精度对比

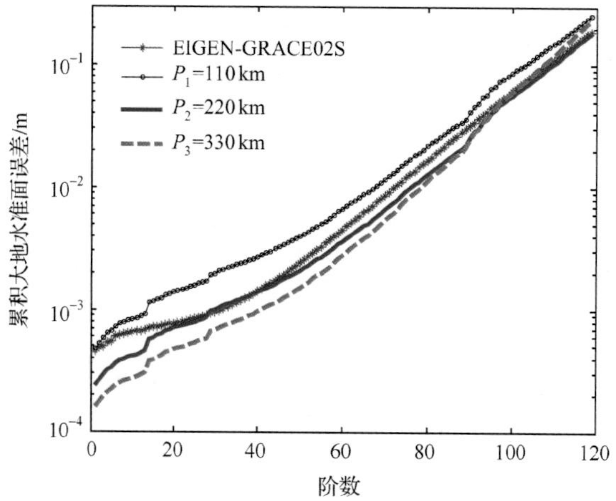

图 5.7　基于相同的平均轨道高度 400km 和不同的平均星间距离估计 GRACE 累计大地水准面精度对比

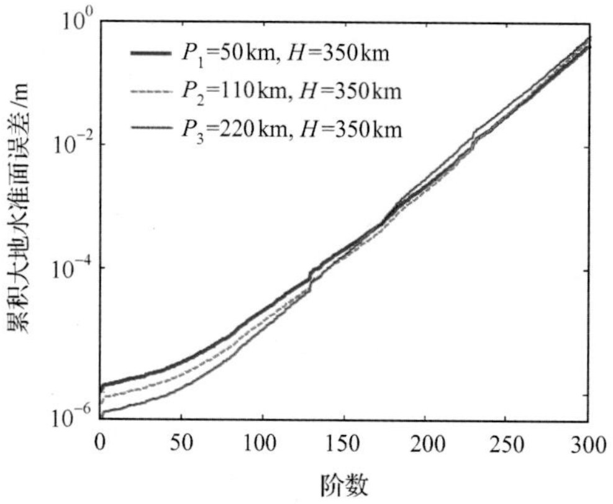

图 5.9　基于不同星间距离估计累计大地水准面精度对比

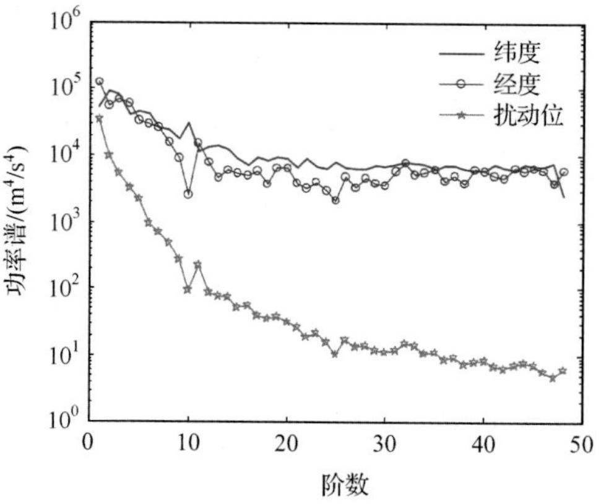

图 5.10　$T(r,\phi,\lambda)$，$\partial T(r,\phi,\lambda)/\partial\phi$ 和 $\partial T(r,\phi,\lambda)/\partial\lambda$ 的功率谱

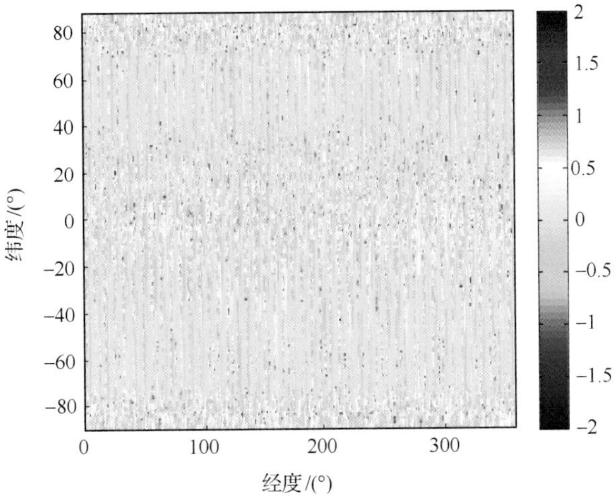

图 5.12　GRACE Follow-On 卫星的 $\delta\eta$ 在地表分布(单位：nm/s)

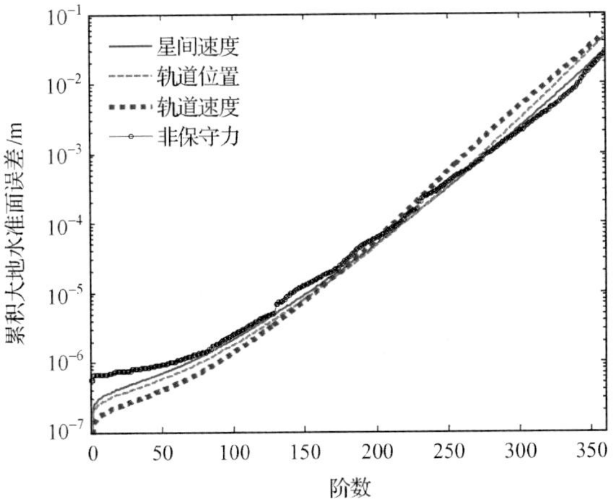

图 5.13　基于 GRACE Follow-On 关键载荷精度指标估计累计大地水准面精度

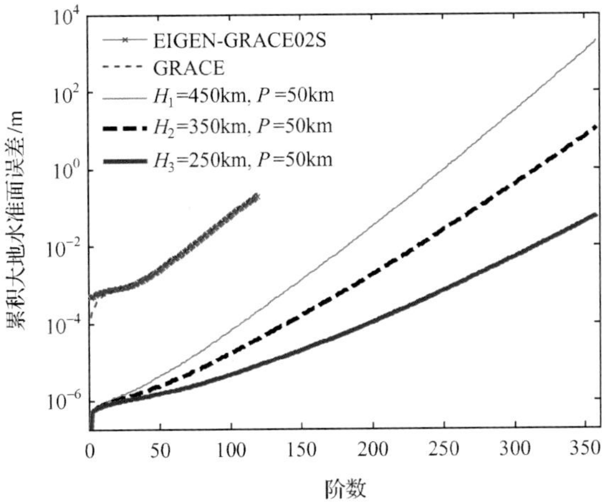

图 5.14　基于不同卫星轨道高度估计 GRACE 和 GRACE Follow-On 累计大地水准面精度对比

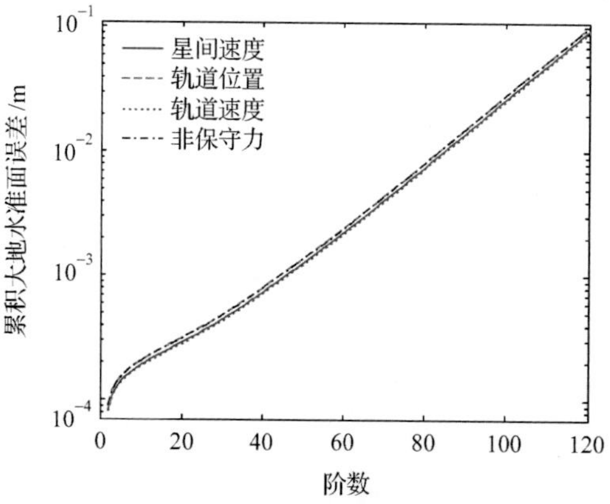

图 6.2　基于 GRACE 关键载荷匹配精度指标估计累计大地水准面精度对比

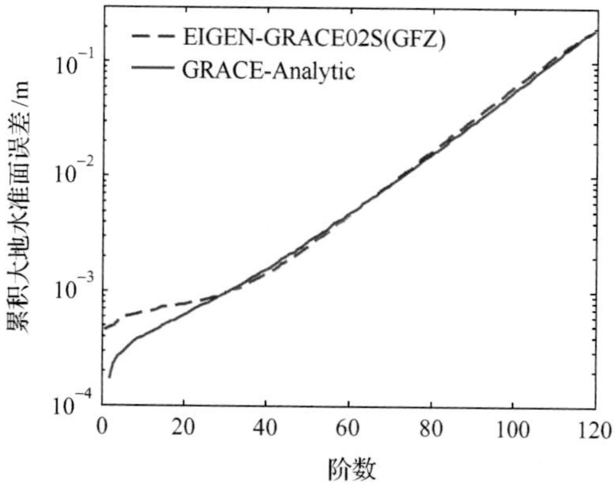

图 6.3　基于功率谱原理解析法估计 GRACE 累计大地水准面精度

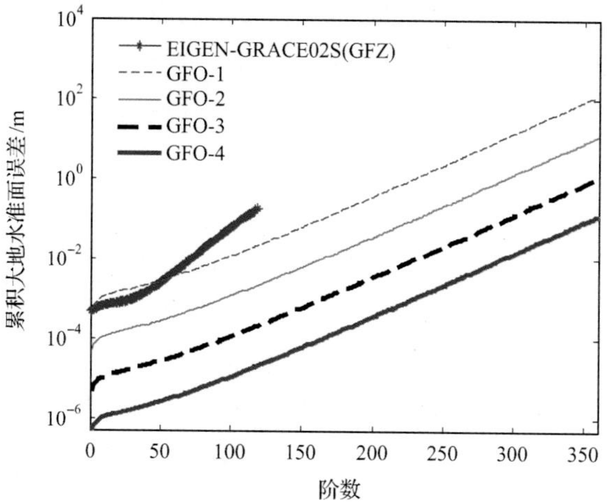

图 6.4　基于 GRACE Follow-On 卫星关键载荷的不同匹配精度指标估计累计大地水准面精度对比

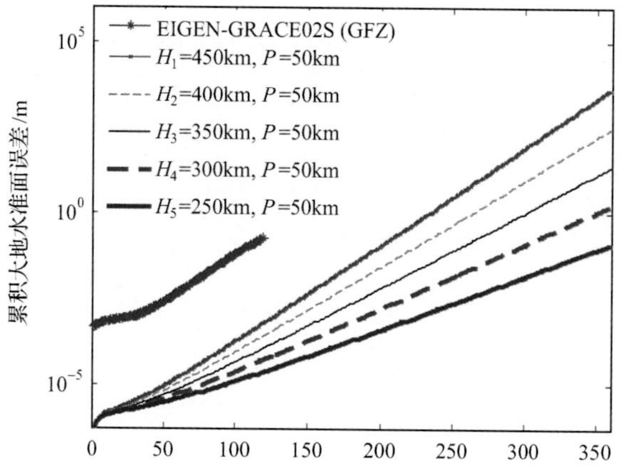

图 6.5　基于 GRACE Follow-On 卫星的相同星间距离和不同轨道高度估计累计大地水准面精度对比

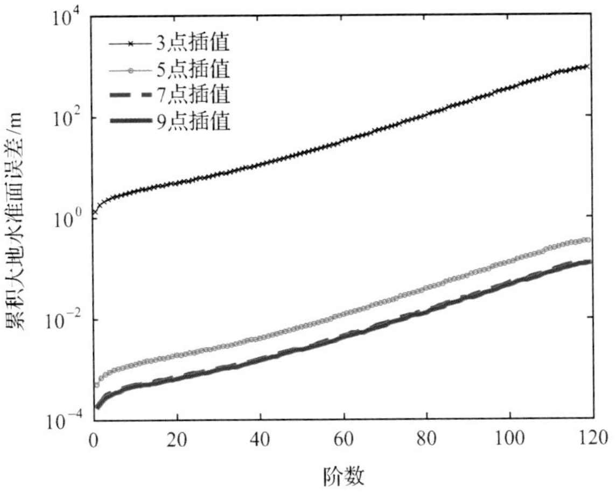

图 7.1 基于不同星间距离插值点数反演累计大地水准面精度

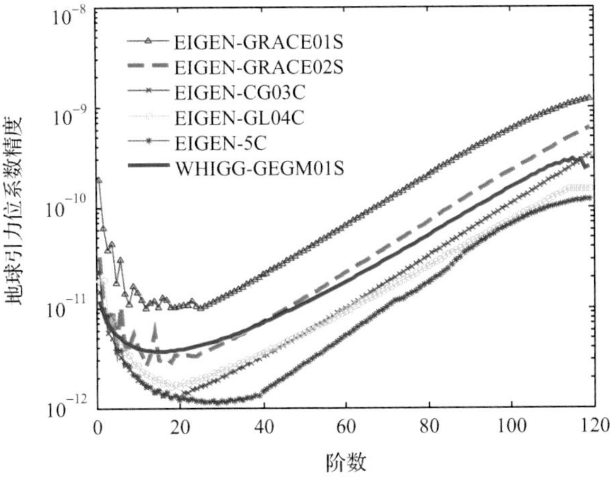

图 7.2 WHIGG-GEGM01S 和不同地球重力场模型的引力位系数精度对比

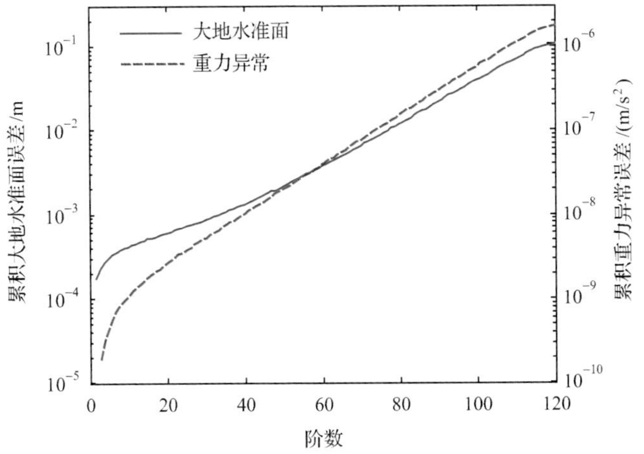

图 7.3 WHIGG-GEGM01S 重力场模型的累计大地水准面精度和累计重力异常精度

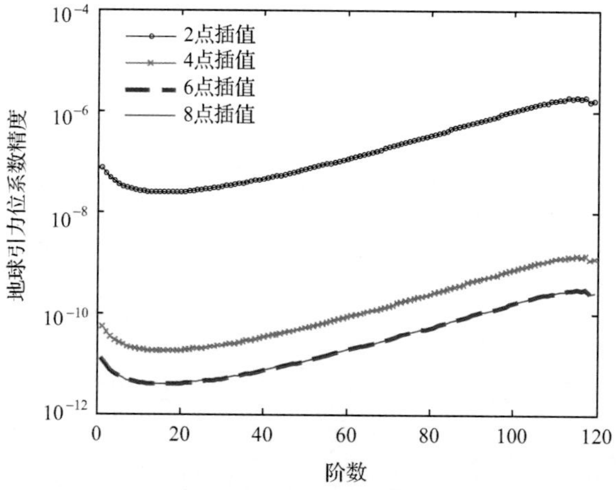

图 7.4　基于不同星间速度插值点数反演地球引力位系数精度

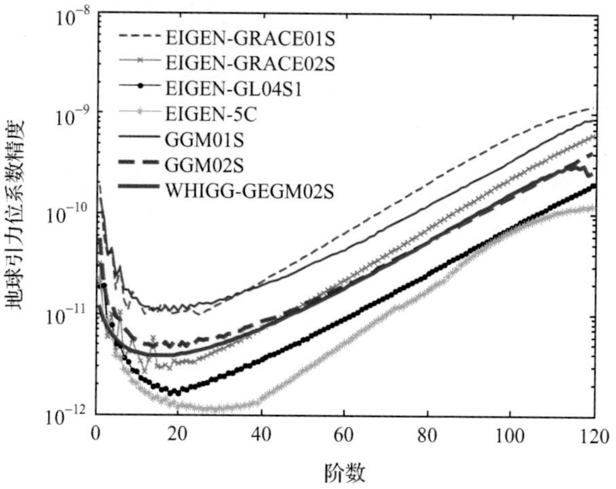

图 7.5　WHIGG-GEGM02S 和不同地球重力场模型精度对比

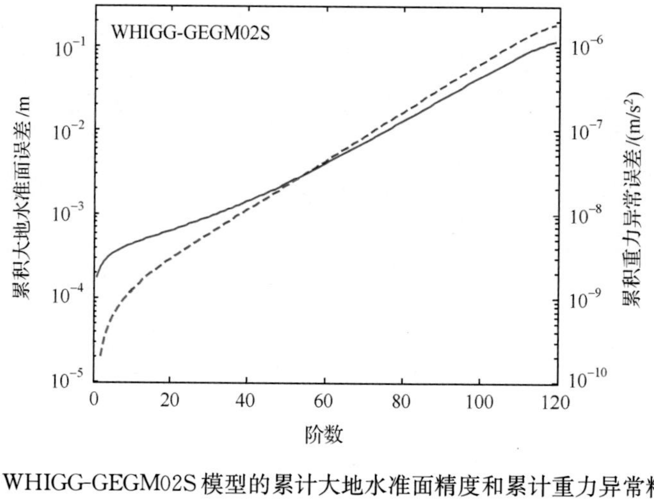

图 7.6　WHIGG-GEGM02S 模型的累计大地水准面精度和累计重力异常精度对比

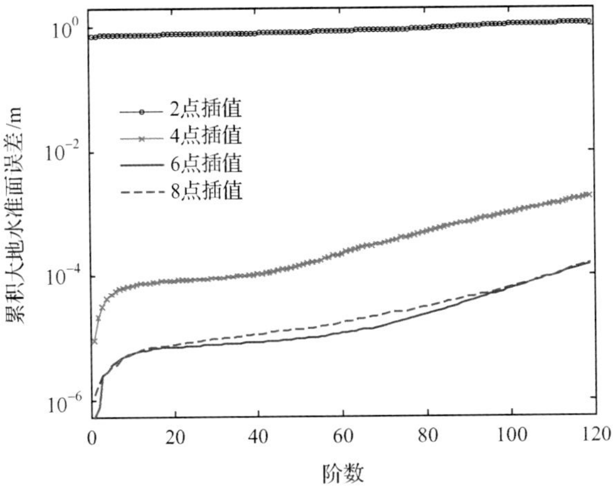

图 7.12　基于不同的星间速度插值点数反演累计大地水准面精度

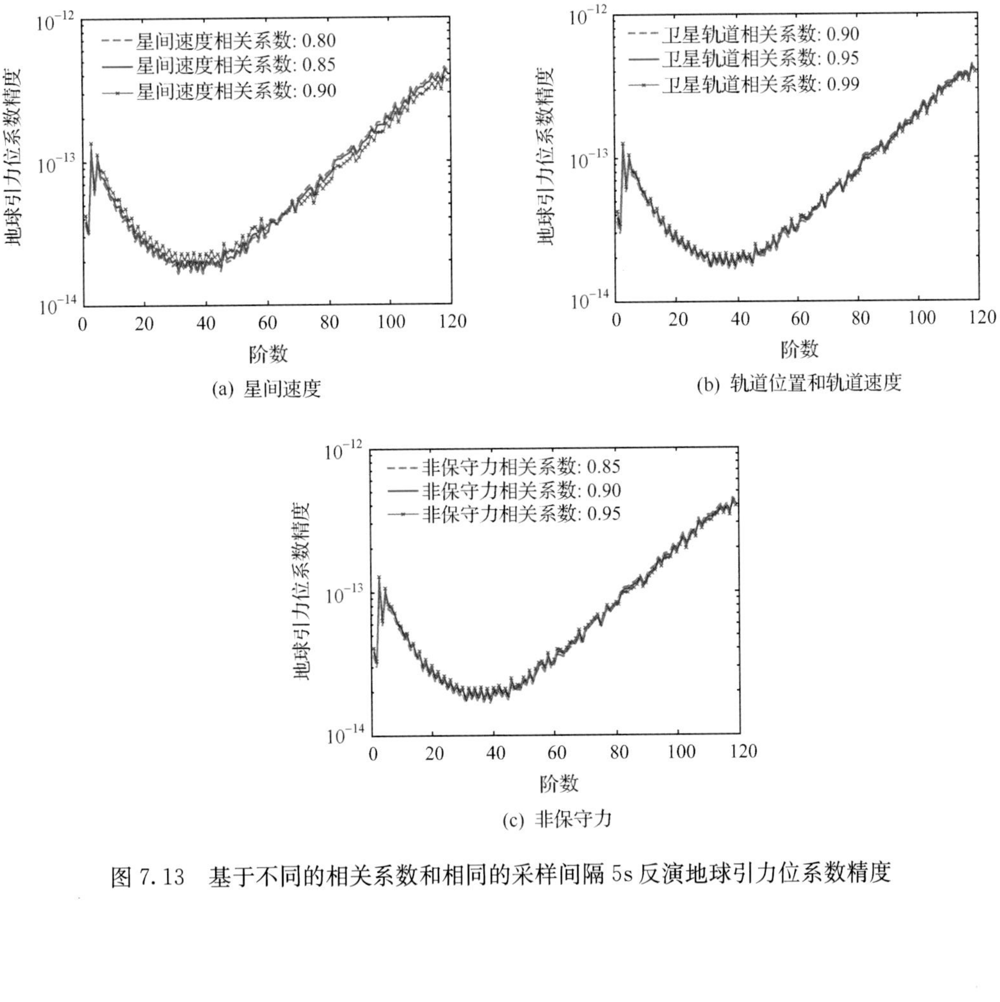

图 7.13　基于不同的相关系数和相同的采样间隔 5s 反演地球引力位系数精度

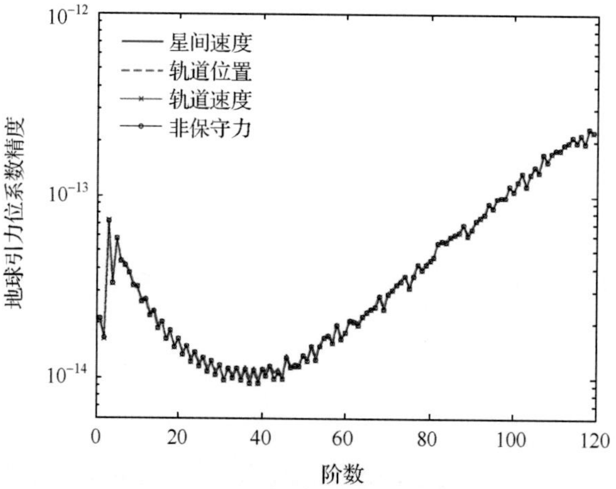

图 7.14　基于不同关键载荷精度指标反演地球引力位系数精度

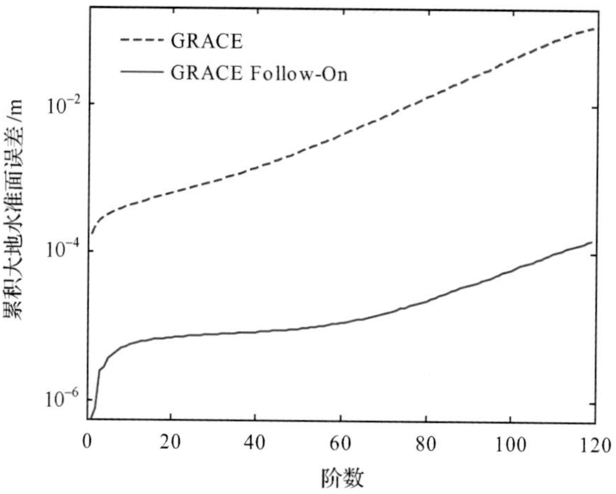

图 7.15　基于星间速度插值法反演 GRACE 和 GRACE Follow-On 累计大地水准面精度对比

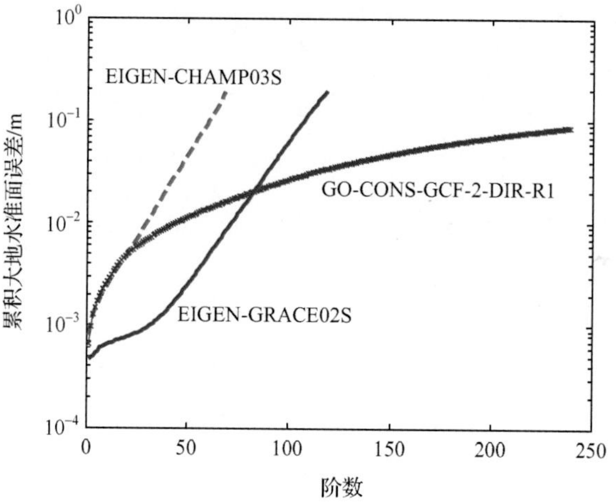

图 8.1　CHAMP、GRACE 和 GOCE 累计大地水准面精度对比